자기주도학습 체크리스트

- 선생님의 친절한 강의로 여러분의 예습·복습을 도와 드릴게요.
- 공부를 마친 후에 확인란에 체크하면서 스스로를 칭찬해 주세요.
- 강의를 듣는 데에는 30분이면 충분합니다.

날짜	강의명		확인
	강		
	강		
	강		
	강		
	강		
	강		
	강		
	강		
	강		
	강		
	강		
	강		
	강		
	강		
	강		
	강		
	강		
	강		
	강		
	강		
	강		
	강		
	강		
	강		
	강		

날짜	강의명		확인
	강		
	강		
	강		
	강		
	강		
	강		
	강		
	강		
	강		
	강		
	강		
	강		
	강		
	강		
	강		
	강		
	강		
	강		
	강		
	강		
	강		
	강		
	강		
	강		
	강		

자기주도학습 체크리스트로 공부의 기쁨이 차곡차곡 쌓일 것입니다.

EBS

인터넷·모바일·TV
무료 강의 제공

초 | 등 | 부 | 터 EBS

만점왕

수학 5-1

예습, 복습, 숙제까지 해결되는
교과서 완전 학습서

BOOK 1
개념책

BOOK 1

개념책

BOOK 1 개념책으로
교과서에 담긴 **학습 개념**을
꼼꼼하게 공부하세요!

⬇ 해설책은 EBS 초등사이트(primary.ebs.co.kr)에서 내려받으실 수 있습니다.

교재 내용 문의 교재 내용 문의는 EBS 초등사이트 (primary.ebs.co.kr)의 교재 Q&A 서비스를 활용하시기 바랍니다.

교재 정오표 공지 발행 이후 발견된 정오 사항을 EBS 초등사이트 정오표 코너에서 알려 드립니다. 교재 검색 ▶ 교재 선택 ▶ 정오표

교재 정정 신청 공지된 정오 내용 외에 발견된 정오 사항이 있다면 EBS 초등사이트를 통해 알려 주세요. 교재 검색 ▶ 교재 선택 ▶ 교재 Q&A

BOOK 1
개념책
만점왕
수학
5-1

이 책의 구성과 특징

1 | 단원 도입

단원을 시작할 때마다 도입 그림을 눈으로 확인하며 안내 글을 읽으면, 공부할 내용에 대해 흥미를 갖게 됩니다.

2 | 개념 확인 학습

본격적인 학습에 돌입하는 단계입니다. 자세한 개념 설명과 그림으로 제시한 예시를 통해 핵심 개념을 분명하게 파악할 수 있습니다.

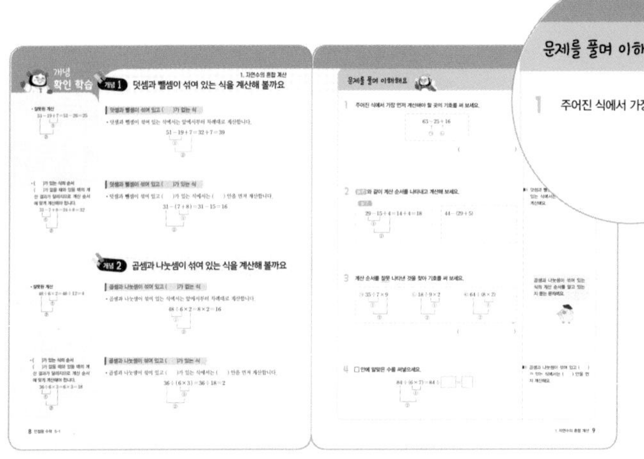

[문제를 풀며 이해해요]
핵심 개념을 심층적으로 학습하는 단계입니다. 개념 문제와 그에 대한 출제 의도, 보조 설명을 통해 개념을 보다 깊이 이해할 수 있습니다.

3 | 교과서 내용 학습

교과서 핵심 집중 탐구로 공부한 내용을 문제를 통해 하나하나 꼼꼼하게 살펴보며 교과서에 담긴 내용을 빈틈없이 학습할 수 있습니다.

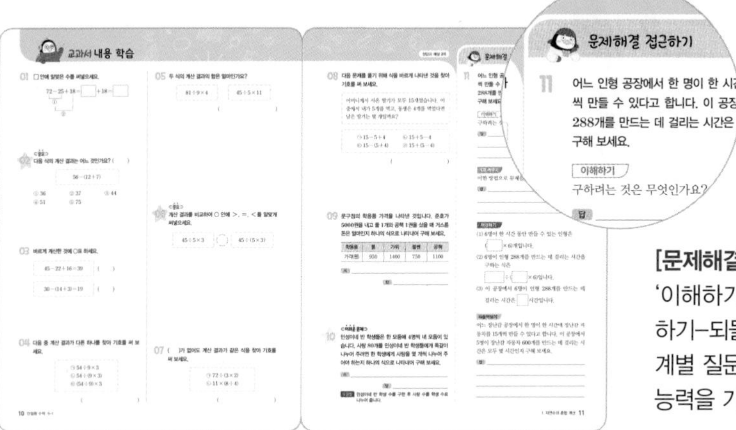

[문제해결 접근하기]
'이해하기–계획 세우기–해결하기–되돌아보기' 4단계의 단계별 질문에 답하며 문제 해결 능력을 기를 수 있습니다.

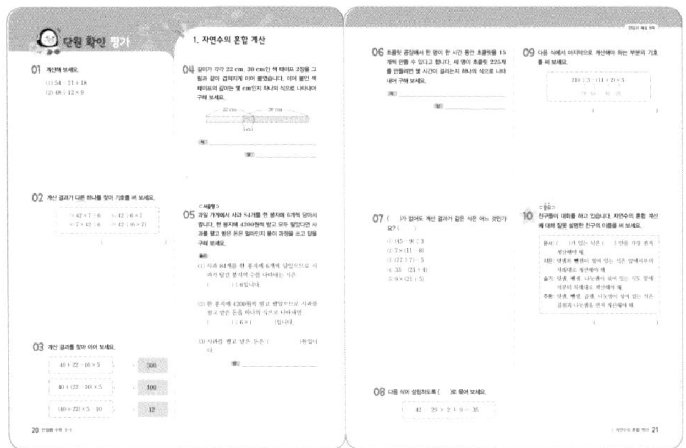

4 | 단원 확인 평가

평가를 통해 단원 학습을 마무리하고, 자신이 보완해야 할 점을 파악할 수 있습니다.

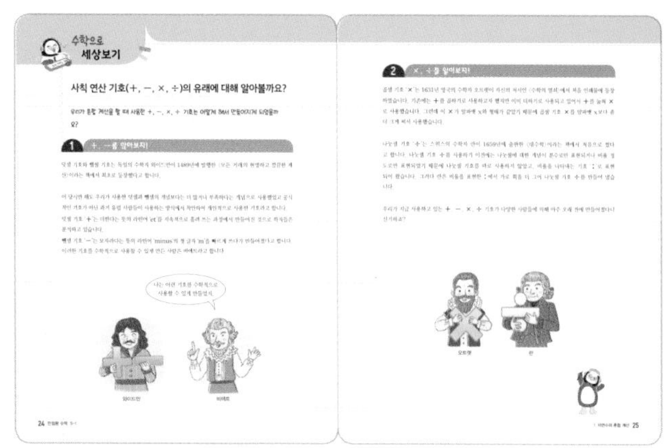

5 | 수학으로 세상보기

실생활 속 수학 이야기와 활동을 통해 단원에서 학습한 개념을 다양한 상황에 적용하고 수학에 대한 흥미를 키울 수 있습니다.

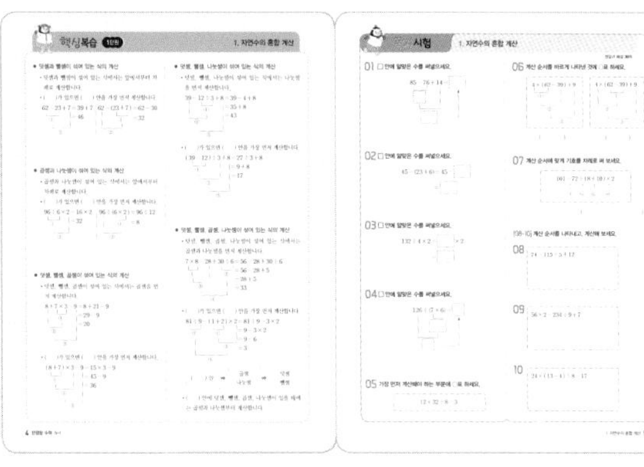

1 | 핵심 복습 + 쪽지 시험

핵심 정리를 통해 학습한 내용을 복습하고, 간단한 쪽지 시험을 통해 자신의 학습 상태를 확인할 수 있습니다.

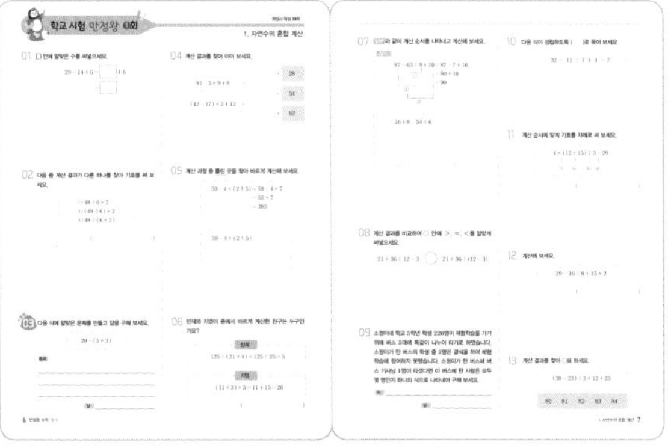

2 | 학교 시험 만점왕

앞서 학습한 내용을 바탕으로 보다 다양한 문제를 경험하여 단원별 평가를 대비할 수 있습니다.

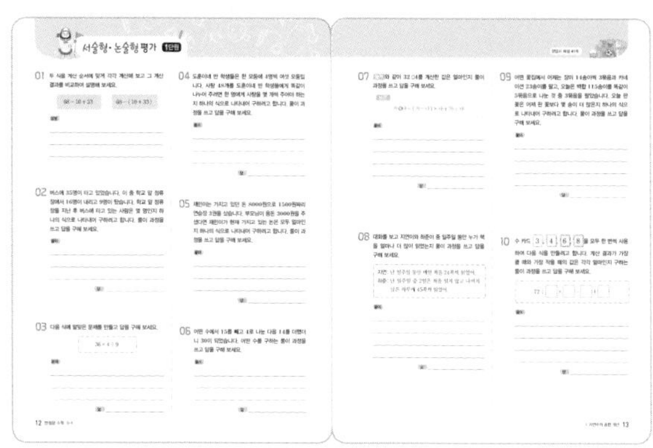

3 | 서술형·논술형 평가

학생들이 고민하는 수행 평가를 대단원 별로 구성하였습니다. 선생님께서 직접 출제하신 문제를 통해 수행 평가를 꼼꼼히 준비할 수 있습니다.

자기 주도 활용 방법

BOOK
1
개념책

평상 시 진도 공부는

교재(북1 개념책)로 공부하기

만점왕 북1 개념책으로 진도에 따라 공부해 보세요.
개념책에는 학습 개념이 자세히 설명되어 있어요.
따라서 학교 진도에 맞춰 만점왕을 풀어 보면
혼자서도 쉽게 공부할 수 있습니다.

TV(인터넷) 강의로 공부하기

개념책으로 혼자 공부했는데, 잘 모르는 부분이 있나요?
더 알고 싶은 부분도 있다고요?
만점왕 강의가 있으니 걱정 마세요.
만점왕 강의는 TV를 통해 방송됩니다.
방송 강의를 보지 못했거나 다시 듣고 싶은 부분이 있다면
인터넷(EBS 초등사이트)을 이용하면 됩니다.

이 부분은
잘 모르겠으니
인터넷으로 다시
봐야겠어.

만점왕 방송 시간: EBS홈페이지 편성표 참조
EBS 초등사이트: primary.ebs.co.kr

시험 대비 공부는 북2 실전책으로! (북2 2쪽 자기 주도 활용 방법을 읽어 보세요.)

이 책의 **차례**

1	자연수의 혼합 계산	6
2	약수와 배수	26
3	규칙과 대응	46
4	약분과 통분	66
5	분수의 덧셈과 뺄셈	86
6	다각형의 둘레와 넓이	110

BOOK 1 개념책

1 단원

자연수의 혼합 계산

세민이는 가족과 함께 시장에 갔습니다. 시장에는 많은 물건과 맛있는 음식이 있었습니다. 세민이는 엄마께서 주신 돈에서 김밥과 빈대떡을 사고 나면 거스름돈이 얼마가 되는지 궁금했습니다.

이번 1단원에서는 괄호가 없을 때와 있을 때의 덧셈과 뺄셈, 곱셈과 나눗셈, 덧셈과 뺄셈과 곱셈, 덧셈과 뺄셈과 나눗셈, 덧셈과 뺄셈과 곱셈과 나눗셈이 섞여 있는 식의 계산 순서를 비교하며 배울 거예요.

단원 학습 목표

1. 괄호가 없을 때와 있을 때의 덧셈, 뺄셈이 섞여 있는 식의 계산 순서를 이해하고 계산할 수 있습니다.
2. 괄호가 없을 때와 있을 때의 곱셈, 나눗셈이 섞여 있는 식의 계산 순서를 이해하고 계산할 수 있습니다.
3. 괄호가 없을 때와 있을 때의 덧셈, 뺄셈, 곱셈이 섞여 있는 식의 계산 순서를 이해하고 계산할 수 있습니다.
4. 괄호가 없을 때와 있을 때의 덧셈, 뺄셈, 나눗셈이 섞여 있는 식의 계산 순서를 이해하고 계산할 수 있습니다.
5. 괄호가 없을 때와 있을 때의 덧셈, 뺄셈, 곱셈, 나눗셈이 섞여 있는 식의 계산 순서를 이해하고 계산할 수 있습니다.

단원 진도 체크

회차	구성		진도 체크
1차	**개념 1** 덧셈과 뺄셈이 섞여 있는 식을 계산해 볼까요 **개념 2** 곱셈과 나눗셈이 섞여 있는 식을 계산해 볼까요	개념 확인 학습 + 문제 / 교과서 내용 학습	✓
2차	**개념 3** 덧셈, 뺄셈, 곱셈이 섞여 있는 식을 계산해 볼까요 **개념 4** 덧셈, 뺄셈, 나눗셈이 섞여 있는 식을 계산해 볼까요	개념 확인 학습 + 문제 / 교과서 내용 학습	✓
3차	**개념 5** 덧셈, 뺄셈, 곱셈, 나눗셈이 섞여 있는 식을 계산해 볼까요 **개념 6** 덧셈, 뺄셈, 곱셈, 나눗셈, ( )가 섞여 있는 식을 계산해 볼까요	개념 확인 학습 + 문제 / 교과서 내용 학습	✓
4차	단원 확인 평가		✓
5차	수학으로 세상보기		✓

해당 부분을 공부한 후 ✓표를 하세요.

엄마 빈대떡
빈대떡 5000
김밥 2500
만두 3000
맛나 호빵
야채 호빵 2500원
단팥 호빵 1800원
꿀 호빵 3000원
10000

개념 확인 학습

개념 1 덧셈과 뺄셈이 섞여 있는 식을 계산해 볼까요

• 잘못된 계산

$51-19+7=51-26=25$

덧셈과 뺄셈이 섞여 있고 (   )가 없는 식

• 덧셈과 뺄셈이 섞여 있는 식에서는 앞에서부터 차례대로 계산합니다.

$$51-19+7=32+7=39$$

• (   )가 있는 식의 순서
(   )가 없을 때와 있을 때의 계산 결과가 달라지므로 계산 순서에 맞게 계산해야 합니다.

$31-7+8=24+8=32$

덧셈과 뺄셈이 섞여 있고 (   )가 있는 식

• 덧셈과 뺄셈이 섞여 있고 (   )가 있는 식에서는 (   ) 안을 먼저 계산합니다.

$$31-(7+8)=31-15=16$$

개념 2 곱셈과 나눗셈이 섞여 있는 식을 계산해 볼까요

• 잘못된 계산

$48\div6\times2=48\div12=4$

곱셈과 나눗셈이 섞여 있고 (   )가 없는 식

• 곱셈과 나눗셈이 섞여 있는 식에서는 앞에서부터 차례대로 계산합니다.

$$48\div6\times2=8\times2=16$$

• (   )가 있는 식의 순서
(   )가 없을 때와 있을 때의 계산 결과가 달라지므로 계산 순서에 맞게 계산해야 합니다.

$36\div6\times3=6\times3=18$

곱셈과 나눗셈이 섞여 있고 (   )가 있는 식

• 곱셈과 나눗셈이 섞여 있고 (   )가 있는 식에서는 (   ) 안을 먼저 계산합니다.

$$36\div(6\times3)=36\div18=2$$

문제를 풀며 이해해요

정답과 해설 2쪽

1 주어진 식에서 가장 먼저 계산해야 할 곳의 기호를 써 보세요.

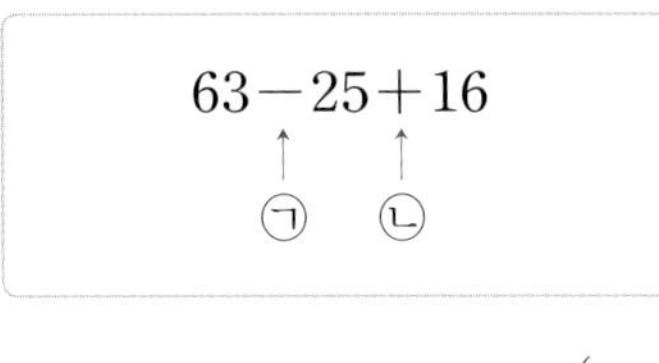

( )

덧셈과 뺄셈이 섞여 있는 식의 계산 순서를 알고 있는지 묻는 문제예요.

2 보기 와 같이 계산 순서를 나타내고 계산해 보세요.

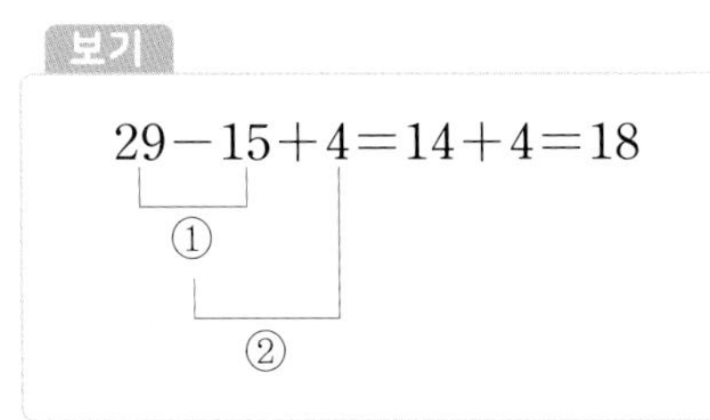

$44-(29+5)$

덧셈과 뺄셈이 섞여 있고 ( )가 있는 식에서는 ( ) 안을 먼저 계산해요.

3 계산 순서를 잘못 나타낸 것을 찾아 기호를 써 보세요.

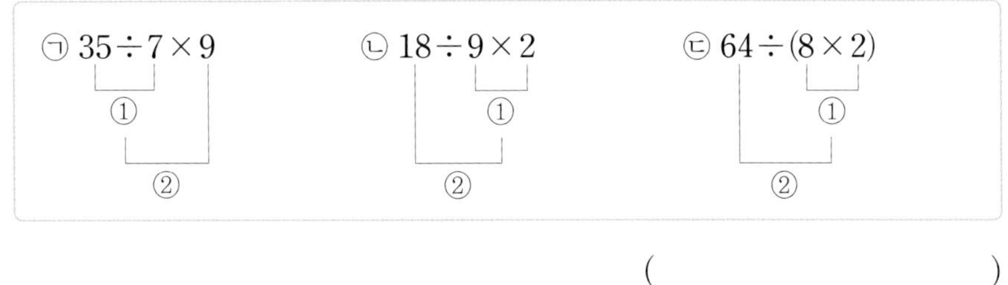

( )

곱셈과 나눗셈이 섞여 있는 식의 계산 순서를 알고 있는지 묻는 문제예요.

4 □ 안에 알맞은 수를 써넣으세요.

$84\div(6\times7)=84\div\square=\square$

①

②

곱셈과 나눗셈이 섞여 있고 ( )가 있는 식에서는 ( ) 안을 먼저 계산해요.

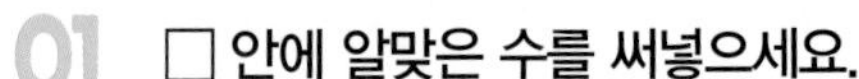

교과서 내용 학습

01 □ 안에 알맞은 수를 써넣으세요.

$72-25+18=\square+18=\square$

①: $72-25$
②: $\square+18$

02 〔중요〕 다음 식의 계산 결과는 어느 것인가요? (　　)

$56-(12+7)$

① 36　② 37　③ 44
④ 51　⑤ 75

03 바르게 계산한 것에 ○표 하세요.

$45-22+16=39$ (　　)

$30-(14+3)=19$ (　　)

04 다음 중 계산 결과가 다른 하나를 찾아 기호를 써 보세요.

㉠ $54\div9\times3$
㉡ $54\div(9\times3)$
㉢ $(54\div9)\times3$

(　　　　　　　)

05 두 식의 계산 결과의 합은 얼마인가요?

$81\div9\times4$　　$45\div5\times11$

(　　　　　　　)

06 〔중요〕 계산 결과를 비교하여 ○ 안에 >, =, <를 알맞게 써넣으세요.

$45\div5\times3$  $45\div(5\times3)$

07 (　　)가 없어도 계산 결과가 같은 식을 찾아 기호를 써 보세요.

㉠ $72\div(3\times2)$
㉡ $11\times(8\div4)$

(　　　　　　　)

08 다음 문제를 풀기 위해 식을 바르게 나타낸 것을 찾아 기호를 써 보세요.

어머니께서 사온 딸기가 모두 15개였습니다. 이 중에서 내가 5개를 먹고, 동생은 4개를 먹었다면 남은 딸기는 몇 개일까요?

㉠ $15-5+4$　　㉡ $15+5-4$
㉢ $15-(5+4)$　　㉣ $15+(5-4)$

(　　　　　　　　)

09 문구점의 학용품 가격을 나타낸 것입니다. 준호가 5000원을 내고 풀 1개와 공책 1권을 샀을 때 거스름돈은 얼마인지 하나의 식으로 나타내어 구해 보세요.

학용품	풀	가위	볼펜	공책
가격(원)	950	1400	750	1100

식

답

⊂어려운 문제⊃

10 민성이네 반 학생들은 한 모둠에 4명씩 네 모둠이 있습니다. 사탕 80개를 민성이네 반 학생들에게 똑같이 나누어 주려면 한 학생에게 사탕을 몇 개씩 나누어 주어야 하는지 하나의 식으로 나타내어 구해 보세요.

식

답

도움말 민성이네 반 학생 수를 구한 후 사탕 수를 학생 수로 나누어 줍니다.

문제해결 접근하기

11 어느 인형 공장에서 한 명이 한 시간에 인형을 12개씩 만들 수 있다고 합니다. 이 공장에서 6명이 인형 288개를 만드는 데 걸리는 시간은 모두 몇 시간인지 구해 보세요.

이해하기

구하려는 것은 무엇인가요?

답

계획 세우기

어떤 방법으로 문제를 해결하면 좋을까요?

답

해결하기

(1) 6명이 한 시간 동안 만들 수 있는 인형은 (□×6)개입니다.

(2) 6명이 인형 288개를 만드는 데 걸리는 시간을 구하는 식은 □÷(□×6)입니다.

(3) 이 공장에서 6명이 인형 288개를 만드는 데 걸리는 시간은 □시간입니다.

되돌아보기

어느 장난감 공장에서 한 명이 한 시간에 장난감 자동차를 15개씩 만들 수 있다고 합니다. 이 공장에서 5명이 장난감 자동차 600개를 만드는 데 걸리는 시간은 모두 몇 시간인지 구해 보세요.

답

개념 3 덧셈, 뺄셈, 곱셈이 섞여 있는 식을 계산해 볼까요

덧셈, 뺄셈, 곱셈이 섞여 있고 (　　)가 없는 식

• 덧셈, 뺄셈, 곱셈이 섞여 있는 식에서는 곱셈을 먼저 계산합니다.

$$20+2\times3-9=20+6-9$$
$$=26-9$$
$$=17$$

①, ②, ③

• 잘못된 계산

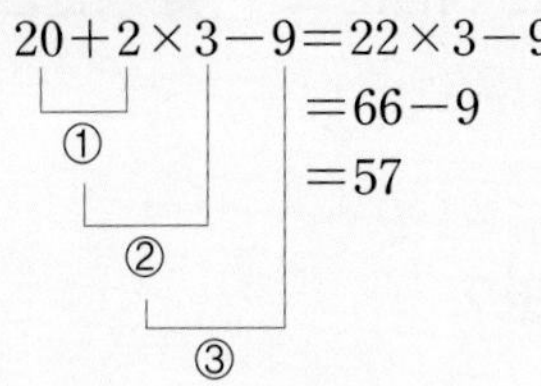

$20+2\times3-9=22\times3-9$
$=66-9$
$=57$

①, ②, ③

덧셈, 뺄셈, 곱셈이 섞여 있고 (　　)가 있는 식

• 덧셈, 뺄셈, 곱셈이 섞여 있고 (　　)가 있는 식에서는 (　　) 안을 가장 먼저 계산합니다.

$$(2+3)\times5-13=5\times5-13$$
$$=25-13$$
$$=12$$

①, ②, ③

• (　　)가 있는 식의 순서

(　　)가 없을 때와 있을 때의 계산 결과가 달라질 수 있으므로 계산 순서에 맞게 계산해야 합니다.

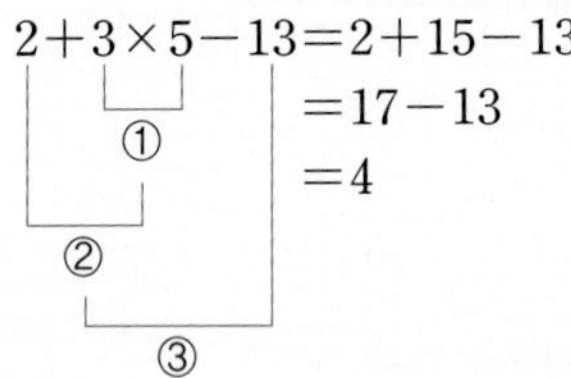

$2+3\times5-13=2+15-13$
$=17-13$
$=4$

①, ②, ③

개념 4 덧셈, 뺄셈, 나눗셈이 섞여 있는 식을 계산해 볼까요

덧셈, 뺄셈, 나눗셈이 섞여 있고 (　　)가 없는 식

• 덧셈, 뺄셈, 나눗셈이 섞여 있는 식에서는 나눗셈을 먼저 계산합니다.

$$27-15\div3+12=27-5+12$$
$$=22+12$$
$$=34$$

①, ②, ③

• 잘못된 계산

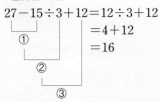

$27-15\div3+12=12\div3+12$
$=4+12$
$=16$

①, ②, ③

덧셈, 뺄셈, 나눗셈이 섞여 있고 (　　)가 있는 식

• 덧셈, 뺄셈, 나눗셈이 섞여 있고 (　　)가 있는 식에서는 (　　) 안을 가장 먼저 계산합니다.

$$64\div(4+12)-3=64\div16-3$$
$$=4-3$$
$$=1$$

①, ②, ③

• (　　)가 있는 식의 순서

(　　)가 없을 때와 있을 때의 계산 결과가 달라질 수 있으므로 계산 순서에 맞게 계산해야 합니다.

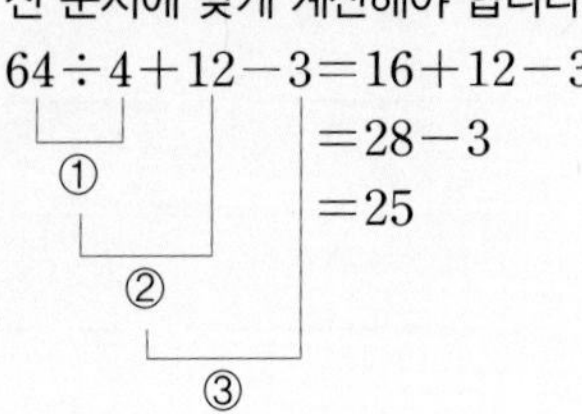

$64\div4+12-3=16+12-3$
$=28-3$
$=25$

①, ②, ③

문제를 풀며 이해해요

정답과 해설 3쪽

1 가장 먼저 계산해야 하는 부분에 ○표 하세요.

$$63-15\times3+10$$

덧셈, 뺄셈, 곱셈이 섞여 있는 식의 계산 순서를 알고 있는지 묻는 문제예요.

2 보기 와 같이 계산 순서를 나타내고 계산해 보세요.

보기

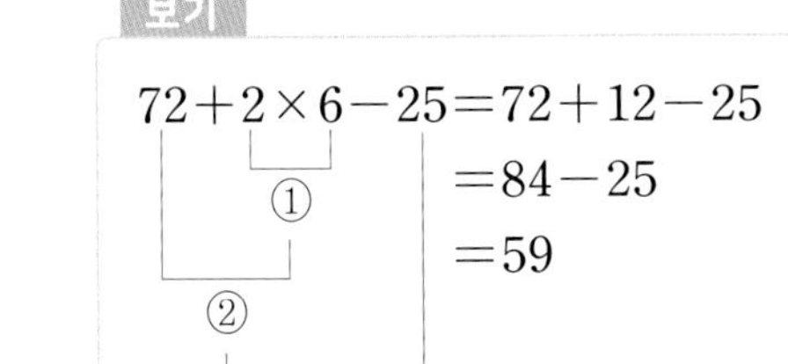

$$17+4\times(35-20)$$

덧셈, 뺄셈, 곱셈이 섞여 있는 식에서는 (　　)가 있으면 (　　) 안을 가장 먼저 계산하고 곱셈을 계산해요.

3 계산 순서에 맞게 기호를 차례로 써 보세요.

$$24+36\div6-3$$

↑ ↑ ↑

㉠ ㉡ ㉢

(　　　　　　　　　　　　)

덧셈, 뺄셈, 나눗셈이 섞여 있는 식의 계산 순서를 알고 있는지 묻는 문제예요.

4 □ 안에 알맞은 수를 써넣으세요.

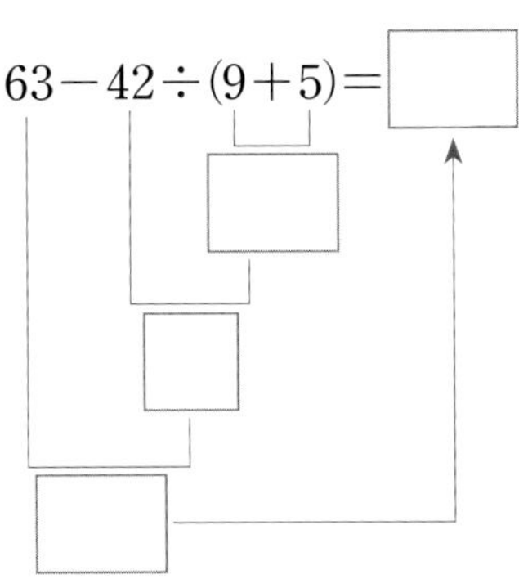

덧셈, 뺄셈, 나눗셈이 섞여 있는 식에서는 (　　)가 있으면 (　　) 안을 가장 먼저 계산하고 나눗셈을 계산해요.

교과서 내용 학습

01 계산해 보세요.

(1) $25+35-5\times 8$

(2) $(20+7)\times 2-19$

02 계산 결과를 찾아 이어 보세요.

$20-8\div 2+5$ •		• 11
$(31-17)\div 2+12$ •		• 19
		• 21

03 ⊂중요⊃ 계산 과정 중 틀린 곳을 찾아 바르게 계산해 보세요.

$$\begin{aligned}80-13\times 2+5&=67\times 2+5\\&=134+5\\&=139\end{aligned}$$

04 계산 결과는 얼마인지 구해 보세요.

$165-96\div 4+12$

(　　　　　　　　)

05 계산 결과를 비교하여 ○ 안에 >, =, <를 알맞게 써넣으세요.

$21+36\div 12-3$  $21+36\div(12-3)$

06 ⊂중요⊃ 계산 결과가 가장 큰 것을 찾아 기호를 써 보세요.

㉠ $17\times(2+9)-110$
㉡ $60\times 2+9-43$
㉢ $77\div 11+80-6$

(　　　　　　　　)

07 하나의 식으로 나타내고 계산해 보세요.

84를 12와 8의 차로 나눈 몫에 9를 더한 수

식 ______________________

답 ______________

정답과 해설 3쪽

08 다음 식이 성립하도록 ( )로 묶어 보세요.

$$65 - 39 + 9 \div 12 = 61$$

09 지원이는 일주일 동안 줄넘기를 100번 하기로 목표로 정하였습니다. 6일 동안은 줄넘기를 하루에 13번씩 하였습니다. 마지막 날에는 목표에서 남은 횟수보다 5번 더 하였다면 지원이가 마지막 날에 한 줄넘기 횟수를 하나의 식으로 나타내어 구해 보세요.

식 ____________________

답 ____________________

⊂어려운 문제⊃

10 수진이네 반 남학생 16명은 4명씩 한 모둠을 만들고 여학생 15명은 3명씩 한 모둠을 만들었습니다. 이 중에서 3모둠만 봉사활동을 갔다면 봉사활동을 가지 않은 모둠은 몇 모둠인지 하나의 식으로 나타내어 구해 보세요.

식 ____________________

답 ____________________

도움말 남학생 모둠 수와 여학생 모둠 수를 구하여 더한 후 봉사활동을 간 모둠 수를 빼서 구합니다.

문제해결 접근하기

11 승원이는 자신의 용돈 5000원과 할머니께서 주신 돈 5500원을 가지고 시장에 갔습니다. 시장에서 1줄에 2500원짜리 김밥 3줄을 샀다면 승원이에게 남은 돈은 얼마인지 구해 보세요.

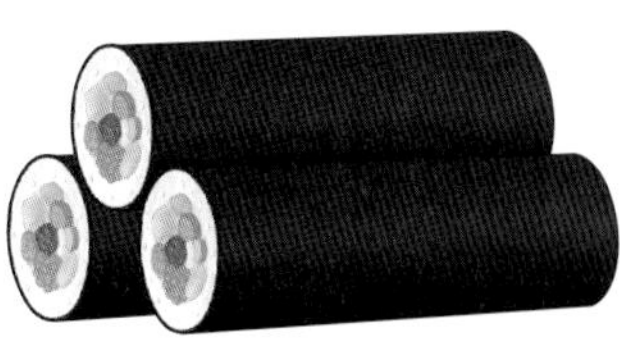

이해하기

구하려는 것은 무엇인가요?

답 ____________________

계획 세우기

어떤 방법으로 문제를 해결하면 좋을까요?

답 ____________________

해결하기

(1) 승원이의 용돈과 할머니께서 주신 돈을 모두 더하면 (5000＋☐)원입니다.

(2) 시장에서 1줄에 2500원짜리 김밥 3줄을 사고 남은 돈을 구하는 식은

5000＋☐－2500×☐ 입니다.

(3) 김밥 3줄을 사고 승원이에게 남은 돈은

☐원입니다.

되돌아보기

민재는 가지고 있던 돈 5000원으로 한 권에 1200원인 공책 4권을 샀습니다. 부모님이 용돈 2500원을 주셨다면 민재가 현재 가지고 있는 돈은 모두 얼마인지 구해 보세요.

답 ____________________

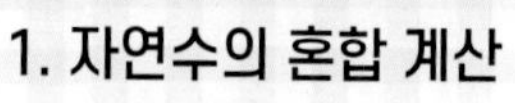

개념 5 덧셈, 뺄셈, 곱셈, 나눗셈이 섞여 있는 식을 계산해 볼까요

• 덧셈, 뺄셈, 곱셈, 나눗셈이 섞여 있는 식의 계산 순서
① 곱셈과 나눗셈을 먼저 계산합니다.
② 덧셈과 뺄셈을 앞에서부터 차례로 계산합니다.

덧셈, 뺄셈, 곱셈, 나눗셈이 섞여 있는 식

• 덧셈, 뺄셈, 곱셈, 나눗셈이 섞여 있는 식에서는 곱셈과 나눗셈을 먼저 계산합니다.

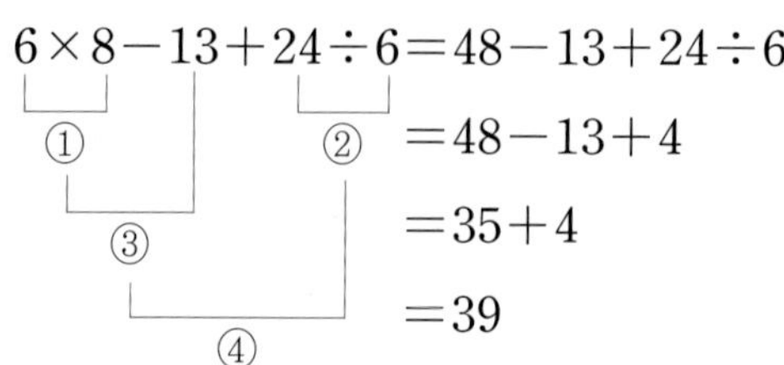

$6\times8-13+24\div6=48-13+24\div6$
$=48-13+4$
$=35+4$
$=39$

①, ②, ③, ④

$72\div4-3\times4+28=18-3\times4+28$
$=18-12+28$
$=6+28$
$=34$

①, ②, ③, ④

개념 6 덧셈, 뺄셈, 곱셈, 나눗셈, (　)가 섞여 있는 식을 계산해 볼까요

• (　)가 있는 식의 계산 순서
(　)가 없을 때와 있을 때의 계산 결과가 달라질 수 있으므로 계산 순서에 맞게 계산해야 합니다.

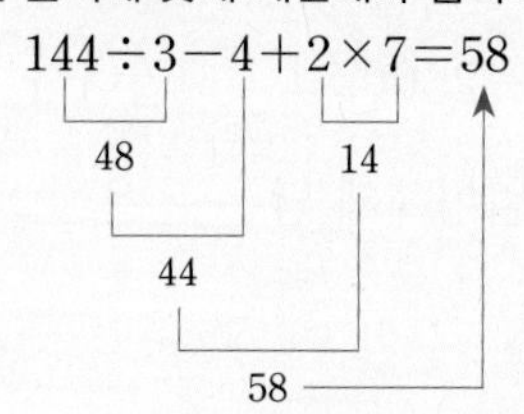

덧셈, 뺄셈, 곱셈, 나눗셈, (　)가 섞여 있는 식

• 덧셈, 뺄셈, 곱셈, 나눗셈이 섞여 있고 (　)가 있는 식에서는 (　) 안을 가장 먼저 계산합니다.

$144\div3-(4+2)\times7=144\div3-6\times7$
$=48-6\times7$
$=48-42$
$=6$

②, ①, ③, ④

• 덧셈, 뺄셈, 곱셈, 나눗셈이 섞여 있고 (　)가 있는 식의 계산 순서
① (　)가 있으면 (　) 안을 가장 먼저 계산합니다.
➡ (　) 안의 식에 +, −, ×, ÷가 섞여 있으면 [×, ÷] → [+, −] 의 순서로 계산합니다.
② 곱셈과 나눗셈을 먼저 계산하고, 덧셈과 뺄셈을 계산합니다.

문제를 풀며 이해해요

정답과 해설 4쪽

1 계산 순서에 맞게 기호를 차례로 써 보세요.

(1)

$12\times5-21+36\div6$

↑ ㉠ (×), ↑ ㉡ (−), ↑ ㉢ (+), ↑ ㉣ (÷)

(　　　　　　　　　　)

(2)

$75\div3-(9+3)\times2$

↑ ㉠ (÷), ↑ ㉡ (−), ↑ ㉢ (+), ↑ ㉣ (×)

(　　　　　　　　　　)

덧셈, 뺄셈, 곱셈, 나눗셈이 섞여 있고, (　)가 있는 식을 바르게 계산할 수 있는지 묻는 문제예요.

2 □ 안에 알맞은 수를 써넣으세요.

(1) $20-56\div8+17\times2=$□

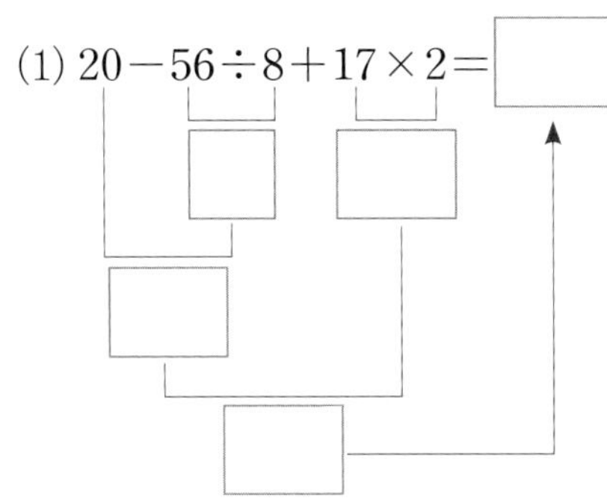

(2) $24\times3+81\div9-7=$□

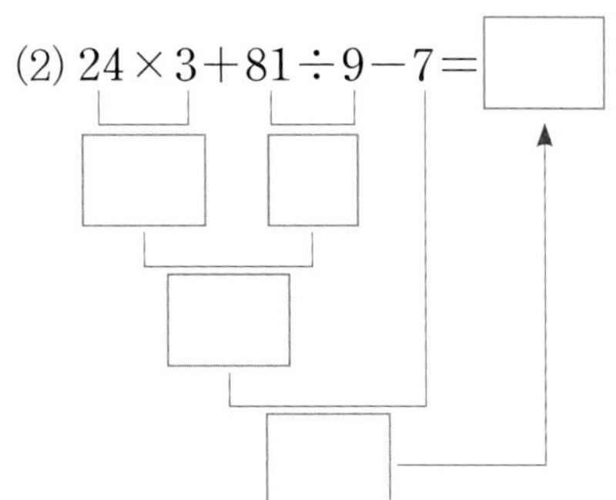

덧셈, 뺄셈, 곱셈, 나눗셈이 섞여 있는 식에서는 곱셈과 나눗셈을 먼저 계산해요.

3 보기 와 같이 계산 순서를 나타내고 계산해 보세요.

보기

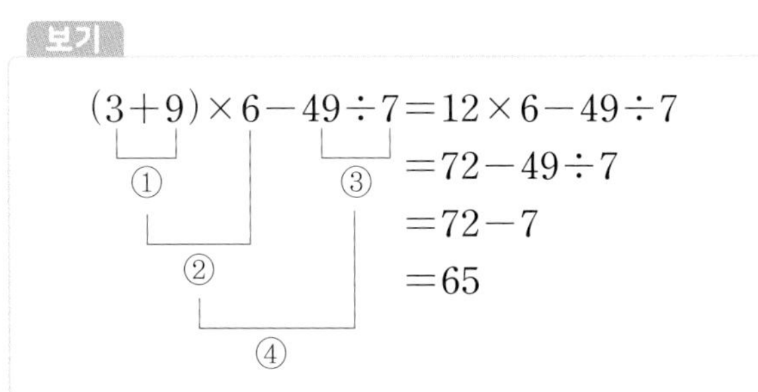

$(3+9)\times6-49\div7=12\times6-49\div7$

$=72-49\div7$

$=72-7$

$=65$

①, ②, ③, ④

$24\times(11-2)\div36+7$

덧셈, 뺄셈, 곱셈, 나눗셈이 섞여 있는 식에서는 (　)가 있으면 (　) 안을 가장 먼저 계산하고 곱셈과 나눗셈을 계산해요.

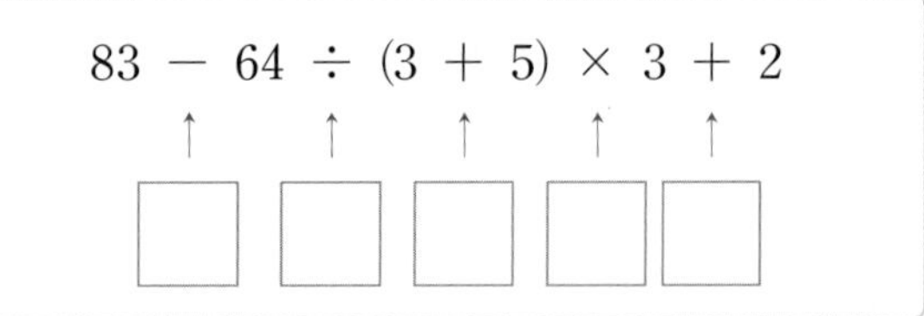

교과서 내용 학습

01 계산 순서에 맞게 □ 안에 번호를 써넣으세요.

$$83 \underset{\square}{\underset{\uparrow}{-}} 64 \underset{\square}{\underset{\uparrow}{\div}} (3 \underset{\square}{\underset{\uparrow}{+}} 5) \underset{\square}{\underset{\uparrow}{\times}} 3 \underset{\square}{\underset{\uparrow}{+}} 2$$

02 계산 순서를 나타내고 계산해 보세요.

$$21\times(8+3)\div7-17$$

03 다음 식의 계산 결과를 찾아 ○표 하세요.

$$16\times3-24\div8+14$$

17	57	59
(　　)	(　　)	(　　)

04 ⊂중요⊃

두 식의 계산 결과의 차를 □ 안에 써넣으세요.

$21+36\div(12-3)\times4$

$4\times15-42+30\div5$

→ □

05 다음 식이 성립하도록 (　　)로 묶어 보세요.

$$81-15\times9\div3+2=54$$

06 다음 중 계산 결과가 가장 작은 것을 찾아 기호를 써 보세요.

㉠ $32\div8+(10-6)\times7$

㉡ $(12+3)\times3-20\div4$

㉢ $5\times3+(140-5)\div9$

(　　　　　　)

07 □ 안에 들어갈 수 있는 자연수는 모두 몇 개인가요?

$$30-5\times56\div(5+9)>\square$$

(　　　　　　)

정답과 해설 4쪽

08 하정이는 한 묶음에 15장인 색종이를 6묶음을 사서 동생과 똑같이 나누어 가졌습니다. 하정이는 나누어 가진 색종이 중 11장을 종이접기를 하는 데 사용한 후 7장 더 샀습니다. 하정이가 가지고 있는 색종이는 몇 장인지 하나의 식으로 나타내어 구해 보세요.

식 ______________________

답 ______________________

09 카레 2인분을 만들려고 합니다. 10000원으로 필요한 재료를 사고 남은 돈이 얼마인지 하나의 식으로 나타내어 구해 보세요.

감자(4인분)	당근(1인분)	양파(8인분)
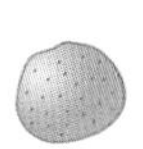	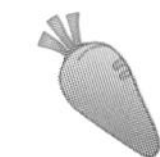	
4800원	800원	7200원

식 ______________________

답 ______________________

⊂어려운 문제⊃

10 어떤 수에서 3을 빼고 2로 나눈 다음 5의 4배를 더했더니 24가 되었습니다. 어떤 수는 얼마인가요?

( )

도움말 어떤 수를 □라 하여 계산 순서에 맞게 식을 만들어 구해 봅니다.

문제해결 접근하기

11 민준이는 문구점에서 풀 2개, 공책 5권, 지우개 3개를 사려고 합니다. 민준이가 10000원을 냈다면 거스름돈은 얼마인지 구해 보세요.

풀 1개	공책 10권	지우개 1개
900원	6000원	700원

이해하기

구하려는 것은 무엇인가요?

답 ______________________

계획 세우기

어떤 방법으로 문제를 해결하면 좋을까요?

답 ______________________

해결하기

(1) 민준이가 문구점에 내야 할 돈은

(900×□+6000÷□+700×□)

원입니다.

(2) 민준이가 10000원을 냈으므로 거스름돈을 구하는 식은

10000−(900×□+6000÷□

+700×□)입니다.

(3) 거스름돈은 □원입니다.

되돌아보기

지선이가 같은 문구점에서 풀 3개, 공책 20권, 지우개 5개를 사고 20000원을 냈다면 거스름돈은 얼마인지 구해 보세요.

답 ______________________

단원 확인 평가

01 계산해 보세요.

(1) $54-21+18$

(2) $48\div12\times9$

02 계산 결과가 다른 하나를 찾아 기호를 써 보세요.

㉠ $42\times7\div6$	㉡ $42\div6\times7$
㉢ $7\times42\div6$	㉣ $42\div(6\times7)$

(   )

03 계산 결과를 찾아 이어 보세요.

$40+22-10\times5$	• •	300
$40+(22-10)\times5$	• •	100
$(40+22)\times5-10$	• •	12

04 길이가 각각 22 cm, 30 cm인 색 테이프 2장을 그림과 같이 겹쳐지게 이어 붙였습니다. 이어 붙인 색 테이프의 길이는 몇 cm인지 하나의 식으로 나타내어 구해 보세요.

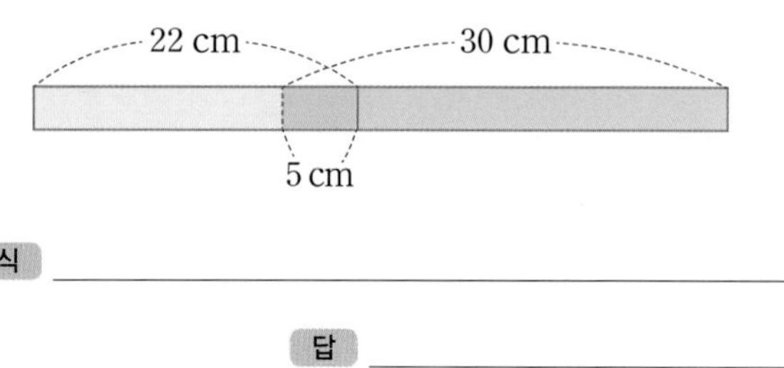

식 ____________________

답 ____________________

⊂서술형⊃

05 과일 가게에서 사과 84개를 한 봉지에 6개씩 담아서 팝니다. 한 봉지에 4200원씩 받고 모두 팔았다면 사과를 팔고 받은 돈은 얼마인지 풀이 과정을 쓰고 답을 구해 보세요.

풀이

(1) 사과 84개를 한 봉지에 6개씩 담았으므로 사과가 담긴 봉지의 수를 나타내는 식은 (   )÷6입니다.

(2) 한 봉지에 4200원씩 받고 팔았으므로 사과를 팔고 받은 돈을 하나의 식으로 나타내면 (   )÷6×(   )입니다.

(3) 사과를 팔고 받은 돈은 (   )원입니다.

답 ____________________

06 초콜릿 공장에서 한 명이 한 시간 동안 초콜릿을 15개씩 만들 수 있다고 합니다. 세 명이 초콜릿 225개를 만들려면 몇 시간이 걸리는지 하나의 식으로 나타내어 구해 보세요.

식 ______________________

답 ______________

07 (　　)가 없어도 계산 결과가 같은 식은 어느 것인가요? (　　　)

① $(45-9)\div3$
② $7\times(11-8)$
③ $(77\div7)-5$
④ $33-(21+4)$
⑤ $9\times(21+5)$

08 다음 식이 성립하도록 (　　)로 묶어 보세요.

$$42 - 29 \times 2 + 9 = 35$$

09 다음 식에서 마지막으로 계산해야 하는 부분의 기호를 써 보세요.

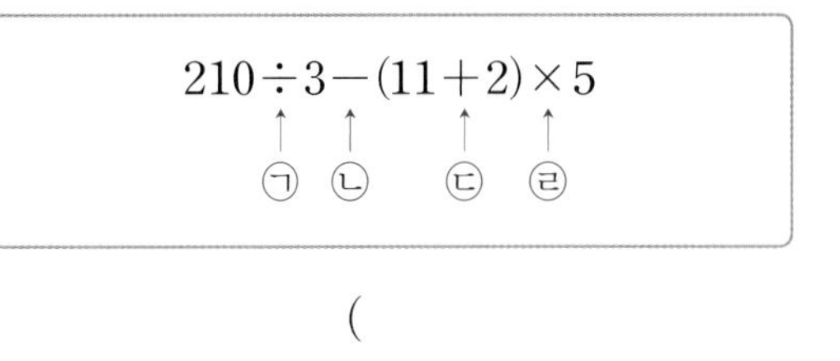

(　　　　　　　　　　)

중요

10 친구들이 대화를 하고 있습니다. 자연수의 혼합 계산에 대해 잘못 설명한 친구의 이름을 써 보세요.

윤서: (　　)가 있는 식은 (　　) 안을 가장 먼저 계산해야 해.
지은: 덧셈과 뺄셈이 섞여 있는 식은 앞에서부터 차례대로 계산해야 해.
슬기: 덧셈, 뺄셈, 나눗셈이 섞여 있는 식도 앞에서부터 차례대로 계산해야 해.
주환: 덧셈, 뺄셈, 곱셈, 나눗셈이 섞여 있는 식은 곱셈과 나눗셈을 먼저 계산해야 해.

(　　　　　　　　　　)

11 두 식을 (   )를 사용하여 하나의 식으로 바르게 나타낸 것은 어느 것인가요? (   )

$36 \div 6 + 29 = 35$, $21 - 15 = 6$

① $36 \div 6 + (21 - 15) = 35$
② $36 \div 6 + 29 = 35 + (21 - 15)$
③ $36 \div (21 - 15) + 29 = 35$
④ $(36 \div 6) + 29 + 21 - 15 = 35$
⑤ $(21 - 15) \div 6 + 29 = 35$

중요

12 계산 순서를 나타내고 계산해 보세요.

$32 \times 8 - 126 \div 2 + 7$

13 대화를 보고 지윤이와 영준이가 일주일 동안 읽은 책은 모두 몇 쪽인지 구해 보세요.

지윤: 난 일주일 동안 매일 책을 35쪽씩 읽었어.
영준: 난 일주일 중 3일은 책을 읽지 않고 나머지 날은 하루에 50쪽씩 읽었어.

(   )

14 계산 과정 중 틀린 곳을 찾아 바르게 계산해 보세요.

$$4 \times (14 + 6) - 37 = 56 + 6 - 37$$
$$= 62 - 37$$
$$= 25$$

⬇

15 빈 곳에 계산 결과의 합을 써넣으세요.

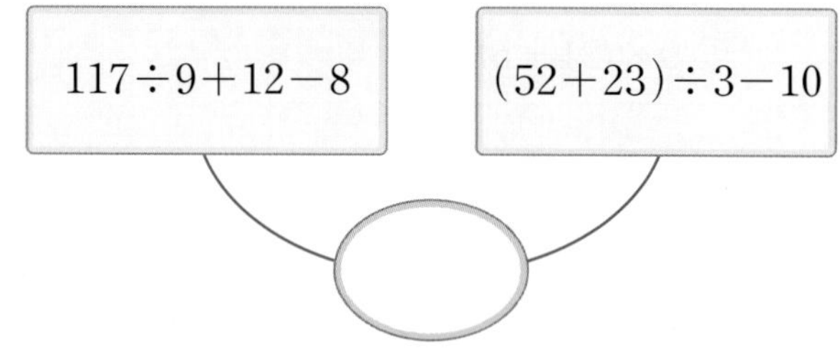

16 계산 결과가 작은 것부터 기호를 차례로 써 보세요.

㉠ $(32-29)\times2+9$
㉡ $(25+41)\div6-2$
㉢ $16\times3\div4-2$

(　　　　　　　　)

⊂서술형⊃

17 □ 안에 알맞은 수를 구하는 풀이 과정을 쓰고 답을 구해 보세요.

$72\div3-(12+7)=(11+9)\div2-\square$

풀이

(1) $72\div3-(12+7)$을 계산하면 (　　　　)입니다.

(2) $(11+9)\div2$를 계산하면 (　　　　)입니다.

(3) □ 안에 알맞은 수는 (　　　　)입니다.

답 ____________________

18 똑같은 음료수 5개가 들어 있는 상자의 무게를 재어 보니 1380 g이었습니다. 여기에 똑같은 음료수 2개를 더 넣어서 무게를 재어 보니 1860 g이었습니다. 상자 만의 무게는 몇 g인지 하나의 식으로 나타내어 구해 보세요.

식 ____________________

답 ____________________

⊂어려운 문제⊃

19 □ 안에 알맞은 수를 구해 보세요.

$36-(\square+14)\times3\div12=24$

(　　　　　　　　)

⊂어려운 문제⊃

20 수 카드 [2], [3], [8]을 모두 한 번씩 사용하여 다음 식을 만들려고 합니다. 계산 결과가 가장 클 때와 가장 작을 때의 값은 각각 얼마인지 구해 보세요.

$48\div(\square\times\square)+\square$

가장 클 때 (　　　　　　　　)
가장 작을 때 (　　　　　　　　)

사칙 연산 기호(+, −, ×, ÷)의 유래에 대해 알아볼까요?

우리가 혼합 계산을 할 때 사용한 +, −, ×, ÷ 기호는 어떻게 해서 만들어지게 되었을까요?

1 +, −를 알아보자!

덧셈 기호와 뺄셈 기호는 독일의 수학자 와이드만이 1489년에 발행한 〈모든 거래의 현명하고 깔끔한 계산〉이라는 책에서 최초로 등장했다고 합니다.

이 당시만 해도 우리가 사용한 덧셈과 뺄셈의 개념보다는 더 많거나 부족하다는 개념으로 사용했었고 공식적인 기호가 아닌 과거 유럽 사람들이 사용하는 방식에서 착안하여 개인적으로 사용한 기호라고 합니다.
덧셈 기호 '+'는 더한다는 뜻의 라틴어 'et'를 지속적으로 흘려 쓰는 과정에서 만들어진 것으로 학자들은 분석하고 있습니다.
뺄셈 기호 '−'는 모자라다는 뜻의 라틴어 'minus'의 첫 글자 'm'을 빠르게 쓰다가 만들어졌다고 합니다.
이러한 기호를 수학적으로 사용할 수 있게 만든 사람은 비에트라고 합니다.

나는 이런 기호를 수학적으로 사용할 수 있게 만들었지.

와이드만

비에트

2 ×, ÷를 알아보자!

곱셈 기호 '×'는 1631년 영국의 수학자 오트렛이 자신의 저서인 〈수학의 열쇠〉에서 처음 인쇄물에 등장하였습니다. 기존에는 +를 곱하기로 사용하고자 했지만 이미 더하기로 사용되고 있어서 +를 눕혀 ×로 사용했습니다. 그런데 이 ×가 알파벳 x와 형태가 같았기 때문에 곱셈 기호 ×를 알파벳 x보다 좀 더 크게 써서 사용했습니다.

나눗셈 기호 '÷'는 스위스의 수학자 란이 1659년에 출판한 〈대수학〉이라는 책에서 처음으로 썼다고 합니다. 나눗셈 기호 ÷를 사용하기 이전에는 나눗셈에 대한 개념이 분수로만 표현되거나 비율 정도로만 표현되었기 때문에 나눗셈 기호를 따로 사용하지 않았고, 비율을 나타내는 기호 ':'로 표현되어 왔습니다. 그러다 란은 비율을 표현한 :에서 가로 획을 더 그어 나눗셈 기호 ÷를 만들어 냈습니다.

우리가 지금 사용하고 있는 +, −, ×, ÷ 기호가 다양한 사람들에 의해 아주 오래 전에 만들어졌다니 신기하죠?

오트렛

란

2 단원

약수와 배수

진영이네 학교 5학년 학생들은 교내 체육대회에 참여했습니다. 체육대회에 참여하는 진영이네 반 친구들은 두 명씩 짝을 지어 12줄로 서 있습니다. 진영이네 반 친구들은 모두 몇 명일까요?

5학년 학생이 모두 100명이라고 할 때, 달리기를 하기 위해 5명씩 줄을 섰다면, 모두 몇 줄을 만들 수 있을까요?

이번 2단원에서는 약수와 배수를 이해하고 약수와 배수의 관계를 알아봅니다. 또한 공약수와 최대공약수, 공배수와 최소공배수를 이해하고, 최대공약수와 최소공배수를 구하는 방법을 배울 거예요.

단원 학습 목표

1. 약수와 배수의 의미를 알고 구할 수 있습니다.
2. 약수와 배수의 관계를 이해할 수 있습니다.
3. 공약수와 최대공약수의 의미를 알고 구할 수 있습니다.
4. 공배수와 최소공배수의 의미를 알고 구할 수 있습니다.
5. 최대공약수와 최소공배수를 여러 가지 방법으로 구할 수 있습니다.
6. 약수와 배수와 관련된 실생활 문제를 해결할 수 있습니다.

단원 진도 체크

회차	구성		진도 체크
1차	개념 1 약수와 배수를 알아볼까요 개념 2 곱을 이용하여 약수와 배수의 관계를 알아볼까요	개념 확인 학습 + 문제 / 교과서 내용 학습	✓
2차	개념 3 공약수와 최대공약수를 알아볼까요 개념 4 최대공약수를 구해 볼까요	개념 확인 학습 + 문제 / 교과서 내용 학습	✓
3차	개념 5 공배수와 최소공배수를 알아볼까요 개념 6 최소공배수를 구해 볼까요	개념 확인 학습 + 문제 / 교과서 내용 학습	✓
4차	단원 확인 평가		✓
5차	수학으로 세상보기		✓

해당 부분을 공부한 후 ✓표를 하세요.

개념 1 약수와 배수를 알아볼까요

• **약수**
- ■의 약수는 무수히 많지 않습니다.
- ■의 약수 중에서 가장 작은 수는 1이고, ■의 약수에는 ■가 항상 포함됩니다.

약수

• 어떤 수를 나누어떨어지게 하는 수를 그 수의 약수라고 합니다.

㉠ 6을 나누어떨어지게 하는 수를 6의 약수라고 합니다.

1, 2, 3, 6은 6의 약수입니다.

• **배수**
- 모든 수는 1의 배수입니다.
- ■의 배수는 무수히 많습니다.
- ■의 배수 중에서 가장 작은 수는 ■이고, ■의 배수에는 ■가 항상 포함됩니다.

배수

• 어떤 수를 1배, 2배, 3배, ... 한 수를 그 수의 배수라고 합니다.

㉠ 2를 1배, 2배, 3배, ... 한 수를 2의 배수라고 합니다.

2, 4, 6, ...은 2의 배수입니다.

개념 2 곱을 이용하여 약수와 배수의 관계를 알아볼까요

• **약수와 배수의 관계 알아보기**
큰 수를 작은 수로 나누었을 때 나누어떨어지면 두 수는 약수와 배수의 관계입니다.

㉠ $18 \div 6 = 3$

➡ 18은 6의 배수이고 6은 18의 약수입니다.

약수와 배수의 관계

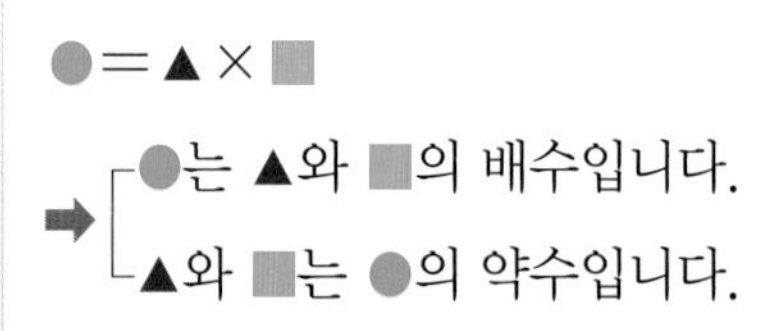

• 두 수의 곱으로 나타내어 약수와 배수의 관계 알아보기

$12=1\times12$ $12=2\times6$ $12=3\times4$

➡ 12는 1, 2, 3, 4, 6, 12의 배수입니다.
1, 2, 3, 4, 6, 12는 12의 약수입니다.

• 여러 수의 곱으로 나타내어 약수와 배수의 관계 알아보기

$16=1\times16$ $16=2\times8$ $16=4\times4$ $16=2\times2\times2\times2$

➡ 16은 1, 2, 4, 8, 16의 배수입니다.
1, 2, 4, 8, 16은 16의 약수입니다.

문제를 풀며 이해해요

정답과 해설 8쪽

1 **15의 약수를 구하려고 합니다. 물음에 답하세요.**

(1) □ 안에 알맞은 수를 써넣으세요.

$15\div1=15$, $15\div3=\square$,

$15\div5=\square$, $15\div15=\square$

(2) 15의 약수를 모두 구해 보세요.

(　　　　　　　　　　　　　　)

약수와 배수의 의미를 알고, 구할 수 있는지 묻는 문제예요.

2 **□ 안에 알맞은 수를 써넣으세요.**

(1) 3을 1배 한 수 → $3\times1=\square$

3을 2배 한 수 → $3\times2=\square$

3을 3배 한 수 → $3\times3=\square$

3을 4배 한 수 → $3\times4=\square$

3을 5배 한 수 → $3\times5=\square$

(2) 3의 배수를 가장 작은 수부터 5개 써 보세요.

(　　　　　　　　　　　　　　)

어떤 수를 1배, 2배, 3배, ... 한 수가 그 수의 배수예요.

3 **곱셈식을 보고 □ 안에 알맞은 말을 써넣으세요.**

$9=1\times9$　　$9=3\times3$

(1) 9는 1, 3, 9의 □ 입니다.

(2) 1, 3, 9는 9의 □ 입니다.

약수와 배수의 관계를 이해하고 있는지 묻는 문제예요.

4 **곱셈식을 보고 □ 안에 알맞은 수를 써넣으세요.**

$20=1\times20$　　$20=2\times10$　　$20=4\times5$　　$20=2\times2\times5$

(1) 20은 □, □, □, □, □, □ 의 배수입니다.

(2) □, □, □, □, □, □ 은(는) 20의 약수입니다.

어떤 수를 두 수의 곱으로 나타냈을 때 곱으로 나타낸 수들이 어떤 수의 약수가 되지요.

교과서 내용 학습

01 약수를 모두 구해 보세요.

(1) 10의 약수

➡ (   )

(2) 24의 약수

➡ (   )

02 왼쪽 수가 오른쪽 수의 약수인 것은 어느 것인가요? (   )

① (5, 17)　② (9, 21)
③ (5, 15)　④ (4, 29)
⑤ (7, 15)

03 약수가 3개인 수는 어느 것인가요? (   )

① 8　② 15　③ 20
④ 25　⑤ 30

04 주어진 수 배열표에서 5의 배수를 모두 찾아 ○표 하세요.

1	2	3	4	5
6	7	8	9	10
11	12	13	14	15

05 배수를 가장 작은 수부터 차례로 4개 써 보세요.

(1) 9의 배수

➡ (   )

(2) 12의 배수

➡ (   )

06 중요

곱셈식을 보고 설명한 것으로 알맞지 않은 것은 어느 것인가요? (   )

$4 \times 2 = 8$

① 2는 8의 약수입니다.
② 4는 8의 약수입니다.
③ 8은 2의 배수입니다.
④ 8은 4의 배수입니다.
⑤ 8의 약수는 2와 4뿐입니다.

07 두 수가 약수와 배수의 관계인 것을 모두 찾아 이어 보세요.

4 •	• 30
5 •	• 40
8 •	• 48

정답과 해설 8쪽

08 왼쪽 수가 오른쪽 수의 배수일 때 □ 안에 들어갈 수 있는 수를 모두 구해 보세요.

(28, □)

(　　　　　　　　　　)

09 다음 설명 중 옳은 것을 모두 찾아 기호를 써 보세요.

㉠ 1은 모든 수의 약수입니다.
㉡ 10의 약수는 모두 20의 약수입니다.
㉢ 10의 배수는 모두 20의 배수입니다.

(　　　　　　　　　　)

⊂어려운 문제⊃

10 12의 배수 중에서 80에 가장 가까운 수를 구해 보세요.

(　　　　　　　　　　)

도움말 80보다 작은 수 중 가장 큰 12의 배수와 80보다 큰 수 중 가장 작은 12의 배수를 비교합니다.

문제해결 접근하기

11 다음 조건을 모두 만족하는 수를 구해 보세요.

- 30보다 크고 60보다 작습니다.
- 5의 배수입니다.
- 8의 배수입니다.

이해하기

구하려는 것은 무엇인가요?

답 ______________________

계획 세우기

어떤 방법으로 문제를 해결하면 좋을까요?

답 ______________________

해결하기

(1) 30보다 크고 60보다 작은 5의 배수는

5×7=□, 5×8=□,

5×9=□, 5×10=□,

5×11=□입니다.

(2) 이 중에서 8의 배수는

8×□=□입니다.

(3) 조건을 모두 만족하는 수는 □입니다.

되돌아보기

다음 조건을 모두 만족하는 수는 몇 개인지 구해 보세요.

- 20보다 크고 50보다 작습니다.
- 7의 배수입니다.
- 짝수입니다.

답 ______________________

개념 3 공약수와 최대공약수를 알아볼까요

- 공약수와 최대공약수
  - 1은 항상 어떤 두 수의 공약수입니다.
  - 두 수의 공약수는 1개 또는 여러 개이지만 최대공약수는 항상 1개입니다.

공약수와 최대공약수

- 두 수의 공통된 약수를 두 수의 공약수라 하고, 공약수 중에서 가장 큰 수를 두 수의 최대공약수라 합니다.

㉮ 16과 24의 공약수와 최대공약수 구하기

16의 약수: 1, 2, 4, 8, 16

24의 약수: 1, 2, 3, 4, 6, 8, 12, 24

16과 24의 공약수: 1, 2, 4, 8

16과 24의 최대공약수: 8

공약수와 최대공약수의 관계

- 두 수의 공약수는 두 수의 최대공약수의 약수와 같습니다.

㉮ 16과 24의 공약수: 1, 2, 4, 8

16과 24의 최대공약수: 8

16과 24의 최대공약수인 8의 약수: 1, 2, 4, 8

→ 같습니다.

개념 4 최대공약수를 구해 볼까요

- 약수와 배수의 관계인 두 수의 최대공약수

  약수와 배수의 관계인 두 수의 최대공약수는 두 수 중 작은 수입니다.

  ㉮ 7과 14의 최대공약수: 7

- 공약수를 이용하여 최대공약수 구하는 방법
  ① 1 이외의 공약수로 두 수를 나누고 각각의 몫을 밑에 씁니다.
  ② 1 이외의 공약수가 없을 때까지 나눗셈을 계속합니다.
  ③ 나눈 공약수들의 곱이 처음 두 수의 최대공약수가 됩니다.

최대공약수 구하는 방법 알아보기

- 16과 24의 최대공약수 구하기

방법 1 여러 수의 곱으로 나타낸 곱셈식을 이용하여 최대공약수 구하기

$16=2\times2\times2\times2 \quad 24=2\times2\times2\times3$

$2\times2\times2=8$ ➡ 16과 24의 최대공약수

방법 2 두 수의 공약수를 이용하여 최대공약수 구하기

16과 24의 공약수 → 2) 16 24

8과 12의 공약수 → 2) 8 12

4와 6의 공약수 → 2) 4 6

2 3

$2\times2\times2=8$ ➡ 16과 24의 최대공약수

문제를 풀며 이해해요

정답과 해설 9쪽

1 **9와 12의 공약수와 최대공약수를 구해 보세요.**

9의 약수: 1, 3, 9
12의 약수: 1, 2, 3, 4, 6, 12

공약수 (　　　　　　　　　　)
최대공약수 (　　　　　　　　　　)

공약수와 최대공약수의 의미를 알고, 구할 수 있는지 묻는 문제예요.

2 **24와 30의 최대공약수를 구하려고 합니다. 물음에 답하세요.**

(1) 24와 30의 약수를 모두 써 보세요.

24의 약수	
30의 약수	

(2) 위 (1)의 표에서 24와 30의 공약수를 모두 찾아 ○표 하세요.

(3) 24와 30의 최대공약수를 구해 보세요.

(　　　　　　　　　　)

공약수는 공통된 약수이고, 최대공약수는 공약수 중에서 가장 큰 수예요.

3 **곱셈식을 보고 42와 54의 최대공약수를 구해 보세요.**

$42=2\times3\times7$　　$54=2\times3\times3\times3$

(　　　　　　　　　　)

42와 54를 여러 수의 곱으로 나타낸 것 중 공통된 부분을 확인해요.

4 **36과 48의 최대공약수를 구해 보세요.**

$$
\begin{array}{r|rr}
2 & 36 & 48 \\
\hline
2 & 18 & 24 \\
\hline
3 & 9 & 12 \\
\hline
 & 3 & 4
\end{array}
$$

(　　　　　　　　　　)

1 이외의 공약수로 36과 48을 나누고 각각의 몫을 밑에 썼을 때, 왼쪽의 공약수들의 곱이 최대공약수가 돼요.

교과서 내용 학습

01 15와 40의 약수를 모두 쓰고, 15와 40의 공약수와 최대공약수를 구해 보세요.

15의 약수	
40의 약수	

공약수 ( )
최대공약수 ( )

02 14와 42의 공약수가 아닌 것은 어느 것인가요? ( )

① 1 ② 2 ③ 7
④ 14 ⑤ 21

03 45와 63을 어떤 수로 나누면 두 수 모두 나누어떨어집니다. 어떤 수를 모두 구해 보세요.

( )

04 어떤 두 수의 최대공약수가 10일 때 두 수의 공약수를 모두 써 보세요.

( )

05 36과 54를 여러 수의 곱으로 나타내고 최대공약수를 구하려고 합니다. □ 안에 알맞은 수를 써넣으세요.

36=2×□×□×□
54=2×□×□×□
➡ 최대공약수: □×□×□=□

06 두 수의 최대공약수를 구해 보세요.

) 18 30

( )

중요

07 두 수의 최대공약수가 가장 큰 것을 찾아 기호를 써 보세요.

㉠ (48, 64) ㉡ (30, 45) ㉢ (40, 70)

( )

정답과 해설 9쪽

08
사탕 36개와 초콜릿 24개를 최대한 많은 학생에게 남김없이 똑같이 나누어 주려고 합니다. 최대 몇 명의 학생에게 나누어 줄 수 있을까요?

(　　　　　　　　)

09
두 수의 공약수는 모두 몇 개인가요?

60　　72

(　　　　　　　　)

⊂어려운 문제⊃

10
수확한 당근 56개와 양파 63개를 최대한 많은 봉지에 남김없이 똑같이 나누어 담으려고 합니다. 한 봉지에 당근과 양파를 각각 몇 개씩 담을 수 있는지 구해 보세요.

당근 (　　　　　　　　)

양파 (　　　　　　　　)

도움말 개수가 서로 다른 두 물건을 최대한 많은 봉지에 남김없이 똑같이 나누어 담는 문제는 최대공약수를 이용합니다.

문제해결 접근하기

11
호영이는 짧은 변의 길이가 36 cm, 긴 변의 길이가 42 cm인 직사각형 모양의 종이를 남는 부분없이 잘라서 가장 큰 정사각형 모양의 종이를 여러 장 만들려고 합니다. 정사각형의 한 변의 길이는 몇 cm로 해야 되는지 구해 보세요.

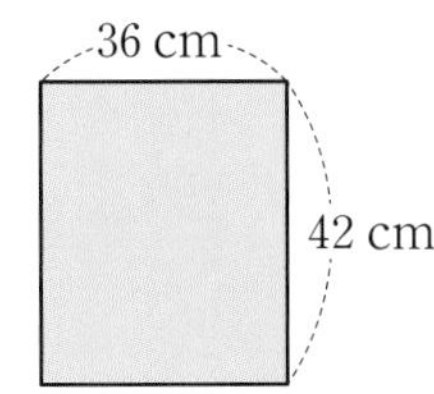

이해하기

구하려는 것은 무엇인가요?

답 ______________________

계획 세우기

어떤 방법으로 문제를 해결하면 좋을까요?

답 ______________________

해결하기

(1) 2) 36　42
　□) □　□
　　　□　□

➡ 최대공약수: □ × □ = □

(2) 36과 42의 최대공약수는 □이므로 정사각형의 한 변의 길이는 □ cm입니다.

되돌아보기

호영이가 만든 정사각형 모양의 종이는 모두 몇 장인지 구해 보세요.

답 ______________________

개념 5 공배수와 최소공배수를 알아볼까요

- 공배수와 최소공배수
  - 두 수의 공배수는 셀 수 없이 많습니다.
  - 두 수의 최소공배수는 항상 1개입니다.

공배수와 최소공배수

- 두 수의 공통된 배수를 두 수의 공배수라 하고, 공배수 중에서 가장 작은 수를 두 수의 최소공배수라 합니다.

  예 2와 3의 공배수와 최소공배수 구하기

  2의 배수: 2, 4, 6, 8, 10, 12, 14, 16, 18, ...

  3의 배수: 3, 6, 9, 12, 15, 18, 21, ...

  2와 3의 공배수: 6, 12, 18, ...

  2와 3의 최소공배수: 6

공배수와 최소공배수의 관계

- 두 수의 공배수는 두 수의 최소공배수의 배수와 같습니다.

  예 2와 3의 공배수: 6, 12, 18, ...

  2와 3의 최소공배수: 6

  2와 3의 최소공배수인 6의 배수: 6, 12, 18, ...

  → 같습니다.

개념 6 최소공배수를 구해 볼까요

- 약수와 배수의 관계인 두 수의 최소공배수
  약수와 배수의 관계인 두 수의 최소공배수는 두 수 중 큰 수입니다.
  예 10과 20의 최소공배수: 20

- 공약수를 이용하여 최소공배수 구하는 방법
  ① 1 이외의 공약수로 두 수를 나누고 각각의 몫을 밑에 씁니다.
  ② 1 이외의 공약수가 없을 때까지 나눗셈을 계속합니다.
  ③ 나눈 공약수와 밑에 남은 몫을 모두 곱하면 처음 두 수의 최소공배수가 됩니다.

최소공배수 구하는 방법 알아보기

- 18과 24의 최소공배수 구하기

  방법 1 여러 수의 곱으로 나타낸 곱셈식을 이용하여 최소공배수 구하기

  $18=2\times3\times3$ $24=2\times3\times4$

  $2\times3\times3\times4=72$ ➡ 18과 24의 최소공배수

  방법 2 두 수의 공약수를 이용하여 최소공배수 구하기

  18과 24의 공약수 → 2) 18 24

  9와 12의 공약수 → 3) 9 12

  3 4

  $2\times3\times3\times4=72$ ➡ 18과 24의 최소공배수

문제를 풀며 이해해요

정답과 해설 10쪽

1 **6과 8의 공배수를 가장 작은 수부터 3개를 구하고, 최소공배수를 구해 보세요.**

> 공배수와 최소공배수의 의미를 알고, 구할 수 있는지 묻는 문제예요.

6의 배수: 6, 12, 18, 24, 30, 36, 42, 48, 54, 60, 66, 72, ...
8의 배수: 8, 16, 24, 32, 40, 48, 56, 64, 72, ...

공배수 (　　　　　　　　)
최소공배수 (　　　　　　　　)

2 **4와 6의 최소공배수를 구하려고 합니다. 물음에 답하세요.**

> 공배수는 공통된 배수이고, 최소공배수는 공배수 중에서 가장 작은 수예요.

(1) 4와 6의 배수를 써 보세요.

4의 배수	4	8								
6의 배수	6	12								

(2) (1)의 표에서 4와 6의 공배수를 모두 찾아 ○표 하세요.
(3) 4와 6의 최소공배수를 구해 보세요.

(　　　　　　　　)

3 **곱셈식을 보고 12와 20의 최소공배수를 구해 보세요.**

> 12와 20을 여러 수의 곱으로 나타낸 것 중 공통된 부분을 확인해요.

$12=2\times2\times3$　　$20=2\times2\times5$

(　　　　　　　　)

4 **20과 24의 최소공배수를 구해 보세요.**

> 1 이외의 공약수로 20과 24를 나누고 각각의 몫을 밑에 썼을 때, 나눈 공약수와 밑에 남은 몫을 모두 곱하면 처음 두 수의 최소공배수가 돼요.

```
2 ) 20  24
2 ) 10  12
     5   6
```

(　　　　　　　　)

교과서 내용 학습

01 수 배열표에서 2의 배수에는 ○표, 5의 배수에는 △표 하고, ○와 △가 둘 다 표시되는 곳의 수를 모두 써 보세요.

1	2	3	4	5	6	7	8	9	10
11	12	13	14	15	16	17	18	19	20
21	22	23	24	25	26	27	28	29	30

(　　　　　　　　　　)

02 6과 9의 공배수를 가장 작은 수부터 차례로 3개 써 보세요.

(　　　　　　　　　　)

⊂중요⊃

03 다음을 보고 □ 안에 알맞은 말을 써넣으세요.

- 5와 6의 공배수: 30, 60, 90, ...
- 5와 6의 최소공배수: 30
- 30의 배수: 30, 60, 90, ...

5와 6의 공배수는 두 수의 □의 배수와 같습니다.

04 최소공배수가 28인 두 수의 공배수 중 두 자리 수를 모두 구해 보세요.

(　　　　　　　　　　)

05 두 수의 최소공배수를 구해 보세요.

$3\times4\times5$　　$2\times4\times5$

(　　　　　　　　　　)

06 어떤 수를 15로 나누어도 나누어떨어지고 20으로 나누어도 나누어떨어집니다. 어떤 수 중에서 가장 작은 수는 얼마인가요?

(　　　　　　　　　　)

07 ○ 안에 >, =, <를 알맞게 써넣으세요.

32와 40의 최소공배수 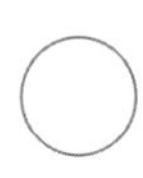 20과 36의 최소공배수

08 다음과 같은 규칙으로 수 말하기 놀이를 하였습니다. 어떤 수에서 처음으로 박수를 치면서 동시에 만세를 외쳐야 하는지 구해 보세요.

놀이 규칙

- 1부터 차례로 수를 말합니다.
- 10의 배수에는 수를 말하는 대신에 박수를 칩니다.
- 14의 배수에는 수를 말하는 대신에 만세를 외칩니다.

(　　　　　　　　　)

09 희서와 예림이는 4월 1일에 도서관에서 만났습니다. 희서는 3일에 한 번씩 도서관을 가고, 예림이는 4일에 한 번씩 도서관을 가기로 했습니다. 4월에 희서와 예림이가 함께 도서관에 가는 날은 모두 몇 번인가요?

(　　　　　　　　　)

⊂어려운 문제⊃

10 보기 에서 설명하는 수는 얼마인지 구해 보세요.

보기

- 5와 7의 공배수입니다.
- 100보다 크고 200보다 작습니다.
- 짝수입니다.

(　　　　　　　　　)

도움말 5와 7의 최소공배수의 배수 중에서 100보다 크고 200보다 작은 수를 구해 봅니다.

문제해결 접근하기

11 도로의 한 쪽에 시작점부터 꽃을 8 m 간격으로 심었고, 다른 한 쪽에는 시작점부터 나무를 12 m 간격으로 심었습니다. 시작점 다음으로 꽃과 나무가 양쪽에 같이 심어진 곳은 도로의 시작점에서 몇 m 떨어져 있는지 구해 보세요.

이해하기

구하려는 것은 무엇인가요?

답 ____________________

계획 세우기

어떤 방법으로 문제를 해결하면 좋을까요?

답 ____________________

해결하기

(1) 2) 8　12
□) □　□
　　 □　□

8과 12의 최소공배수

: □×□×□×□=□

(2) 8과 12의 최소공배수는 □이므로 꽃과 나무가 양쪽에 같이 심어진 곳은 도로의 시작점에서 □m 떨어져 있습니다.

되돌아보기

도로의 길이가 480 m라면 꽃과 나무가 양쪽에 같이 심어진 곳은 모두 몇 군데인지 구해 보세요.
(단, 도로의 시작점도 포함합니다.)

답 ____________________

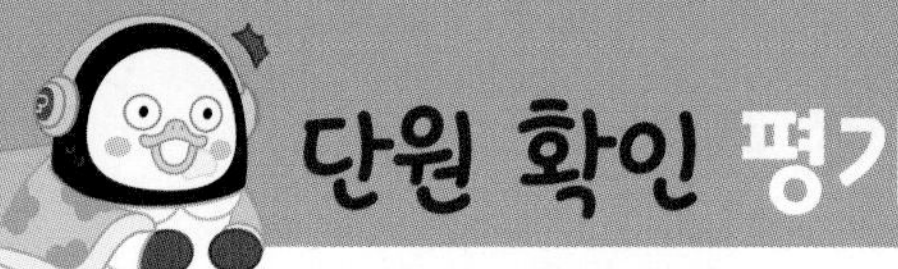

01 □ 안에 알맞은 말을 써넣으세요.

> 10을 나누어떨어지게 하는 수를 10의 □, 10을 1배, 2배, 3배, ... 한 수를 10의 □라고 합니다.

02 약수를 모두 구해 보세요.

> 39의 약수

(　　　　　　　　)

03 약수의 개수가 가장 적은 것을 찾아 기호를 써 보세요.

> ㉠ 18　　㉡ 22　　㉢ 49

(　　　　　　　　)

04 5의 배수가 아닌 것은 어느 것인가요? (　　　)

① 10　　② 25　　③ 30
④ 33　　⑤ 35

⊂서술형⊃

05 다음 설명하는 수 중에서 가장 큰 수를 구하는 풀이 과정을 쓰고 답을 구해 보세요.

> • 6의 배수입니다.
> • 45보다 작습니다.

풀이

(1) 6의 배수는 6을 1배, 2배, 3배, 4배, ... 한 수이므로 $6\times1=6$, $6\times2=12$, $6\times3=$(　　　), $6\times4=$(　　　), ...입니다.

(2) 6의 배수 중에서 45보다 작은 수는 6, 12, (　　　), (　　　), 30, 36, (　　　)가 있습니다.

(3) 설명하는 수 중에서 가장 큰 수는 (　　　)입니다.

답 ______________

06 18의 배수 중에서 100에 가장 가까운 수를 구해 보세요.

(　　　　　　)

07 다음 식에 대한 설명으로 옳은 것을 찾아 기호를 써 보세요.

$24=3\times8$

㉠ 3은 24의 배수입니다. ㉡ 8은 24의 배수입니다. ㉢ 24는 3과 8의 약수입니다. ㉣ 24는 3과 8의 배수입니다.

(　　　　　　)

08 24와 약수와 배수의 관계인 수는 모두 몇 개인가요?

6　30　15　48　72

(　　　　　　)

09 다음 중 14의 약수도 되고, 35의 약수도 되는 수를 모두 찾아 써 보세요.

1　2　5　7　14　35

(　　　　　　)

중요

10 두 수의 최대공약수를 구해 보세요.

24　40

(　　　　　　)

11 어떤 두 수의 최대공약수는 18입니다. 이 두 수의 공약수를 모두 구해 보세요.

( )

12 두 수의 최소공배수가 더 큰 것에 ○표 해 보세요.

12 28	27 45
( )	( )

13 두 수의 공배수를 가장 작은 수부터 차례로 3개 써 보세요.

16 24

( )

중요

14 친구들이 대화를 하고 있습니다. 잘못 설명한 친구의 이름을 써 보세요.

지율: 8과 4의 최대공약수는 4야.
은찬: 13과 20의 최소공배수는 260이야.
수연: 22와 30의 곱인 660은 두 수의 최소공배수이기도 해.
우진: 10과 12의 최대공약수인 2의 약수는 1, 2이고, 1, 2는 10과 12의 공약수야.

( )

서술형

15 과수원에서 수확한 배 30개, 감 42개를 최대한 많은 사람에게 남김없이 똑같이 나누어 주려고 합니다. 최대 몇 명에게 나누어 줄 수 있는지 풀이 과정을 쓰고 답을 구해 보세요.

풀이

(1) 배 30개와 감 42개를 최대한 많은 사람에게 남김없이 똑같이 나누어 주어야 하므로 나누어 줄 수 있는 사람의 수는 30과 42의 ( )입니다.

(2) 30과 42의 최대공약수는 ( )입니다.

(3) 최대한 많은 사람에게 나누어 주려면 ( )명에게 나누어 주면 됩니다.

답 ____________

16 45와 ●를 여러 수의 곱으로 나타낸 것입니다. 45와 ●의 최대공약수가 15일 때 45와 ●의 최소공배수를 구해 보세요. (단, □ 안에 알맞은 수는 한 자리 수입니다.)

$45=3\times3\times5$
$●=2\times3\times\square$

( )

17 다음 설명을 모두 만족하는 수를 구해 보세요.

㉠ 3과 4의 공배수입니다.
㉡ 70보다 크고 100보다 작습니다.
㉢ 일의 자리 수가 4입니다.

( )

⊂어려운 문제⊃

18 크기가 같은 정사각형 모양의 색종이를 남김없이 겹치지 않게 이어 붙여 직사각형을 만들려고 합니다. 색종이 48장으로 만들 수 있는 직사각형은 모두 몇 가지인가요? (단, 돌려서 같은 모양이 되는 경우는 한 가지로 생각합니다.)

( )

19 두 개의 톱니바퀴 ㉠, ㉡이 맞물려 돌아가고 있습니다. 톱니바퀴 ㉠의 톱니는 16개이고, 톱니바퀴 ㉡의 톱니는 20개입니다. 처음에 맞물렸던 톱니가 다시 맞물리려면 톱니바퀴 ㉠은 적어도 몇 바퀴를 돌아야 하는지 구해 보세요.

( )

⊂어려운 문제⊃

20 긴 변이 63 m, 짧은 변이 45 m인 직사각형 모양의 공원의 가장자리를 따라 일정한 간격으로 가로등을 설치하려고 합니다. 네 모퉁이에는 반드시 가로등을 설치하고 가로등은 가장 적게 사용하려고 합니다. 가로등은 모두 몇 개 필요한가요?

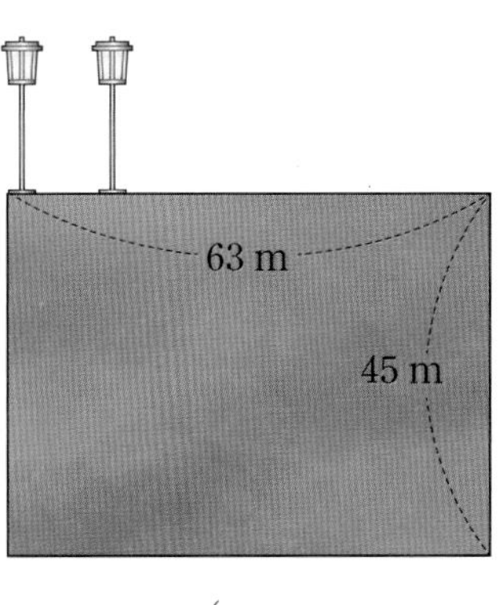

( )

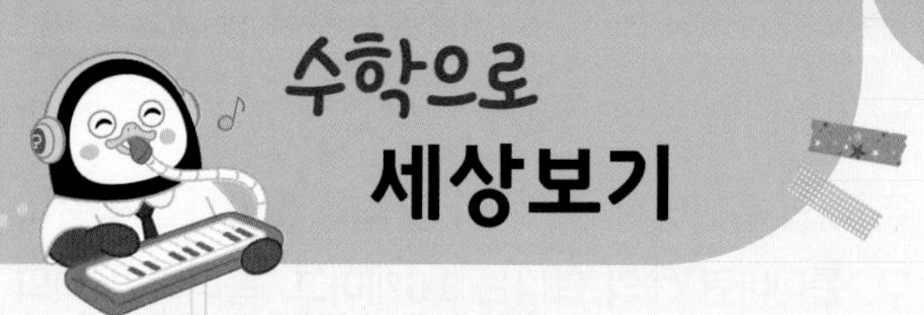

1 수가 완전하다고?

자기 자신을 제외한 약수의 합이 그 수와 같아지는 수를 완전수라고 합니다.
예를 들어, 6의 약수는 1, 2, 3, 6이고 6을 제외한 약수의 합은 $1+2+3=6$으로 자기 자신과 같아집니다. 28의 경우도 마찬가지로 자기 자신을 제외한 약수의 합이 $1+2+4+7+14=28$로 자기 자신과 같아집니다. 따라서 6과 28은 완전수입니다.

완전수를 처음 정의한 것은 고대 그리스의 수학자 피타고라스입니다. 6과 28 이외의 완전수에는 496, 8128, 33550336, ... 등 현재까지 밝혀진 완전수는 30개이고 최근에 발견된 완전수는 13만 자리 수입니다. 지금까지도 완전수가 무조건 짝수인지 무한히 많은지 등에 대해서는 아직 밝혀지지 않았습니다.

한편, 자기 자신을 제외한 약수의 합이 자기 자신보다 작으면 부족수, 자기 자신보다 크면 과잉수라고도 합니다. 예를 들어, 8의 약수는 1, 2, 4, 8이고 8을 제외한 약수의 합은 $1+2+4=7$로 8보다 작습니다. 따라서 8은 부족수입니다. 또한 12의 약수는 1, 2, 3, 4, 6, 12이고 12를 제외한 약수의 합이 $1+2+3+4+6=16$이므로 12보다 큽니다. 따라서 12는 과잉수입니다.

$$6=1+2+3$$

$$28=1+2+4+7+14$$

$$496=1+2+4+8+16+31+62+124+248$$

$$8128=1+2+4+8+16+32+64+127+254+508+1016+2032+4064$$

2 수가 서로 친하다고?

자기 자신을 제외한 약수의 합이 상대방의 수가 되는 한 쌍의 수를 친화수라고 합니다.

예를 들어, 220의 약수는 1, 2, 4, 5, 10, 11, 20, 22, 44, 55, 110, 220으로 자기 자신을 제외한 약수의 합을 구하면 $1+2+4+5+10+11+20+22+44+55+110=284$입니다.

284의 약수는 1, 2, 4, 71, 142, 284로 자기 자신을 제외한 약수의 합을 구하면

$1+2+4+71+142=220$입니다.

220의 자기 자신을 제외한 약수의 합은 284이고, 284의 자기 자신을 제외한 약수의 합이 220입니다.

이렇게 자기 자신을 제외한 약수의 합이 서로가 되는 경우를 친화수라고 합니다.

이 두 자연수가 특별한 관계가 있다는 것은 고대 그리스의 피타고라스 학파가 밝혔습니다. 피타고라스 학파가 첫 번째 친화수를 발견한 이후 약 2000년이 흐른 뒤에야 두 번째 친화수가 발견되었습니다.

1636년 프랑스의 수학자 페르마가 또 다른 친화수 17296과 18416을 찾아내었다고 밝힌 것입니다.

이때 발견된 17296과 18416은 두 번째로 작은 친화수는 아니었습니다.

이로부터 100년이 더 흐른 뒤 스위스의 유명한 수학자 오일러가 무려 60쌍의 친화수를 찾아 내었지만 두 번째로 작은 친화수 1184와 1210을 발견한 것은 1866년에 이탈리아의 16세 소년 파가니니였습니다.

최근에는 컴퓨터를 이용해 더 많은 친화수를 알아내고 있으며 현재 발견된 것만 12억 개가 넘습니다.

3 단원

규칙과 대응

진서는 엄마와 마트에 사과를 사러 왔어요. 사과가 한 봉지에 5개씩 들어 있네요. 한 봉지, 두 봉지, 세 봉지, ...봉지의 수가 늘어날 때마다 담겨 있는 사과의 수도 많아져요. 봉지의 수와 사과의 수 사이에는 어떤 규칙이 있을까요?

이번 3단원에서는 규칙과 대응에 대해 배울 거예요.

단원 학습 목표

1. 주변 현상에서 대응 관계인 두 양을 찾을 수 있습니다.
2. 규칙적인 배열에서 두 양 사이의 대응 관계를 찾고, 두 양 사이의 대응 관계를 말로 나타낼 수 있습니다.
3. 두 양 사이의 대응 관계를 □, △ 등을 사용하여 식으로 나타내고, 식의 의미를 이해할 수 있습니다.
4. 생활 속에서 대응 관계를 찾아 식으로 나타낼 수 있습니다.

단원 진도 체크

회차	구성		진도 체크
1차	개념 1 두 양 사이의 관계를 알아볼까요(1) 개념 2 두 양 사이의 관계를 알아볼까요(2)	개념 확인 학습 + 문제 / 교과서 내용 학습	✓
2차	개념 3 대응 관계를 식으로 나타내어 볼까요	개념 확인 학습 + 문제 / 교과서 내용 학습	✓
3차	개념 4 생활 속에서 대응 관계를 찾아 식으로 나타내어 볼까요	개념 확인 학습 + 문제 / 교과서 내용 학습	✓
4차	단원 확인 평가		✓
5차	수학으로 세상보기		✓

해당 부분을 공부한 후 ✓표를 하세요.

싱싱 마트
친환경
잡곡
잡곡

개념 1 두 양 사이의 관계를 알아볼까요(1)

• **대응**
두 대상이 어떤 규칙에 의해 서로 짝을 이루는 것을 대응이라고 합니다.

• **대응 관계**
한 양이 변할 때 다른 양이 그에 따라 일정하게 변하는 관계를 대응 관계라고 합니다.

두 양 사이의 대응 관계 알아보기(1)

(1) 규칙 알아보기

- 사과 봉지가 한 개씩 많아질 때 사과는 4개, 8개, 12개, 16개, ...로 4개씩 많아집니다.
- 사과의 수는 사과 봉지의 수의 4배입니다.

(2) 대응 관계 알아보기

- 사과 봉지의 수를 4배 하면 사과의 수와 같습니다.
- 사과의 수를 4로 나누면 사과 봉지의 수와 같습니다.

개념 2 두 양 사이의 관계를 알아볼까요(2)

• **변하는 부분과 변하지 않는 부분**
빨간색으로 표시된 부분은 변하지 않고 나머지 부분은 계속 변합니다.

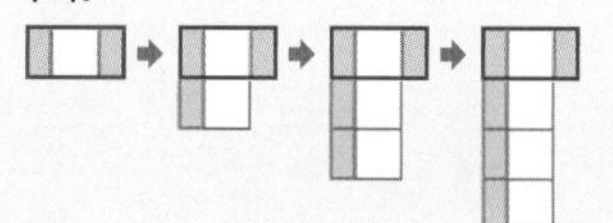

• **이어질 모양**
다음에 이어질 모양은 아래과 같습니다.

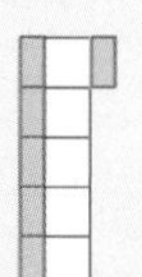

두 양 사이의 대응 관계 알아보기(2)

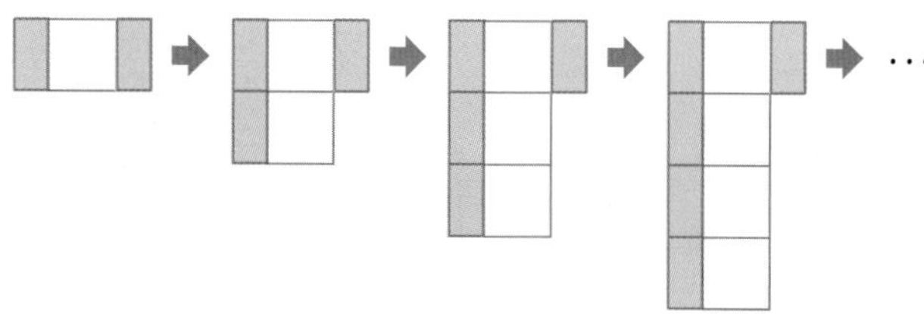

(1) 규칙 알아보기

맨 위에 파란색 사각형 2개와 흰색 사각형 1개는 변하지 않고, 파란색과 흰색 사각형의 수가 1개씩 늘어납니다.

(2) 대응 관계를 표로 나타내기

흰색 사각형의 수(개)	1	2	3	4	···
파란색 사각형의 수(개)	2	3	4	5	···

(3) 대응 관계 알아보기

- 흰색 사각형의 수에 1을 더하면 파란색 사각형의 수입니다.
- 파란색 사각형의 수에서 1을 빼면 흰색 사각형의 수입니다.

문제를 풀며 이해해요

정답과 해설 13쪽

[1~4] 사각형과 원으로 규칙적인 배열을 만들고 있습니다. 물음에 답하세요.

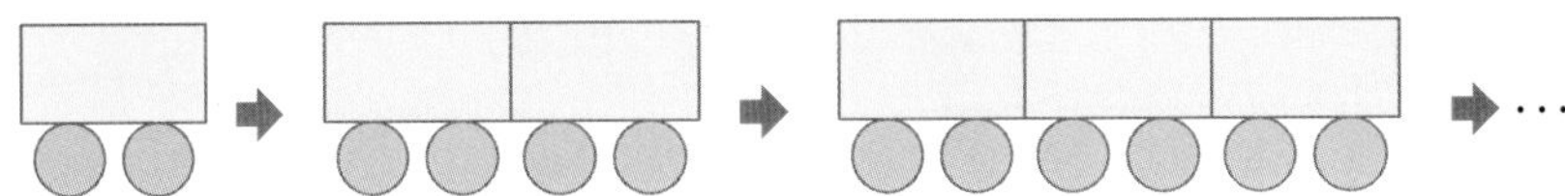

두 양 사이의 관계를 알고 있는지 묻는 문제예요.

1 다음에 이어질 알맞은 모양을 그려 보세요.

2 사각형의 수와 원의 수 사이의 대응 관계를 표를 이용하여 알아보세요.

사각형의 수(개)	1	2	3	4	5	…
원의 수(개)	2					…

표를 살펴보고 두 양 사이의 대응 관계를 알아보아요.

3 사각형의 수와 원의 수 사이의 대응 관계에 맞게 □ 안에 알맞은 수를 써넣으세요.

(1) 사각형이 1개씩 늘어날 때 원은 □개씩 늘어납니다.

(2) 사각형의 수를 □배 하면 원의 수와 같습니다.

사각형의 수가 변할 때 원의 수가 어떻게 일정하게 변하는지 생각해 보아요.

4 원이 20개일 때 사각형은 몇 개인가요?

(　　　　　　　　)

교과서 내용 학습

[01~03] 서랍이 3개씩 있는 서랍장이 있습니다. 물음에 답하세요.

01 □ 안에 알맞은 수를 써넣으세요.

서랍장이 1개일 때 서랍은 □개, 서랍장이 2개일 때 서랍은 □개, 서랍장이 3개일 때 서랍은 □개입니다.

02 서랍장의 수와 서랍의 수 사이의 대응 관계를 표를 이용하여 알아보세요.

서랍장의 수(개)	1	2	3	4	5	…
서랍의 수(개)						…

03 서랍장의 수와 서랍의 수 사이의 대응 관계를 바르게 말한 친구는 누구인가요?

한비: 서랍장이 4개 있다면 서랍은 16개 있을 거야.
예성: 서랍장의 수를 3배 하면 서랍의 수와 같아.
승현: 서랍의 수를 3배 하면 서랍장의 수와 같아.

( )

[04~07] 도형의 배열을 보고 물음에 답하세요.

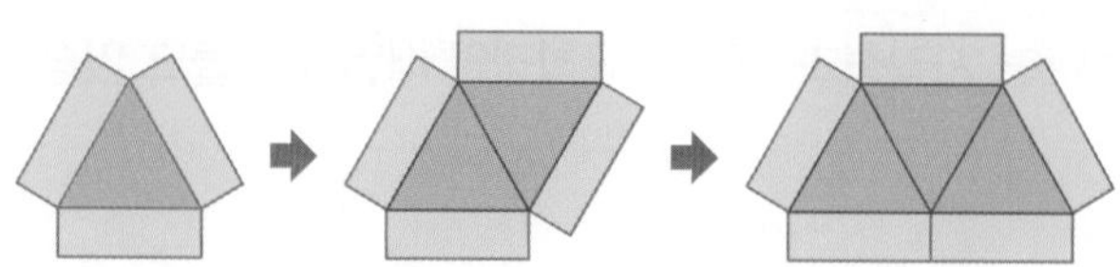

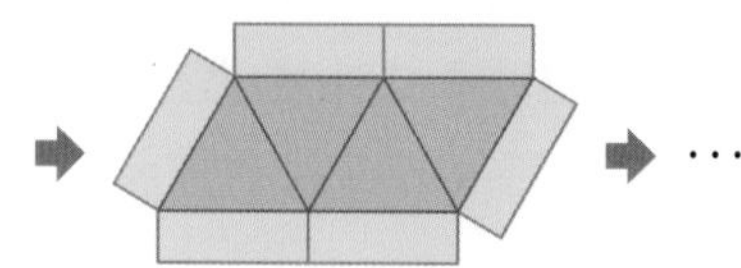

04 다음에 이어질 알맞은 모양을 그려 보세요.

05 삼각형의 수와 사각형의 수 사이의 대응 관계를 표를 이용하여 알아보세요.

삼각형의 수(개)	1	2	3	4	5	…
사각형의 수(개)	3					…

중요

06 삼각형의 수와 사각형의 수 사이의 대응 관계를 써 보세요.

07 삼각형이 10개일 때 사각형은 몇 개인가요?

( )

정답과 해설 13쪽

[08~09] 바둑돌로 규칙적인 배열을 만들고 배열 순서에 따라 수 카드를 놓았습니다. 물음에 답하세요.

1 2 3 4

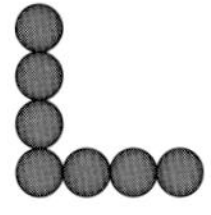
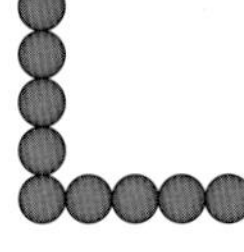

08 배열 순서와 바둑돌의 수 사이의 대응 관계를 표를 이용하여 알아보세요.

배열 순서	1	2	3	4	…
바둑돌의 수(개)					…

09 배열 순서가 8 일 때 바둑돌은 몇 개인가요?

( )

⊂어려운 문제⊃

10 그림에서 두 양 사이의 대응 관계를 써 보세요.

도움말 오리의 수, 오리 다리의 수, 오리 날개의 수 등의 대응 관계를 살펴봅니다.

문제해결 접근하기

11 서울, 홍콩, 뉴델리의 시각 사이의 대응 관계를 나타낸 표입니다. 서울 시각이 밤 12시일 때 홍콩과 뉴델리의 시각을 각각 구해 보세요.

서울 시각	오후 5시	오후 6시	오후 7시	오후 8시	…
홍콩 시각	오후 4시	오후 5시	오후 6시	오후 7시	…
뉴델리 시각	오후 1시	오후 2시	오후 3시	오후 4시	…

이해하기

구하려고 하는 것은 무엇일까요?

답

계획 세우기

어떤 방법으로 문제를 해결하면 좋을까요?

답

해결하기

(1) 서울의 시각에서 □을/를 빼면 홍콩의 시각과 같습니다.

(2) 서울의 시각에서 □을/를 빼면 뉴델리의 시각과 같습니다.

(3) 서울의 시각이 밤 12시일 때 홍콩의 시각은 오후 □시, 뉴델리의 시각은 오후 □시입니다.

되돌아보기

한 지역과 다른 지역의 시각의 차를 '시차'라고 합니다. 서울, 홍콩, 뉴델리 중 2개의 도시를 골라 시차를 알아보고 보기 와 같이 써 보세요.

보기

서울과 시드니의 시차는 1시간입니다.

답

개념 확인 학습

개념 3 대응 관계를 식으로 나타내어 볼까요

그림에서 대응 관계를 찾아 식으로 나타내기

• 두 양 사이의 대응 관계를 식으로 간단하게 나타낼 때는 각 양을 ○, □, ♡, △ 등과 같은 기호로 표현할 수 있습니다.

• 4명씩 한 모둠을 만들었을 때 학생의 수와 모둠의 수 사이의 대응 관계를 표를 이용하여 알아보기

학생의 수(명)	4	8	12	16	…
모둠의 수(개)	1	2	3	4	…

• **표를 보고 대응 관계 알아보기**
표를 이용하여 두 수 사이의 대응 관계를 알아볼 때는 표를 세로로 보아야 합니다. 즉 4와 1, 8과 2, 12와 3, 16과 4 사이의 일정한 규칙을 찾으면 됩니다.

• 알맞은 카드를 골라 두 양 사이의 대응 관계를 식으로 나타내기

• 학생의 수를 ○, 모둠의 수를 △라고 할 때 두 양 사이의 대응 관계를 식으로 나타내기

학생의 수를 4로 나누면 모둠의 수가 됩니다.	➡	○÷4=△
모둠의 수에 4를 곱하면 학생의 수가 됩니다.	➡	△×4=○

• **두 양 사이의 대응 관계를 기호를 사용한 식으로 나타내는 방법**
① 두 양을 각각 어떤 기호로 나타낼지 정합니다.
② +, −, ×, ÷ 중에서 두 양 사이의 관계를 나타내기에 알맞은 것을 고릅니다.

문제를 풀며 이해해요

정답과 해설 14쪽

[1~4] 노란색 사각형과 초록색 사각형으로 규칙적인 배열을 만들었습니다. 물음에 답하세요.

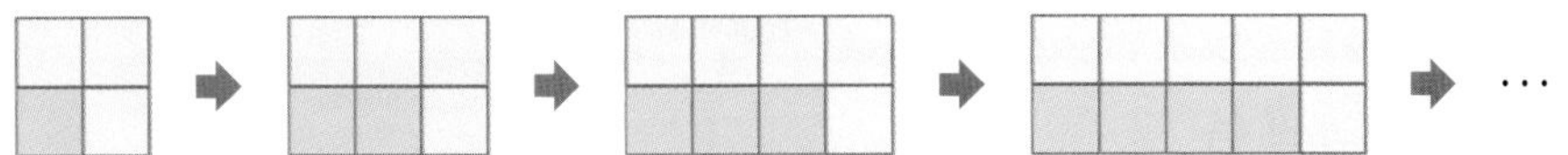

대응 관계를 식으로 나타내는 방법을 알고 있는지 묻는 문제예요.

1 노란색 사각형의 수와 초록색 사각형의 수 사이의 대응 관계를 표를 이용하여 알아보세요.

노란색 사각형의 수(개)			5	6	7	…
초록색 사각형의 수(개)	1	2	3			…

배열 순서에 따라 노란색 사각형과 초록색 사각형의 수가 일정하게 변하고 있어요.

2 노란색 사각형이 10개일 때 초록색 사각형은 몇 개인가요?

( )

3 바르게 설명한 것에 ○표 하세요.

노란색 사각형의 수에서 2를 빼면 초록색 사각형의 수가 됩니다.

( )

노란색 사각형의 수에 2를 더하면 초록색 사각형의 수가 됩니다.

( )

4 노란색 사각형의 수를 ♡, 초록색 사각형의 수를 □라고 할 때 두 양 사이의 대응 관계를 식으로 나타내어 보세요.

♡와 □ 사이의 관계를 식으로 나타내어 보세요.

식 ____________________

교과서 내용 학습

[01~03] 도형의 배열을 보고 물음에 답하세요.

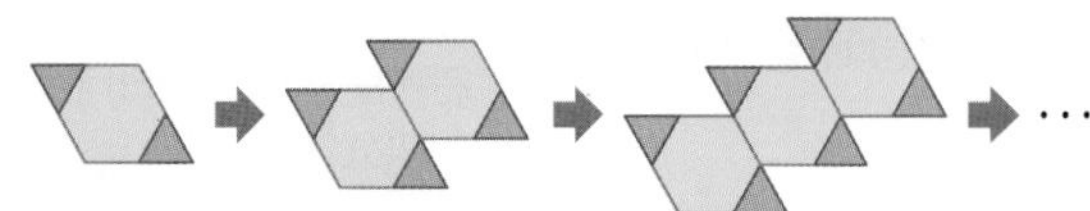

01 육각형이 1개씩 늘어날 때마다 삼각형은 몇 개씩 늘어나고 있나요?

( )

02 삼각형의 수와 육각형의 수 사이의 대응 관계를 바르게 나타낸 식을 찾아 기호를 써 보세요.

㉠ (육각형의 수)－4＝(삼각형의 수)
㉡ (삼각형의 수)＋4＝(육각형의 수)
㉢ (육각형의 수)÷2＝(삼각형의 수)
㉣ (삼각형의 수)÷2＝(육각형의 수)

( )

03 삼각형이 20개일 때 육각형은 ●개이고, 육각형이 8개일 때 삼각형은 ■개입니다. ●와 ■의 합을 구해 보세요.

( )

[04~07] 쌀가루 200 g으로 떡케이크 1개를 만들 수 있습니다. 물음에 답하세요.

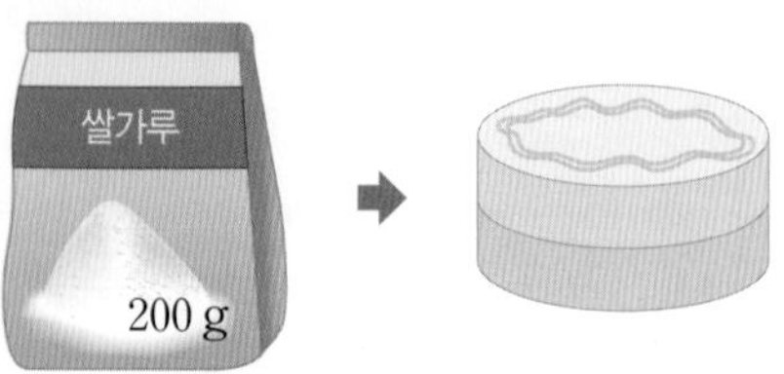

04 □ 안에 알맞은 수를 써넣으세요.

쌀가루가 □g씩 늘어날 때 만들 수 있는 떡케이크는 1개씩 늘어납니다.

05 쌀가루의 양과 만들 수 있는 떡케이크의 수 사이의 대응 관계를 표를 이용하여 알아보세요.

쌀가루의 양(g)	200			800	…
떡케이크의 수(개)		2	3		…

06 알맞은 말에 ○표 하세요.

쌀가루의 양을 200으로 (곱하면 , 나누면) 만들 수 있는 떡케이크의 수가 됩니다.

중요

07 쌀가루의 양을 ●, 떡케이크의 수를 ○라고 할 때 두 양 사이의 대응 관계를 식으로 나타내어 보세요.

식 ______________________

정답과 해설 14쪽

08 관계있는 것끼리 이어 보세요.

○	1	2	3	4
△	12	24	36	48

○	1	2	3	4
△	9	8	7	6

○+4=△ ○×12=△ ○+△=10

09 범서와 찬서는 사탕 8개를 남김없이 나누어 가지기로 했습니다. 범서가 가진 사탕 수를 □, 찬서가 가진 사탕 수를 △라고 할 때 두 양 사이의 대응 관계를 식으로 나타내어 보세요.

식 ________________

⊂어려운 문제⊃

10 수영을 한 시간과 소모된 열량 사이의 대응 관계를 표로 나타낸 것입니다. 수영을 한 시간을 □, 소모된 열량을 △라고 할 때 두 양 사이의 대응 관계를 식으로 나타내어 보세요.

시간(분)	1	2	3	4	5
열량(kcal)	11	22	33	44	55

식 ________________

도움말 시간과 열량 사이의 대응 관계를 먼저 알아봅니다.

문제해결 접근하기

11 유정이가 수를 말하면 세윤이가 답을 하여 세윤이가 만든 대응 관계를 알아맞히는 놀이를 하고 있습니다. 유정이가 **10**을 말하면 세윤이는 **5**, 유정이가 **16**을 말하면 세윤이는 **11**, 유정이가 **22**를 말하면 세윤이는 **17**이라고 답했습니다. 세윤이가 만든 대응 관계를 기호를 사용하여 식으로 나타내어 보세요.

이해하기

구하려고 하는 것은 무엇일까요?

답 ________________

계획 세우기

어떤 방법으로 문제를 해결하면 좋을까요?

답 ________________

해결하기

(1) 표로 나타내어 보세요.

유정이가 말한 수	10	16	
세윤이가 답한 수			17

(2) 기호를 정해 보세요.

	유정이가 말한 수	세윤이가 답한 수
기호		

(3) 두 양 사이의 대응 관계를 기호를 사용하여 식으로 나타내어 보세요.

답 ________________

되돌아보기

유정이가 어떤 수를 말했더니 세윤이가 30이라고 답했습니다. 유정이가 말한 수를 구해 보세요.

답 ________________

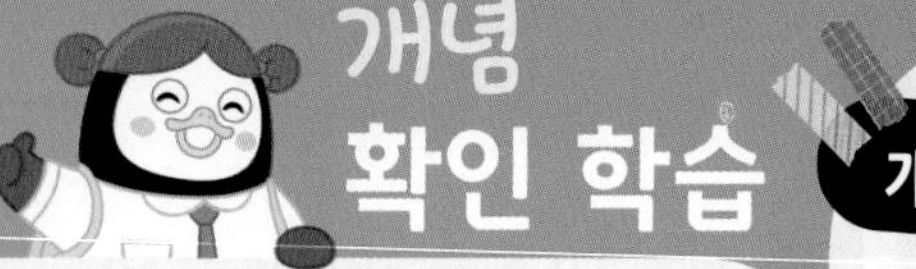

개념 4 생활 속에서 대응 관계를 찾아 식으로 나타내어 볼까요

• 생활 속 대응 관계
- 일정한 빠르기로 달리는 자동차가 이동한 거리와 걸린 시간
- 일정한 빠르기로 운동했을 때 운동한 시간과 소모된 열량

생활 속에서 대응 관계를 찾아 식으로 나타내기

(1) 연도와 나이 사이의 대응 관계

2023년에 예서의 나이는 12살입니다.

연도(년)	2023	2024	2025	2026	2027	…
예서의 나이(살)	12	13	14	15	16	…

• 연도와 예서의 나이의 차는 2011로 일정합니다.

• 연도를 ♡, 예서의 나이를 △라고 할 때 두 양 사이의 대응 관계를 식으로 나타내면 ♡－2011＝△ 또는 △＋2011＝♡입니다.

• 2050년이 되면 예서의 나이는 2050－2011＝39(살)입니다.

• 예서의 나이가 50살일 때 연도는 50＋2011＝2061(년)입니다.

• 두 양 사이의 대응 관계를 식으로 나타내기
- 두 양 사이의 차가 일정하면 ＋ 또는 －를 사용하여 식으로 나타냅니다.
- 하나의 양이 커질 때 다른 양이 일정하게 늘어나면 × 또는 ÷를 사용하여 식으로 나타냅니다.

(2) 달걀판의 수와 달걀의 수 사이의 대응 관계

달걀 한 판에 달걀을 30개씩 담았습니다.

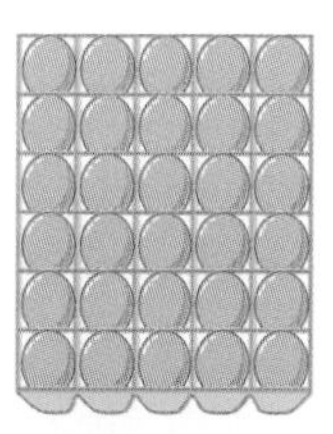 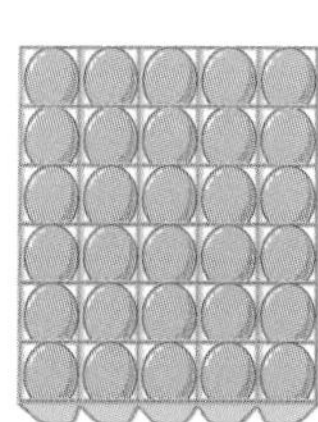 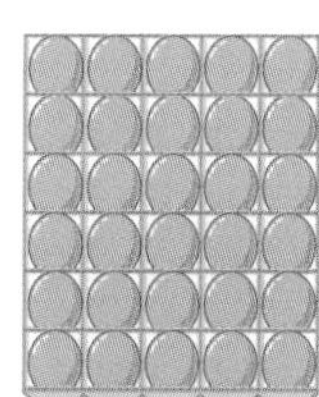

달걀판의 수(개)	1	2	3	4	5	…
달걀의 수(개)	30	60	90	120	150	…

• 달걀판의 수를 30배 하면 달걀의 수와 같습니다.

• 달걀의 수를 30으로 나누면 달걀판의 수와 같습니다.

• 달걀판의 수를 ◎, 달걀의 수를 ◇라고 할 때 두 양 사이의 대응 관계를 식으로 나타내면 ◎×30＝◇ 또는 ◇÷30＝◎입니다.

• 달걀 300개는 달걀판 300÷30＝10(개)에 담을 수 있습니다.

• 달걀판 12개에 담겨 있는 달걀은 모두 12×30＝360(개)입니다.

문제를 풀어 이해해요

정답과 해설 15쪽

[1~2] 고구마 한 상자의 무게는 5kg입니다. 물음에 답하세요.

생활 속에서 대응 관계를 찾아 식으로 나타낼 수 있는지 묻는 문제예요.

1 고구마 상자의 수와 고구마의 무게 사이의 대응 관계를 표를 이용하여 알아보세요.

고구마 상자의 수(개)	1	2	3	4	5	…
고구마의 무게(kg)	5					…

2 고구마 상자의 수를 ○, 고구마의 무게를 △라고 할 때 두 양 사이의 대응 관계를 식으로 나타내어 보세요.

식 ______________________

- 고구마 상자의 수를 5배 하면 고구마의 무게와 같아요.
- 고구마의 무게를 5로 나누면 고구마 상자의 수와 같아요.

[3~4] 일정한 빠르기로 한 시간에 60 km를 달리는 트럭이 있습니다. 물음에 답하세요.

3 달린 시간과 달린 거리 사이의 대응 관계를 표를 이용하여 알아보세요.

달린 시간(시간)	1	2	3	4	5	…
달린 거리(km)						…

달린 시간과 달린 거리를 표로 나타내어 두 수 사이의 대응 관계를 알아봐요.

4 달린 시간을 □, 달린 거리를 ☆이라고 할 때 두 양 사이의 관계를 식으로 나타내어 보세요.

식 ______________________

- 달린 시간을 60배 하면 달린 거리와 같아요.
- 달린 거리를 60으로 나누면 달린 시간과 같아요.

교과서 내용 학습

[01~02] 그림과 같은 방법으로 길이가 같은 리본 여러 개를 자르려고 합니다. 물음에 답하세요.

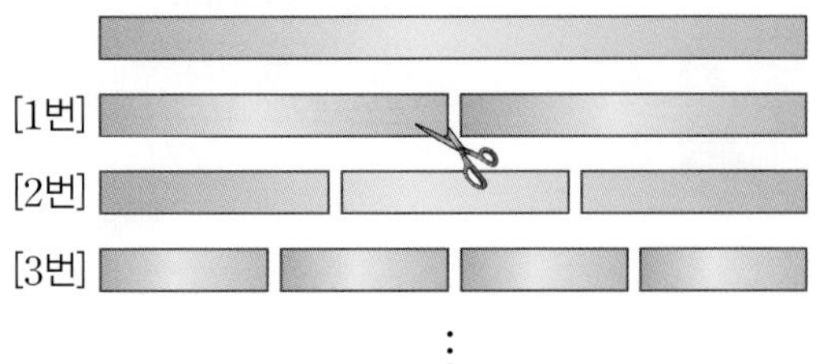

01 리본을 자른 횟수와 도막의 수 사이의 대응 관계를 표를 이용하여 알아보세요.

자른 횟수(번)	1	2	3	4	…
도막의 수(도막)					…

02 자른 횟수를 ◇, 도막의 수를 △라고 할 때 두 양 사이의 대응 관계를 식으로 나타내어 보세요.

식 ____________________

03 사탕을 10개씩 한 봉지에 포장했습니다. 사탕의 수와 사탕 봉지의 수 사이의 대응 관계를 바르게 설명한 것의 기호를 써 보세요.

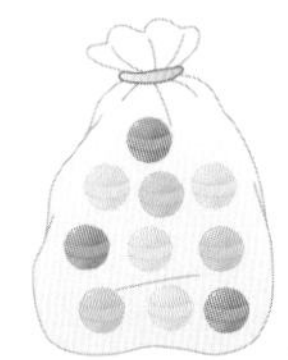 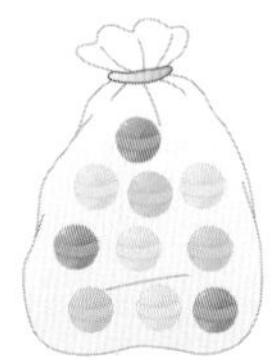 

㉠ 사탕의 수는 사탕 봉지의 수의 5배입니다.
㉡ 사탕이 50개이면 사탕 봉지는 5개입니다.
㉢ 사탕 봉지가 40개이면 사탕은 4개입니다.

(   )

[04~07] 문구점에서 한 자루에 700원인 연필을 사려고 합니다. 물음에 답하세요.

04 연필의 수와 필요한 금액 사이의 대응 관계를 표를 이용하여 알아보세요.

연필의 수(자루)	1	2	3	4	…
필요한 금액(원)	700				…

중요

05 연필의 수와 필요한 금액 사이의 대응 관계를 식으로 나타내려고 합니다. 바르게 나타낸 식을 모두 찾아 기호를 써 보세요.

㉠ (연필의 수) $\times$ 700 $=$ (필요한 금액)
㉡ (연필의 수) $\div$ 700 $=$ (필요한 금액)
㉢ (필요한 금액) $\times$ 700 $=$ (연필의 수)
㉣ (필요한 금액) $\div$ 700 $=$ (연필의 수)

(   )

06 □ 안에 알맞은 수를 써넣으세요.

연필 10자루를 사려면 □원이 있어야 합니다.

07 4900원으로 살 수 있는 연필은 몇 자루인지 구하는 식을 쓰고 답을 구해 보세요.

식 ____________________

답 ____________________

정답과 해설 15쪽

08 수학 체험관의 입장객의 수와 입장료 사이의 대응 관계를 표로 나타냈습니다. ㉠과 ㉡에 알맞은 수를 각각 구해 보세요.

입장객의 수(명)	㉠	3	4	5	⋯
입장료(원)	1600	2400	3200	㉡	⋯

㉠ (　　　　　　　　)
㉡ (　　　　　　　　)

09 대응 관계를 나타낸 식을 보고, 식에 알맞은 상황을 만들어 보세요.

◎$\times$4$=$□

⊂어려운 문제⊃

10 민아의 나이는 12살이고, 동생의 나이는 9살입니다. 민아의 나이를 ○, 동생의 나이를 ◇라고 할 때 두 양 사이의 대응 관계를 식으로 나타내어 보세요.

식 ______

도움말 민아가 13살일 때 동생은 10살, 민아가 14살일 때 동생은 11살입니다.

문제해결 접근하기

11 1분 동안 물 5 L가 나오는 수도꼭지로 15분 동안 물을 받았다면 받은 물의 양은 몇 L인지 구해 보세요.

이해하기

구하려고 하는 것은 무엇일까요?

답 ______

계획 세우기

어떤 방법으로 문제를 해결하면 좋을까요?

답 ______

해결하기

(1) 표를 완성해 보세요.

물을 받은 시간(분)	1	2	3	4	⋯
받은 물의 양(L)					⋯

(2) 물을 받은 시간을 ♡, 받은 물의 양을 ◎라고 할 때 두 양 사이의 대응 관계를 식 2개로 나타내면 □ 또는 □입니다.

(3) 15분 동안 받은 물의 양은 15$\times$□$=$□(L)입니다.

되돌아보기

이 수도꼭지로 받은 물이 100 L라면 몇 분 동안 물을 받은 것인지 구해 보세요.

답 ______

단원 확인 평가

3. 규칙과 대응

[01~02] 고양이의 수와 고양이 다리의 수 사이의 대응 관계를 알아보려고 합니다. 물음에 답하세요.

01 고양이의 수와 고양이 다리의 수 사이의 대응 관계를 표를 이용하여 알아보세요.

고양이의 수 (마리)	1	2	3	4	5	…
고양이 다리의 수(개)	4	8				…

중요

02 □ 안에 알맞은 수를 써넣으세요.

- 고양이의 수를 □배 하면 고양이 다리의 수와 같습니다.
- 고양이 다리의 수를 □로 나누면 고양이의 수와 같습니다.

[03~05] 우유팩 1개에 담긴 우유의 양은 200 mL입니다. 물음에 답하세요.

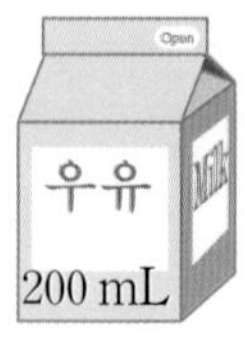

03 우유팩의 수와 우유의 양 사이의 대응 관계를 표를 이용하여 알아보세요.

우유팩의 수 (개)	1	2	3	4	5	…
우유의 양 (mL)	200					…

04 우유팩의 수와 우유의 양 사이의 대응 관계를 나타내려고 합니다. 보기 에서 알맞은 카드를 골라 □ 안에 써넣으세요.

보기

+ − × ÷ =

(우유팩의 수) □ 200＝(우유의 양)

(우유의 양) □ 200＝(우유팩의 수)

중요

05 우유팩의 수를 △, 우유의 양을 □라고 할 때 두 양 사이의 대응 관계를 식으로 나타내어 보세요.

식 ______________________

[06~07] 배열 순서와 모양 사이의 대응 관계를 알아보려고 합니다. 물음에 답하세요.

1 → 2 → 3 → ⋯

06 배열 순서가 4 일 때 모양을 그려 보세요.

07 배열 순서가 8 일 때 모양에는 ⊠ 모양과 ◺ 모양이 각각 몇 개인가요?

⊠ 모양 (　　　　　)

◺ 모양 (　　　　　)

[08~10] 옥수수 5개의 가격은 4000원입니다. 물음에 답하세요.

08 옥수수의 수와 옥수수의 가격 사이의 대응 관계를 표를 이용하여 알아보세요.

옥수수의 수(개)	1	2	3	4	5	⋯
옥수수의 가격(원)						⋯

09 옥수수의 수를 ○, 옥수수의 가격을 △라고 할 때 두 양 사이의 대응 관계를 식으로 나타내어 보세요.

식 ______________________

⊂서술형⊃

10 32000원으로 옥수수를 몇 개까지 살 수 있는지 풀이 과정을 쓰고 답을 구하세요.

풀이

(1) 옥수수의 가격을 (　　　　)(으)로 나누면 살 수 있는 옥수수의 수가 됩니다.

(2) 32000을 (　　　　)(으)로 나누면 (　　　　) 입니다.

(3) 32000원으로 살 수 있는 옥수수는 (　　　　)개입니다.

답 ______________________

11 쿠키 상자 1개에 쿠키가 2개씩 들어 있습니다. 잘못 설명한 것은 어느 것인가요? (　　　)

① 쿠키 상자가 3개면 쿠키는 6개입니다.
② 쿠키가 1개씩 늘어날 때 쿠키 상자는 2개씩 늘어납니다.
③ 쿠키 상자의 수에 2를 곱하면 쿠키의 수가 됩니다.
④ 쿠키의 수를 2로 나누면 쿠키 상자의 수가 됩니다.
⑤ 쿠키 24개를 담으려면 쿠키 상자는 12개가 필요합니다.

12 □ 안에 알맞은 수를 써넣으세요.

●	9	10	11	12	13
◎	5	6	7	8	9

◎는 ●보다 □ 만큼 작습니다.

13 표를 보고 ●와 ▲ 사이의 대응 관계를 식으로 바르게 나타낸 것에 ○표 하세요.

●	6	7	8	9	…
▲	3	4	5	6	…

●÷3=▲　　●+3=▲　　●−3=▲

(　　　)　(　　　)　(　　　)

14 대응 관계를 나타낸 식을 보고, 식에 알맞은 상황을 바르게 만든 친구의 이름을 써 보세요.

◆÷4=●

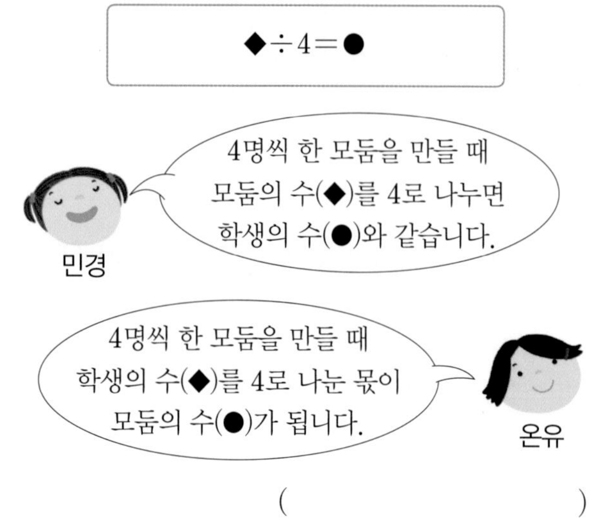

4명씩 한 모둠을 만들 때 모둠의 수(◆)를 4로 나누면 학생의 수(●)와 같습니다.
민경
4명씩 한 모둠을 만들 때 학생의 수(◆)를 4로 나눈 몫이 모둠의 수(●)가 됩니다.
온유

(　　　　　　)

⊂어려운 문제⊃

15 호준이가 일정한 빠르기로 자전거를 탔을 때 탄 시간과 간 거리 사이의 대응 관계를 나타낸 표입니다. 호준이가 쉬지 않고 1시간 동안 자전거를 타고 간 거리는 몇 km인가요?

자전거를 탄 시간(분)	3	6	9	12	15
간 거리(km)	1	2	3	4	5

(　　　　　　)

16 민국이는 다음과 같은 규칙으로 직사각형을 그리고 있습니다. 민국이가 그린 직사각형의 짧은 변의 길이를 ○, 긴 변의 길이를 △라고 할 때 두 양 사이의 대응 관계를 식으로 바르게 나타낸 것을 모두 찾아 기호를 써 보세요.

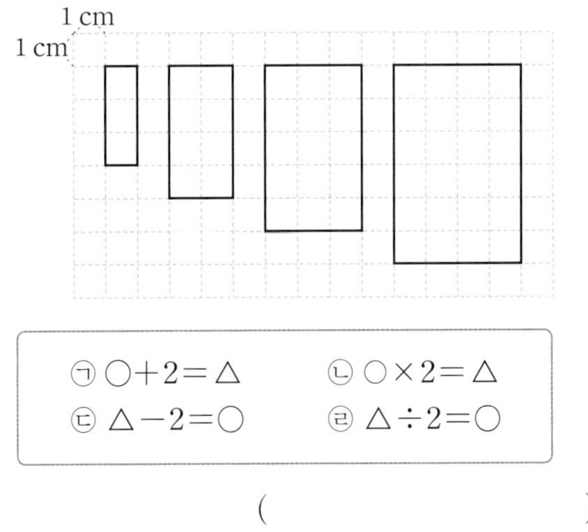

㉠ ○+2=△ ㉡ ○×2=△
㉢ △−2=○ ㉣ △÷2=○

( )

17 ■와 ▲ 사이의 대응 관계를 나타낸 식을 보고 표를 완성해 보세요.

■×2+1=▲

■	2	4	6	8	10
▲					

[18~20] ▲의 수와 ▶의 수 사이의 대응 관계를 알아보려고 합니다. 물음에 답하세요.

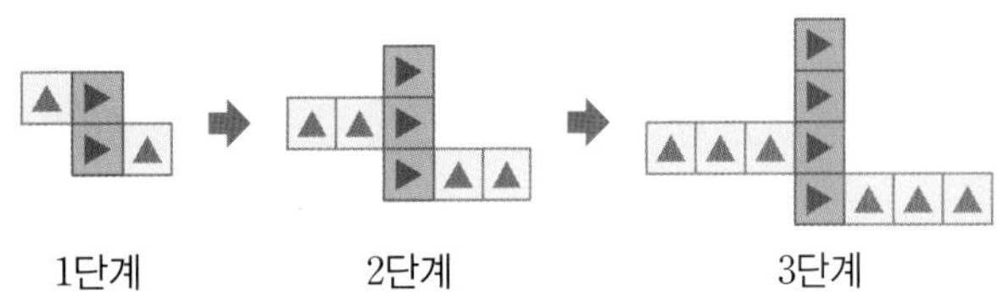

18 ▲의 수와 ▶의 수 사이의 대응 관계를 표를 이용하여 알아보세요.

	1단계	2단계	3단계	4단계
▲의 수(개)				
▶의 수(개)				

⊂서술형⊃

19 ▲의 수와 ▶의 수의 합이 22일 때는 몇 단계인지 풀이 과정을 쓰고 답을 구해 보세요.

풀이

(1) ▲의 수와 ▶의 수의 합은 1단계일 때 ( ), 2단계일 때 ( ), 3단계일 때 ( ), 4단계일 때 ( )입니다.

(2) 다음 단계가 될 때 ▲의 수와 ▶의 수의 합은 ( )씩 커집니다.

(3) ▲의 수와 ▶의 수의 합이 22일 때는 ( ) 단계입니다.

답 ______

⊂어려운 문제⊃

20 8단계일 때 ▲의 수와 ▶의 수의 차는 얼마인가요?

( )

2500년 전, 그리스에 살았던 수학자 피타고라스는 수학을 정말 사랑했어요. 특히 수와 도형 사이의 관련성을 찾는 재미에 푹 빠져 많은 연구를 했지요. 수와 도형을 어떻게 연결지을 수 있을까요? 다음 그림을 보세요!

1 삼각형 모양과 수를 연결지어요!

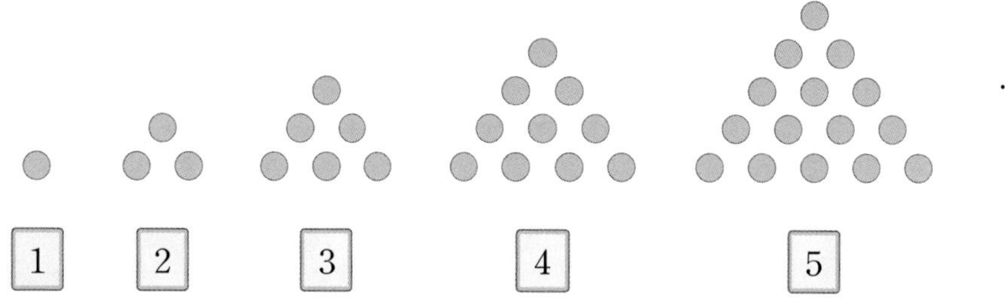

삼각형 모양을 만들 때 사용되는 점의 개수를 피타고라스는 삼각수라고 불렀습니다. 배열 순서에 따른 삼각수를 표로 정리하면 다음과 같습니다.

배열 순서	1	2	3	4	5	…
삼각수	1	3	6	10	15	…

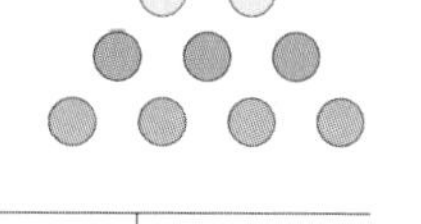

4번째 삼각형 모양을 위에서부터 한 줄씩 서로 다른 색으로 색칠해 보면 오른쪽 그림과 같으므로 삼각수 10을 1+2+3+4로 생각할 수 있습니다.
이처럼 삼각수를 덧셈식으로 나타내면 대응 관계를 더 잘 알 수 있습니다.

삼각수	1	3	6	10	15	…
덧셈식	1	1+2	1+2+3	1+2+3+4	1+2+3+4+5	…

모든 삼각수는 1부터 배열 순서까지의 자연수의 합으로 나타낼 수 있습니다.
6 에 올 삼각형 모양을 그려 보고 □ 안에 알맞은 수를 써 넣으세요.

➡ 6번째 삼각수는 1+2+□+□+□+□=□입니다.

➡ 7번째 삼각수는 6번째 삼각수에 □을 더한 값인 □입니다.

6

2 사각형 모양과 수를 연결지어요!

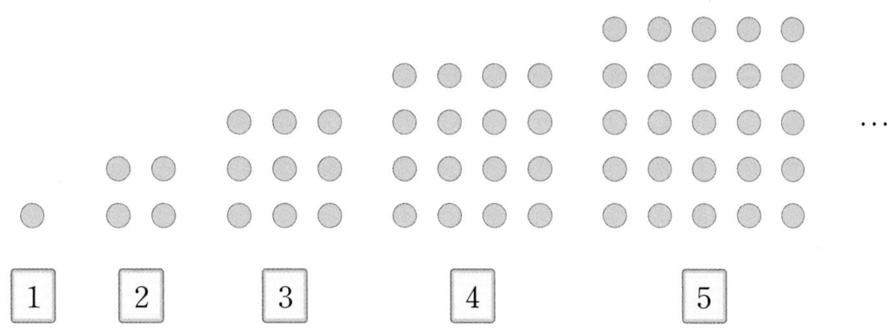

1 2 3 4 5

사각형 모양을 만들 때 사용되는 점의 개수를 피타고라스는 사각수라고 불렀습니다. 배열 순서에 따른 사각수를 표로 정리하면 다음과 같습니다.

배열 순서	1	2	3	4	5	…
사각수	1	4	9	16	25	…

사각수는 다음과 같이 곱셈식으로 나타낼 수 있습니다.

사각수	1	4	9	16	25	…
곱셈식	1×1	2×2	3×3	4×4	5×5	…

(배열 순서)×(배열 순서)가 사각수가 됨을 알 수 있습니다.

6 에 올 사각형 모양을 그려 보고 □ 안에 알맞은 수를 써 넣으세요.

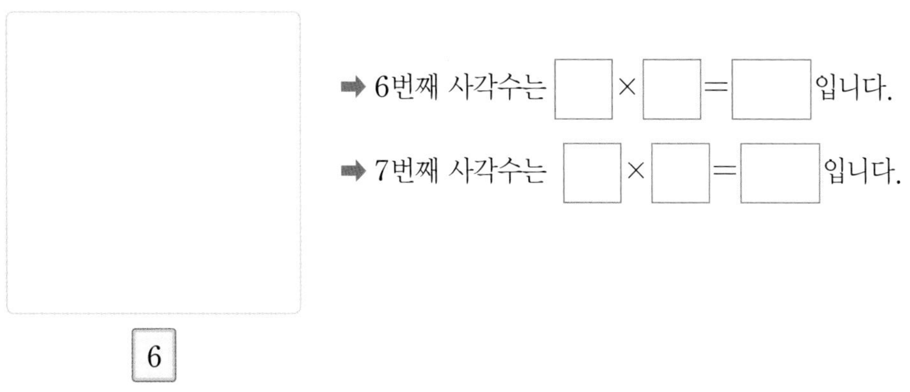

➡ 6번째 사각수는 □×□=□입니다.

➡ 7번째 사각수는 □×□=□입니다.

6

4번째 사각형 모양을 오른쪽 그림과 같이 색칠하면 사각수 16은 1+3+5+7과 같이 홀수의 합으로 나타낼 수 있음을 알 수 있습니다.

6번째 사각수도 홀수의 합으로 나타내면

1+3+□+□+□+□=□입니다.

4 단원

약분과 통분

예서는 주말에 엄마와 호두파이 두 판을 구워서 한 판은 6조각으로 자르고, 다른 한 판은 8조각으로 잘랐어요. 호두파이의 반은 접시에 담아 먹고, 나머지 반은 냉장고에 넣어 놓으려고 해요. 각각의 판에서 호두파이의 반은 몇 조각일까요?

이번 4단원에서는 약분과 통분에 대해 배울 거예요.

단원 학습 목표

1. 크기가 같은 분수를 이해하고, 크기가 같은 분수를 만들 수 있습니다.
2. 약분과 통분의 뜻을 알고 약분과 통분을 할 수 있습니다.
3. 분모가 다른 분수의 크기를 비교할 수 있습니다.
4. 분수와 소수의 관계를 이해하고, 분수와 소수의 크기를 비교할 수 있습니다.

단원 진도 체크

회차	구성		진도 체크
1차	**개념 1** 크기가 같은 분수를 알아볼까요 **개념 2** 크기가 같은 분수를 만들어 볼까요	개념 확인 학습 + 문제 / 교과서 내용 학습	✓
2차	**개념 3** 약분을 알아볼까요 **개념 4** 통분을 알아볼까요	개념 확인 학습 + 문제 / 교과서 내용 학습	✓
3차	**개념 5** 분수의 크기를 비교해 볼까요 **개념 6** 분수와 소수의 크기를 비교해 볼까요	개념 확인 학습 + 문제 / 교과서 내용 학습	✓
4차	단원 확인 평가		✓
5차	수학으로 세상보기		✓

해당 부분을 공부한 후 ✓표를 하세요.

개념 1 크기가 같은 분수를 알아볼까요

• **크기가 같은 분수**
분모와 분자의 수가 달라도 그림에 분수만큼 색칠했을 때 색칠한 부분의 크기가 같으면 크기가 같은 분수입니다.

크기가 같은 분수

• $\frac{1}{3}$과 $\frac{2}{6}$의 크기를 그림으로 비교하기

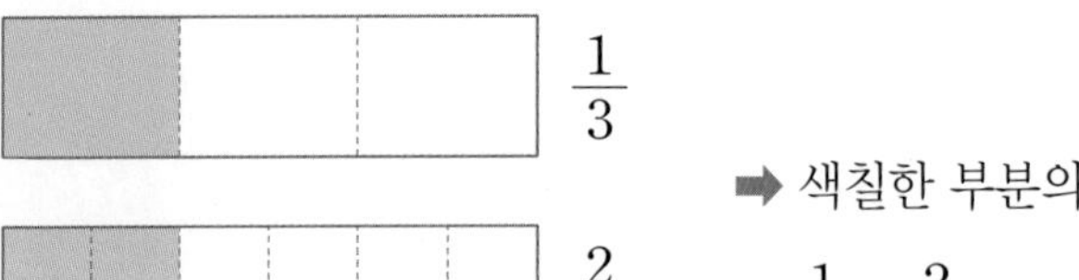

➡ 색칠한 부분의 크기가 같으므로 $\frac{1}{3}$과 $\frac{2}{6}$는 크기가 같습니다.

• $\frac{1}{2}$, $\frac{2}{4}$, $\frac{4}{8}$의 크기를 수직선으로 비교하기

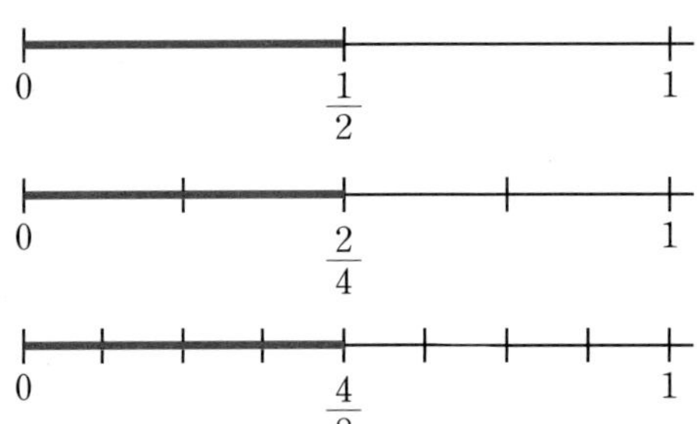

➡ 수직선에서 같은 위치에 있으므로 $\frac{1}{2}$, $\frac{2}{4}$, $\frac{4}{8}$는 크기가 같습니다.

개념 2 크기가 같은 분수를 만들어 볼까요

• **크기가 같은 분수 만들기**
분모와 분자에 다른 수를 곱하거나 분모와 분자를 다른 수로 나누면 크기가 다른 분수가 됩니다.

$\boxed{\frac{1}{2}}$ ➡ $\frac{1\times2}{2\times3}=\boxed{\frac{2}{6}}$
크기가 다릅니다.

$\boxed{\frac{8}{24}}$ ➡ $\frac{8\div2}{24\div3}=\boxed{\frac{4}{8}}$
크기가 다릅니다.

• **나눗셈을 이용하여 크기가 같은 분수 만들기**
분모와 분자를 나눌 수 있는 수는 분모와 분자의 공약수입니다.

곱셈을 이용하여 크기가 같은 분수 만들기

• 분모와 분자에 각각 0이 아닌 같은 수를 곱하면 크기가 같은 분수가 됩니다.

×2, ×3, ×4

$$\frac{1}{2}=\frac{2}{4}=\frac{3}{6}=\frac{4}{8}$$

×2, ×3, ×4

나눗셈을 이용하여 크기가 같은 분수 만들기

• 분모와 분자를 각각 0이 아닌 같은 수로 나누면 크기가 같은 분수가 됩니다.

÷2, ÷4, ÷8

$$\frac{8}{24}=\frac{4}{12}=\frac{2}{6}=\frac{1}{3}$$

÷2, ÷4, ÷8

문제를 풀어 이해해요

정답과 해설 17쪽

1 $\frac{2}{4}$와 $\frac{4}{8}$만큼 색칠하고 알맞은 말에 ○표 하세요.

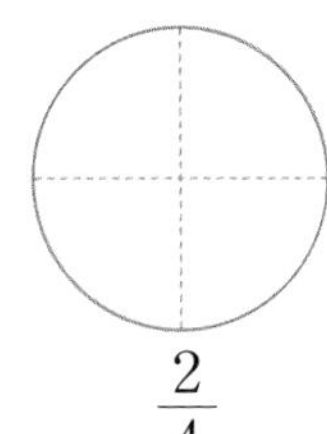

$\frac{2}{4}$

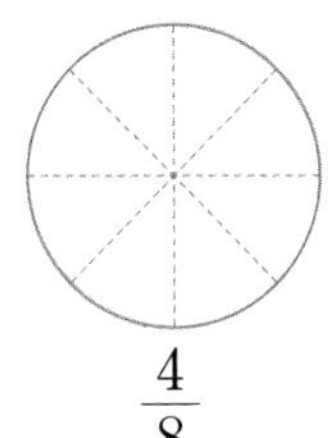

$\frac{4}{8}$

$\frac{2}{4}$는 $\frac{4}{8}$와 크기가 (같은 , 다른) 분수입니다.

색칠한 부분을 비교하여 분수의 크기가 같은지 알아보는 문제예요.

2 수직선을 보고 □ 안에 알맞은 수를 써넣으세요.

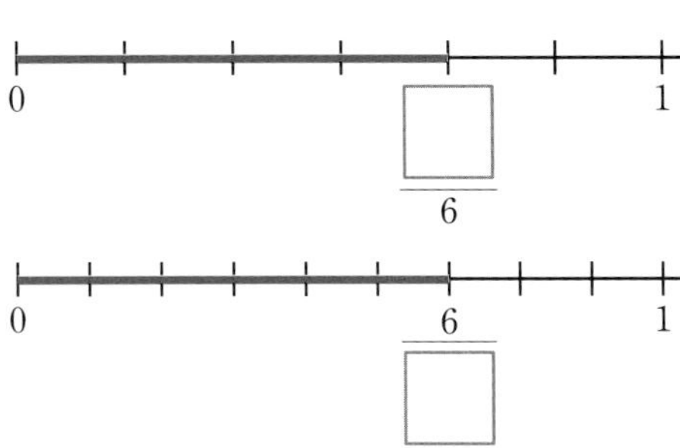

수직선에서 같은 위치에 있으면 분수의 크기는 같아요.

3 □ 안에 알맞은 수를 써넣으세요.

(1) $\frac{1}{5}=\frac{1\times\square}{5\times2}=\frac{\square}{\square}$

(2) $\frac{4}{7}=\frac{4\times3}{7\times\square}=\frac{\square}{\square}$

(3) $\frac{21}{30}=\frac{21\div\square}{30\div3}=\frac{\square}{\square}$

(4) $\frac{12}{16}=\frac{12\div4}{16\div\square}=\frac{\square}{\square}$

곱셈과 나눗셈을 이용하여 크기가 같은 분수를 만들어 보아요.

교과서 내용 학습

01 그림을 보고 □ 안에 알맞은 수를 써넣으세요.

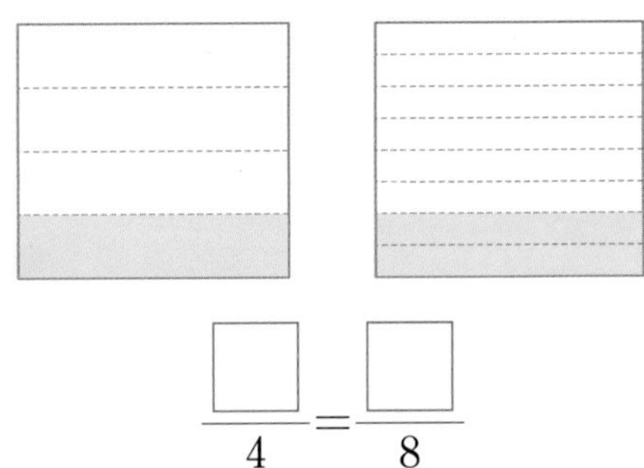

$\frac{\square}{4}=\frac{\square}{8}$

02 분수만큼 색칠하고 크기가 같은 두 분수에 ○표 하세요.

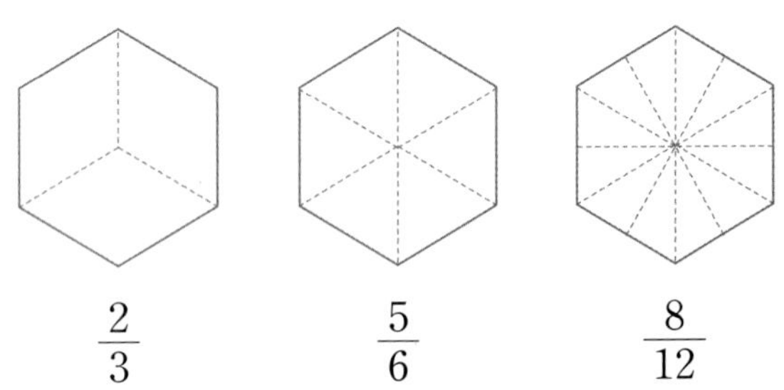

$\frac{2}{3}$ $\frac{5}{6}$ $\frac{8}{12}$

03 □ 안에 알맞은 수를 써넣어 크기가 같은 분수를 만들어 보세요.

$\frac{3}{8}=\frac{\square}{16}=\frac{9}{\square}=\frac{\square}{32}$

04 $\frac{4}{7}$와 크기가 같은 분수를 분모가 가장 작은 것부터 차례로 3개 써 보세요. (단, $\frac{4}{7}$는 제외합니다.)

( )

05 □ 안에 알맞은 수를 써넣으세요.

(1) $\frac{24}{40}=\frac{\square}{10}$ (2) $\frac{15}{21}=\frac{\square}{7}$

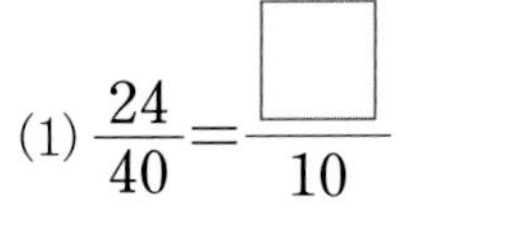

06 분모와 분자를 각각 0이 아닌 같은 수로 나누어 만들 수 있는 크기가 같은 분수를 모두 써 보세요.

$\frac{36}{40}$ ➡ ( )

07 크기가 같은 분수끼리 이어 보세요.

$\frac{6}{14}$ •	• $\frac{3}{7}$
$\frac{20}{25}$ •	• $\frac{4}{7}$
$\frac{20}{35}$ •	• $\frac{4}{5}$

정답과 해설 17쪽

중요

08 $\frac{8}{10}$과 크기가 같은 분수를 모두 찾아 ○표 하세요.

$\frac{3}{4}$ $\frac{16}{20}$ $\frac{4}{5}$ $\frac{26}{30}$

09 크기가 같은 분수를 만드는 방법에 대해 잘못 이야기 한 친구의 이름을 쓰고 옳게 고쳐 보세요.

$\frac{45}{90}$의 분모를 10으로 나누고, 분자를 5로 나누면 크기가 같은 분수를 만들 수 있어.

$\frac{45}{90}$의 분모와 분자에 각각 3을 곱하면 크기가 같은 분수를 만들 수 있어.

( )

고치기

어려운 문제

10 다음을 모두 만족하는 분수를 구해 보세요.

- $\frac{3}{11}$과 크기가 같습니다.
- 분모는 70보다 작습니다.
- 분모와 분자의 일의 자리 수가 같습니다.

( )

도움말 $\frac{3}{11}$의 분모와 분자에 0이 아닌 같은 수를 곱하여 크기가 같은 분수를 여러 개 만들어 봅니다.

문제해결 접근하기

11 $\frac{3}{10}$과 크기가 같은 분수 중 분모와 분자의 합이 30 이상 70 이하인 분수는 모두 몇 개인지 구해 보세요.

이해하기

구하려는 것은 무엇인가요?

답

계획 세우기

어떤 방법으로 문제를 해결하면 좋을까요?

답

해결하기

(1)

$\frac{3}{10}$과 크기가 같은 분수	$\frac{6}{20}$	$\frac{9}{\square}$	$\frac{\square}{40}$	$\frac{15}{\square}$	$\frac{\square}{60}$
분모와 분자의 합	26				

(2) $\frac{3}{10}$과 크기가 같은 분수 중 분모와 분자의 합이 30 이상 70 이하인 분수는

□, □, □이므로 모두 □개입니다.

되돌아보기

$\frac{2}{7}$와 크기가 같은 분수 중 분모와 분자의 합이 30 이상 70 이하인 분수는 모두 몇 개인지 구해 보세요.

답

개념 3 약분을 알아볼까요

• 약분 표시하기

$\dfrac{\overset{1}{\cancel{5}}}{\underset{4}{\cancel{20}}}=\dfrac{1}{4}$

약분의 표시로 /를 사용하고 분모와 분자를 공약수로 나눈 몫을 위, 아래에 작게 씁니다.

• 약분하기

10과 40의 공약수는 1, 2, 5, 10이므로 2, 5, 10으로 분모와 분자를 나눕니다.

약분 알아보기

• 분모와 분자를 공약수로 나누어 간단한 분수로 만드는 것을 약분한다고 합니다.

예 $\dfrac{10}{40}$을 약분하기

$\dfrac{10}{40}=\dfrac{10\div2}{40\div2}=\dfrac{5}{20}$ $\dfrac{10}{40}=\dfrac{10\div5}{40\div5}=\dfrac{2}{8}$ $\dfrac{10}{40}=\dfrac{10\div10}{40\div10}=\dfrac{1}{4}$

기약분수 알아보기

• 분모와 분자의 공약수가 1뿐인 분수를 기약분수라고 합니다.

• 분모와 분자를 그들의 최대공약수로 나누면 기약분수로 나타낼 수 있습니다.

예 $\dfrac{18}{30}$을 기약분수로 나타내기

방법 1 분모와 분자를 더 이상 나누어지지 않을 때까지 그들의 공약수로 나누기

$$\dfrac{\overset{9}{\cancel{18}}}{\underset{15}{\cancel{30}}}=\dfrac{\overset{3}{\cancel{9}}}{\underset{5}{\cancel{15}}}=\dfrac{3}{5}$$

방법 2 분모와 분자를 그들의 최대공약수로 나누기

18과 30의 최대공약수: 6 ➡ $\dfrac{18}{30}=\dfrac{18\div6}{30\div6}=\dfrac{3}{5}$

개념 4 통분을 알아볼까요

• 공통분모

공통분모가 될 수 있는 수는 두 수의 공배수입니다.

• 방법 1 과 방법 2 의 비교

- 방법 1 은 바로 통분할 수 있지만 분모와 분자의 수가 커지는 단점이 있습니다.
- 방법 2 는 분모와 분자의 수가 작아서 계산이 복잡하지 않지만 분모의 최소공배수를 구해야 하는 번거로움이 있습니다.

통분 알아보기

• 분수의 분모를 같게 하는 것을 통분한다고 하고, 통분한 분모를 공통분모라고 합니다.

예 $\dfrac{3}{8}$과 $\dfrac{5}{6}$를 통분하기

방법 1 두 분모의 곱을 공통분모로 하여 통분하기

$$\left(\dfrac{3}{8}, \dfrac{5}{6}\right) ➡ \left(\dfrac{3\times6}{8\times6}, \dfrac{5\times8}{6\times8}\right) ➡ \left(\dfrac{18}{48}, \dfrac{40}{48}\right)$$

방법 2 두 분모의 최소공배수를 공통분모로 하여 통분하기

8과 6의 최소공배수: 24

$$\left(\dfrac{3}{8}, \dfrac{5}{6}\right) ➡ \left(\dfrac{3\times3}{8\times3}, \dfrac{5\times4}{6\times4}\right) ➡ \left(\dfrac{9}{24}, \dfrac{20}{24}\right)$$

문제를 풀며 이해해요

정답과 해설 18쪽

1 $\frac{12}{20}$를 약분하려고 합니다. □ 안에 알맞은 수를 써넣으세요.

분수를 약분할 수 있는지 묻는 문제예요.

(1) 12와 20의 공약수: 1, □, □

(2) $\frac{12}{20}=\frac{12\div 2}{20\div \square}=\frac{6}{\square}$

$\frac{12}{20}=\frac{12\div \square}{20\div 4}=\frac{\square}{5}$

2 $\frac{24}{40}$를 분모와 분자의 최대공약수로 나누어 기약분수로 나타내려고 합니다. □ 안에 알맞은 수를 써넣으세요.

분모와 분자를 그들의 최대공약수로 나누면 한번에 기약분수로 나타낼 수 있어요.

(1) 24와 40의 최대공약수: □

(2) $\frac{24}{40}=\frac{24\div \square}{40\div \square}=\frac{\square}{\square}$

3 $\frac{1}{4}$과 $\frac{1}{6}$을 두 가지 방법으로 통분하려고 합니다. □ 안에 알맞은 수를 써넣으세요.

분수를 통분할 수 있는지 묻는 문제예요.

(1) 분모의 곱을 공통분모로 하여 통분해 보세요.

$\left(\frac{1}{4}, \frac{1}{6}\right) \Rightarrow \left(\frac{1\times 6}{4\times \square}, \frac{1\times 4}{6\times \square}\right) \Rightarrow \left(\frac{\square}{24}, \frac{\square}{24}\right)$

(2) 분모의 최소공배수를 공통분모로 하여 통분해 보세요.

$\left(\frac{1}{4}, \frac{1}{6}\right) \Rightarrow \left(\frac{1\times 3}{4\times \square}, \frac{1\times 2}{6\times \square}\right) \Rightarrow \left(\frac{\square}{12}, \frac{\square}{12}\right)$

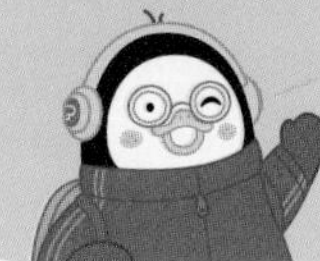

교과서 내용 학습

01 $\frac{25}{45}$를 약분할 때 분모와 분자를 나눌 수 있는 수는 어느 것인가요? (   )

① 2 ② 3 ③ 5
④ 7 ⑤ 9

02 $\frac{18}{24}$을 약분해 보세요.

$\frac{18}{24}$ ➡ □, □, □

03 기약분수를 찾아 써 보세요.

$\frac{8}{11}$ $\frac{11}{33}$ $\frac{14}{21}$

(   )

04 기약분수로 나타내어 보세요.

(1) $\frac{12}{18}$ (   )

(2) $\frac{40}{72}$ (   )

05 다음을 공통분모로 하여 통분해 보세요.

(1) 두 분모의 곱

$\left(\frac{7}{10}, \frac{3}{4}\right)$ ➡ (   )

(2) 두 분모의 최소공배수

$\left(\frac{7}{10}, \frac{3}{4}\right)$ ➡ (   )

06 $\frac{4}{5}$와 $\frac{5}{6}$를 통분하려고 합니다. 공통분모가 될 수 있는 수를 작은 수부터 차례로 3개 써 보세요.

(   )

07 두 기약분수를 통분한 것입니다. ㉠과 ㉡에 알맞은 수의 합을 구해 보세요.

$\left(\frac{11}{㉠}, \frac{㉡}{3}\right)$ ➡ $\left(\frac{33}{42}, \frac{28}{42}\right)$

(   )

08 바르게 이야기한 친구는 누구인가요?

민호: 분모와 분자를 그들의 최대공약수로 나누면 기약분수로 나타낼 수 있어.

영주: 약분하면 분수의 크기는 작아지고, 통분하면 분수의 크기는 커져.

종인: 분수의 분자를 같게 하는 것을 통분한다고 해.

(　　　　　　　　)

09 빈칸에 알맞은 분수를 써넣으세요.

$\frac{8}{10}$　$\frac{12}{30}$　$\frac{5}{12}$　$\frac{13}{26}$　$\frac{9}{14}$

(1) 기약분수를 찾아 써보세요.

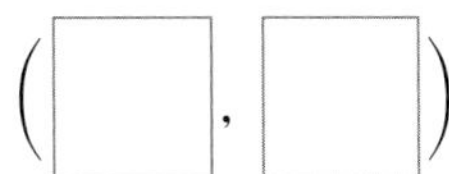

(□ , □)

(2) (1)의 두 기약분수를 분모의 최소공배수를 공통 분모로 하여 통분해 보세요.

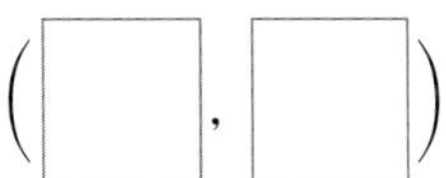

(□ , □)

⊂어려운 문제⊃

10 수 카드 중 2장을 한 번씩만 사용하여 만들 수 있는 진분수 중 기약분수를 모두 써 보세요.

2　4　5　8

(　　　　　　　　)

도움말 수 카드로 만들 수 있는 진분수를 모두 만든 후 기약분수를 찾아봅니다.

문제해결 접근하기

11 분모가 20인 진분수 중에서 기약분수는 모두 몇 개인지 구해 보세요.

이해하기

구하려는 것은 무엇인가요?

답 ____________________

계획 세우기

어떤 방법으로 문제를 해결하면 좋을까요?

답 ____________________

해결하기

(1) $\frac{■}{20}$가 진분수가 되기 위해서는 ■ 안에 1부터 □ 까지의 수가 들어갈 수 있습니다.

(2) $\frac{■}{20}$가 기약분수라고 했으므로 ■ 안에 들어갈 수 있는 수는 20과 공약수가 1뿐인 수 □, □, □, □, □, □, □, □ 입니다.

(3) 분모가 20인 진분수 중에서 기약분수는 □ 개입니다.

되돌아보기

분모가 16인 진분수 중에서 기약분수는 모두 몇 개인지 구해 보세요.

답 ____________________

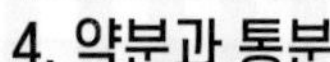

개념 확인 학습

개념 5 분수의 크기를 비교해 볼까요

두 분수의 크기 비교하기

• 분수를 통분하여 분자의 크기를 비교합니다.

예 $\frac{3}{4}$과 $\frac{4}{5}$의 크기 비교하기

$\left(\frac{3}{4}, \frac{4}{5}\right) \Rightarrow \left(\frac{3\times5}{4\times5}, \frac{4\times4}{5\times4}\right) \Rightarrow \left(\frac{15}{20}, \frac{16}{20}\right) \Rightarrow \frac{15}{20} < \frac{16}{20}$

• **분자가 같은 분수의 크기 비교**
분자가 같으면 분모가 클수록 크기가 작은 분수입니다.
예 $\frac{5}{7}$와 $\frac{5}{9}$의 크기 비교
$7<9$이므로 $\frac{5}{7}>\frac{5}{9}$입니다.

세 분수의 크기 비교하기

• 두 분수끼리 통분하여 차례로 크기를 비교합니다.

예 $\frac{2}{5}$, $\frac{7}{10}$, $\frac{1}{2}$의 크기 비교하기

$\left(\frac{2}{5}, \frac{7}{10}\right) \Rightarrow \left(\frac{4}{10}, \frac{7}{10}\right) \Rightarrow \frac{2}{5} < \frac{7}{10}$

$\left(\frac{7}{10}, \frac{1}{2}\right) \Rightarrow \left(\frac{7}{10}, \frac{5}{10}\right) \Rightarrow \frac{7}{10} > \frac{1}{2}$

$\left(\frac{2}{5}, \frac{1}{2}\right) \Rightarrow \left(\frac{4}{10}, \frac{5}{10}\right) \Rightarrow \frac{2}{5} < \frac{1}{2}$

$\Rightarrow \frac{2}{5} < \frac{1}{2} < \frac{7}{10}$

• **세 분수를 한번에 통분하여 크기 비교**
분모가 다른 세 분수는 세 분모의 최소공배수를 공통분모로 통분하여 크기를 비교할 수도 있습니다.
$\left(\frac{2}{5}, \frac{7}{10}, \frac{1}{2}\right)$
$\Rightarrow \left(\frac{4}{10}, \frac{7}{10}, \frac{5}{10}\right)$
$\Rightarrow \frac{4}{10} < \frac{5}{10} < \frac{7}{10}$
$\Rightarrow \frac{2}{5} < \frac{1}{2} < \frac{7}{10}$

개념 6 분수와 소수의 크기를 비교해 볼까요

분수를 소수로, 소수를 분수로 나타내기

• 분수를 소수로 나타낼 때에는 분모가 10, 100, 1000인 분수로 고친 다음 소수로 나타냅니다.

• 소수를 분수로 나타낼 때에는 분모가 10, 100, 1000인 분수로 나타낸 후 약분합니다.

예 $\frac{1}{2}=\frac{1\times5}{2\times5}=\frac{5}{10}=0.5$, $0.24=\frac{24}{100}=\frac{24\div4}{100\div4}=\frac{6}{25}$

• **10, 100, 1000으로 고칠 수 있는 분수의 분모**
- 분모가 2, 5인 분수
  ➡ 분모를 10으로 고치기
- 분모가 4, 20, 25, 50인 분수
  ➡ 분모를 100으로 고치기
- 분모가 8, 40, 125, 200, 250, 500인 분수
  ➡ 분모를 1000으로 고치기

분수와 소수의 크기 비교하기

예 $\frac{3}{5}$과 0.7의 크기 비교하기

방법 1 분수를 소수로 나타내어 크기 비교

$\frac{3}{5}=\frac{3\times2}{5\times2}=\frac{6}{10}=0.6$

$\Rightarrow \frac{3}{5}<0.7$

방법 2 소수를 분수로 나타내어 크기 비교

$\frac{3}{5}=\frac{6}{10}$, $0.7=\frac{7}{10}$

$\Rightarrow \frac{3}{5}<0.7$

문제를 풀며 이해해요

정답과 해설 19쪽

1 □ 안에 알맞은 수를 써넣고 두 분수의 크기를 비교하여 ○ 안에 >, =, <를 알맞게 써넣으세요.

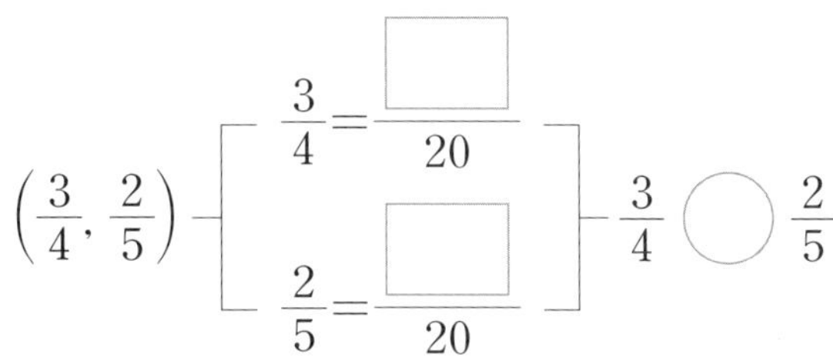

분수의 크기를 비교할 수 있는지 묻는 문제예요.

2 $\frac{3}{4}$을 소수로 나타내려고 합니다. □ 안에 알맞은 수를 써넣으세요.

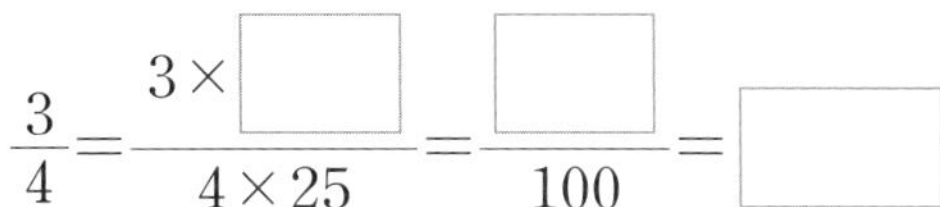

분수를 소수로 나타낼 때는 분모가 10, 100, 1000인 분수로 먼저 고쳐요.

3 0.6을 기약분수로 나타내려고 합니다. □ 안에 알맞은 수를 써넣으세요.

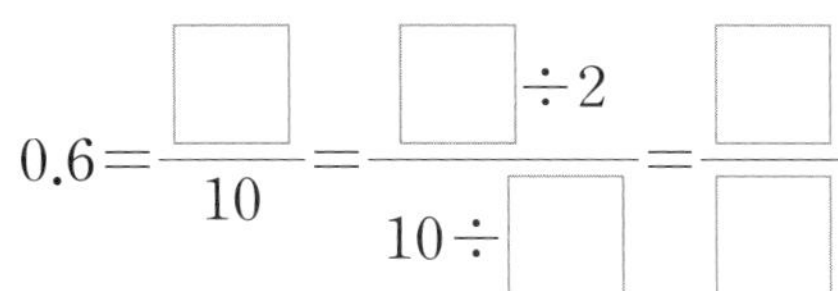

소수 한 자리 수는 분모가 10인 분수로 나타낼 수 있어요.

4 0.8과 $\frac{17}{20}$을 두 가지 방법으로 크기를 비교하려고 합니다. □ 안에 알맞은 수를 써넣고 ○ 안에 >, =, <를 알맞게 써넣으세요.

(1) 분수를 소수로 나타내어 크기를 비교해 보세요.

$$\frac{17}{20}=\frac{17\times\square}{20\times\square}=\frac{\square}{100}=\square \Rightarrow 0.8 \bigcirc \frac{17}{20}$$

(2) 소수를 분수로 나타내어 크기를 비교해 보세요.

$$0.8=\frac{8}{\square}=\frac{\square}{20} \Rightarrow 0.8 \bigcirc \frac{17}{20}$$

분수와 소수의 크기 비교는 분수를 소수로 나타내거나 소수를 분수로 나타내어 비교해요.

교과서 내용 학습

01 두 분모의 최소공배수를 공통분모로 하여 통분한 다음 크기를 비교해 보세요.

$\left(\frac{3}{8}, \frac{1}{6}\right) \Rightarrow \left(\frac{3\times\square}{8\times\square}, \frac{1\times\square}{6\times\square}\right)$

$\Rightarrow (\square, \square)$

$\Rightarrow \frac{3}{8} \bigcirc \frac{1}{6}$

02 분수의 크기를 바르게 비교한 것을 모두 찾아 기호를 써 보세요.

㉠ $\frac{2}{3}<\frac{1}{2}$	㉡ $\frac{2}{5}>\frac{5}{8}$
㉢ $\frac{3}{7}>\frac{5}{14}$	㉣ $\frac{3}{10}<\frac{5}{16}$

(　　　　　　　　)

중요

03 두 분수의 크기를 비교하여 더 큰 분수를 위의 빈칸에 써넣으세요.

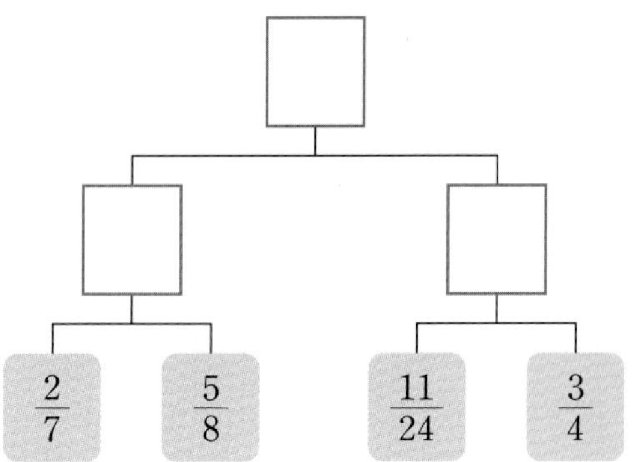

04 $\frac{15}{49}$와 $\frac{5}{19}$의 분자를 같게 만들어 크기를 비교해 보세요.

$\left(\frac{15}{49}, \frac{5}{19}\right) \Rightarrow \left(\frac{15}{\square}, \frac{15}{\square}\right)$

$\Rightarrow \frac{15}{49} \bigcirc \frac{5}{19}$

중요

05 다음 중 가장 큰 분수를 찾아 써 보세요.

$\frac{5}{12}$　　$\frac{7}{9}$　　$\frac{3}{4}$

(　　　　　　　　)

06 분수를 소수로 나타낸 것을 찾아 이어 보세요.

$\frac{1}{4}$ •	• 0.8
$\frac{11}{20}$ •	• 0.55
$\frac{4}{5}$ •	• 0.25

07 분수와 소수의 크기를 비교하여 ○ 안에 >, =, < 를 알맞게 써넣으세요.

(1) 0.4 ○ $\frac{9}{25}$

(2) $1\frac{7}{20}$ ○ 1.7

08 같은 크기의 컵으로 주스를 동환이는 $\frac{7}{20}$컵, 예영이는 $\frac{5}{16}$컵 마셨습니다. 주스를 더 많이 마신 사람은 누구인가요?

( )

09 $2\frac{2}{5}$와 2.7 사이에 있는 수를 찾아 써 보세요.

2.85	$2\frac{17}{25}$	2.3

( )

⊂어려운 문제⊃

10 $\frac{5}{8}$와 $\frac{3}{4}$ 사이에 있는 분수는 어느 것인가요? ( )

① $\frac{1}{2}$ ② $\frac{1}{4}$ ③ $\frac{11}{16}$ ④ $\frac{19}{24}$ ⑤ $\frac{15}{32}$

도움말 주어진 분수의 분모를 8, 16, 24, 32로 통분해 봅니다.

문제해결 접근하기

11 ■ 안에 들어갈 수 있는 자연수 중 가장 큰 수를 구해 보세요.

$$0.25 > \frac{■}{20}$$

이해하기

구하려는 것은 무엇인가요?

답 ____________________

계획 세우기

어떤 방법으로 문제를 해결하면 좋을까요?

답 ____________________

____

해결하기

(1) 0.25를 분수로 나타내면

$0.25 = \frac{25}{□}$입니다.

(2) $\frac{25}{□}$를 분모가 20인 분수로 약분하면

$\frac{□}{20}$입니다.

(3) $\frac{□}{20} > \frac{■}{20}$이므로 ■ 안에 들어갈 수 있는

자연수 중 가장 큰 수는 □ 입니다.

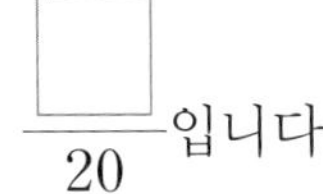

되돌아보기

● 안에 들어갈 수 있는 자연수 중 가장 큰 수를 구해 보세요.

$$0.28 > \frac{●}{25}$$

답 ____________________

____

단원 확인 평가

01 크기가 같은 분수가 되도록 색칠하고 □ 안에 알맞은 수를 써넣으세요.

$\frac{12}{\square}$ (12칸 중 색칠된 막대)

$\frac{\square}{6}$ (6칸 막대)

02 □ 안에 알맞은 수를 써넣어 크기가 같은 분수를 만들어 보세요.

$$\frac{16}{48}=\frac{\square}{24}=\frac{4}{\square}=\frac{2}{\square}=\frac{\square}{3}$$

03 ▲+●의 값을 구해 보세요.

$$\frac{2}{9}=\frac{▲}{45}=\frac{20}{●}$$

(　　　　　　　　)

⊂서술형⊃

04 $\frac{9}{13}$와 크기가 같은 분수 중에서 분모가 91인 분수를 구하는 풀이 과정을 쓰고 답을 구해 보세요.

풀이

(1) $\frac{9}{13}$의 분모에 (　　　　)을 곱하면 91이 됩니다.

(2) 크기가 같은 분수를 만들려면 분모와 분자에 같은 수를 곱해야 하므로 분자에도 (　　　　)을 곱합니다.

(3) $\frac{9}{13}$와 크기가 같은 분수 중 분모가 91인 분수는 □ 입니다.

답 ____________

05 희원이는 도화지를 똑같이 8조각으로 나누어 5조각을 사용하였습니다. 현우가 같은 크기의 도화지를 똑같이 24조각으로 나누었다면 몇 조각을 사용해야 희원이가 사용한 양과 같아지나요?

(　　　　　　　　)

06 $\frac{16}{24}$을 약분하려고 합니다. 다음 중 분모와 분자를 나눌 수 있는 수는 모두 몇 개인가요?

2	3	4	5	6	7	8

( )

07 약분한 분수를 모두 써 보세요.

$\frac{30}{36}$ ➡ ( )

ㄷ중요ㄷ

08 기약분수로 나타내어 보세요.

(1) $\frac{15}{40}$ ( )

(2) $2\frac{18}{54}$ ( )

09 주어진 진분수가 기약분수라고 합니다. □ 안에 들어갈 수 있는 수는 모두 몇 개인가요?

$\frac{\square}{9}$

( )

10 $\frac{2}{3}$와 $\frac{3}{4}$을 통분할 때 공통분모로 할 수 <u>없는</u> 수는 어느 것인가요? ( )

① 12 ② 24 ③ 30
④ 36 ⑤ 48

11 분모의 곱을 공통분모로 하여 통분해 보세요.

$\left(\frac{7}{12}, \frac{13}{18}\right)$

(　　　　　　　　　　)

ㄷ중요ㄷ
12 $\left(\frac{17}{25}, \frac{11}{15}\right)$을 공통분모가 될 수 있는 수 중에서 가장 작은 수를 공통분모로 하여 통분해 보세요.

(　　　　　　　　　　)

13 소수를 기약분수로 나타낸 것을 찾아 이어 보세요.

0.25 •	• $\frac{1}{4}$
0.52 •	• $\frac{13}{20}$
0.65 •	• $\frac{13}{25}$

14 분모가 100인 분수로 나타낼 수 없는 분수 카드를 가지고 있는 친구는 누구인가요?

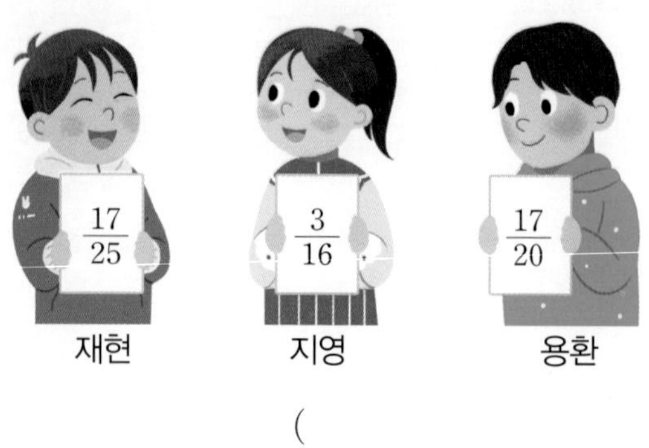

(　　　　　　　　　　)

ㄷ서술형ㄷ
15 같은 크기와 모양의 피자가 2판 있습니다. 민유는 피자 한 판의 $\frac{5}{6}$를 먹었고, 민수는 피자 한 판의 $\frac{7}{9}$을 먹었습니다. 누가 피자를 더 많이 먹었는지 풀이 과정을 쓰고 답을 구해 보세요.

풀이

(1) 두 분수 $\frac{5}{6}$, $\frac{7}{9}$을 통분하면

$\left(\frac{5}{6}, \frac{7}{9}\right) \Rightarrow \left(\frac{5\times\square}{6\times3}, \frac{7\times\square}{9\times2}\right)$

$\Rightarrow \left(\frac{\square}{18}, \frac{\square}{18}\right)$입니다.

(2) $\frac{5}{6}$ ◯ $\frac{7}{9}$이므로 피자를 더 많이 먹은 사람은 (　　　　)입니다.

답 ____________________

16 모양과 크기가 같은 세 물통 ㉮, ㉯, ㉰에 물이 각각 전체의 $\frac{5}{8}$, $\frac{7}{10}$, $\frac{3}{4}$만큼 들어 있습니다. 물이 많이 들어 있는 물통부터 차례로 기호를 써 보세요.

( )

⊂어려운 문제⊃

17 약분하여 $\frac{7}{10}$이 되는 분수 중에서 분모와 분자의 차가 15인 분수를 구해 보세요.

( )

18 어떤 분수의 분자에 5를 더한 다음 분모와 분자를 각각 2로 나누어 약분하였더니 $\frac{5}{9}$가 되었습니다. 어떤 분수를 구해 보세요.

( )

⊂어려운 문제⊃

19 $\frac{7}{9}$보다 작으면서 분모가 12인 분수 중 크기가 가장 큰 분수는 어느 것인가요? ( )

① $\frac{7}{12}$ ② $\frac{8}{12}$ ③ $\frac{9}{12}$
④ $\frac{10}{12}$ ⑤ $\frac{11}{12}$

20 □ 안에 들어갈 수 있는 소수 한 자리 수를 모두 구해 보세요.

$$\frac{9}{20}<\square<\frac{7}{8}$$

( )

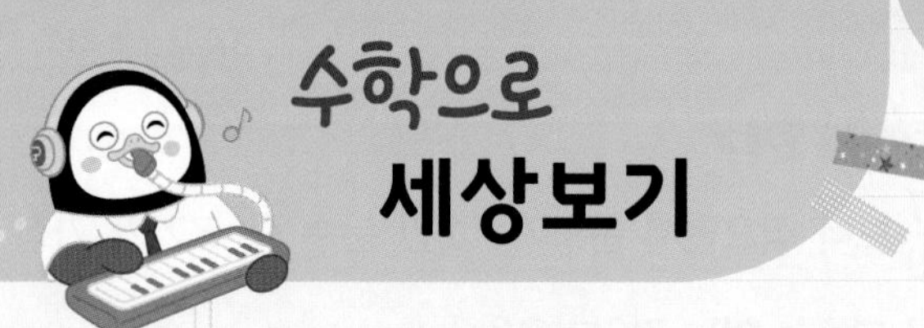

4분음표, 8분음표와 같은 음표를 알고 있나요? 우리가 노래를 부르거나 악기를 연주할 때 악보에서 볼 수 있는 음표들은 분수와 깊은 관련이 있어요. 음표와 분수가 어떤 관련이 있는지 살펴볼까요?

1 음의 길이를 분수로 나타내요!

음표에서 가장 기준이 되는 것은 온음표입니다. 온음표의 길이를 1이라고 했을 때 2분음표는 온음표의 길이의 $\frac{1}{2}$, 4분음표는 온음표의 길이의 $\frac{1}{4}$, 8분음표는 온음표의 길이의 $\frac{1}{8}$입니다. 이 분수들이 음표의 박자를 결정하는데, 박자가 길고 짧음에 따라 노래를 부를 때 그 음을 길게 부르기도 하고 짧게 부르기도 합니다. 음표의 길이를 한눈에 알아보기 쉽게 표로 정리하면 다음과 같습니다.

음표	이름	음의 길이	박자	박자의 표현
𝅝	온음표	1 (기준)	0 1 2 3 4	네 박
𝅗𝅥	2분음표	$\frac{1}{2}$	0 1 2 3 4	두 박
♩	4분음표	$\frac{1}{4}$	0 1 2 3 4	한 박
♪	8분음표	$\frac{1}{8}$	0 1 2 3 4	반 박
𝅘𝅥𝅯	16분음표	$\frac{1}{16}$	0 1 2 3 4	반의 반 박

정답과 해설 22쪽

2 음표 여러 개를 길이가 같은 음표로 바꾸어 보아요!

8분음표 2개는 어떤 음표와 길이가 같을까요? 8분음표 1개의 길이는 $\frac{1}{8}$이므로 8분음표 2개는 $\frac{2}{8}$가 되고, $\frac{2}{8}$를 약분하면 $\frac{1}{4}$이므로 8분음표 2개는 4분음표 1개와 길이가 같음을 알 수 있습니다.

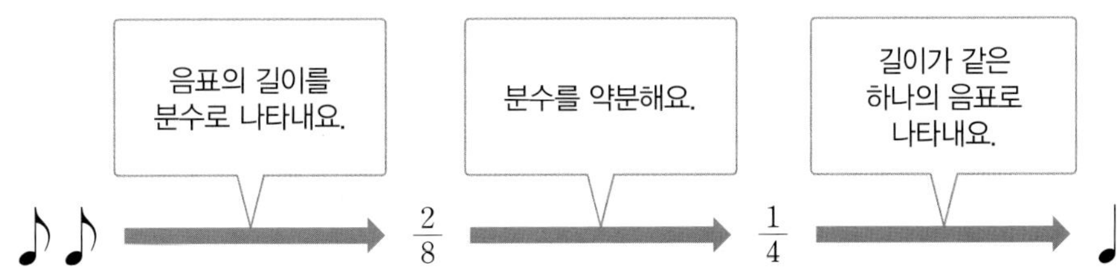

그럼 빈칸에 알맞은 분수 또는 음표를 채워 가며 음표의 길이를 비교해 보세요.

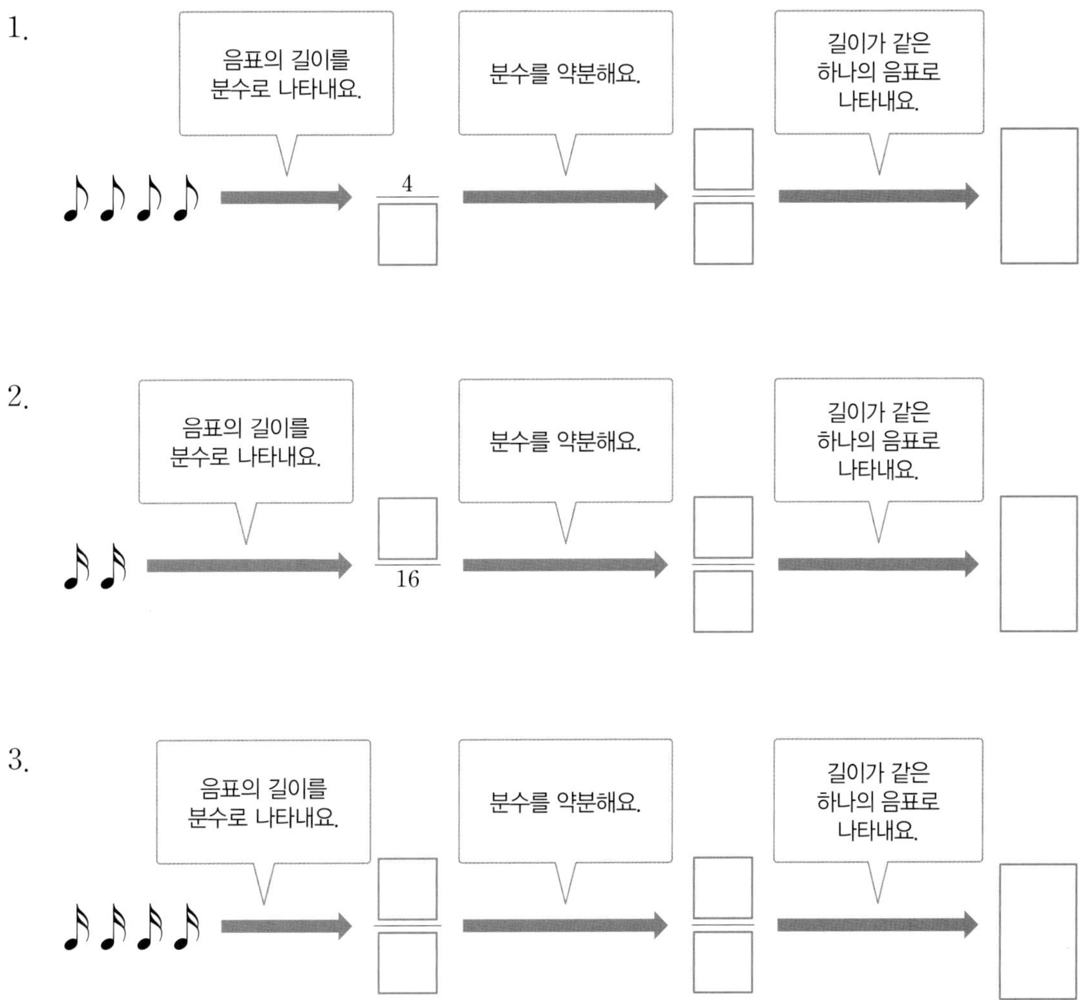

5 단원

분수의 덧셈과 뺄셈

효빈이네 가족은 계곡으로 캠핑을 갔어요. 아버지와 어머니께서는 음식 준비 및 텐트 정리를 하고 계시고 효빈이와 동생은 달고나 만들기를 하고 있네요. 효빈이는 달고나 만들기를 하면서 분수의 덧셈과 뺄셈을 알아볼 수 있었어요.

이번 5단원에서는 분모가 다른 분수의 덧셈과 뺄셈의 계산 원리와 계산 방법에 대해 배울 거예요.

단원 학습 목표

1. 받아올림이 없는 분모가 다른 진분수의 덧셈 원리를 이해하고 계산할 수 있습니다.
2. 받아올림이 있는 분모가 다른 진분수의 덧셈 원리를 이해하고 계산할 수 있습니다.
3. 받아올림이 있는 분모가 다른 대분수의 덧셈 원리를 이해하고 계산할 수 있습니다.
4. 분모가 다른 진분수의 뺄셈 원리를 이해하고 계산할 수 있습니다.
5. 받아내림이 없는 분모가 다른 대분수의 뺄셈 원리를 이해하고 계산할 수 있습니다.
6. 받아내림이 있는 분모가 다른 대분수의 뺄셈 원리를 이해하고 계산할 수 있습니다.
7. 분수의 덧셈과 뺄셈에 대한 문제를 해결할 수 있습니다.

단원 진도 체크

회차	구성		진도 체크
1차	개념 1 진분수의 덧셈을 해 볼까요 (1) 개념 2 진분수의 덧셈을 해 볼까요 (2)	개념 확인 학습 + 문제 / 교과서 내용 학습	✓
2차	개념 3 대분수의 덧셈을 해 볼까요	개념 확인 학습 + 문제 / 교과서 내용 학습	✓
3차	개념 4 진분수의 뺄셈을 해 볼까요 개념 5 대분수의 뺄셈을 해 볼까요 (1)	개념 확인 학습 + 문제 / 교과서 내용 학습	✓
4차	개념 6 대분수의 뺄셈을 해 볼까요 (2)	개념 확인 학습 + 문제 / 교과서 내용 학습	✓
5차	단원 확인 평가		✓
6차	수학으로 세상보기		✓

해당 부분을 공부한 후 ✓표를 하세요.

누나, 달고나 만들기 위해서는 어떤 재료가 필요해?
설탕 $2\frac{1}{2}$숟가락과 베이킹 소다 $\frac{1}{10}$숟가락이 필요해.
설탕
베이킹 소다

개념 1 진분수의 덧셈을 해 볼까요 (1) – 받아올림이 없는 경우

받아올림이 없는 분모가 다른 진분수의 덧셈

• $\frac{1}{4}+\frac{1}{6}$의 계산

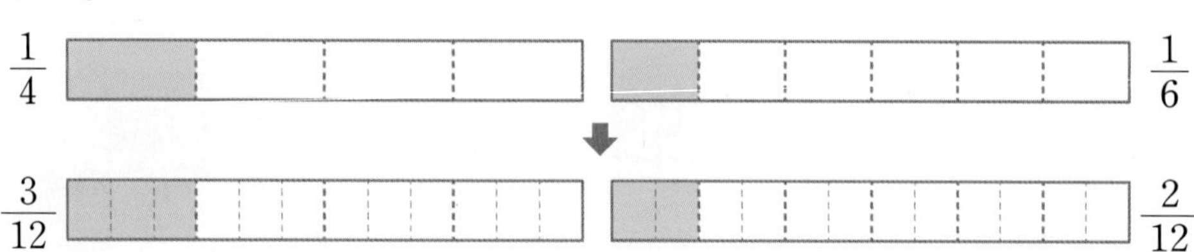

방법 1 두 분모의 곱을 공통분모로 하여 통분한 후 계산하기

$$\frac{1}{4}+\frac{1}{6}=\frac{1\times6}{4\times6}+\frac{1\times4}{6\times4}=\frac{6}{24}+\frac{4}{24}=\frac{10}{24}=\frac{5}{12}$$

방법 2 두 분모의 최소공배수를 공통분모로 하여 통분한 후 계산하기

$$\frac{1}{4}+\frac{1}{6}=\frac{1\times3}{4\times3}+\frac{1\times2}{6\times2}=\frac{3}{12}+\frac{2}{12}=\frac{5}{12}$$

• 방법 1 과 방법 2 의 비교
- 방법 1 은 분모끼리 곱하면 되므로 공통분모를 구하기 편합니다.
- 방법 2 는 분모의 최소공배수를 공통분모로 하여 통분하므로 분자끼리의 덧셈하는 수가 작아집니다.

개념 2 진분수의 덧셈을 해 볼까요 (2) – 받아올림이 있는 경우

받아올림이 있는 분모가 다른 진분수의 덧셈

• $\frac{5}{6}+\frac{3}{8}$의 계산

방법 1 두 분모의 곱을 공통분모로 하여 통분한 후 계산하기

$$\frac{5}{6}+\frac{3}{8}=\frac{5\times8}{6\times8}+\frac{3\times6}{8\times6}=\frac{40}{48}+\frac{18}{48}=\frac{58}{48}=1\frac{10}{48}=1\frac{5}{24}$$

방법 2 두 분모의 최소공배수를 공통분모로 하여 통분한 후 계산하기

$$\frac{5}{6}+\frac{3}{8}=\frac{5\times4}{6\times4}+\frac{3\times3}{8\times3}=\frac{20}{24}+\frac{9}{24}=\frac{29}{24}=1\frac{5}{24}$$

• 받아올림이 있는 분모가 다른 진분수의 덧셈 방법

두 분수를 통분하기
⬇
분모는 그대로 두고 분자끼리 더하기
⬇
계산 결과가 가분수이면 대분수로 고치고 기약분수로 나타내기

문제를 풀며 이해해요

정답과 해설 23쪽

1 그림을 보고 □ 안에 알맞은 수를 써넣으세요.

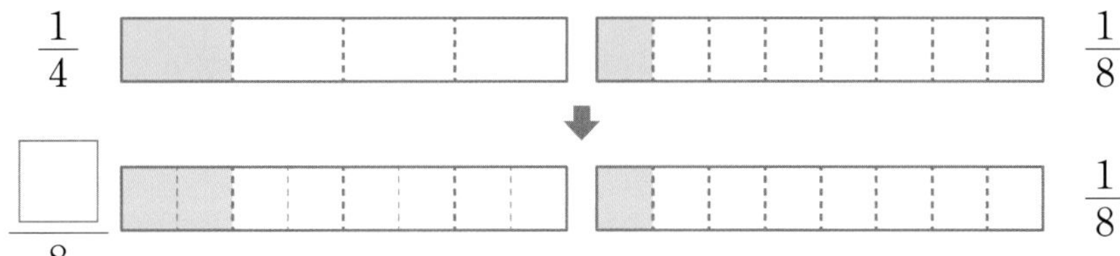

$$\frac{1}{4}+\frac{1}{8}=\frac{\square}{8}+\frac{1}{8}=\frac{\square}{8}$$

받아올림이 없는 분모가 다른 진분수의 덧셈을 할 수 있는지 묻는 문제예요.

2 □ 안에 알맞은 수를 써넣으세요.

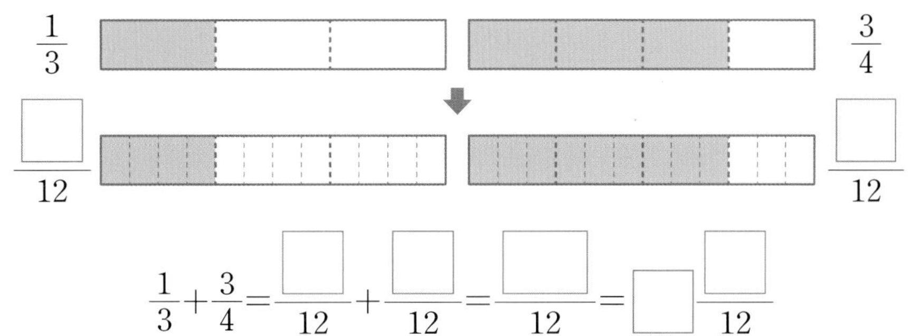

$$\frac{1}{3}+\frac{3}{4}=\frac{\square}{12}+\frac{\square}{12}=\frac{\square}{12}=\square\frac{\square}{12}$$

받아올림이 있는 분모가 다른 진분수의 덧셈을 할 수 있는지 묻는 문제예요.

3 □ 안에 알맞은 수를 써넣으세요.

(1) $\frac{3}{4}+\frac{1}{6}=\frac{3\times\square}{4\times6}+\frac{1\times\square}{6\times4}$

$=\frac{\square}{24}+\frac{\square}{24}=\frac{\square}{24}=\frac{\square}{12}$

두 분모의 곱을 공통분모로 하여 통분한 후 계산해 보아요.

(2) $\frac{7}{12}+\frac{8}{9}=\frac{7\times\square}{12\times3}+\frac{8\times\square}{9\times4}$

$=\frac{\square}{36}+\frac{\square}{36}=\frac{\square}{36}=\square\frac{\square}{36}$

두 분모의 최소공배수를 공통분모로 하여 통분한 후 계산해 보아요.

교과서 내용 학습

01 $\frac{1}{3}+\frac{1}{4}$을 계산하려고 합니다. 분수만큼 각각 색칠하고 □ 안에 알맞은 수를 써넣으세요.

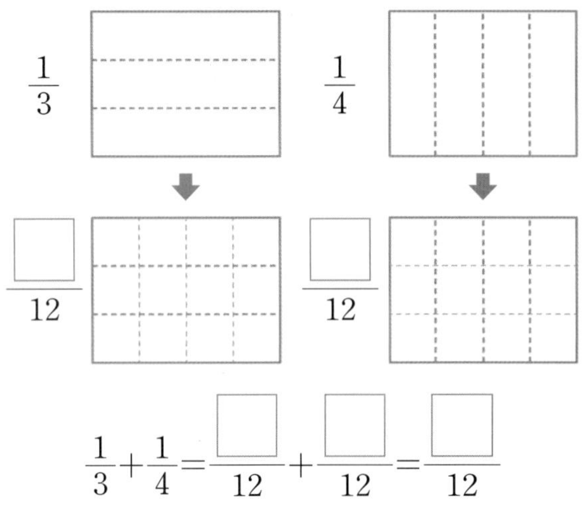

$$\frac{1}{3}+\frac{1}{4}=\frac{\square}{12}+\frac{\square}{12}=\frac{\square}{12}$$

02 계산해 보세요.

(1) $\frac{2}{7}+\frac{1}{2}$

(2) $\frac{1}{9}+\frac{5}{6}$

03 윤서는 다음과 같이 잘못 계산했습니다. 처음 잘못 계산한 부분을 찾아 ○표 하고 바르게 계산해 보세요.

$$\frac{5}{9}+\frac{1}{4}=\frac{5\times 1}{9\times 4}+\frac{1\times 9}{4\times 9}$$
$$=\frac{5}{36}+\frac{9}{36}=\frac{14}{36}=\frac{7}{18}$$

$\frac{5}{9}+\frac{1}{4}=$ ____________

04 다음 분수 중에서 두 분수를 골라 합을 구하려고 합니다. 합이 가장 작을 때의 값을 구해 보세요.

$\frac{1}{3}$ $\frac{1}{5}$ $\frac{1}{8}$ $\frac{1}{10}$

( )

05 민주는 상자를 묶는 데 파란색 끈 $\frac{2}{7}$ m와 노란색 끈 $\frac{3}{8}$ m를 사용했습니다. 민주가 사용한 끈은 모두 몇 m인가요?

( )

06 빈칸에 두 수의 합을 써넣으세요.

$\frac{6}{7}$	$\frac{11}{14}$

07 □ 안에 알맞은 수를 써넣으세요.

□ m

$\frac{7}{9}$ m $\frac{1}{3}$ m

⊂중요⊃

08 계산 결과가 더 큰 것을 찾아 기호를 써 보세요.

㉠ $\frac{7}{18}+\frac{5}{6}$ ㉡ $\frac{4}{9}+\frac{2}{3}$

( )

09 영아네 집에서 우체국을 거쳐 공원까지 가는 거리는 모두 몇 km인가요?

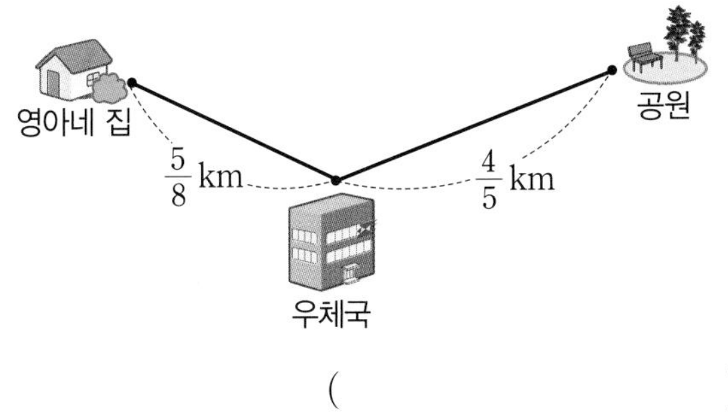

( )

⊂어려운 문제⊃

10 어떤 수에서 $\frac{9}{14}$를 뺐더니 $\frac{3}{4}$이 되었습니다. 어떤 수를 구해 보세요.

( )

도움말 어떤 수를 □라 하여 식을 세웁니다.

문제해결 접근하기

11 영민이는 어제 동화책 전체의 $\frac{1}{4}$을 읽었고, 오늘은 전체의 $\frac{3}{10}$을 읽었습니다. 영민이가 어제와 오늘 읽은 동화책의 양은 전체의 얼마인지 구해 보세요.

이해하기

구하려는 것은 무엇인가요?

답

계획 세우기

어떤 방법으로 문제를 해결하면 좋을까요?

답

해결하기

(1) (어제와 오늘 읽은 동화책의 양)
=(어제 읽은 동화책의 양)
+(오늘 읽은 동화책의 양)
=□+□=□

(2) 영민이가 어제와 오늘 읽은 동화책은 전체의 □입니다.

되돌아보기

정수는 어제 동화책 전체의 $\frac{1}{6}$을 읽었고, 오늘은 전체의 $\frac{5}{8}$를 읽었습니다. 정수가 어제와 오늘 읽은 동화책의 양은 전체의 얼마인지 구해 보세요.

답

개념 3 대분수의 덧셈을 해 볼까요

• 방법 1 과 방법 2 의 비교

- 방법 1 은 자연수는 자연수끼리, 분수는 분수끼리 계산하므로 분수 부분의 계산이 편합니다.
- 방법 2 는 대분수를 가분수로 나타내어 계산하므로 자연수 부분과 분수 부분을 따로 떼어 계산하지 않아도 됩니다.

받아올림이 없는 분모가 다른 대분수의 덧셈

• $3\frac{1}{4}+1\frac{3}{8}$의 계산

방법 1 자연수는 자연수끼리, 분수는 분수끼리 더해서 계산하기

$$3\frac{1}{4}+1\frac{3}{8}=3\frac{2}{8}+1\frac{3}{8}=(3+1)+\left(\frac{2}{8}+\frac{3}{8}\right)=4+\frac{5}{8}=4\frac{5}{8}$$

방법 2 대분수를 가분수로 나타내어 계산하기

$$3\frac{1}{4}+1\frac{3}{8}=\frac{13}{4}+\frac{11}{8}=\frac{26}{8}+\frac{11}{8}=\frac{37}{8}=4\frac{5}{8}$$

• 분모가 다른 대분수의 덧셈 방법

두 분수를 통분하기
⬇
자연수는 자연수끼리, 분수는 분수끼리 더하기
⬇
분수 부분이 가분수이면 대분수로 고치고 기약분수로 나타내기

받아올림이 있는 분모가 다른 대분수의 덧셈

• $2\frac{1}{3}+1\frac{4}{5}$의 계산

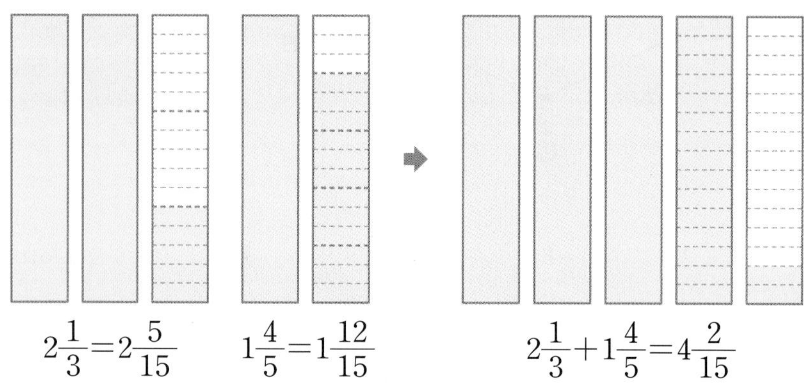

$2\frac{1}{3}=2\frac{5}{15}$ $1\frac{4}{5}=1\frac{12}{15}$ $2\frac{1}{3}+1\frac{4}{5}=4\frac{2}{15}$

방법 1 자연수는 자연수끼리, 분수는 분수끼리 더해서 계산하기

$$2\frac{1}{3}+1\frac{4}{5}=2\frac{5}{15}+1\frac{12}{15}=(2+1)+\left(\frac{5}{15}+\frac{12}{15}\right)$$

$$=3+\frac{17}{15}=3+1\frac{2}{15}=4\frac{2}{15}$$

방법 2 대분수를 가분수로 나타내어 계산하기

$$2\frac{1}{3}+1\frac{4}{5}=\frac{7}{3}+\frac{9}{5}=\frac{35}{15}+\frac{27}{15}=\frac{62}{15}=4\frac{2}{15}$$

문제를 풀며 이해해요

정답과 해설 24쪽

1 $1\frac{1}{3}+1\frac{3}{5}$을 계산하려고 합니다. 분수만큼 색칠하고 □ 안에 알맞은 수를 써넣으세요.

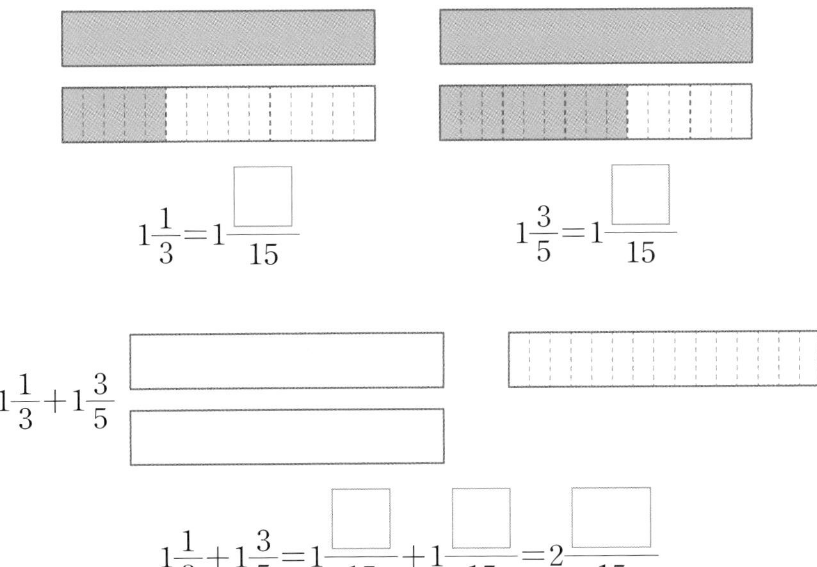

$1\frac{1}{3}=1\frac{\square}{15}$ $1\frac{3}{5}=1\frac{\square}{15}$

$1\frac{1}{3}+1\frac{3}{5}$

$1\frac{1}{3}+1\frac{3}{5}=1\frac{\square}{15}+1\frac{\square}{15}=2\frac{\square}{15}$

받아올림이 없는 분모가 다른 대분수의 덧셈을 할 수 있는지 묻는 문제예요.

2 $2\frac{1}{2}+1\frac{5}{8}$를 두 가지 방법으로 계산하려고 합니다. □ 안에 알맞은 수를 써넣으세요.

(1) 자연수는 자연수끼리, 분수는 분수끼리 더해서 계산해 보세요.

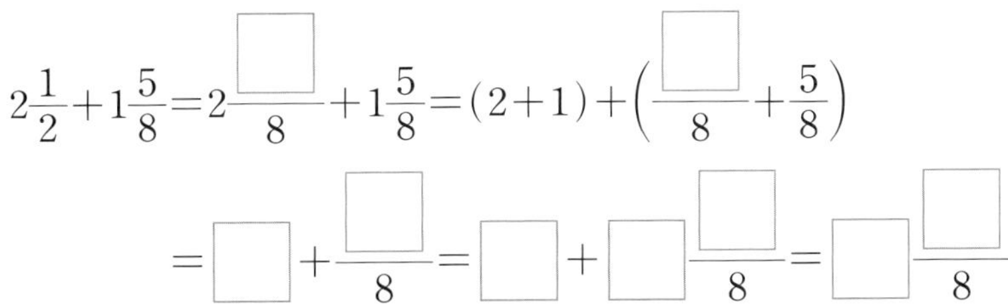

$2\frac{1}{2}+1\frac{5}{8}=2\frac{\square}{8}+1\frac{5}{8}=(2+1)+\left(\frac{\square}{8}+\frac{5}{8}\right)$

$=\square+\frac{\square}{8}=\square+\square\frac{\square}{8}=\square\frac{\square}{8}$

(2) 대분수를 가분수로 나타내어 계산해 보세요.

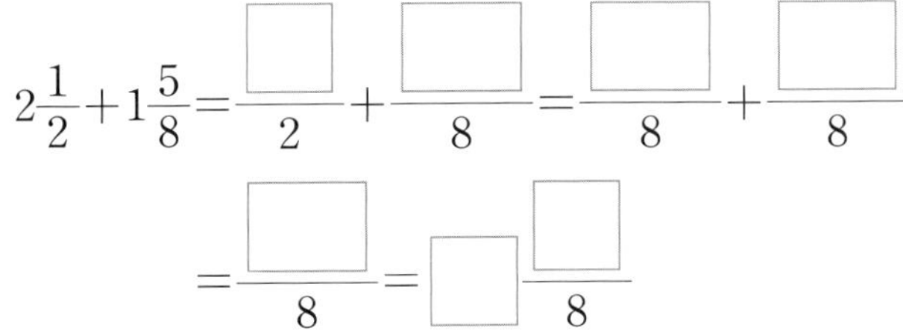

$2\frac{1}{2}+1\frac{5}{8}=\frac{\square}{2}+\frac{\square}{8}=\frac{\square}{8}+\frac{\square}{8}$

$=\frac{\square}{8}=\square\frac{\square}{8}$

■ 두 분수를 통분하여 계산한 후 분수끼리의 합이 가분수이면 자연수에 1을 받아올림해요.

교과서 내용 학습

01 그림을 보고 □ 안에 알맞은 수를 써넣으세요.

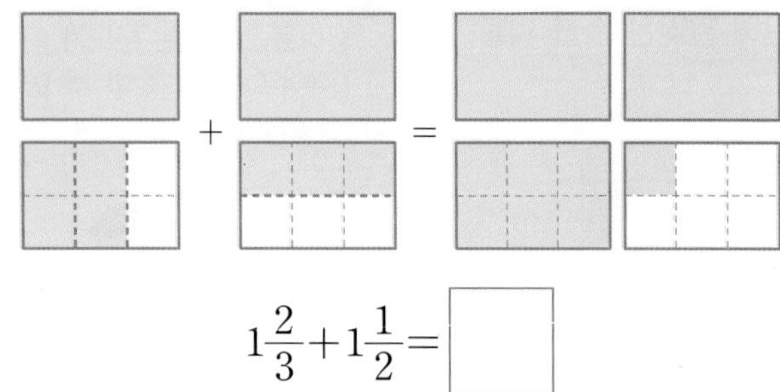

$1\frac{2}{3}+1\frac{1}{2}=$ □

02 보기 와 같이 대분수의 덧셈을 계산해 보세요.

보기

$1\frac{1}{7}+2\frac{3}{4}=1\frac{4}{28}+2\frac{21}{28}$

$=(1+2)+\left(\frac{4}{28}+\frac{21}{28}\right)$

$=3+\frac{25}{28}=3\frac{25}{28}$

$3\frac{1}{6}+2\frac{3}{8}=$ ______________

____

중요

03 두 분수의 합을 두 가지 방법으로 계산해 보세요.

$2\frac{3}{5}$ $1\frac{7}{10}$

방법 1 자연수는 자연수끼리, 분수는 분수끼리 더해서 계산하기

____

____

방법 2 대분수를 가분수로 나타내어 계산하기

____

____

04 계산해 보세요.

(1) $1\frac{2}{7}+2\frac{5}{8}$

(2) $2\frac{4}{9}+1\frac{4}{5}$

05 직사각형의 긴 쪽과 짧은 쪽의 길이의 합은 몇 cm인가요?

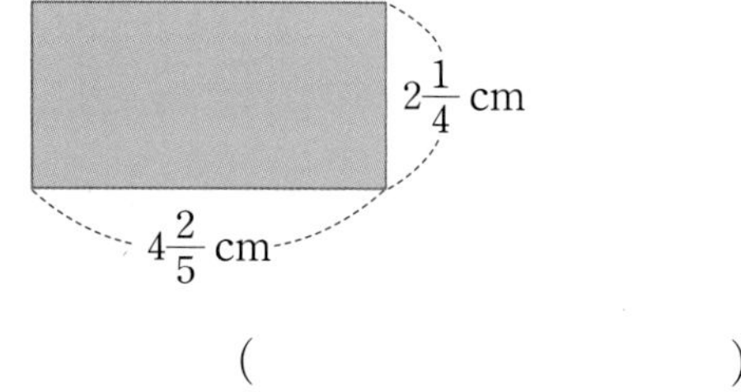

(　　　　　　　　)

06 주어진 식과 계산 결과가 같은 것을 찾아 기호를 써 보세요.

$2\frac{7}{12}+5\frac{5}{8}$

㉠ $4\frac{7}{8}+3\frac{5}{6}$　　㉡ $1\frac{5}{6}+6\frac{3}{8}$

(　　　　　　　　)

⊂중요⊃

07 계산 결과가 큰 것부터 차례로 기호를 써 보세요.

㉠ $1\frac{3}{8}+3\frac{2}{3}$ ㉡ $3\frac{5}{6}+1\frac{1}{4}$ ㉢ $2\frac{3}{4}+2\frac{5}{8}$

( )

08 ㉠+㉡의 값은 얼마인지 구해 보세요.

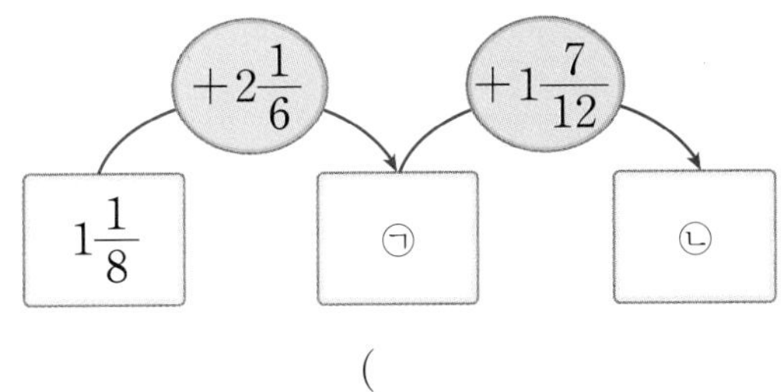

( )

09 효빈이는 $1\frac{11}{18}$ km, 민혁이는 $1\frac{5}{9}$ km를 걸었습니다. 효빈이와 민혁이가 걸은 거리의 합은 몇 km인가요?

( )

⊂어려운 문제⊃

10 수 카드 6, 7, 5를 한 번씩 모두 사용하여 대분수를 만들려고 합니다. 만들 수 있는 가장 큰 대분수와 가장 작은 대분수의 합을 구해 보세요.

( )

도움말 가장 큰 대분수는 자연수 부분을 가장 크게, 가장 작은 대분수는 자연수 부분을 가장 작게 만듭니다.

문제해결 접근하기

11 ■ 안에 들어갈 수 있는 자연수는 모두 몇 개인지 구해 보세요.

$$2\frac{4}{9}+1\frac{2}{3}<■<9$$

이해하기

구하려는 것은 무엇인가요?

답 __________

계획 세우기

어떤 방법으로 문제를 해결하면 좋을까요?

답 __________

해결하기

(1) $2\frac{4}{9}+1\frac{2}{3}=2\frac{4}{9}+1\frac{\square}{9}$

$=3\frac{\square}{9}=4\frac{\square}{9}$

(2) $4\frac{\square}{9}<■<9$의 ■ 안에 들어갈 수 있는 자연수는 □, □, □, □로 □개입니다.

되돌아보기

□ 안에 들어갈 수 있는 자연수를 모두 구해 보세요.

$$4\frac{3}{5}+2\frac{7}{8}<\square<11$$

답 __________

개념 4 진분수의 뺄셈을 해 볼까요

분모가 다른 진분수의 뺄셈

• $\frac{5}{6}-\frac{3}{4}$의 계산

$\frac{5}{6}$ $\frac{3}{4}$

$\frac{10}{12}$ $\frac{9}{12}$

방법 1 두 분모의 곱을 공통분모로 하여 통분한 후 계산하기

$$\frac{5}{6}-\frac{3}{4}=\frac{5\times4}{6\times4}-\frac{3\times6}{4\times6}=\frac{20}{24}-\frac{18}{24}=\frac{2}{24}=\frac{1}{12}$$

방법 2 두 분모의 최소공배수를 공통분모로 하여 통분한 후 계산하기

$$\frac{5}{6}-\frac{3}{4}=\frac{5\times2}{6\times2}-\frac{3\times3}{4\times3}=\frac{10}{12}-\frac{9}{12}=\frac{1}{12}$$

• 방법 1 과 방법 2 의 비교
- 방법 1 은 분모끼리 곱하면 되므로 공통분모를 구하기 편합니다.
- 방법 2 는 분모의 최소공배수를 공통분모로 하여 통분하므로 분자끼리의 뺄셈이 편합니다.

개념 5 대분수의 뺄셈을 해 볼까요 (1) — 받아내림이 없는 경우

받아내림이 없는 분모가 다른 대분수의 뺄셈

• $2\frac{3}{5}-1\frac{1}{4}$의 계산

방법 1 자연수는 자연수끼리, 분수는 분수끼리 빼서 계산하기

$$2\frac{3}{5}-1\frac{1}{4}=2\frac{12}{20}-1\frac{5}{20}=(2-1)+\left(\frac{12}{20}-\frac{5}{20}\right)$$
$$=1+\frac{7}{20}=1\frac{7}{20}$$

방법 2 대분수를 가분수로 나타내어 계산하기

$$2\frac{3}{5}-1\frac{1}{4}=\frac{13}{5}-\frac{5}{4}=\frac{52}{20}-\frac{25}{20}=\frac{27}{20}=1\frac{7}{20}$$

• 대분수를 가분수로 나타내기

$2\frac{3}{5}=\frac{2\times5+3}{5}=\frac{13}{5}$

$1\frac{1}{4}=\frac{1\times4+1}{4}=\frac{5}{4}$

문제를 풀며 이해해요

정답과 해설 25쪽

1 그림을 보고 □ 안에 알맞은 수를 써넣으세요.

분모가 다른 진분수의 뺄셈을 할 수 있는지 묻는 문제예요.

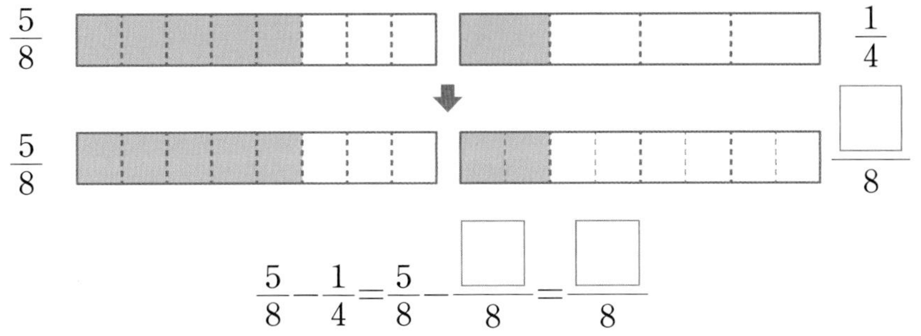

$$\frac{5}{8}-\frac{1}{4}=\frac{5}{8}-\frac{\square}{8}=\frac{\square}{8}$$

2 □ 안에 알맞은 수를 써넣으세요.

공통분모를 분모의 곱이나 최소공배수로 통분하여 진분수의 뺄셈을 해요.

(1) $\frac{7}{10}-\frac{1}{4}=\frac{7\times\square}{10\times\square}-\frac{1\times\square}{4\times\square}$

$=\frac{\square}{40}-\frac{\square}{40}=\frac{\square}{40}=\frac{\square}{20}$

(2) $\frac{3}{4}-\frac{1}{6}=\frac{3\times\square}{4\times\square}-\frac{1\times\square}{6\times\square}=\frac{\square}{12}-\frac{\square}{12}=\frac{\square}{12}$

3 $4\frac{3}{4}-2\frac{2}{5}$를 두 가지 방법으로 계산하려고 합니다. □ 안에 알맞은 수를 써넣으세요.

받아내림이 없는 분모가 다른 대분수의 뺄셈을 할 수 있는지 묻는 문제예요.

(1) 자연수는 자연수끼리, 분수는 분수끼리 빼서 계산해 보세요.

$4\frac{3}{4}-2\frac{2}{5}=4\frac{\square}{20}-2\frac{\square}{20}=(4-2)+\left(\frac{\square}{20}-\frac{\square}{20}\right)$

$=\square+\frac{\square}{20}=\square\frac{\square}{20}$

(2) 대분수를 가분수로 나타내어 계산해 보세요.

$4\frac{3}{4}-2\frac{2}{5}=\frac{\square}{4}-\frac{\square}{5}=\frac{\square}{20}-\frac{\square}{20}$

$=\frac{\square}{20}=\square\frac{\square}{20}$

교과서 내용 학습

01 $\frac{7}{8}-\frac{3}{10}$을 서로 다른 방법으로 계산한 것입니다. 어떤 방법으로 계산했는지 설명해 보세요.

방법 1

$\frac{7}{8}-\frac{3}{10}=\frac{7\times10}{8\times10}-\frac{3\times8}{10\times8}$

$=\frac{70}{80}-\frac{24}{80}=\frac{46}{80}=\frac{23}{40}$

방법 2

$\frac{7}{8}-\frac{3}{10}=\frac{7\times5}{8\times5}-\frac{3\times4}{10\times4}$

$=\frac{35}{40}-\frac{12}{40}=\frac{23}{40}$

방법 1 ______________________

방법 2 ______________________

02 계산해 보세요.

(1) $\frac{7}{9}-\frac{3}{4}$

(2) $\frac{11}{15}-\frac{7}{12}$

03 빈칸에 알맞은 수를 써넣으세요.

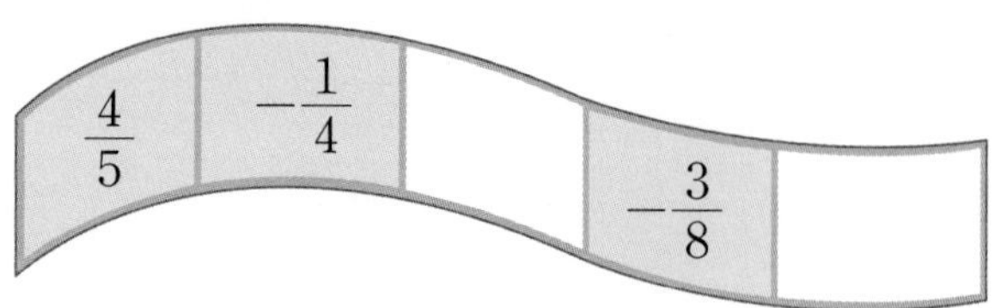

04 계산 결과를 비교하여 ○ 안에 >, =, <를 알맞게 써넣으세요.

$\frac{8}{15}-\frac{3}{10}$  $\frac{5}{6}-\frac{2}{5}$

중요

05 $3\frac{3}{5}-1\frac{2}{9}$를 두 가지 방법으로 계산해 보세요.

방법 1 자연수는 자연수끼리, 분수는 분수끼리 빼서 계산하기

____

____

방법 2 대분수를 가분수로 나타내어 계산하기

____

____

06 두 수의 차를 구해 보세요.

$1\frac{7}{12}$ $5\frac{5}{8}$

( )

07 빈칸에 알맞은 수를 써넣으세요.

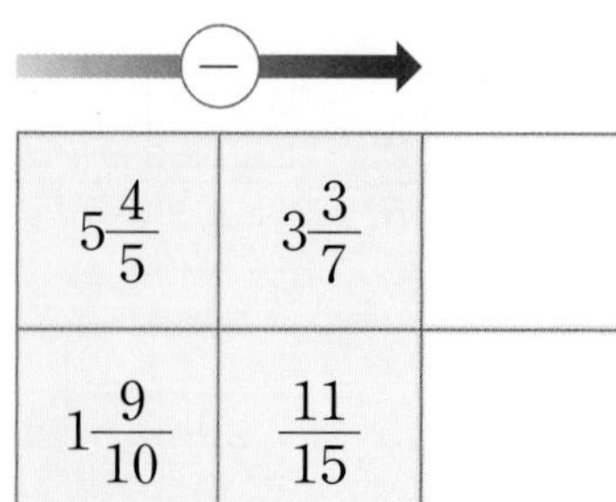

중요

08 오늘 수학 공부를 미령이는 $\frac{1}{3}$시간 동안 하였고 서현이는 $\frac{7}{12}$시간 동안 하였습니다. 서현이는 미령이보다 수학 공부를 몇 시간 더 많이 했는지 구해 보세요.

( )

09 정우가 뽑은 수 카드는 얼마인지 구해 보세요.

민서: 난 $3\frac{11}{24}$ 을 뽑았어.

정우: 내가 뽑은 수는 너보다 $1\frac{1}{4}$만큼 작아.

( )

어려운 문제

10 □ 안에 들어갈 수 있는 자연수는 모두 몇 개인지 구해 보세요.

$$2\frac{9}{10}-1\frac{18}{25}>1\frac{\square}{50}$$

( )

도움말 $2\frac{9}{10}-1\frac{18}{25}$의 계산 결과를 먼저 구합니다.

문제해결 접근하기

11 놀이동산을 가는 데 혜나는 $1\frac{5}{6}$시간, 승우는 $1\frac{7}{8}$시간이 걸렸습니다. 놀이동산을 가는 데 누가 몇 시간 더 오래 걸렸는지 구해 보세요.

이해하기

구하려는 것은 무엇인가요?

답 ____________________

계획 세우기

어떤 방법으로 문제를 해결하면 좋을까요?

답 ____________________

해결하기

(1) $1\frac{5}{6}$와 $1\frac{7}{8}$을 통분하여 크기를 비교하면

$1\frac{5}{6}=1\frac{\square}{24}$, $1\frac{7}{8}=1\frac{\square}{24}$이므로

$1\frac{5}{6}$ ○ $1\frac{7}{8}$입니다.

(2) 놀이동산을 가는 데 □가

□ − □ = □(시간)이 더 걸렸습니다.

되돌아보기

미술관에 가는 데 혜나는 $1\frac{11}{12}$시간, 승우는 $1\frac{3}{4}$시간이 걸렸습니다. 미술관에 가는 데 누가 몇 시간 더 오래 걸렸는지 구해 보세요.

답 ____________________

개념 6 대분수의 뺄셈을 해 볼까요 (2) — 받아내림이 있는 경우

받아내림이 있는 분모가 다른 대분수의 뺄셈

• $3\frac{1}{4}-1\frac{2}{3}$의 계산

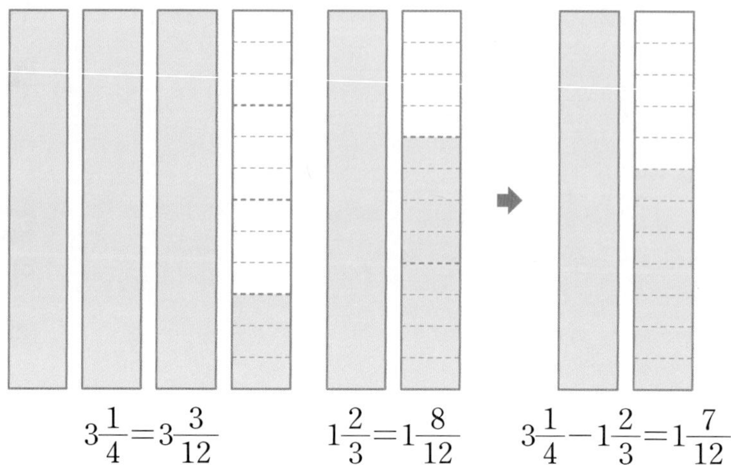

$3\frac{1}{4}=3\frac{3}{12}$ $1\frac{2}{3}=1\frac{8}{12}$ $3\frac{1}{4}-1\frac{2}{3}=1\frac{7}{12}$

방법 1 자연수는 자연수끼리, 분수는 분수끼리 빼서 계산하기

$$3\frac{1}{4}-1\frac{2}{3}=3\frac{3}{12}-1\frac{8}{12}=2\frac{15}{12}-1\frac{8}{12}$$
$$=(2-1)+\left(\frac{15}{12}-\frac{8}{12}\right)=1+\frac{7}{12}=1\frac{7}{12}$$

빼지는 수의 분수 부분이 빼는 수의 분수 부분보다 작으면 자연수 부분에서 1을 받아내림하여 가분수로 바꾸어 계산합니다.

두 분수를 통분하기 ➡ 자연수는 자연수끼리, 분수는 분수끼리 빼기 ➡ 분수끼리 뺄 수 없으면 자연수에서 1을 받아내림하기 ➡ 약분이 되면 약분하여 기약분수로 나타내기

방법 2 대분수를 가분수로 나타내어 계산하기

$$3\frac{1}{4}-1\frac{2}{3}=\frac{13}{4}-\frac{5}{3}=\frac{39}{12}-\frac{20}{12}=\frac{19}{12}=1\frac{7}{12}$$

• 방법 1 과 방법 2 의 비교

- 방법 1 은 자연수는 자연수끼리, 분수는 분수끼리 계산하므로 분수 부분의 계산이 편리합니다.
- 방법 2 는 대분수를 가분수로 나타내어 계산하므로 자연수 부분과 분수 부분으로 나누어 계산하거나 받아내림을 하지 않고 계산할 수 있습니다.

문제를 풀며 이해해요

정답과 해설 26쪽

1 그림을 보고 □ 안에 알맞은 수를 써넣으세요.

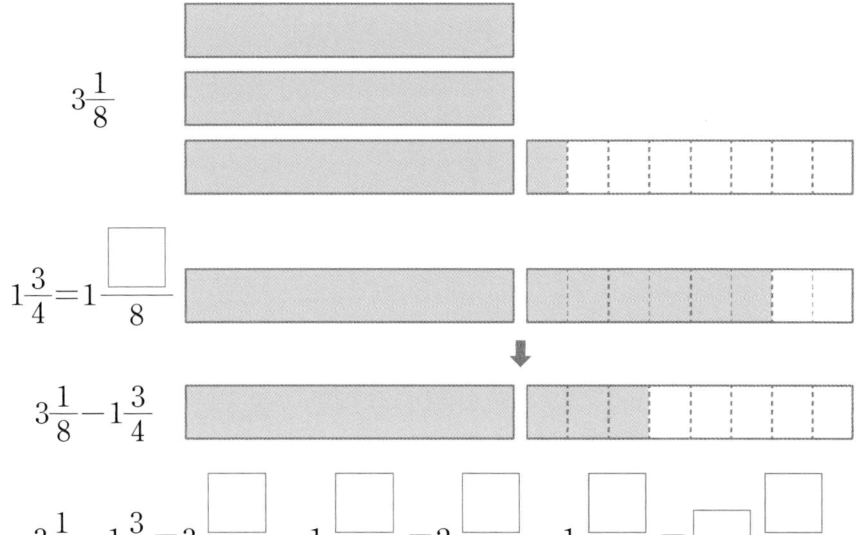

$$3\frac{1}{8}-1\frac{3}{4}=3\frac{\square}{8}-1\frac{\square}{8}=2\frac{\square}{8}-1\frac{\square}{8}=\square\frac{\square}{8}$$

받아내림이 있는 분모가 다른 대분수의 뺄셈을 할 수 있는지 묻는 문제예요.

분수끼리 뺄 수 없을 때에는 자연수 부분에서 1을 받아내림하여 계산해 보아요.

2 $5\frac{2}{9}-1\frac{4}{5}$를 두 가지 방법으로 계산하려고 합니다. □ 안에 알맞은 수를 써넣으세요.

받아내림이 있는 대분수의 뺄셈을 두 가지 방법으로 계산해 보아요.

(1) 자연수는 자연수끼리, 분수는 분수끼리 빼서 계산해 보세요.

$$5\frac{2}{9}-1\frac{4}{5}=5\frac{\square}{45}-1\frac{\square}{45}=4\frac{\square}{45}-1\frac{\square}{45}$$

$$=(\square-\square)+\left(\frac{\square}{45}-\frac{\square}{45}\right)$$

$$=\square+\frac{\square}{45}=\square\frac{\square}{45}$$

(2) 대분수를 가분수로 나타내어 계산해 보세요.

$$5\frac{2}{9}-1\frac{4}{5}=\frac{\square}{9}-\frac{\square}{5}=\frac{\square}{45}-\frac{\square}{45}$$

$$=\frac{\square}{45}=\square\frac{\square}{45}$$

교과서 내용 학습

01 □ 안에 알맞은 수를 써넣으세요.

$$3\frac{1}{6}-2\frac{11}{15}=\frac{\square}{6}-\frac{\square}{15}$$
$$=\frac{\square}{30}-\frac{\square}{30}$$
$$=\frac{\square}{30}$$

중요

02 $2\frac{1}{4}-1\frac{3}{7}$을 두 가지 방법으로 계산해 보세요.

방법 1 자연수는 자연수끼리, 분수는 분수끼리 빼서 계산하기

방법 2 대분수를 가분수로 나타내어 계산하기

03 계산해 보세요.

(1) $5\frac{5}{12}-2\frac{7}{8}$

(2) $9\frac{1}{4}-5\frac{7}{10}$

04 두 수의 차는 얼마인지 구해 보세요.

$1\frac{3}{5}$ $3\frac{1}{2}$

( )

05 다음이 나타내는 수를 구해 보세요.

$6\frac{4}{7}$보다 $3\frac{4}{5}$만큼 작은 수

( )

중요

06 계산 결과의 크기를 비교하여 ○ 안에 >, =, <를 알맞게 써넣으세요.

$6\frac{7}{8}-1\frac{11}{12}$ ○ $8\frac{1}{6}-3\frac{5}{8}$

07 □ 안에 알맞은 수를 써넣으세요.

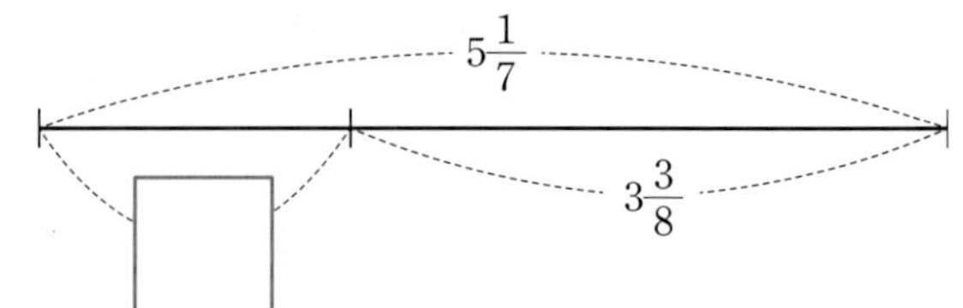

정답과 해설 26쪽

08 민혁이네 가족은 식혜 $3\frac{1}{2}$ L 중에서 $1\frac{4}{7}$ L를 마셨습니다. 민혁이네 가족이 마시고 남은 식혜는 몇 L인가요?

( )

09 두 식의 계산 결과는 같습니다. □ 안에 알맞은 분수를 써넣으세요.

$5\frac{3}{20}-2\frac{7}{15}$ $\square+1\frac{3}{10}$

⊂어려운 문제⊃

10 기호 ♥에 대하여 가♥나=나−가$+\frac{5}{12}$로 약속할 때 다음을 계산해 보세요.

$3\frac{3}{4}$ ♥ $5\frac{2}{9}$

( )

도움말 약속에 따라 식을 먼저 세운 후 앞에서부터 차례로 계산합니다.

문제해결 접근하기

11 주스가 가득 들어 있는 병의 무게를 재어 보니 $4\frac{2}{9}$ kg이었습니다. 준우가 주스의 반을 덜어 낸 후 다시 무게를 재었더니 $2\frac{7}{12}$ kg이었습니다. 빈 병의 무게는 몇 kg인지 구해 보세요.

이해하기

구하려는 것은 무엇인가요?

답 ______________________

계획 세우기

어떤 방법으로 문제를 해결하면 좋을까요?

답 ______________________

해결하기

(1) (주스 반의 무게)
=(주스가 가득 들어 있는 병의 무게)
−(주스의 반을 덜어 낸 후 병의 무게)
$=4\frac{2}{9}-\square=\square$ (kg)

(2) (빈 병의 무게)
=(주스의 반을 덜어 낸 후 병의 무게)
−(주스 반의 무게)
$=2\frac{7}{12}-\square=\square$ (kg)

되돌아보기

우유가 가득 들어 있는 병의 무게를 재어 보니 $4\frac{3}{10}$ kg이었습니다. 준우가 우유의 반을 덜어 낸 후 다시 무게를 재었더니 $2\frac{7}{15}$ kg이었습니다. 빈 병의 무게는 몇 kg인지 구해 보세요.

답 ______________________

단원 확인 평가

01 □ 안에 알맞은 수를 써넣으세요.

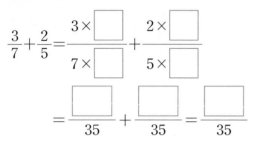

$$\frac{3}{7}+\frac{2}{5}=\frac{3\times\square}{7\times\square}+\frac{2\times\square}{5\times\square}$$

$$=\frac{\square}{35}+\frac{\square}{35}=\frac{\square}{35}$$

중요

02 계산을 틀린 친구의 이름과 바르게 계산한 결과를 써 보세요.

찬호: $\frac{5}{6}+\frac{2}{15}=\frac{29}{30}$

호성: $\frac{7}{9}+\frac{5}{8}=1\frac{29}{72}$

한나: $\frac{3}{8}+\frac{7}{12}=1\frac{5}{24}$

(,)

03 □ 안에 알맞은 수를 써넣으세요.

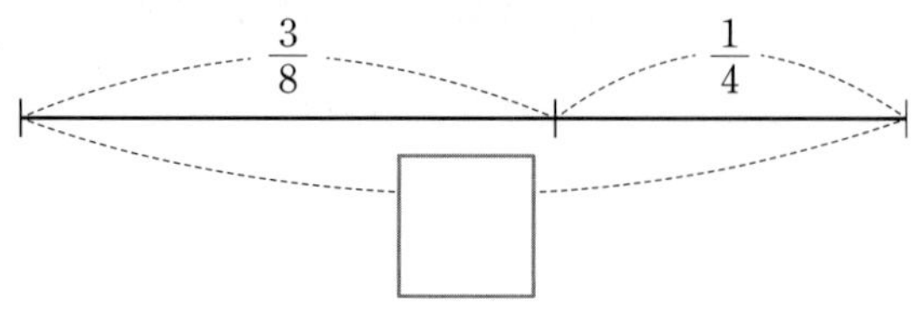

04 빈칸에 두 수의 합을 써넣으세요.

$\frac{11}{12}$	$\frac{4}{9}$

05 감자를 원석이는 $\frac{3}{5}$ kg 캤고, 혜원이는 $\frac{1}{4}$ kg 캤습니다. 원석이와 혜원이가 캔 감자는 모두 몇 kg인가요?

( )

06 $3\frac{2}{3}+2\frac{2}{5}$에서 대분수를 가분수로 나타내어 계산을 하였습니다. ㉠과 ㉡에 알맞은 수의 합은 얼마인지 구해 보세요.

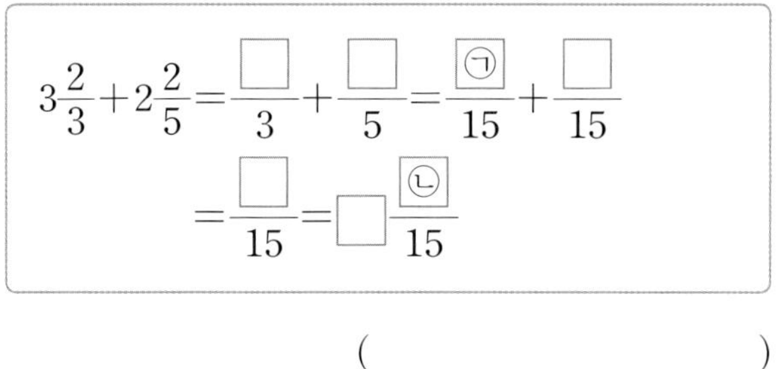

$3\frac{2}{3}+2\frac{2}{5}=\frac{\square}{3}+\frac{\square}{5}=\frac{㉠}{15}+\frac{\square}{15}$
$=\frac{\square}{15}=\square\frac{㉡}{15}$

(　　　　　　　　)

07 □ 안에 알맞은 수를 써넣으세요.

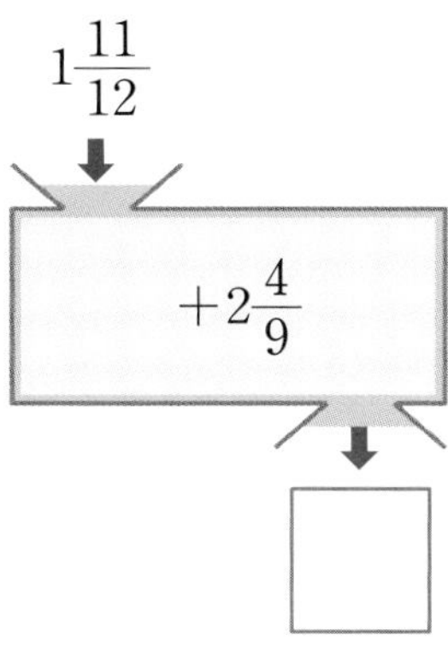

08 집에서 도서관을 거쳐 병원까지 가는 거리는 몇 km인가요?

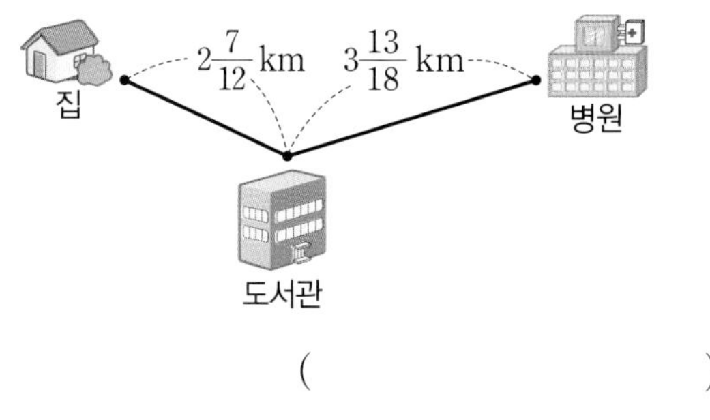

(　　　　　　　　)

09 다음이 나타내는 수를 구해 보세요.

$\frac{8}{9}$보다 $\frac{4}{15}$ 작은 수

(　　　　　　　　)

10 우유를 재우는 $\frac{1}{3}$ L만큼 마셨고, 성훈이는 $\frac{2}{5}$ L만큼 마셨습니다. 성훈이는 재우보다 우유를 몇 L 더 많이 마셨나요?

(　　　　　　　　)

중요

11 잘못된 곳을 찾아 바르게 계산해 보세요.

$$5\frac{1}{4}-2\frac{2}{3}=5\frac{3}{12}-2\frac{8}{12}=3\frac{5}{12}$$

$5\frac{1}{4}-2\frac{2}{3}=$ ____________

12 관계있는 것끼리 선으로 이어 보세요.

$1\frac{1}{2}-\frac{1}{8}$ •	• $1\frac{1}{24}$
$3\frac{5}{8}-2\frac{1}{6}$ •	• $1\frac{3}{8}$
$2\frac{5}{12}-1\frac{3}{8}$ •	• $1\frac{11}{24}$

13 계산 결과가 작은 것부터 차례로 기호를 써 보세요.

㉠ $5\frac{3}{4}-2\frac{1}{5}$ ㉡ $4\frac{3}{8}-1\frac{4}{5}$ ㉢ $7\frac{3}{10}-4\frac{3}{5}$

( )

서술형

14 가장 큰 분수와 가장 작은 분수의 차는 얼마인지 풀이 과정을 쓰고 답을 구해 보세요.

$1\frac{5}{7}$ $3\frac{1}{14}$ $1\frac{7}{12}$

풀이

(1) $\left(1\frac{5}{7}, 1\frac{7}{12}\right)$을 통분하면

$\left(1\frac{\square}{84}, 1\frac{\square}{84}\right)$이므로

$1\frac{5}{7}$ ◯ $1\frac{7}{12}$입니다.

(2) 가장 큰 분수는 ( ), 가장 작은 분수는 ( )입니다.

(3) 가장 큰 분수와 가장 작은 분수의 차는 ( )−( )=( )입니다.

답 ____________

15 정민이는 물 $5\frac{2}{3}$ L가 들어 있는 물뿌리개로 물 $1\frac{2}{7}$ L를 꽃밭에 뿌렸습니다. 꽃밭에 뿌리고 남은 물은 몇 L인가요?

( )

16 □ 안에 들어갈 수 있는 자연수 중 가장 큰 수를 구해 보세요.

$$\frac{5}{12}+\frac{3}{8}>\frac{\square}{24}$$

(　　　　　　　　　　)

17 지은이와 호영이가 주사위의 눈의 수로 각각 진분수를 만들었습니다. 두 진분수의 차를 구해 보세요.

(　　　　　　　　　　)

⊂어려운 문제⊃

18 기호 ★에 대하여 ㉮★㉯를 다음과 같이 약속했습니다. $\frac{8}{25}$★$\frac{14}{15}$의 값은 얼마인가요?

㉮★㉯=㉯−㉮+㉯

(　　　　　　　　　　)

⊂서술형⊃

19 어떤 수에 $1\frac{5}{6}$를 더해야 할 것을 잘못하여 빼었더니 $2\frac{3}{4}$이 되었습니다. 바르게 계산한 값을 구하는 풀이 과정을 쓰고 답을 구해 보세요.

풀이

(1) 어떤 수를 □라 하면 잘못 계산한 식은

□−(　　　　)$=2\frac{3}{4}$입니다.

(2) □$=2\frac{3}{4}+$(　　　　)=(　　　　)

(3) 바르게 계산하면

□$+1\frac{5}{6}=$(　　　　)$+1\frac{5}{6}=$(　　　　)

입니다.

답 ________________

⊂어려운 문제⊃

20 ㉡에서 ㉣까지의 거리는 몇 km인가요?

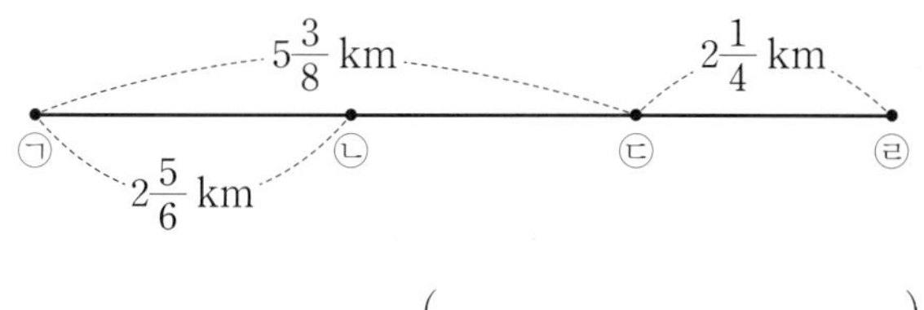

(　　　　　　　　　　)

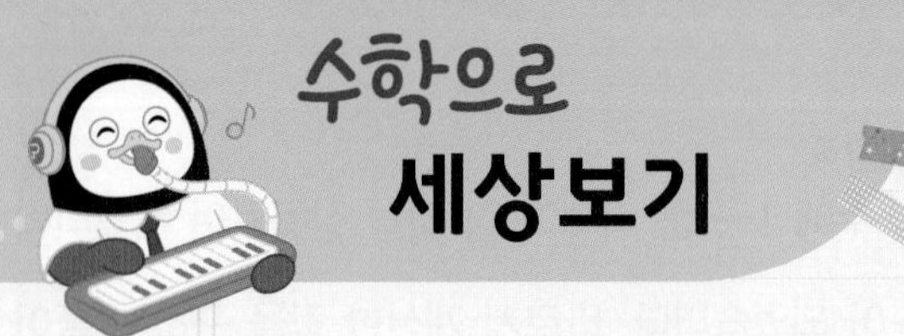

고대 이집트의 분수를 알아보아요

우리는 이번 단원에서 분모가 다른 분수의 덧셈과 뺄셈의 계산 원리와 계산 방법에 대해서 알아보았습니다. 이를 바탕으로 고대의 이집트에서 사용했던 분수의 계산법에 대해 함께 알아볼까요?

1 호루스의 눈

고대 이집트에서는 분자가 1인 단위분수만을 사용했습니다. 이 단위분수에는 재미있는 신화가 있습니다.
이집트의 왕 오시리스를 질투한 동생 세트는 형을 없앨 기회만 노리고 있었습니다. 어느 날, 세트는 오시리스를 없앴고 오시리스의 아들 호루스는 아버지의 원수를 갚기 위해 세트에게 맞섰지만 눈을 크게 다쳤습니다. 세트는 호루스의 왼쪽 눈을 6개로 조각내어 이집트 곳곳에 뿌렸고, 이집트인들은 호루스의 눈 6조각을 그림과 같이 단위분수로 나타냈다고 합니다.

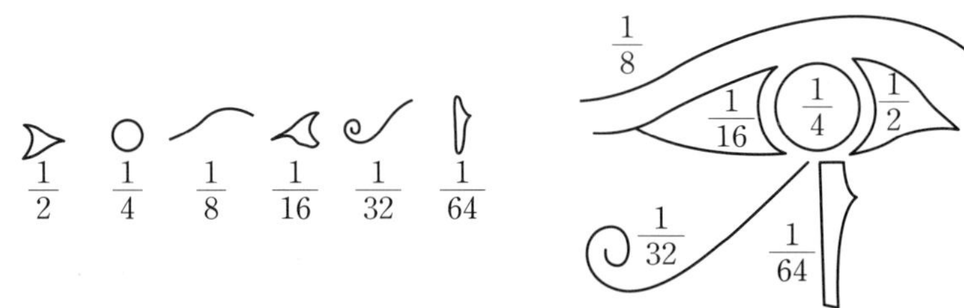

(1) 호루스의 눈에 표시된 분수 중 가장 큰 분수와 가장 작은 분수의 차는 얼마인지 구해 보세요.

(2) $\frac{3}{8}$을 호루스의 눈에 표시된 분자가 1인 단위분수의 합으로 나타내려고 합니다. □ 안에 알맞은 수를 써넣으세요.

$$\frac{3}{8} = \square + \square$$

2 이집트인의 분수 계산

고대 이집트인들은 야자 열매 한 개를 세 사람이 똑같이 나누었을 때의 한 사람 몫, 즉 지금 우리가 $\frac{1}{3}$이라 부르는 수를 와 같이 나타내었습니다. 그러나 야자 열매 1개를 두 사람이 똑같이 나누었을 때에는 한 사람 몫을 로 나타내지 않았고 야자 열매 2개를 세 사람이 똑같이 나누었을 때의 한 사람 몫, 즉 $\frac{2}{3}$를 로 나타내었습니다. 어찌 된 셈인지 고대 이집트인들은 분수의 기호 중에서 $\frac{1}{2}$과 $\frac{2}{3}$만은 다르게 나타내었습니다.

$\frac{1}{2}$	$\frac{2}{3}$	$\frac{1}{3}$	$\frac{1}{4}$	$\frac{1}{5}$	…	$\frac{1}{10}$
					…	

뭔가 특별한 이유가 있었겠지만 분수 $\frac{2}{3}$에 대해서만은 단위분수와 같은 친숙감을 느끼고 있었음을 짐작할 수 있겠지요?

단위분수는 $\frac{1}{2}$, $\frac{1}{4}$, $\frac{1}{5}$, $\frac{1}{127}$, … 등과 같이 분자가 1인 분수입니다. 단위분수는 고대 이집트인들의 특별한 사랑을 받았는데 이들은 단위분수가 아닌 분수는 취급하지 않으려 했답니다. 우리도 고대 이집트인이 되어 단위분수로 계산을 해 볼까요?

(1) 다음 기호를 보고 계산 결과를 적어 보세요.

+	−

(2) 단위분수 기호를 이용하여 분수의 덧셈식과 뺄셈식을 만들어 보세요.

덧셈식	뺄셈식

6 단원

다각형의 둘레와 넓이

민혁이와 친구들은 방탈출게임을 하고 있어요. 다각형의 둘레와 넓이와 관련된 여러 가지 문제를 해결하면 방탈출을 할 수 있어요. 여러분도 함께 도전해 볼까요?

이번 6단원에서는 넓이의 표준 단위의 필요성을 알고, 다양한 다각형의 둘레와 넓이를 구하는 방법을 배울 거예요.

단원 학습 목표

1. 정다각형과 사각형의 둘레를 구하는 방법을 이해하고, 둘레를 구할 수 있습니다.
2. 넓이의 표준 단위의 필요성을 알고, $1\ \mathrm{cm}^2$를 이해할 수 있습니다.
3. 직사각형의 넓이를 구하는 방법을 이해하고, 이를 통해 직사각형과 정사각형의 넓이를 구할 수 있습니다.
4. $1\ \mathrm{m}^2$와 $1\ \mathrm{km}^2$를 알고, $1\ \mathrm{cm}^2$와 $1\ \mathrm{m}^2$, $1\ \mathrm{m}^2$와 $1\ \mathrm{km}^2$ 사이의 관계를 설명할 수 있습니다.
5. 평행사변형, 삼각형, 마름모, 사다리꼴의 넓이를 구하는 방법을 다양하게 추론하여 설명하고, 이와 관련된 문제를 해결할 수 있습니다.

단원 진도 체크

회차	구성		진도 체크
1차	개념 1 정다각형의 둘레를 구해 볼까요 개념 2 사각형의 둘레를 구해 볼까요	개념 확인 학습 + 문제 / 교과서 내용 학습	✓
2차	개념 3 $1\ \mathrm{cm}^2$를 알아볼까요	개념 확인 학습 + 문제 / 교과서 내용 학습	✓
3차	개념 4 직사각형의 넓이를 구해 볼까요	개념 확인 학습 + 문제 / 교과서 내용 학습	✓
4차	개념 5 $1\ \mathrm{cm}^2$보다 더 큰 넓이의 단위를 알아볼까요	개념 확인 학습 + 문제 / 교과서 내용 학습	✓
5차	개념 6 평행사변형의 넓이를 구해 볼까요	개념 확인 학습 + 문제 / 교과서 내용 학습	✓
6차	개념 7 삼각형의 넓이를 구해 볼까요	개념 확인 학습 + 문제 / 교과서 내용 학습	✓
7차	개념 8 마름모의 넓이를 구해 볼까요	개념 확인 학습 + 문제 / 교과서 내용 학습	✓
8차	개념 9 사다리꼴의 넓이를 구해 볼까요	개념 확인 학습 + 문제 / 교과서 내용 학습	✓
9차	단원 확인 평가		✓
10차	수학으로 세상 보기		✓

해당 부분을 공부한 후 ✓표를 하세요.

밑변 3 cm,
높이 4 cm인
삼각형의 넓이
는?

개념 1 정다각형의 둘레를 구해 볼까요

• **정다각형의 둘레**
정다각형의 각 변의 길이는 모두 같으므로 정다각형의 한 변의 길이를 변의 수만큼 곱해 주면 됩니다.

정다각형의 둘레 구하기

(정다각형의 둘레)=(한 변의 길이)×(변의 수)

예

(정삼각형의 둘레)=5+5+5=5×3=15(cm)

개념 2 사각형의 둘레를 구해 볼까요

직사각형의 둘레 구하기

(직사각형의 둘레)=(가로)×2+(세로)×2
=((가로)+(세로))×2

예

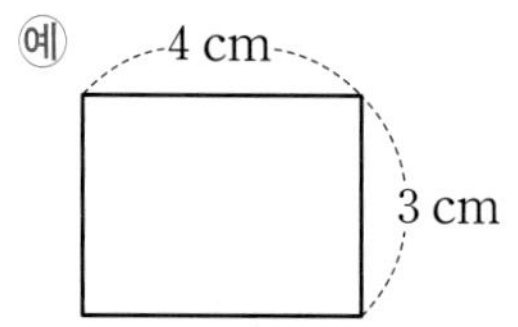

(직사각형의 둘레)=4×2+3×2
=(4+3)×2=14(cm)

• **평행사변형의 둘레**
평행사변형은 마주 보는 변의 길이가 각각 같습니다.

평행사변형의 둘레 구하기

(평행사변형의 둘레)=(한 변의 길이)×2+(다른 한 변의 길이)×2
=((한 변의 길이)+(다른 한 변의 길이))×2

예

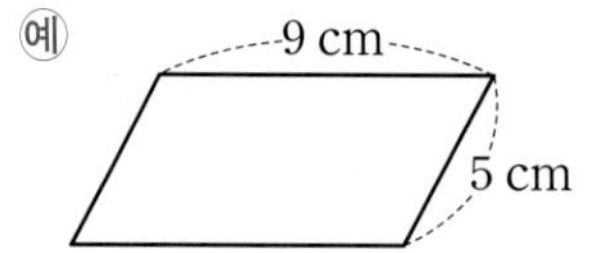

(평행사변형의 둘레)=9×2+5×2
=(9+5)×2=28(cm)

• **마름모의 둘레**
마름모는 네 변의 길이가 모두 같습니다.

마름모의 둘레 구하기

(마름모의 둘레)=(한 변의 길이)×4

예

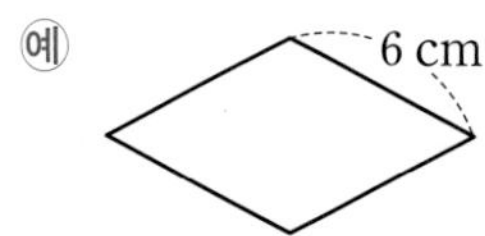

(마름모의 둘레)=6+6+6+6
=6×4=24(cm)

문제를 풀어 이해해요

정답과 해설 29쪽

1 **한 변의 길이가 5 cm인 정칠각형의 둘레를 구하려고 합니다. □ 안에 알맞은 수를 써넣으세요.**

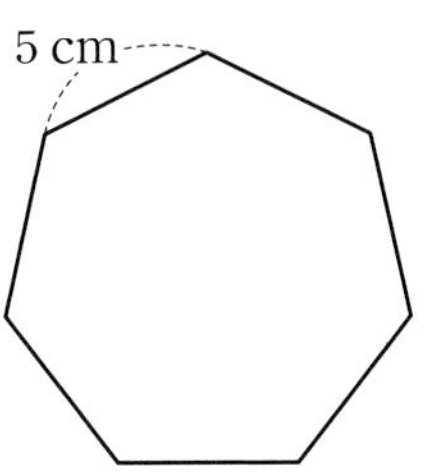

(1) 길이가 같은 변은 모두 □개입니다.

(2) 정칠각형의 둘레는 $5 \times \square = \square$(cm)입니다.

정다각형의 뜻을 알고, 정다각형의 둘레를 구할 수 있는지를 묻는 문제예요.

2 **사각형의 둘레를 구하려고 합니다. □ 안에 알맞은 수를 써넣으세요.**

(1)

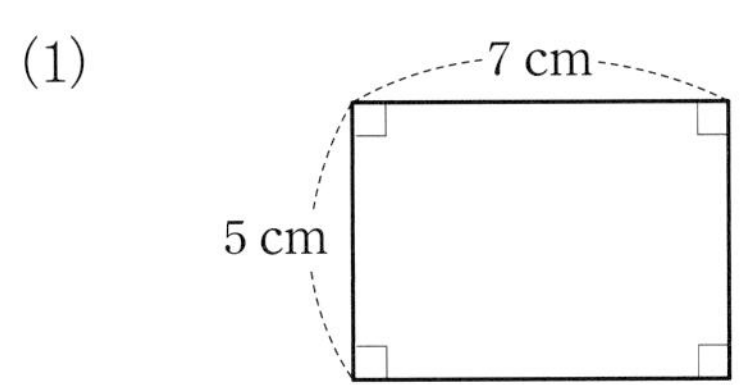

(직사각형의 둘레)$=7 \times 2 + \square \times 2$

$=(7+\square) \times 2 = \square$(cm)

(2)

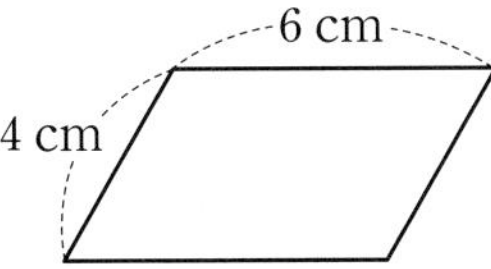

(평행사변형의 둘레)$=\square \times 2 + 4 \times \square$

$=(\square + 4) \times 2 = \square$(cm)

(3)

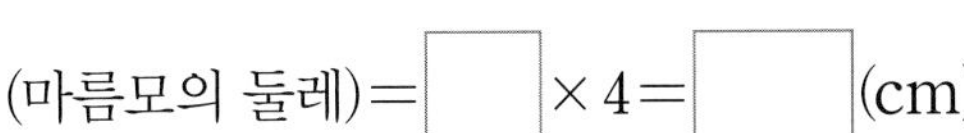

(마름모의 둘레)$=\square \times 4 = \square$(cm)

여러 가지 사각형의 둘레를 구하는 방법을 알고 있는지 묻는 문제예요.

직사각형과 평행사변형은 마주 보는 두 변의 길이가 같으므로 서로 마주 보지 않는 두 변의 길이를 더한 다음 2배를 하면 돼요.

교과서 내용 학습

[01~02] 정다각형의 둘레를 구해 보세요.

01

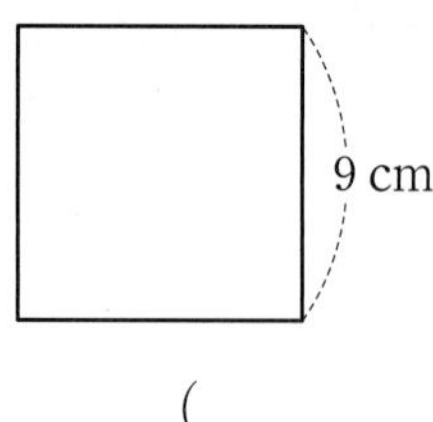

(   )

02

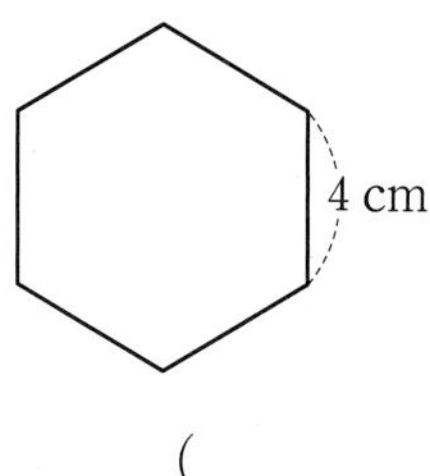

(   )

03 둘레가 96 cm인 정팔각형이 있습니다. 이 정팔각형의 한 변의 길이는 몇 cm인가요?

(   )

04 둘레가 24 cm인 정사각형을 그려 보세요.

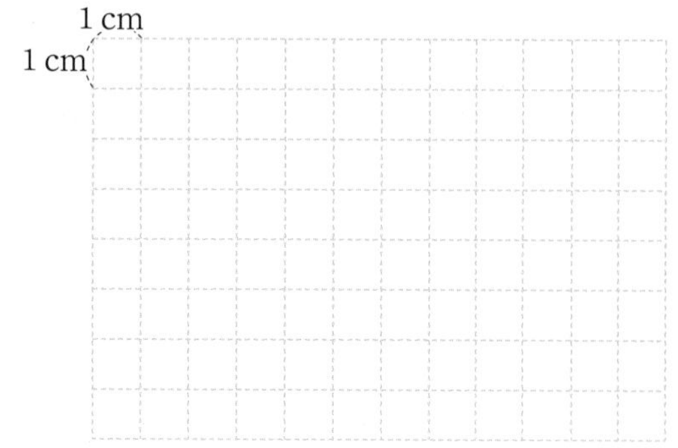

중요

05 두 정다각형의 둘레가 같을 때 □ 안에 알맞은 수를 써넣으세요.

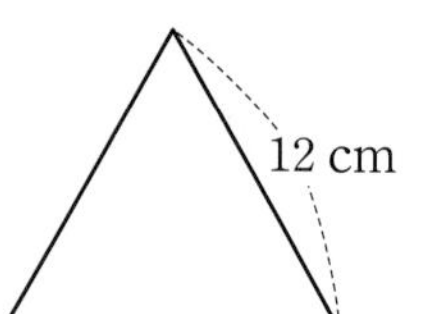

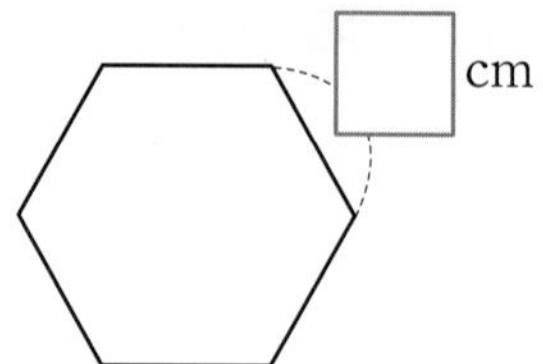

06 한 변의 길이가 14 cm인 마름모의 둘레를 구해 보세요.

(   )

07 두 직사각형 중에서 둘레가 더 긴 도형을 찾아 기호를 써 보세요.

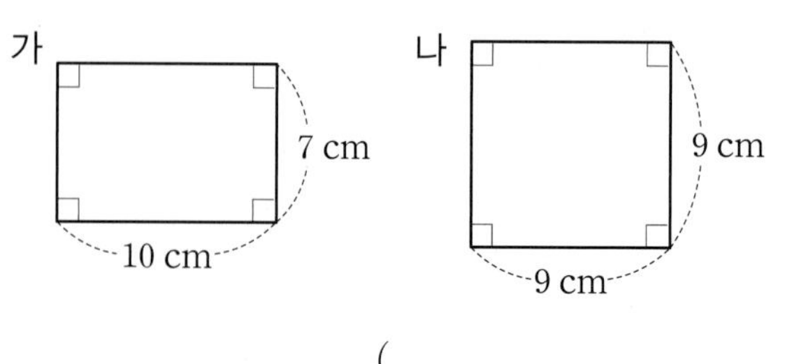

(   )

정답과 해설 29쪽

08 두 평행사변형의 둘레의 합은 몇 cm인가요?

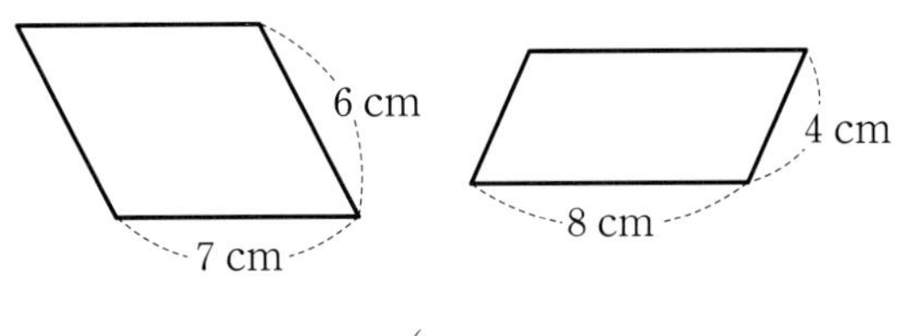

(　　　　　　　　　　)

⊂중요⊃

09 다음 도형은 직사각형입니다. 둘레가 32 cm일 때 가로는 몇 cm인가요?

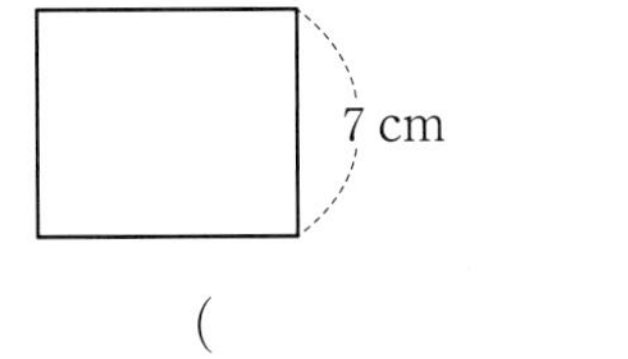

(　　　　　　　　　　)

⊂어려운 문제⊃

10 평행사변형과 마름모의 둘레가 같을 때 □ 안에 알맞은 수를 써넣으세요.

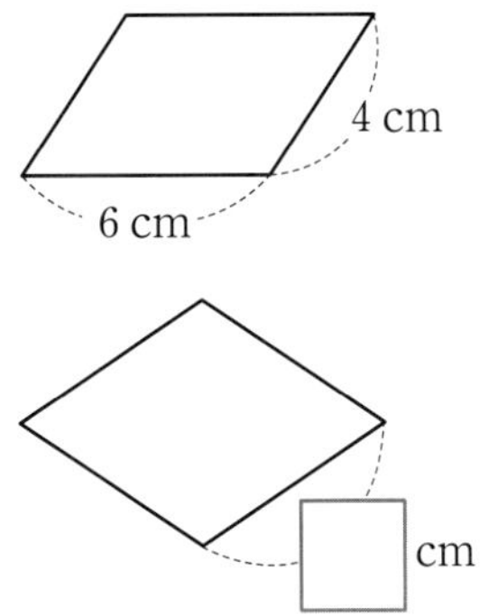

도움말 평행사변형의 둘레를 먼저 구합니다.

문제해결 접근하기

11 소윤이는 미술 시간에 한 변의 길이가 12 cm인 정사각형 모양의 색종이를 그림과 같이 반으로 접어서 잘랐습니다. 자른 색종이 중 한 장의 둘레는 몇 cm인지 구해 보세요.

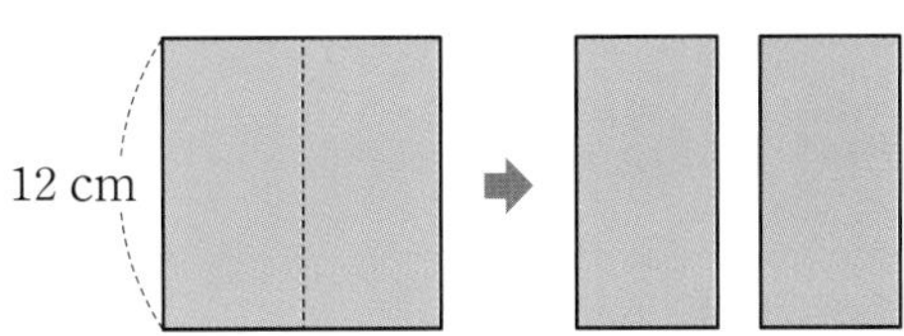

이해하기

구하려는 것은 무엇인가요?

답 ____________________

계획 세우기

어떤 방법으로 문제를 해결하면 좋을까요?

답 ____________________

해결하기

(1) 자른 색종이는 가로가 $12 \div 2 = \square$ (cm),

세로가 □ cm인 직사각형입니다.

(2) 자른 색종이 한 장의 둘레는

$(\square + \square) \times 2 = \square$ (cm)입니다.

되돌아보기

한 변의 길이가 15 cm인 정사각형 모양의 색종이를 3등분 했을 때 자른 색종이 중 한 장의 둘레는 몇 cm인지 구해 보세요.

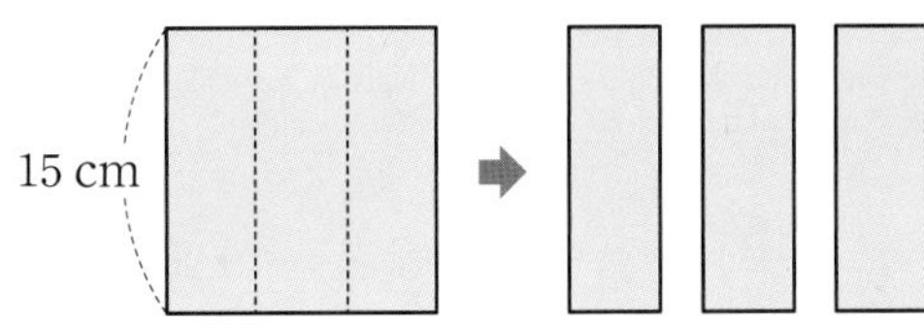

답 ____________________

개념 3 $1cm^2$를 알아볼까요

• 임의의 단위를 이용하여 넓이를 비교할 때 불편한 점
- 단위에 따라 측정한 값이 달라 집니다.
- 단위의 수만으로는 넓이가 어느 정도 크기인지 알기 어렵습니다.
- 정확한 크기를 표현할 수 없습니다.

모양이 다른 종이의 넓이 비교하기

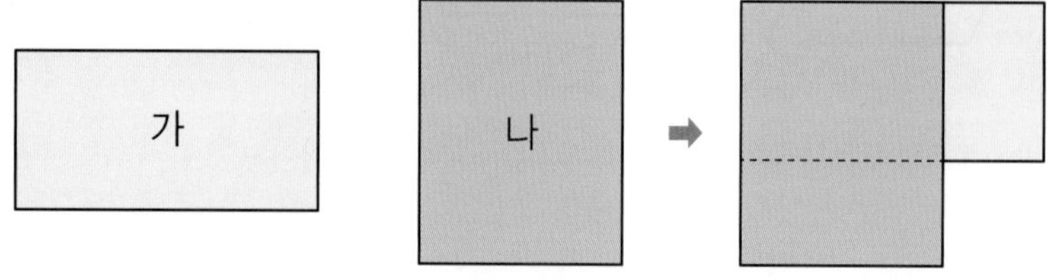

가와 나 중 어느 종이가 더 넓은지 정확하게 비교하기 어렵습니다.

➡ 넓이를 재는 데 기준이 되는 넓이의 단위가 필요합니다.

• 넓이의 단위 cm^2
공책, 자, 교과서 등의 넓이의 단위로 cm^2를 사용하는 것이 좋습니다.

$1\ cm^2$ 알아보기

• 넓이를 나타낼 때 한 변의 길이가 1 cm인 정사각형의 넓이를 단위로 사용할 수 있습니다.

• 한 변의 길이가 1 cm인 정사각형의 넓이를 $1\ cm^2$라 쓰고 1 제곱센티미터라고 읽습니다.

• 넓이 비교
모눈 위에 있는 직사각형의 넓이는 모눈의 수를 세어 비교합니다.

넓이의 단위를 이용하여 비교하기

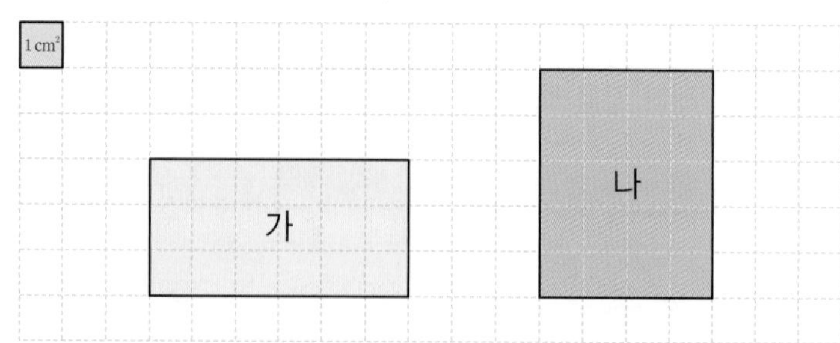

• 도형 가는 $1\ cm^2$가 18개이므로 넓이는 $18\ cm^2$입니다.

• 도형 나는 $1\ cm^2$가 20개이므로 넓이는 $20\ cm^2$입니다.

➡ 도형 나의 넓이가 도형 가의 넓이보다 $20-18=2(cm^2)$ 더 넓습니다.

문제를 풀며 이해해요

정답과 해설 29쪽

1 □ 안에 알맞게 써넣으세요.

한 변의 길이가 1 cm인 정사각형의 넓이를 □라 쓰고 □라고 읽습니다.

넓이의 단위를 알고 있는지 묻는 문제예요.

2 도형의 넓이는 몇 cm^2인지 □ 안에 알맞은 수를 써넣으세요.

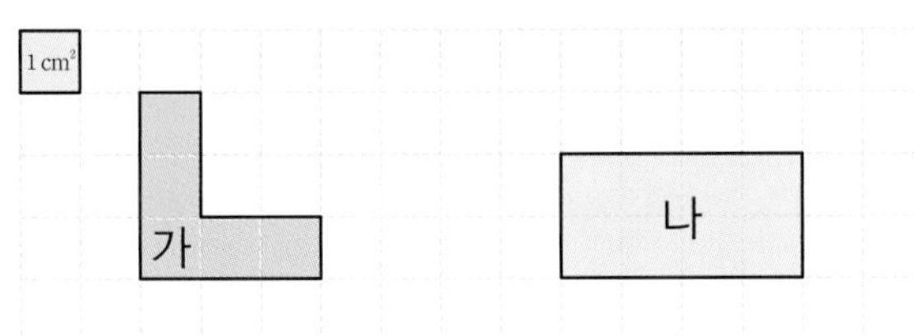

(1) 도형 가는 1 cm²가 □개입니다.

➡ (도형 가의 넓이)=□ cm^2

(2) 도형 나는 1 cm²가 □개입니다.

➡ (도형 나의 넓이)=□ cm^2

1 cm²의 수를 세어 도형의 넓이를 구할 수 있어요.

3 □ 안에 알맞은 수나 말을 써넣으세요.

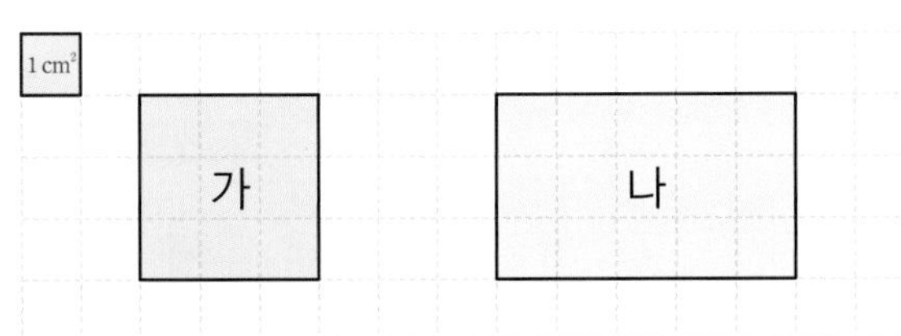

(1) 도형 가는 넓이가 □ cm^2입니다.

(2) 도형 나는 넓이가 □ cm^2입니다.

(3) 도형 □의 넓이가 도형 □의 넓이보다 □ cm^2 더 넓습니다.

넓이의 단위를 사용할 때에는 항상 일정한 단위를 사용하고, 넓이를 구한 결과에는 단위의 수와 단위를 둘 다 써야 해요.

교과서 내용 학습

01 주어진 넓이를 읽어 보세요.

$9\ cm^2$

(　　　　　　　　)

02 그림을 보고 □ 안에 알맞은 수를 써넣으세요.

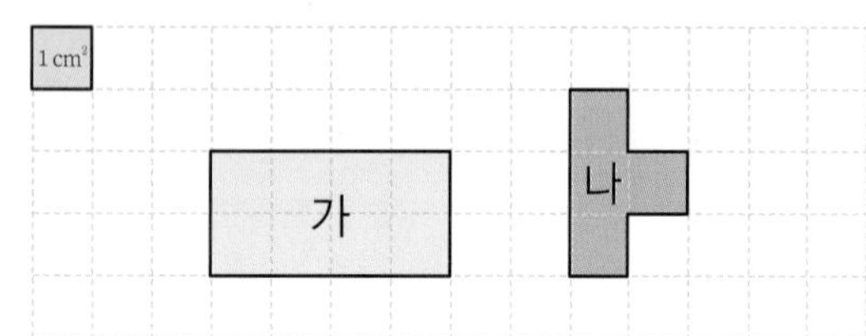

도형 가의 넓이는 □ cm^2이고, 도형 나의 넓이는 □ cm^2입니다.

03 중요

도형의 넓이를 구해 보세요.

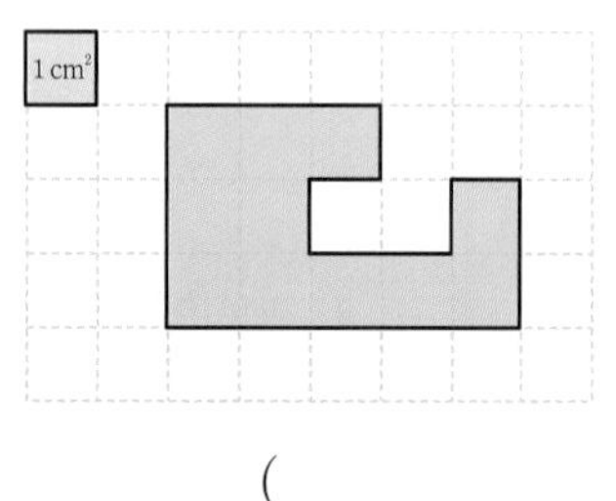

(　　　　　　　　)

04 중요

넓이가 가장 큰 도형을 찾아 기호를 써 보세요.

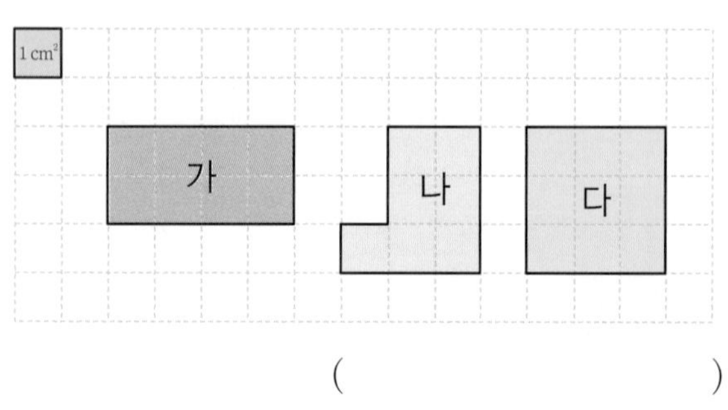

(　　　　　　　　)

05 넓이가 $7cm^2$인 도형을 찾아 기호를 모두 써 보세요.

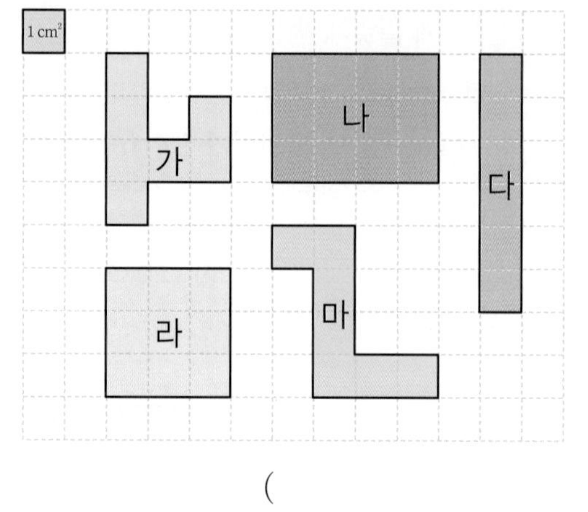

(　　　　　　　　)

06 도형 가와 넓이가 같은 도형에 모두 ○표 하세요.

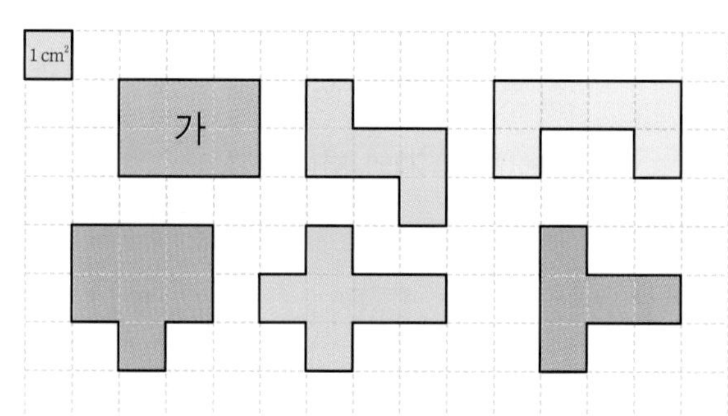

07 보기 와 같이 넓이가 $8\ cm^2$인 도형을 서로 다른 모양으로 2개 그려 보세요.

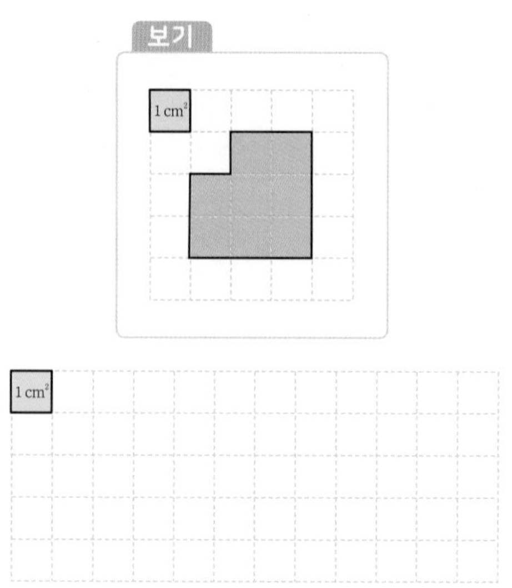

1 cm²

08 두 도형 ㉡, ㉢의 넓이는 각각 도형 ㉠의 넓이의 몇 배인지 구해 보세요.

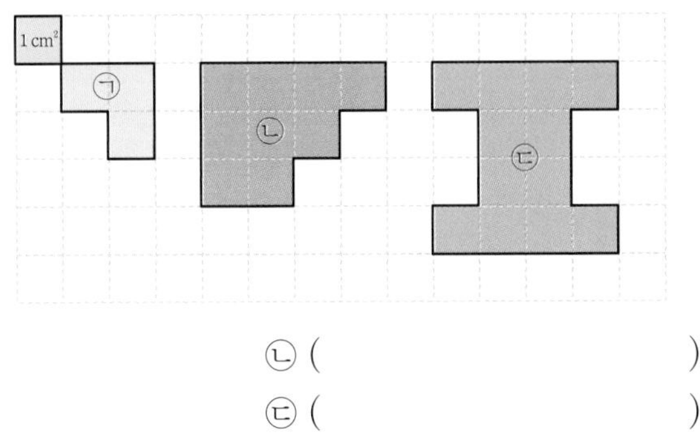

㉡ (　　　　　　　　)
㉢ (　　　　　　　　)

09 다음 도형 중 넓이가 [1 cm²]의 9배보다 크고 12배보다 작은 도형의 기호를 모두 써 보세요.

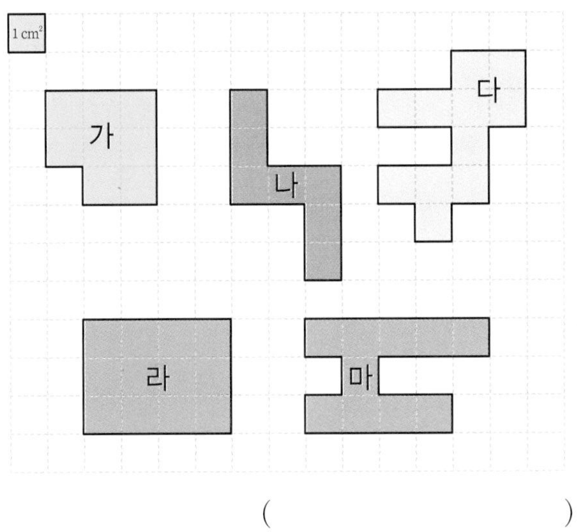

(　　　　　　　　)

⊂어려운 문제⊃

10 넓이를 $2\ cm^2$씩 늘려 가며 도형을 규칙에 따라 그리고 있습니다. 빈칸에 알맞은 도형을 그려 보세요.

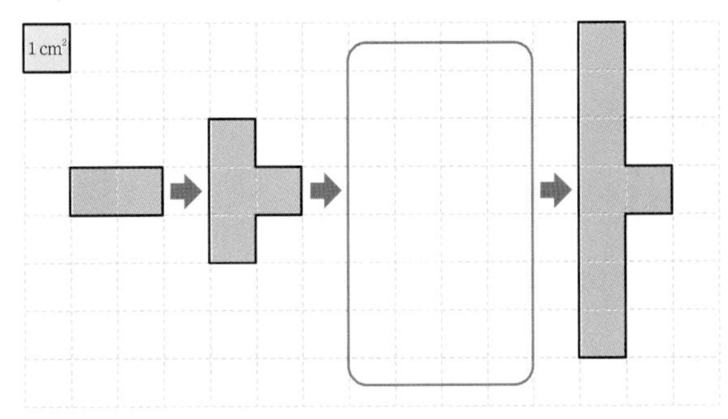

도움말 늘어나고 있는 모눈의 위치를 찾아봅니다.

문제해결 접근하기

11 다음 글자가 차지하는 부분의 넓이는 몇 cm^2인지 구해 보세요.

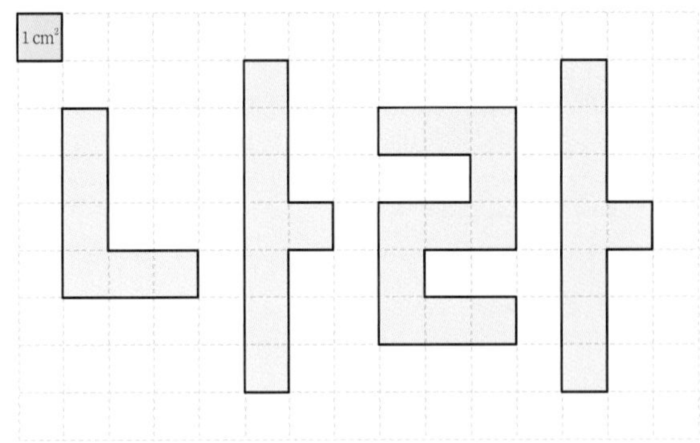

이해하기

구하려는 것은 무엇인가요?

답 ______________________

계획 세우기

어떤 방법으로 문제를 해결하면 좋을까요?

답 ______________________

해결하기

(1) '나'가 차지하는 부분은 [1 cm²]가 □개이고,

'라'가 차지하는 부분은 [1 cm²]가 □개입니다.

(2) 글자가 차지하는 부분의 넓이는

□ + □ = □ (cm^2)입니다.

되돌아보기

다음 글자가 차지하는 부분의 넓이는 몇 cm^2인지 구해 보세요.

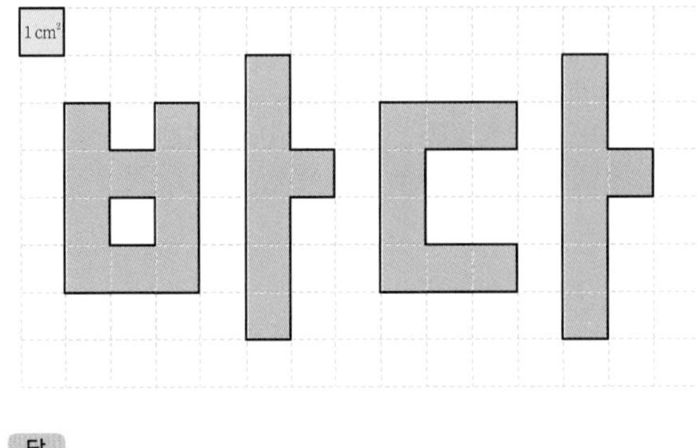

답 ______________________

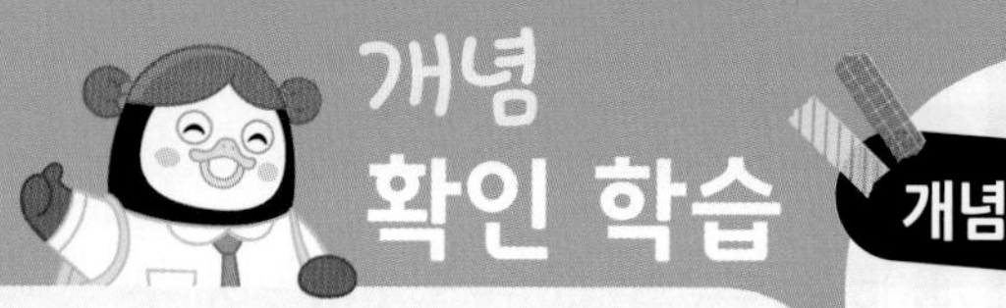

개념 4 직사각형의 넓이를 구해 볼까요

• 직사각형의 넓이

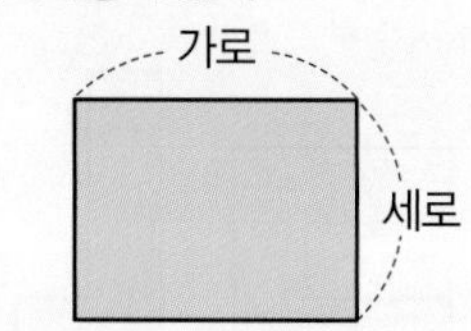

(직사각형의 넓이)
=(가로)×(세로)

직사각형의 넓이 구하기

(직사각형의 넓이)=(가로)×(세로)

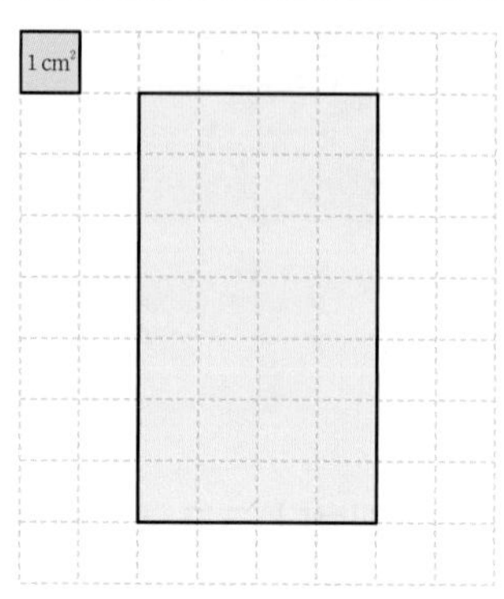

• 1 cm²가 직사각형의 가로에 4개, 세로에 7개 있습니다.

• 직사각형에 1 cm²가 모두 $4\times7=28$(개) 있으므로 직사각형의 넓이는 28 cm²입니다.

• (직사각형의 넓이)=(가로)×(세로)

$=4\times7=28(\text{cm}^2)$

• 정사각형의 넓이

– 정사각형은 네 변의 길이가 같은 사각형이고 정사각형은 직사각형이라고 할 수 있습니다.

– (정사각형의 넓이)
=(한 변의 길이)
×(한 변의 길이)

정사각형의 넓이 구하기

(정사각형의 넓이)=(한 변의 길이)×(한 변의 길이)

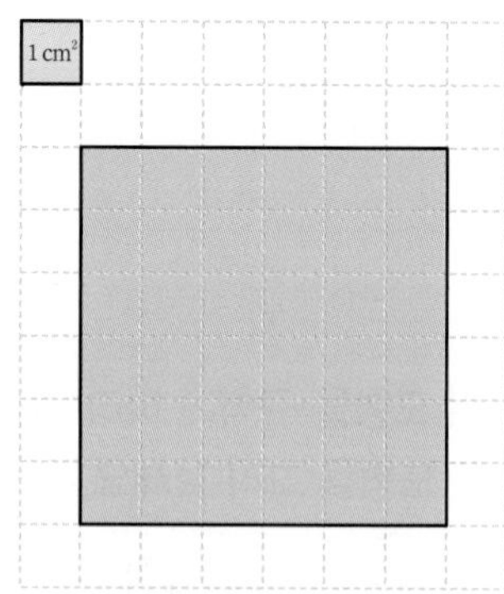

• 1 cm²가 정사각형의 가로, 세로에 모두 6개씩 있습니다.

• 정사각형에 1 cm²가 모두 $6\times6=36$(개) 있으므로 정사각형의 넓이는 36 cm²입니다.

• (정사각형의 넓이)=(한 변의 길이)×(한 변의 길이)

$=6\times6=36(\text{cm}^2)$

문제를 풀며 이해해요

정답과 해설 30쪽

1 직사각형의 넓이를 구하려고 합니다. □ 안에 알맞은 수를 써넣으세요.

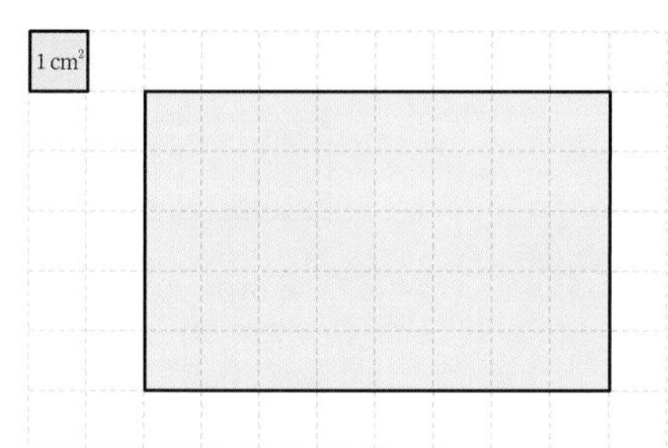

(1) 1 cm²가 직사각형의 가로에 □개, 세로에 □개 있습니다.

(2) 직사각형에 1 cm²가 모두 □×□=□(개) 있으므로 직사각형의 넓이는 □ cm²입니다.

(3) 직사각형의 넓이는 □×□=□(cm²)입니다.

직사각형의 넓이를 구하는 방법을 이해하고, 넓이를 구할 수 있는지 묻는 문제예요.

2 다음 도형의 넓이를 구하려고 합니다. □ 안에 알맞은 수를 써넣으세요.

(1)

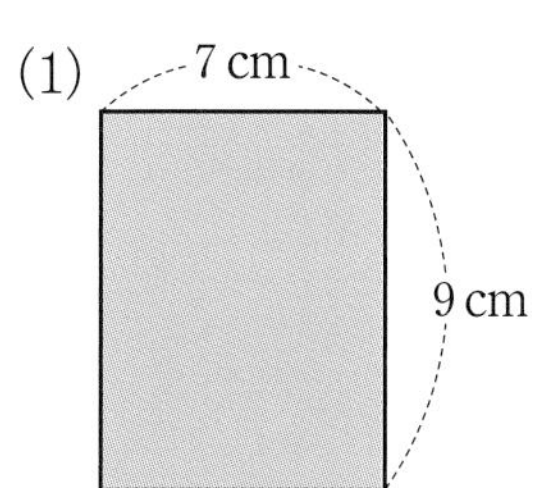

(직사각형의 넓이)
=7×□=□(cm²)

(2)

(정사각형의 넓이)
=□×□=□(cm²)

(직사각형의 넓이)=(가로)×(세로)

(정사각형의 넓이)
=(한 변의 길이)×(한 변의 길이)

교과서 내용 학습

[01~02] 직사각형의 넓이를 구해 보세요.

01

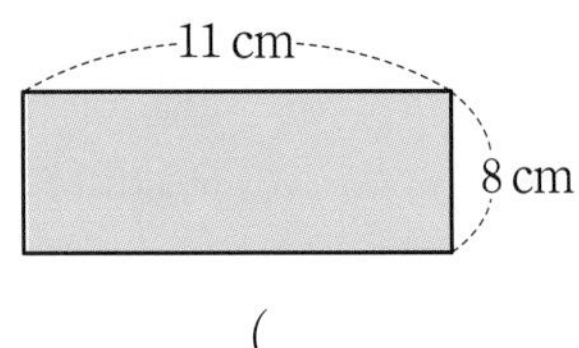

( )

02

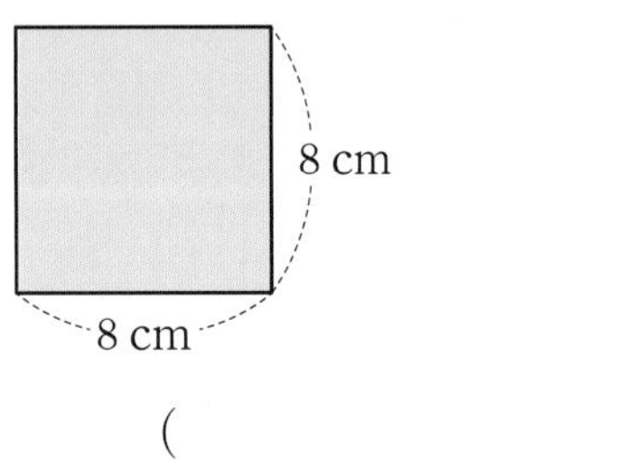

( )

03 한 변의 길이가 15 cm인 정사각형 모양의 색종이가 있습니다. 이 색종이의 넓이는 몇 cm^2인지 구해 보세요.

( )

⊂중요⊃

04 두 직사각형의 넓이의 차는 몇 cm^2인지 구해 보세요.

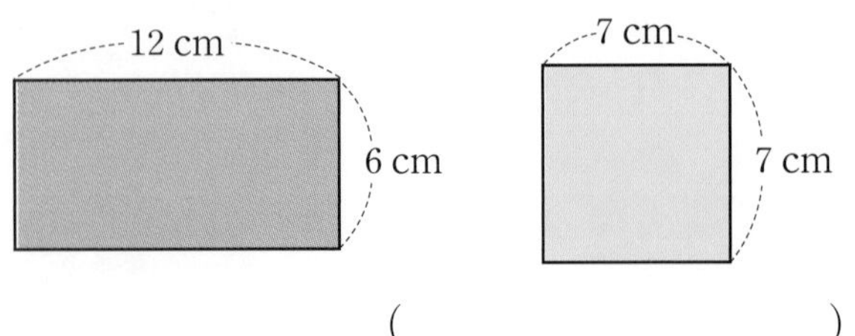

( )

05 넓이가 가장 넓은 직사각형을 찾아 기호를 써 보세요.

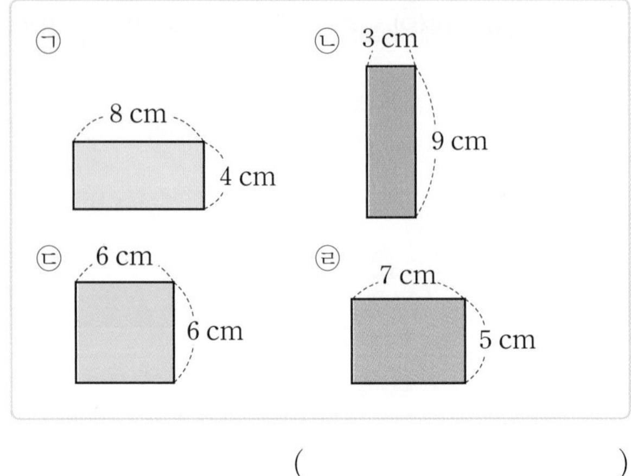

( )

⊂중요⊃

06 다음 직사각형의 넓이는 91 cm^2입니다. 세로는 몇 cm인지 구해 보세요.

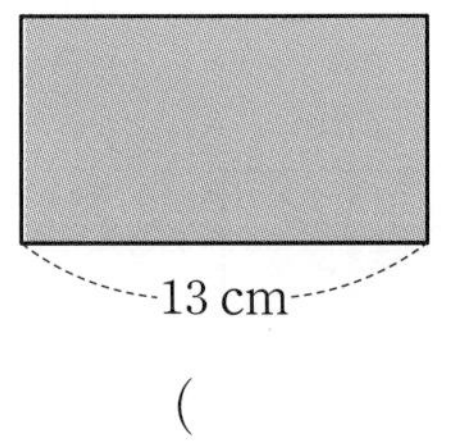

( )

07 넓이가 81 cm^2인 정사각형이 있습니다. 이 정사각형의 한 변의 길이는 몇 cm인지 구해 보세요.

( )

정답과 해설 31쪽

08 주어진 대화를 보고 서현이가 가지고 있는 공책의 넓이는 몇 cm^2인지 구해 보세요.

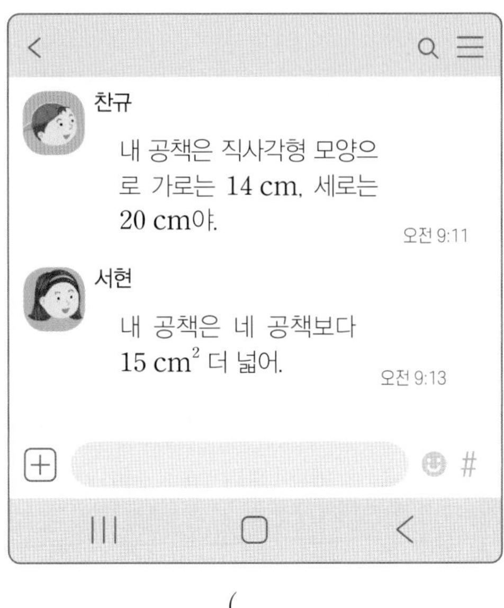

찬규
내 공책은 직사각형 모양으로 가로는 14 cm, 세로는 20 cm야.
오전 9:11
서현
내 공책은 네 공책보다 15 cm^2 더 넓어.
오전 9:13

(　　　　　　　　)

09 다음 정사각형의 가로를 2배로 늘이고 세로를 4 cm 줄여서 직사각형을 만들었습니다. 새로 만든 직사각형의 넓이는 몇 cm^2인지 구해 보세요.

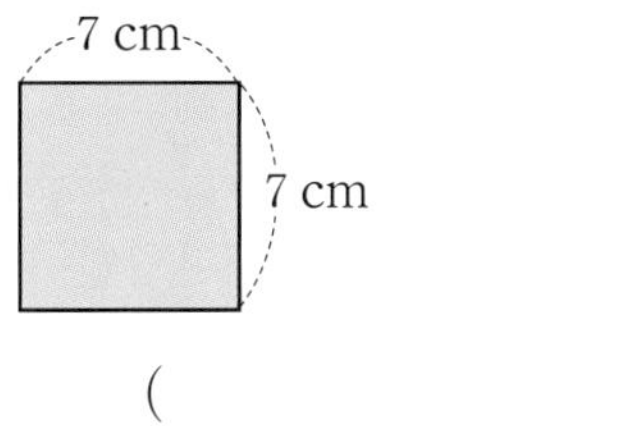

(　　　　　　　　)

⊂어려운 문제⊃

10 직사각형의 둘레가 38 cm입니다. 이 직사각형의 가로가 13 cm일 때 넓이는 몇 cm^2인지 구해 보세요.

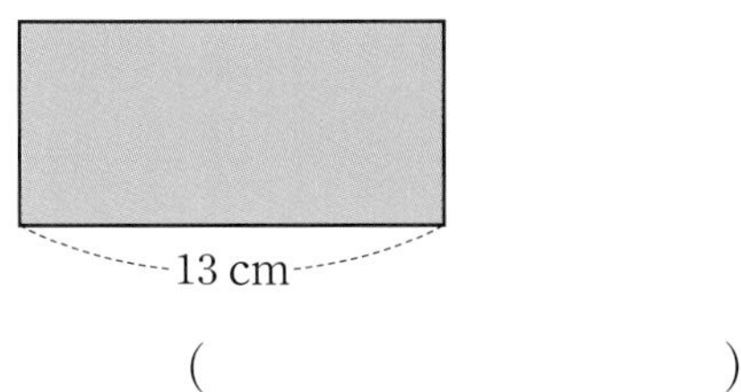

(　　　　　　　　)

도움말 직사각형의 둘레를 구하는 식을 이용하여 직사각형의 세로를 먼저 구합니다.

문제해결 접근하기

11 길이가 36 cm인 철사를 남김없이 모두 사용하여 정사각형 한 개를 만들었습니다. 만든 정사각형의 넓이는 몇 cm^2인지 구해 보세요.

36 cm

이해하기

구하려는 것은 무엇인가요?

답 ________________

계획 세우기

어떤 방법으로 문제를 해결하면 좋을까요?

답 ________________

해결하기

(1) 정사각형은 네 변의 길이가 모두 같으므로 (정사각형의 한 변의 길이)

$=36\div\square=\square$(cm)

(2) (정사각형의 넓이)

=(한 변의 길이)×(한 변의 길이)

$=\square\times\square=\square$($cm^2$)

되돌아보기

길이가 44 cm인 철사를 남김없이 모두 사용하여 정사각형 한 개를 만들었습니다. 만든 정사각형의 넓이는 몇 cm^2인지 구해 보세요.

44 cm

답 ________________

개념 5 1cm^2보다 더 큰 넓이의 단위를 알아볼까요

• 넓이의 단위 m^2
교실 바닥, 칠판 등의 넓이의 단위로는 m^2를 사용하는 것이 좋습니다.
예 교실의 넓이: 약 $52\ \text{m}^2$
농구 코트의 넓이: 약 $420\ \text{m}^2$

$1\ \text{m}^2$ 알아보기

• 한 변의 길이가 1 m인 정사각형의 넓이를 $1\ \text{m}^2$라 쓰고, 1 제곱미터라고 읽습니다.

• $1\ \text{cm}^2$와 $1\ \text{m}^2$의 관계

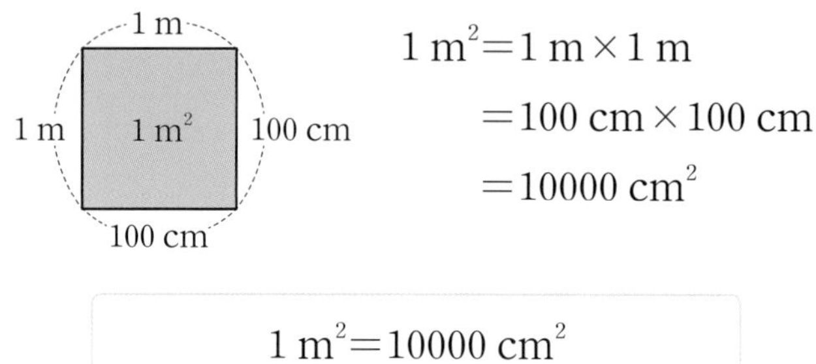

$$1\ \text{m}^2 = 1\ \text{m} \times 1\ \text{m} = 100\ \text{cm} \times 100\ \text{cm} = 10000\ \text{cm}^2$$

$$1\ \text{m}^2 = 10000\ \text{cm}^2$$

• 넓이의 단위 km^2
도시나 나라의 넓이의 단위로는 km^2를 사용하는 것이 좋습니다.
예 서울특별시의 넓이:
약 $605\ \text{km}^2$
제주도의 넓이: 약 $1850\ \text{km}^2$

$1\ \text{km}^2$ 알아보기

• 한 변의 길이가 1 km인 정사각형의 넓이를 $1\ \text{km}^2$라 쓰고, 1 제곱킬로미터라고 읽습니다.

• $1\ \text{m}^2$와 $1\ \text{km}^2$의 관계

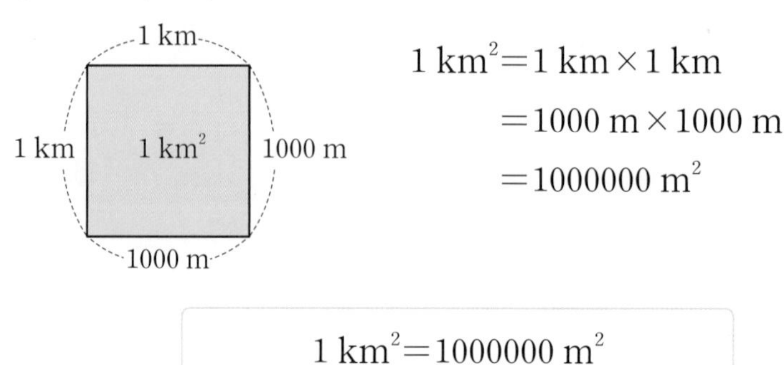

$$1\ \text{km}^2 = 1\ \text{km} \times 1\ \text{km} = 1000\ \text{m} \times 1000\ \text{m} = 1000000\ \text{m}^2$$

$$1\ \text{km}^2 = 1000000\ \text{m}^2$$

문제를 풀어 이해해요

정답과 해설 31쪽

1 □ 안에 알맞게 말을 써넣으세요.

$1\ \text{cm}^2$보다 더 큰 넓이 단위의 필요성을 알고 $1\ \text{m}^2$와 $1\ \text{km}^2$를 알고 있는지 묻는 문제예요.

(1) 한 변이 1 m인 정사각형의 넓이를 □라 쓰고, □라고 읽습니다.

(2) 한 변이 1 km인 정사각형의 넓이를 □라 쓰고, □라고 읽습니다.

2 보기 에서 알맞은 단위를 골라 □ 안에 써넣으세요.

알맞은 넓이의 단위를 알아보세요.

보기

cm^2 m^2 km^2

(1) 스케치북의 넓이는 550 □입니다.

(2) 지리산 국립 공원의 넓이는 약 480 □입니다.

(3) 내 방의 넓이는 약 32 □입니다.

3 □ 안에 알맞은 수를 써넣으세요.

$1\ \text{m}^2=10000\ \text{cm}^2$
$1\ \text{km}^2=1000000\ \text{m}^2$

(1) $3\ \text{m}^2=$ □ cm^2

(2) $80000\ \text{cm}^2=$ □ m^2

(3) $7\ \text{km}^2=$ □ m^2

(4) $600000\ \text{m}^2=$ □ km^2

교과서 내용 학습

01 $1\ m^2$를 이용하여 직사각형의 넓이는 몇 m^2인지 구하려고 합니다. □ 안에 알맞은 수를 써넣으세요.

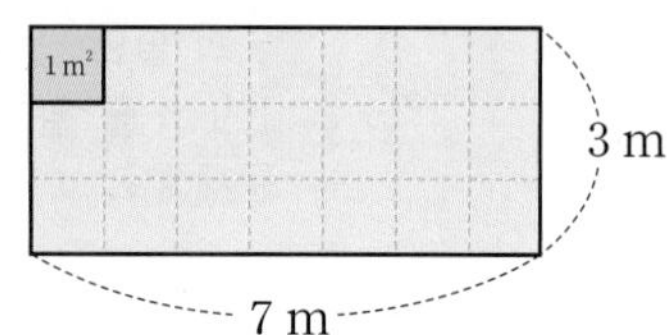

$1\ m^2$가 □번 들어가므로 직사각형의 넓이는 □ m^2입니다.

02 $1\ km^2$를 이용하여 직사각형의 넓이는 몇 km^2인지 구하려고 합니다. □ 안에 알맞은 수를 써넣으세요.

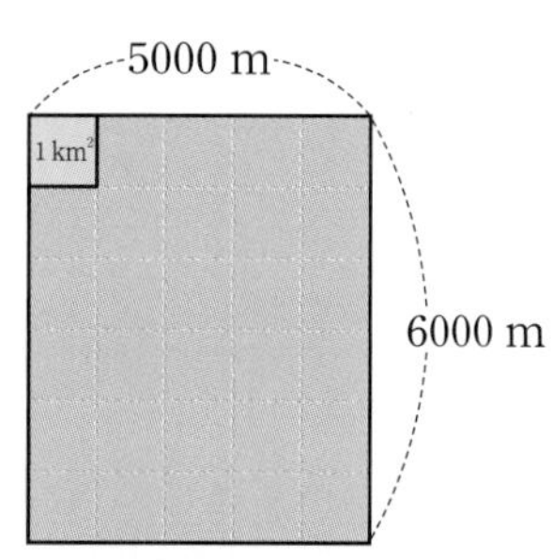

$1\ km^2$가 □번 들어가므로 직사각형의 넓이는 □ km^2입니다.

03 넓이가 $700000\ m^2$인 도형이 있습니다. 이 도형의 넓이는 몇 km^2인지 구해 보세요.

( )

04 넓이를 비교하여 ○ 안에 $>$, $=$, $<$를 알맞게 써넣으세요.

$40000\ cm^2$ ○ $40\ m^2$

05 넓이가 넓은 것부터 차례로 기호를 써 보세요.

㉠ $1000000\ m^2$
㉡ $10\ km^2$
㉢ $960000\ m^2$

( )

06 직사각형의 넓이를 구하여 □ 안에 알맞은 수를 써넣으세요.

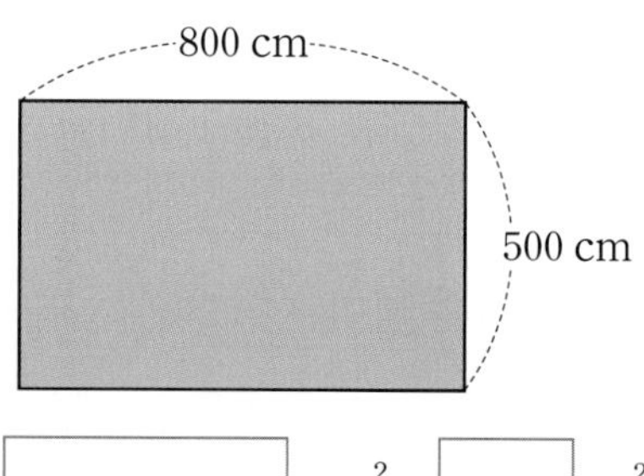

□ cm^2 = □ m^2

07 직사각형의 넓이는 몇 km^2인지 구해 보세요.

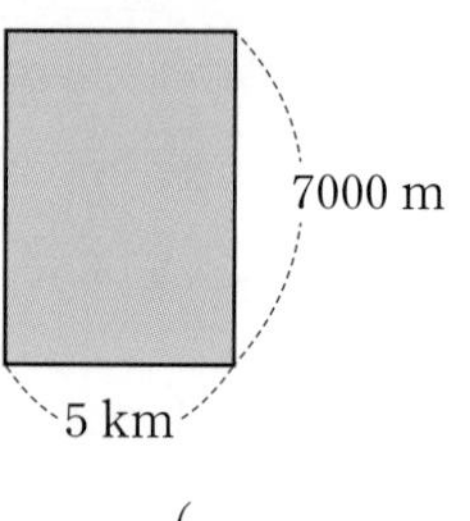

( )

정답과 해설 31쪽

문제해결 접근하기

⊂중요⊃

08 대화를 읽고 넓이의 단위를 잘못 말한 친구를 찾아 써 보세요.

준희: 서울 땅의 넓이가 605 km^2정도 된대.

지안: 놀이터 넓이는 400 m^2정도 되더라.

혜준: 우리 집 넓이를 조사했더니 84 cm^2정도야.

( )

09 운동장에 다음 그림과 같이 선을 그어서 피구장을 만들었습니다. 피구장의 넓이는 몇 m^2인지 구해 보세요.

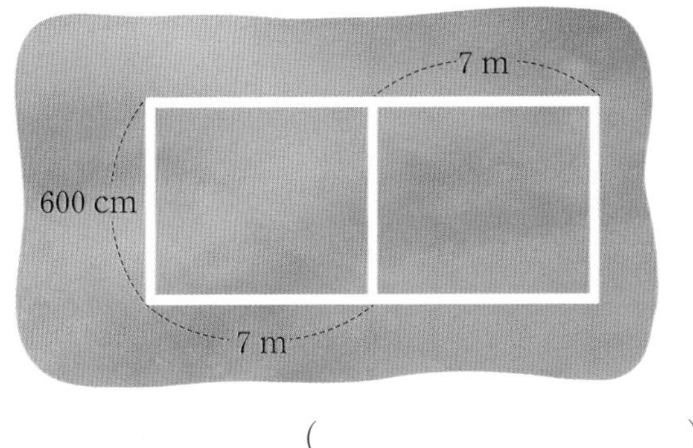

( )

⊂어려운 문제⊃

10 가로가 4 m, 세로가 2 m인 직사각형 모양의 학급 게시판이 있습니다. 이 게시판에 한 변의 길이가 40 cm인 정사각형 모양의 종이를 겹치지 않게 빈틈없이 붙인다면 종이를 몇 장 붙일 수 있을까요?

( )

도움말 정사각형 모양의 종이를 가로와 세로에 각각 몇 장 붙일 수 있는지 구합니다.

11 다음 직사각형의 넓이는 60 km^2이고 가로는 12 km입니다. 세로는 몇 m인지 구해 보세요.

12 km

이해하기

구하려는 것은 무엇인가요?

답 ______

계획 세우기

어떤 방법으로 문제를 해결하면 좋을까요?

답 ______

해결하기

(1) (직사각형의 넓이)=(가로)×(세로)이므로

(세로)=(직사각형의 넓이)÷(가로)

=□÷12=□(km)

(2) 1 km=□m이므로

직사각형의 세로는

□km=□m입니다.

되돌아보기

다음 직사각형의 넓이는 90 km^2이고 세로가 6 km입니다. 가로는 몇 m인지 구해 보세요.

답 ______

개념 확인 학습

개념 6 평행사변형의 넓이를 구해 볼까요

• **평행사변형의 밑변과 높이**
밑변은 고정된 변이 아닌 기준이 되는 변이며, 높이는 밑변에 따라 정해지고 다양하게 표시할 수 있습니다.

평행사변형의 밑변과 높이 알아보기

• 평행사변형에서 평행한 두 변을 밑변이라고 하고, 두 밑변 사이의 거리를 높이라고 합니다.

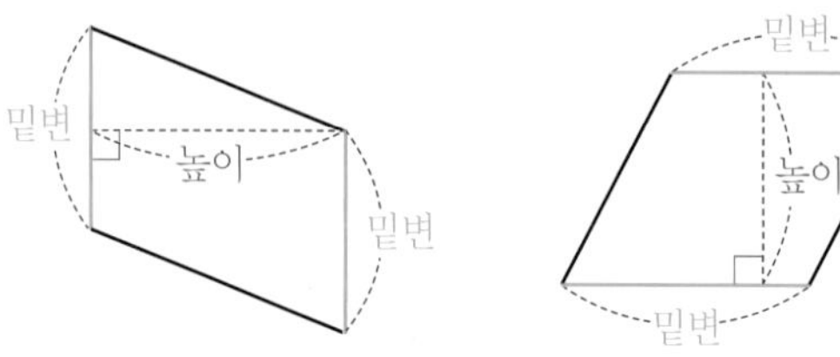

• **평행사변형의 넓이**

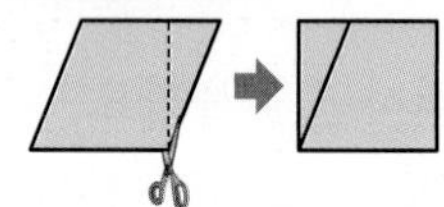

평행사변형을 잘라 이어 붙이면 직사각형이 됩니다. 직사각형의 가로는 평행사변형의 밑변의 길이와 같고 직사각형의 세로는 평행사변형의 높이와 같습니다.

평행사변형의 넓이 구하는 방법 알아보기

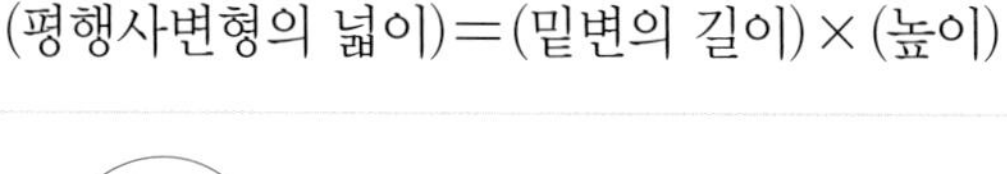

(평행사변형의 넓이)＝(밑변의 길이)×(높이)

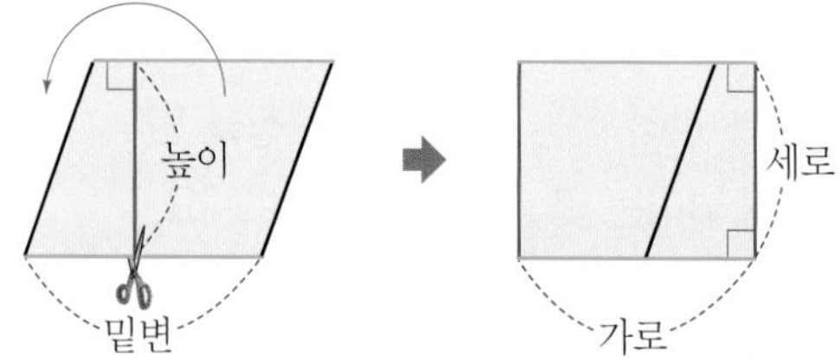

• 평행사변형의 넓이를 구할 때 평행사변형을 잘라 직사각형으로 만든 다음 직사각형의 넓이 구하는 방법을 이용하여 구할 수 있습니다.

(평행사변형의 넓이)＝(직사각형의 넓이)
＝(가로)×(세로)
＝(밑변의 길이)×(높이)

밑변과 높이가 같은 여러 가지 평행사변형의 넓이 비교하기

• 평행사변형은 밑변의 길이와 높이가 같으면 모양이 다르더라도 그 넓이는 같습니다.

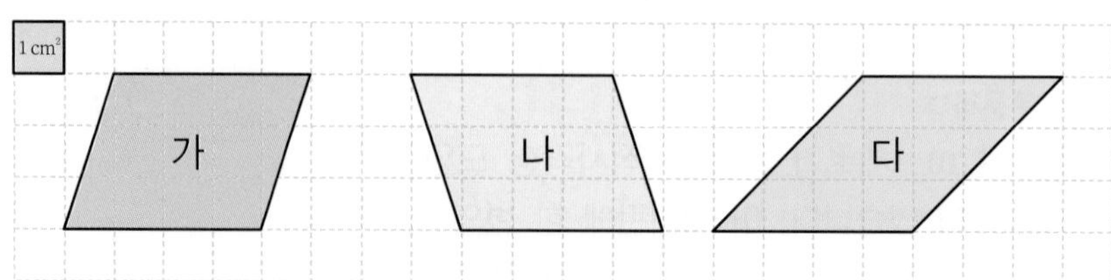

(가의 넓이)＝$4\times3=12(\text{cm}^2)$
(나의 넓이)＝$4\times3=12(\text{cm}^2)$
(다의 넓이)＝$4\times3=12(\text{cm}^2)$

문제를 풀며 이해해요

정답과 해설 32쪽

1 보기 와 같이 평행사변형의 높이를 표시해 보세요.

보기

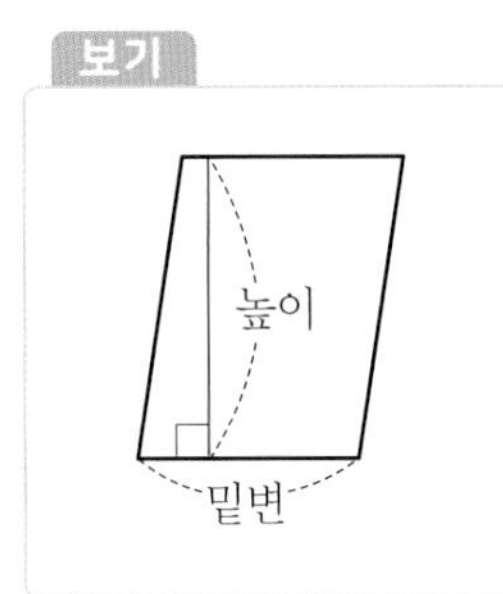

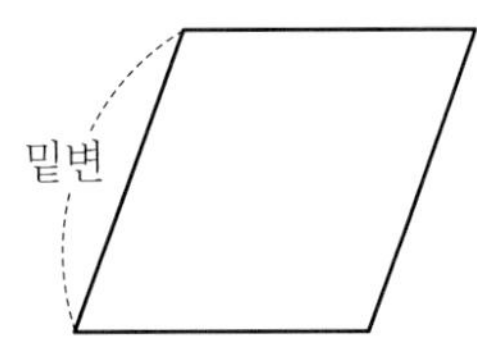

평행사변형의 밑변과 높이를 이해하고, 넓이를 구할 수 있는지 묻는 문제예요.

2 평행사변형을 그림과 같이 잘라서 직사각형을 만들었습니다. □ 안에 알맞은 수를 써넣으세요.

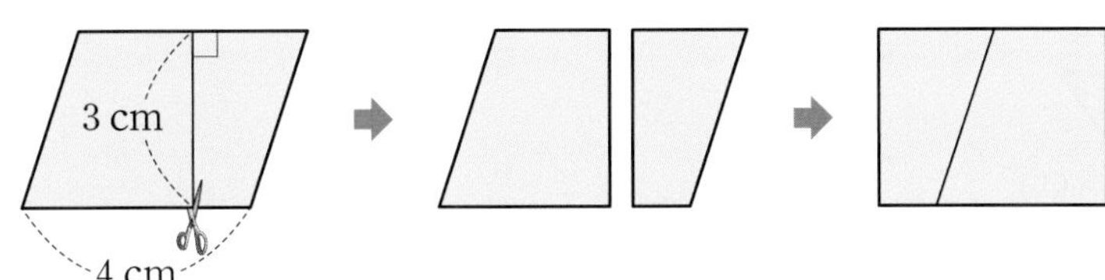

(1) 만든 직사각형은 가로가 □ cm, 세로가 □ cm이므로

넓이는 □ cm^2입니다.

(2) 평행사변형의 넓이는 □ cm^2입니다.

직사각형의 가로는 평행사변형의 밑변의 길이와 같고, 직사각형의 세로는 평행사변형의 높이와 같아요.

3 평행사변형의 넓이를 구하려고 합니다. □ 안에 알맞은 수를 써넣으세요.

(1)

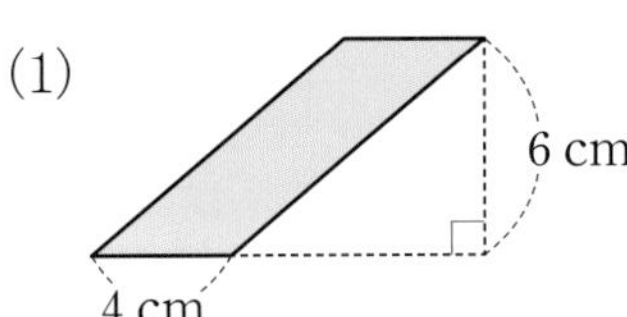

(평행사변형의 넓이)

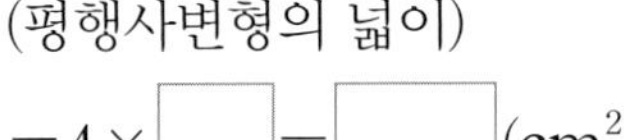

$=4\times$ □ $=$ □ (cm^2)

(2)

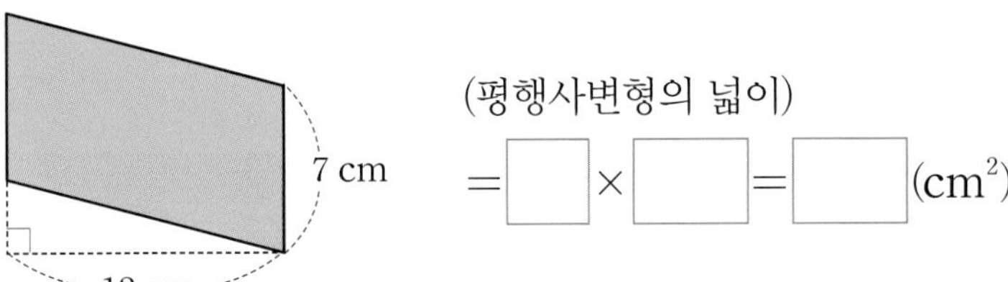

(평행사변형의 넓이)

$=$ □ $\times$ □ $=$ □ (cm^2)

(평행사변형의 넓이)
=(밑변의 길이)×(높이)

교과서 내용 학습

01 평행사변형의 높이가 다음과 같을 때 밑변을 모두 찾아 기호를 써 보세요.

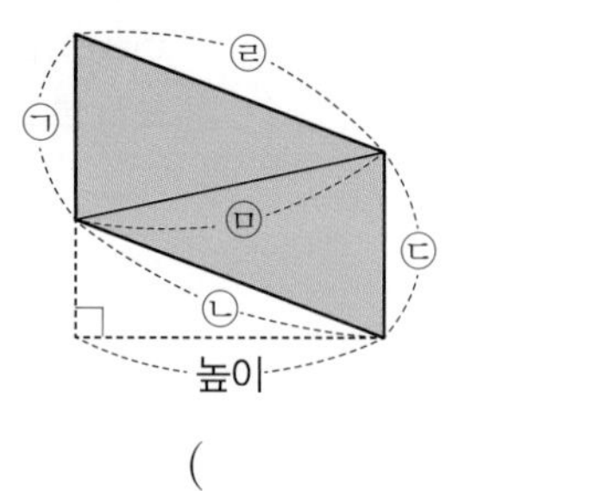

( )

02 평행사변형의 밑변의 길이가 20 cm일 때 높이는 몇 cm인지 구해 보세요.

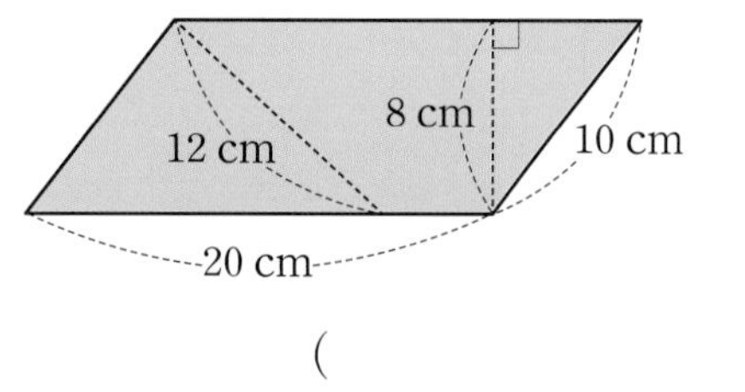

( )

03 중요

평행사변형의 넓이를 구하는 데 필요한 길이에 모두 ○표 하고 넓이를 구해 보세요.

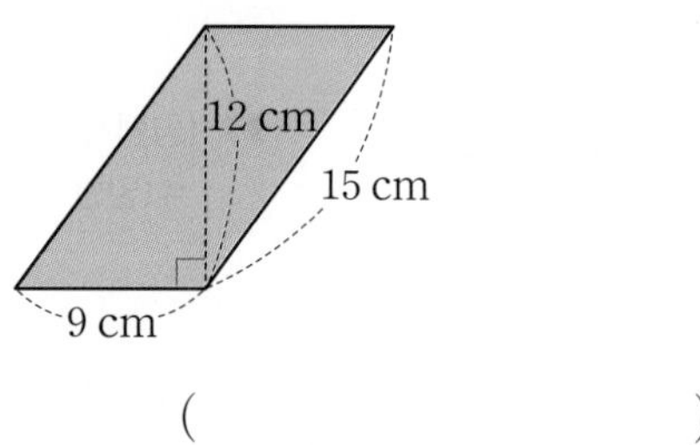

( )

04 밑변의 길이가 14 m이고 높이가 26 m인 평행사변형의 넓이는 몇 m^2인지 구해 보세요.

( )

05 평행사변형을 보고 바르게 말한 사람을 찾아 써 보세요.

1 cm²
모양이 다르니까 넓이도 달라.
밑변의 길이와 높이가 같으므로 넓이가 모두 같아.
정우
효빈

( )

06 두 평행사변형의 넓이의 차는 몇 cm^2인지 구해 보세요.

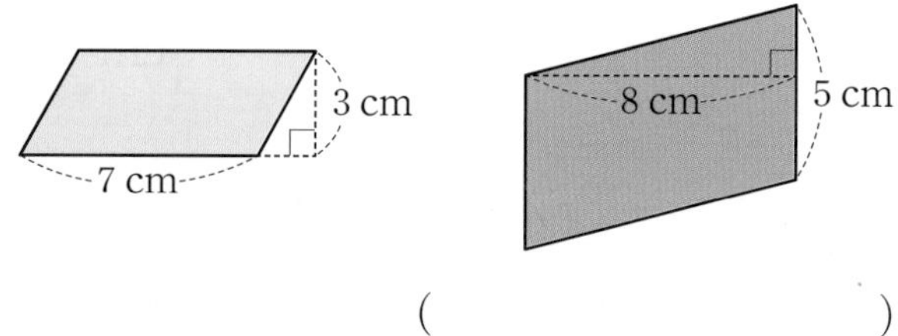

( )

07 평행사변형의 넓이가 48 cm^2일 때 □ 안에 알맞은 수를 써넣으세요.

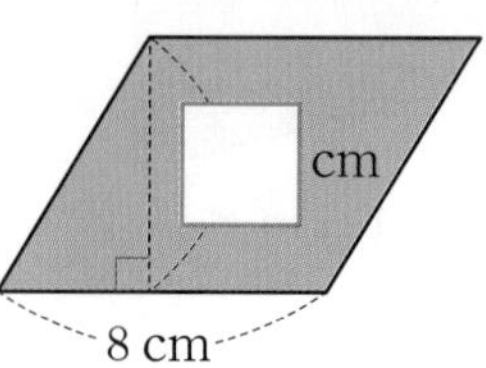

정답과 해설 32쪽

08 평행사변형의 넓이가 91 cm^2일 때 변 ㄴㄷ의 길이는 몇 cm인지 구해 보세요.

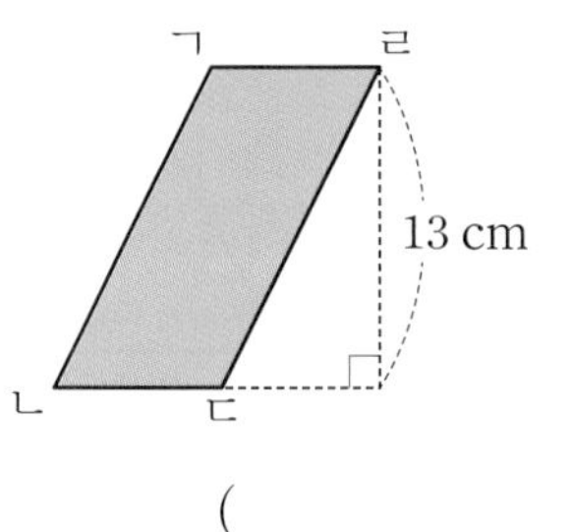

(　　　　　　　　　)

09 주어진 평행사변형과 넓이가 같은 평행사변형을 다른 모양으로 1개 그려 보세요.

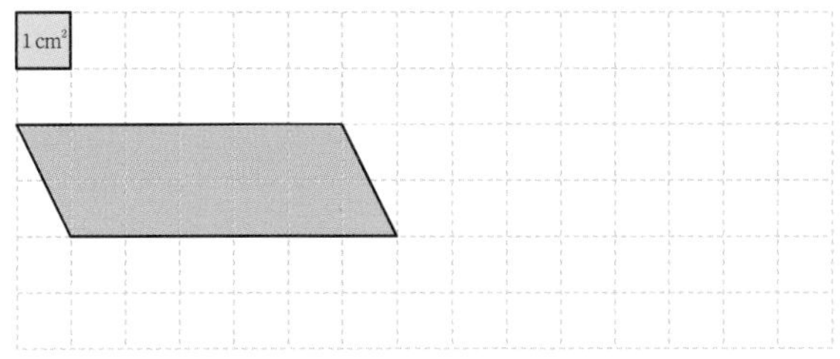

⊂어려운 문제⊃

10 □ 안에 알맞은 수를 써넣으세요.

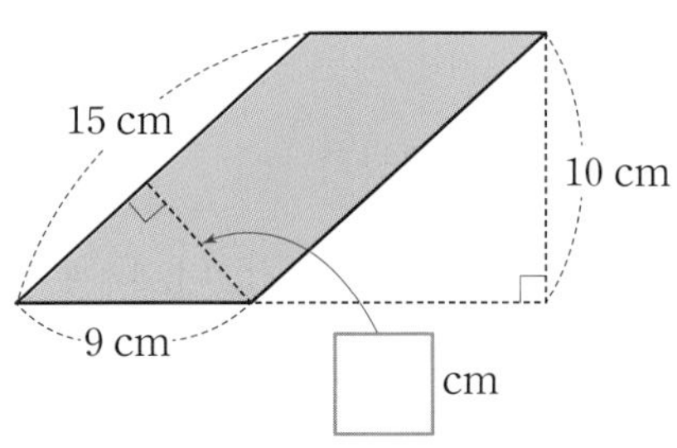

도움말 밑변이 길이가 9 cm일 때 높이는 10 cm이고 밑변의 길이가 15 cm일 때 높이는 □ cm입니다.

문제해결 접근하기

11 밑변의 길이가 14 m이고 높이가 1800 cm인 평행사변형의 넓이는 몇 m^2인지 구해 보세요.

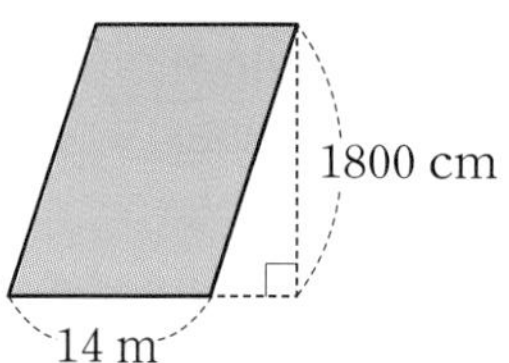

이해하기

구하려는 것은 무엇인가요?

답 ______________________

계획 세우기

어떤 방법으로 문제를 해결하면 좋을까요?

답 ______________________

해결하기

(1) 100 cm＝1 m이므로
평행사변형의 높이는
1800 cm＝□ m입니다.

(2) (평행사변형의 넓이)
＝(밑변의 길이)×(높이)
＝14×□＝□(m^2)

되돌아보기

밑변의 길이가 1500 cm이고 높이가 16 m인 평행사변형의 넓이는 몇 m^2인지 구해 보세요.

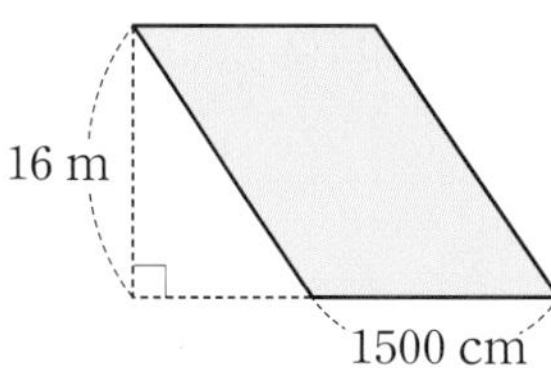

답 ______________________

개념 7 삼각형의 넓이를 구해 볼까요

• **삼각형의 밑변과 높이**
밑변은 고정된 변이 아닌 기준이 되는 변이며, 높이는 밑변에 따라 정해지고 다양하게 표시할 수 있습니다.

삼각형의 밑변과 높이 알아보기

• 삼각형에서 한 변을 밑변이라 하면, 밑변과 마주 보는 꼭짓점에서 밑변에 수직으로 그은 선분의 길이를 높이라고 합니다.

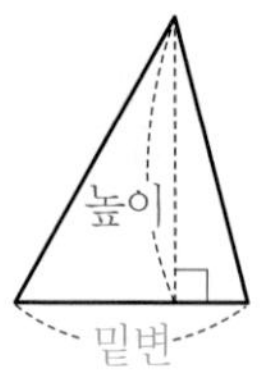

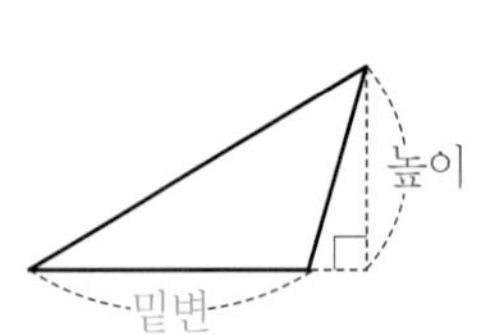

삼각형의 넓이 구하기

(삼각형의 넓이)=(밑변의 길이)×(높이)÷2

방법 1 삼각형 2개를 이용하여 넓이 구하기

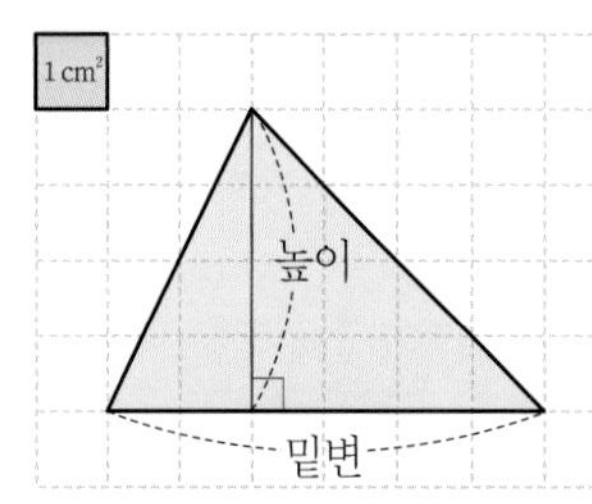

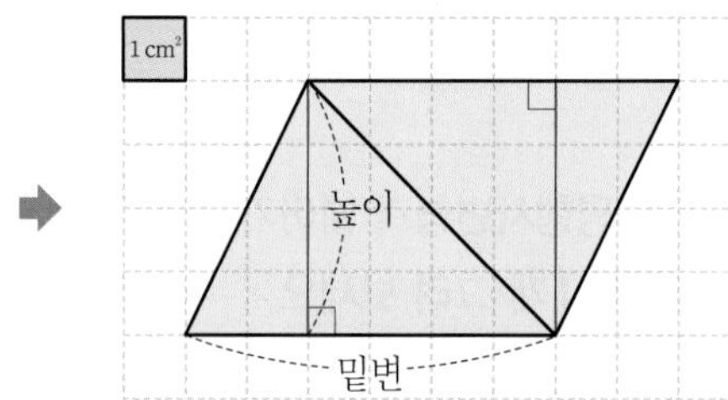

(삼각형의 넓이)=(만들어진 평행사변형의 넓이)÷2
=(밑변의 길이)×(높이)÷2

• **삼각형을 잘라 넓이 구하는 방법**
평행사변형의 밑변의 길이는 삼각형의 밑변의 길이와 같고, 높이는 삼각형의 높이의 반과 같습니다.

• **직사각형으로 만들어 구하기**

(높이)÷2

(삼각형의 넓이)
=(직사각형의 넓이)
=(가로)×(세로)
=(밑변의 길이)×(높이)÷2

방법 2 삼각형을 잘라 넓이 구하기

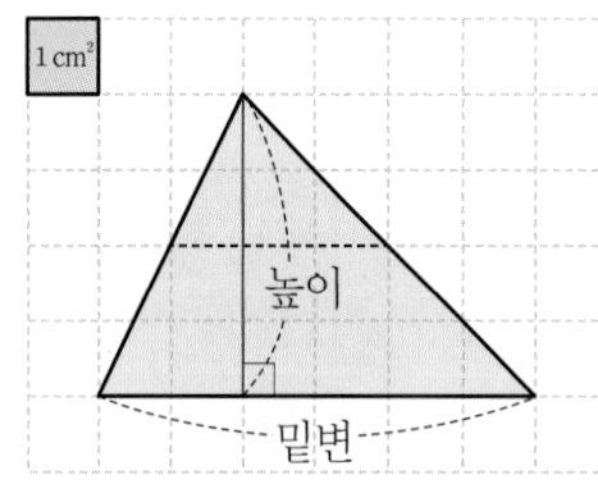

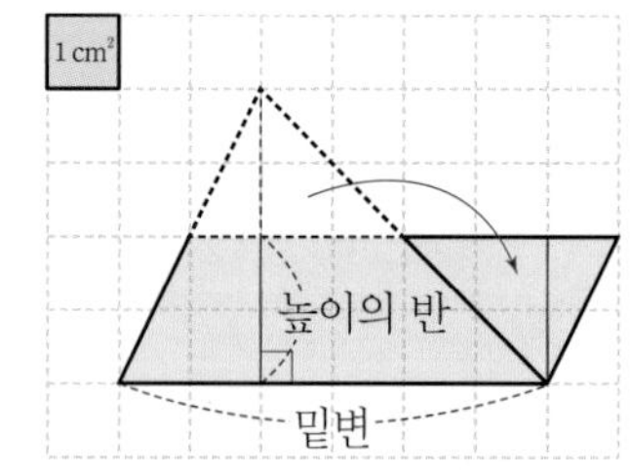

(삼각형의 넓이)=(만들어진 평행사변형의 넓이)
=(밑변의 길이)×(삼각형의 높이)의 반
=(밑변의 길이)×(높이)÷2

밑변과 높이가 같은 여러 가지 삼각형의 넓이 비교하기

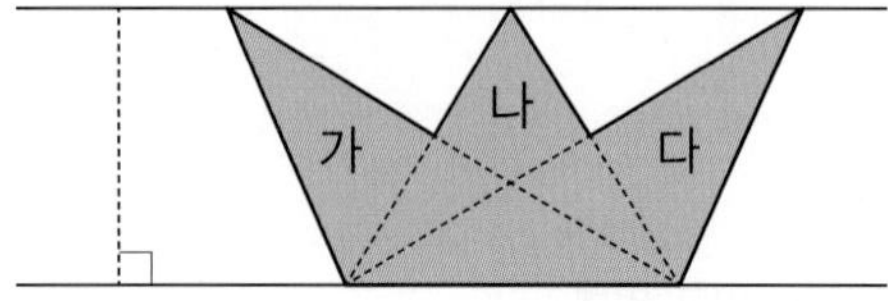

➡ 삼각형 가, 나, 다의 밑변의 길이와 높이가 각각 같으므로 넓이가 모두 같습니다.

문제를 풀며 이해해요

정답과 해설 33쪽

1 보기 와 같이 삼각형의 높이를 표시해 보세요.

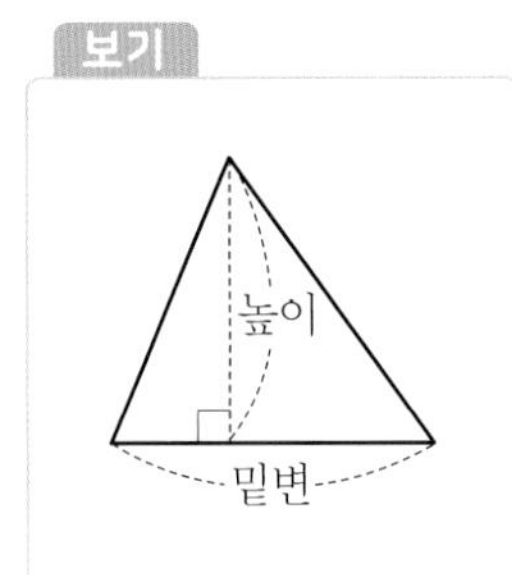

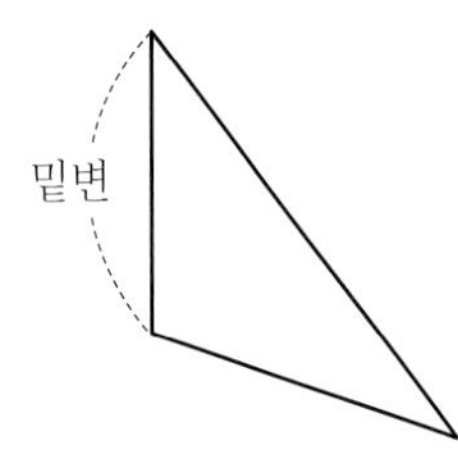

삼각형의 밑변과 높이를 이해하고, 넓이를 구할 수 있는지 묻는 문제예요.

2 모양과 크기가 같은 삼각형 2개를 이용하여 평행사변형을 만들었습니다. □ 안에 알맞은 수를 써넣으세요.

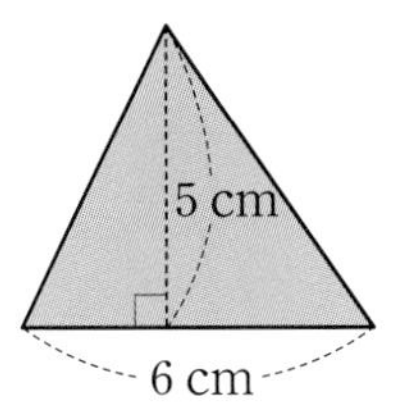

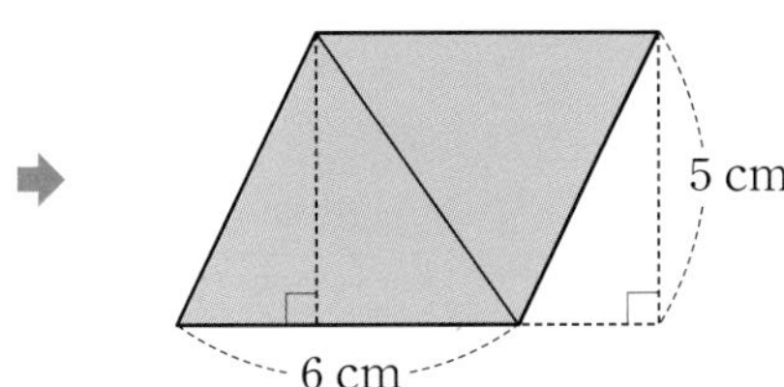

(삼각형의 넓이)=(평행사변형의 넓이)÷□

=6×□÷□=□(cm²)

평행사변형의 밑변은 삼각형의 밑변과 같고 평행사변형의 높이는 삼각형의 높이와 같아요.

3 삼각형의 넓이를 구하려고 합니다. □ 안에 알맞은 수를 써넣으세요.

(1)

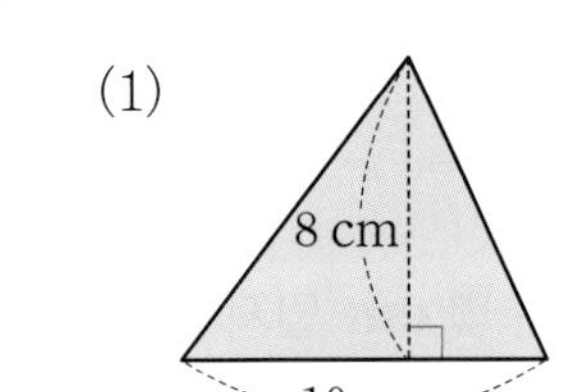

(삼각형의 넓이)

=10×□÷□=□(cm²)

(2)

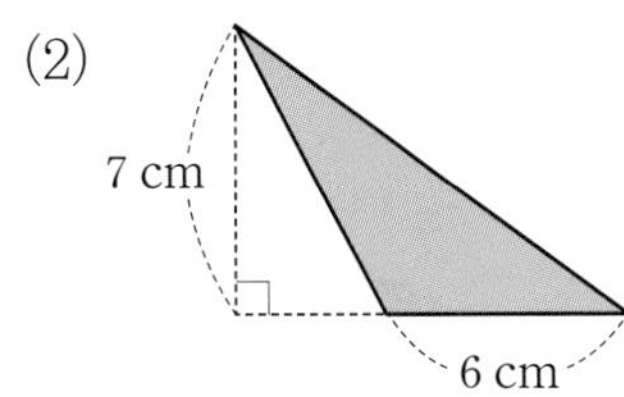

(삼각형의 넓이)

=□×□÷2=□(cm²)

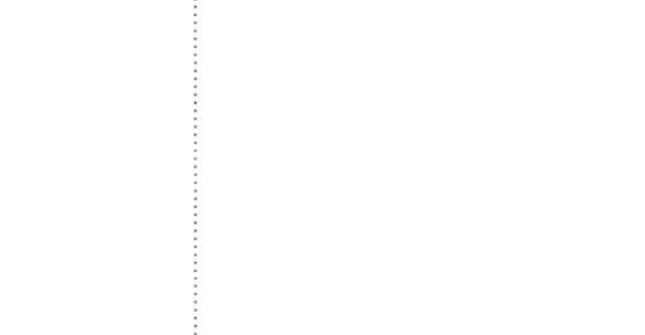

(삼각형의 넓이)
=(밑변의 길이)×(높이)÷2

교과서 내용 학습

01 다음 삼각형에서 높이를 찾아 기호를 써 보세요.

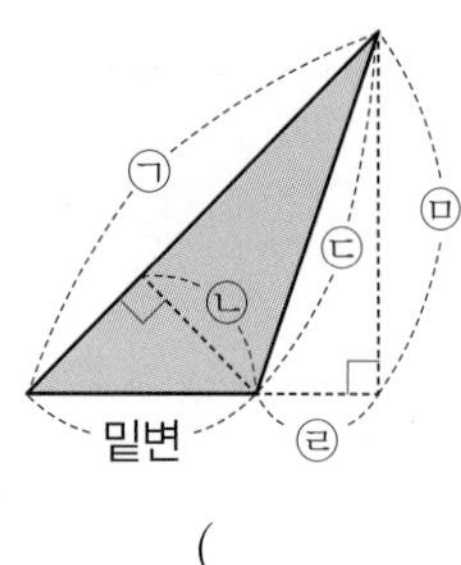

( )

02 삼각형 2개를 이용하여 만들어지는 평행사변형을 그리고 삼각형의 넓이는 몇 cm^2인지 구해 보세요.

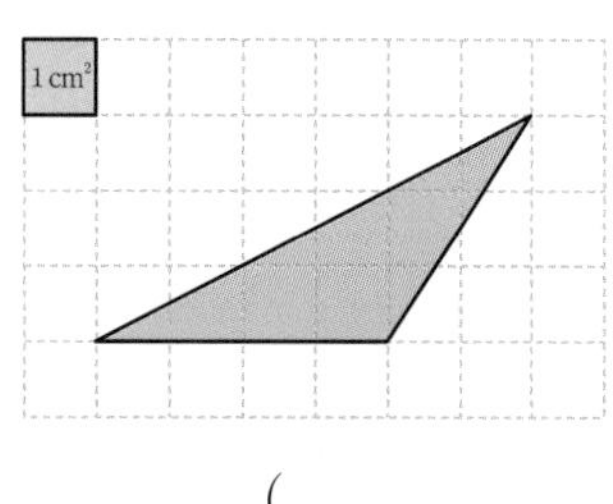

( )

03 삼각형의 넓이는 몇 m^2인지 구해 보세요.

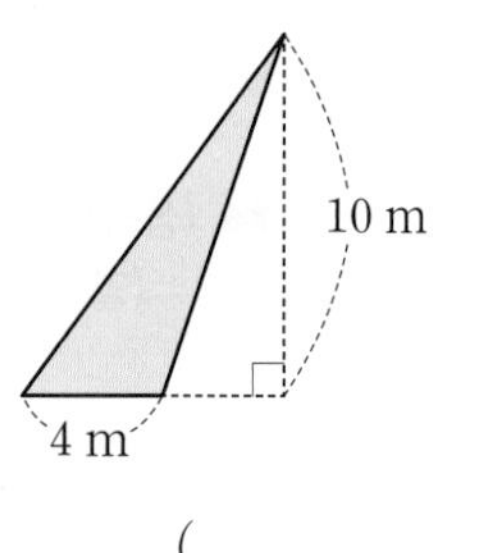

( )

04 밑변의 길이가 7 cm이고 높이가 12 cm인 삼각형의 넓이는 몇 cm^2인지 구해 보세요.

( )

중요

05 넓이가 다른 삼각형을 찾아 써 보세요.

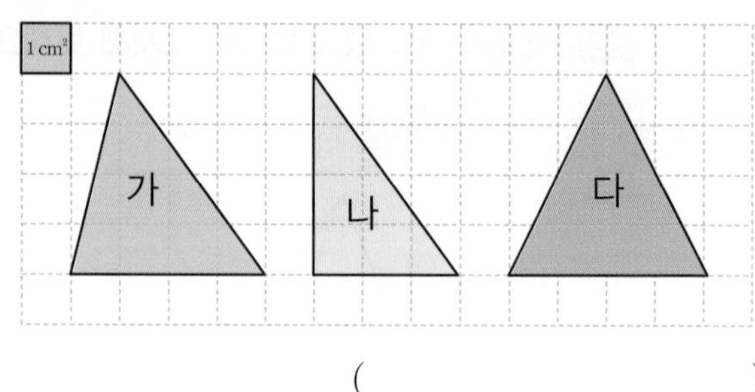

( )

06 삼각형을 더 넓게 그린 친구의 이름을 써 보세요.

내가 그린 삼각형의 밑변의 길이는 15 cm이고, 높이는 8 cm야.

내가 그린 삼각형은 라희가 그린 삼각형보다 밑변의 길이는 3 cm가 짧고, 높이는 5 cm가 더 길어.

( )

07 두 삼각형의 넓이의 합은 몇 cm^2인지 구해 보세요.

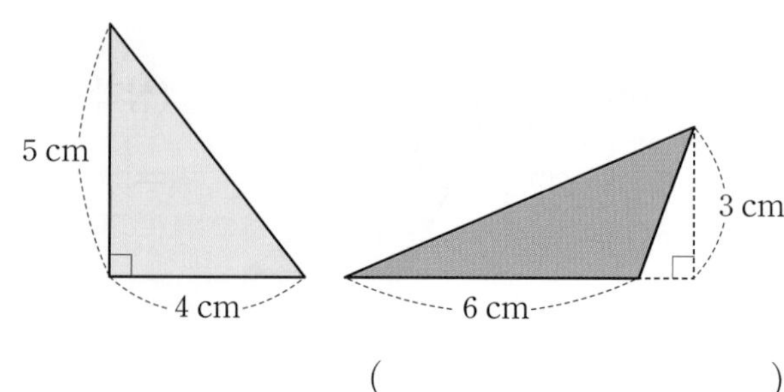

( )

정답과 해설 33쪽

08 삼각형의 넓이가 $24\ cm^2$일 때 □ 안에 알맞은 수를 써넣으세요.

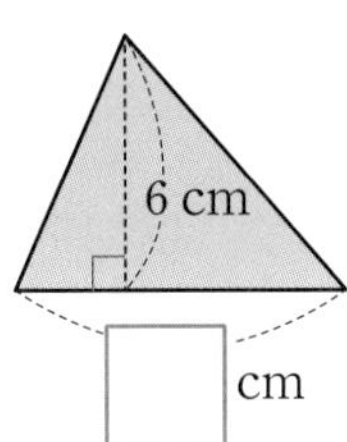

09 모눈종이에 넓이가 $10\ cm^2$인 삼각형을 서로 다른 모양으로 2개 그려 보세요.

⊂어려운 문제⊃

10 □ 안에 알맞은 수를 써넣으세요.

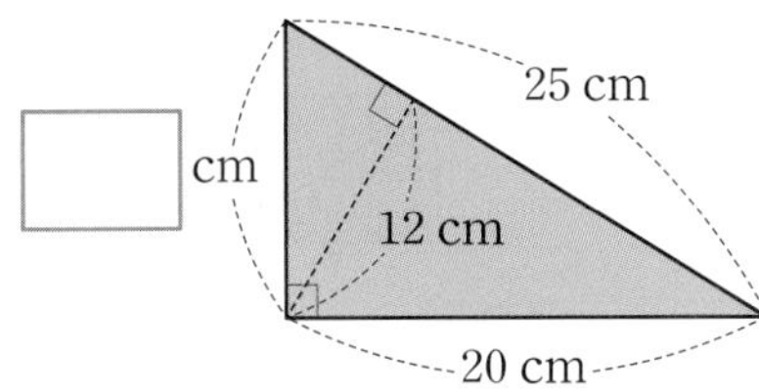

도움말 밑변의 길이가 25 cm일 때 높이는 12 cm이고, 밑변의 길이가 20 cm일 때 높이는 □ cm입니다.

문제해결 접근하기

11 밑변의 길이가 9 cm, 높이가 6 cm인 삼각형이 있습니다. 이 삼각형의 밑변의 길이와 높이를 각각 2배로 늘이면 늘린 삼각형의 넓이는 처음 삼각형의 넓이의 몇 배가 되는지 구해 보세요.

이해하기

구하려는 것은 무엇인가요?

답 ____________________

계획 세우기

어떤 방법으로 문제를 해결하면 좋을까요?

답 ____________________

해결하기

(1) (처음 삼각형의 넓이)

$=\square\times\square\div2=\square(cm^2)$

(2) 밑변의 길이를 2배로 늘이면 □ cm,

높이를 2배로 늘이면 □ cm입니다.

(3) (늘린 삼각형의 넓이)

$=\square\times\square\div2=\square(cm^2)$

(4) 늘린 삼각형의 넓이는 처음 삼각형의 넓이의

$\square\div\square=\square$(배)입니다.

되돌아보기

밑변의 길이가 8 cm, 높이가 5 cm인 삼각형이 있습니다. 이 삼각형의 밑변의 길이와 높이를 각각 3배로 늘이면 늘린 삼각형의 넓이는 처음 삼각형의 넓이의 몇 배가 되는지 구해 보세요.

답 ____________________

개념 8 마름모의 넓이를 구해 볼까요

• 마름모의 두 대각선의 성질

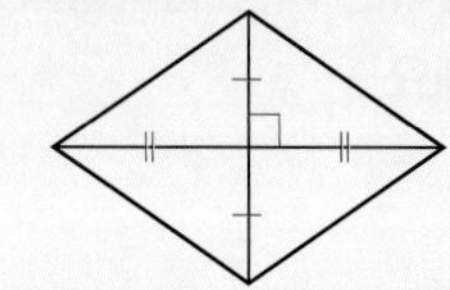

- 두 대각선이 서로 수직으로 만납니다.
- 두 대각선이 서로 이등분합니다.

마름모의 넓이 구하기

(마름모의 넓이)=(한 대각선의 길이)×(다른 대각선의 길이)÷2

방법 1 평행사변형을 만들어 넓이 구하기

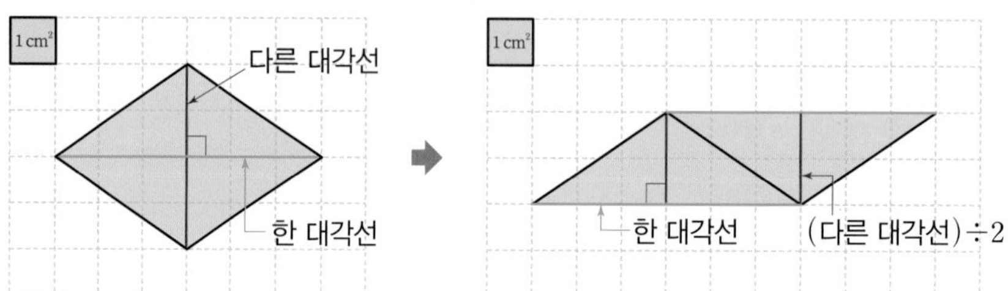

평행사변형의 밑변의 길이는 마름모의 한 대각선의 길이와 같고 높이는 다른 대각선의 길이의 반과 같습니다.

(마름모의 넓이)=(만들어진 평행사변형의 넓이)=(밑변의 길이)×(높이)
=(한 대각선의 길이)×(다른 대각선의 길이)÷2

• 삼각형으로 나누어 마름모의 넓이를 구하는 방법

방법 1

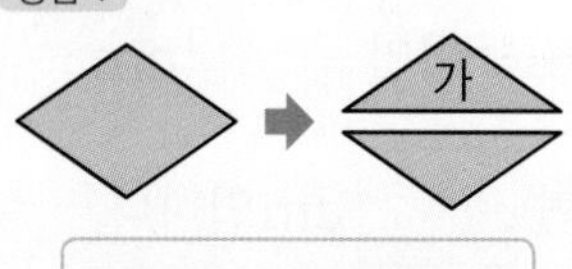

(삼각형 가의 넓이)×2

방법 2

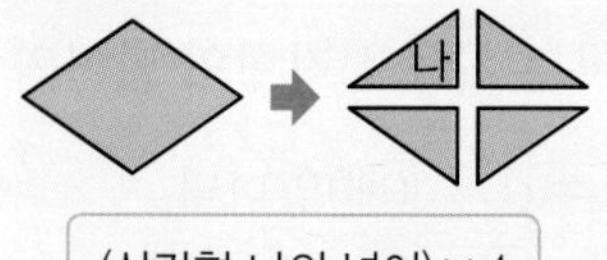

(삼각형 나의 넓이)×4

방법 2 직사각형을 이용하여 넓이 구하기

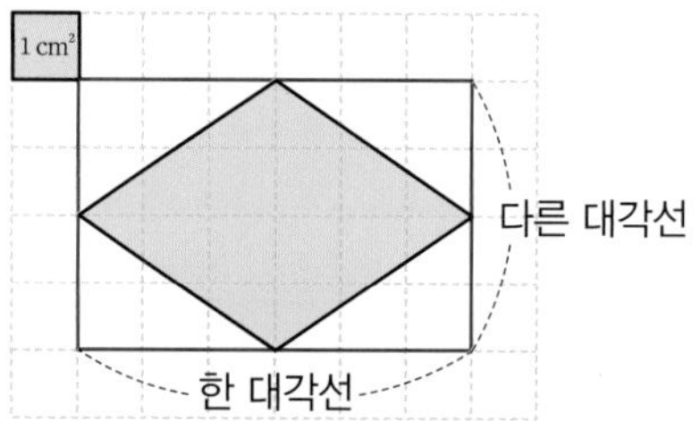

마름모를 둘러싸는 직사각형을 그리면 직사각형의 넓이는 마름모의 넓이의 2배와 같습니다.

(마름모의 넓이)=(만들어진 직사각형의 넓이)의 반=(가로)×(세로)÷2
=(한 대각선의 길이)×(다른 대각선의 길이)÷2

방법 3 직사각형을 만들어 넓이 구하기

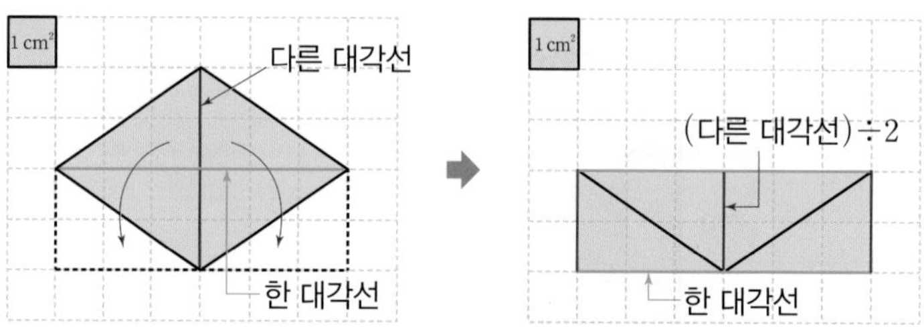

(마름모의 넓이)=(만들어진 직사각형의 넓이)=(가로)×(세로)
=(한 대각선의 길이)×(다른 대각선의 길이)÷2

문제를 풀어 이해해요

정답과 해설 34쪽

1 마름모 안에 두 대각선을 나타내고, 두 대각선의 길이를 각각 자로 재어 나타내어 보세요.

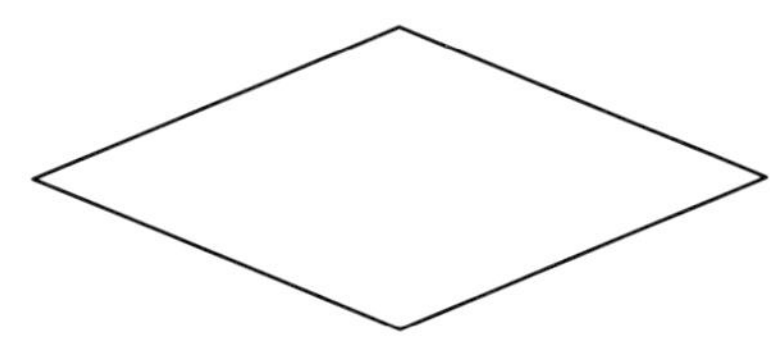

마름모의 대각선을 알고 있는지 묻는 문제예요.

2 직사각형을 이용하여 마름모의 넓이를 구하려고 합니다. □ 안에 알맞은 수를 써넣으세요.

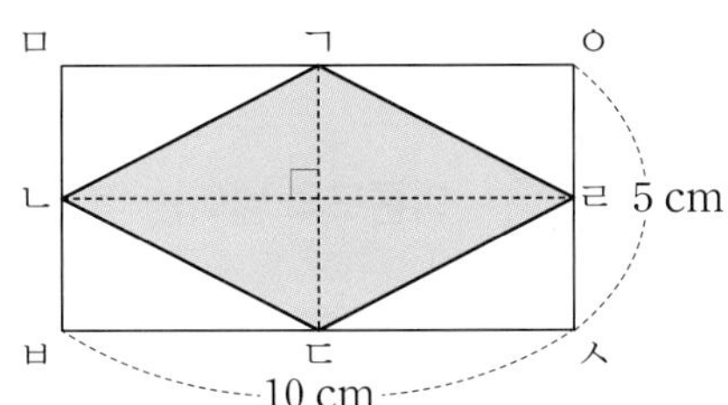

(1) 직사각형 ㅁㅂㅅㅇ의 넓이는 □ cm^2입니다.

(2) 마름모 ㄱㄴㄷㄹ의 넓이는 □ cm^2입니다.

직사각형의 넓이를 이용하여 마름모의 넓이를 구할 수 있는지 묻는 문제예요.

만들어진 직사각형의 가로와 세로의 길이는 마름모의 두 대각선의 길이와 같아요.

3 마름모의 넓이를 구하려고 합니다. □ 안에 알맞은 수를 써넣으세요.

(1)

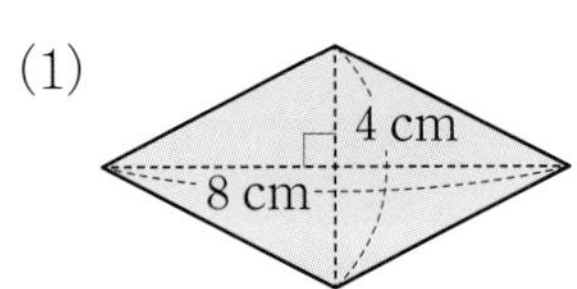

(마름모의 넓이)

$=8\times\square\div\square=\square(cm^2)$

(2)

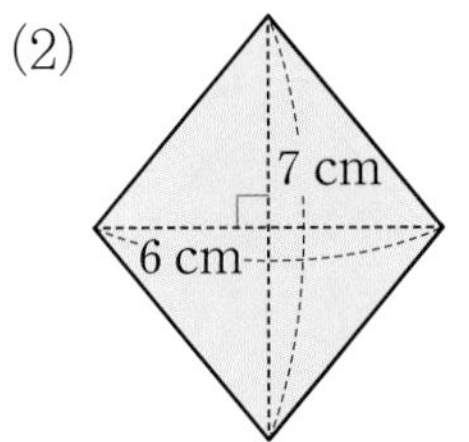

(마름모의 넓이)

$=6\times\square\div\square=\square(cm^2)$

(마름모의 넓이)
=(한 대각선의 길이)
×(다른 대각선의 길이)÷2

교과서 내용 학습

01 직사각형 ㄱㄴㄷㄹ의 넓이가 $72\ cm^2$일 때 마름모 ㅁㅂㅅㅇ의 넓이는 몇 cm^2인지 구해 보세요.

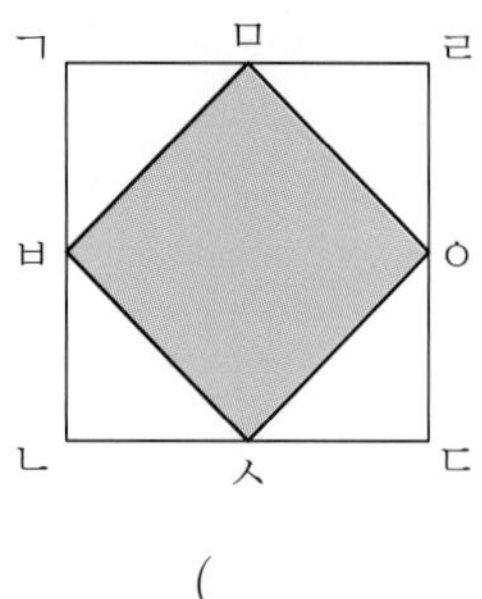

(　　　　　　　　)

02 삼각형 ㄱㄴㅇ의 넓이가 $14\ cm^2$일 때 마름모 ㄱㄴㄷㄹ의 넓이는 몇 cm^2인지 구해 보세요.

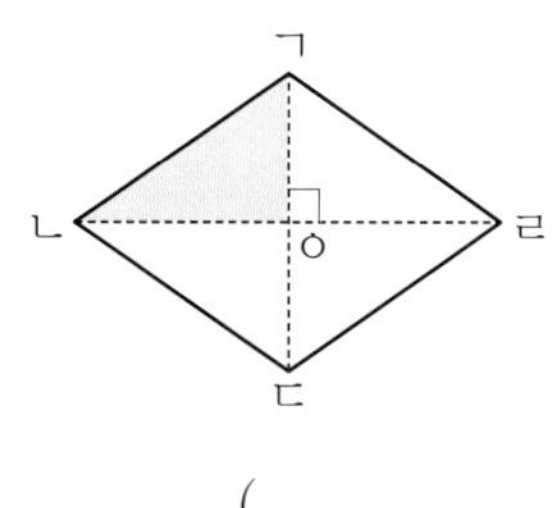

(　　　　　　　　)

[03~04] 마름모의 넓이를 구해 보세요.

03

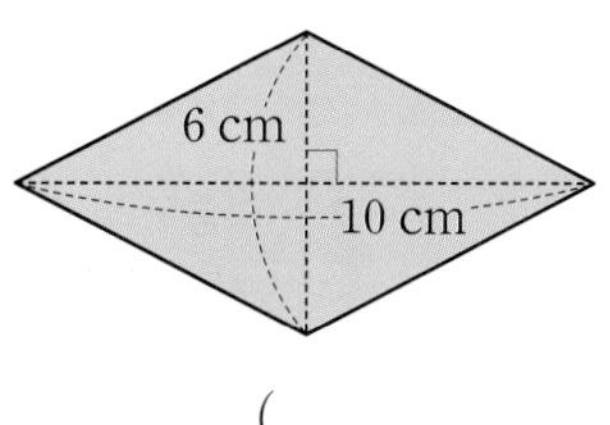

(　　　　　　　　)

04

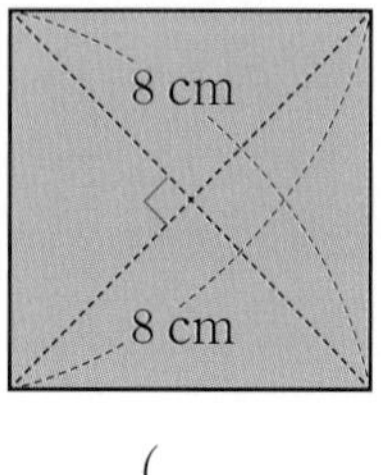

(　　　　　　　　)

중요

05 직사각형의 각 변의 가운데를 이어 마름모를 그린 것입니다. 마름모의 넓이는 몇 cm^2인지 구해 보세요.

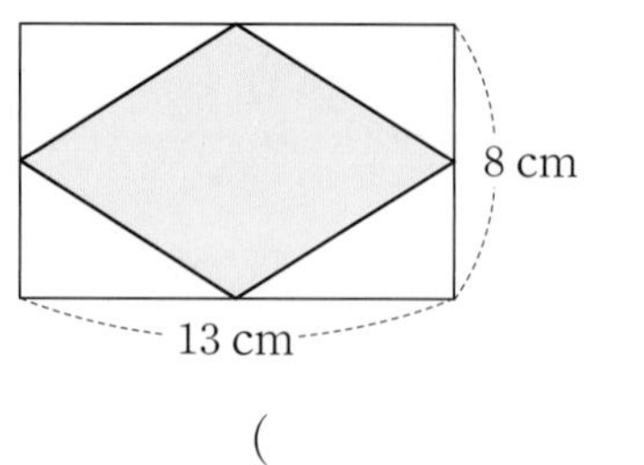

(　　　　　　　　)

06 마름모의 넓이는 몇 m^2인지 구해 보세요.

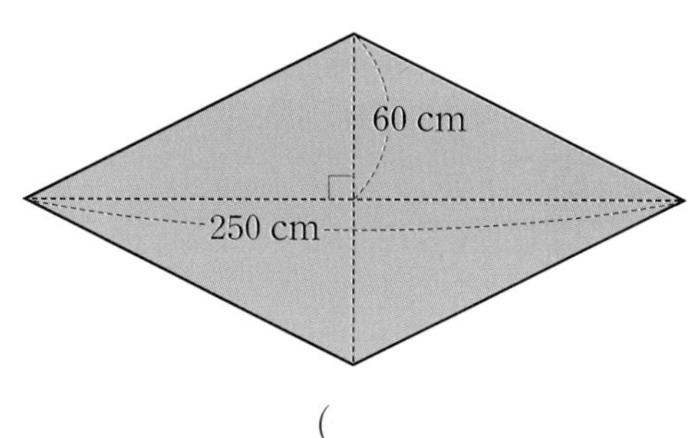

(　　　　　　　　)

07 지름이 12 cm인 원 안에 가장 큰 마름모를 그렸습니다. 마름모의 넓이는 몇 cm^2인지 구해 보세요.

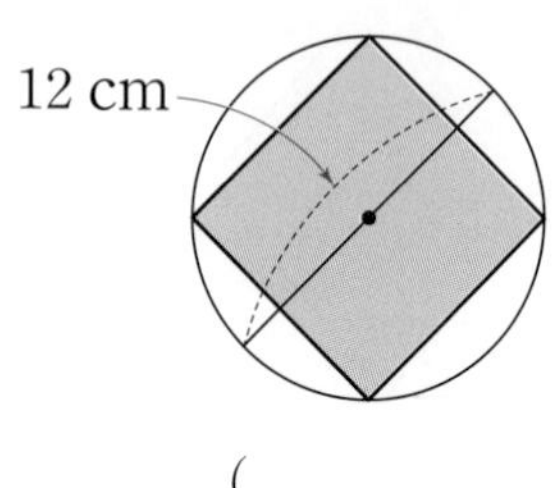

(　　　　　　　　)

08 주어진 마름모와 넓이가 같고 모양이 다른 마름모 1개를 그려 보세요.

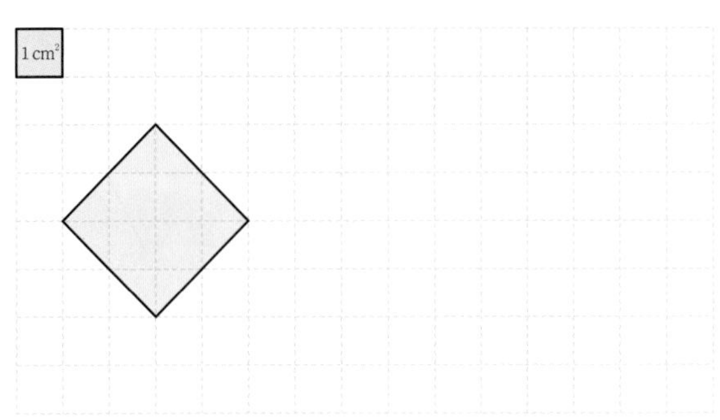

09 한 변의 길이가 12 cm인 정사각형의 네 변의 가운데를 이어 그림과 같이 마름모를 그렸습니다. 색칠한 부분의 넓이는 몇 cm^2인지 구해 보세요.

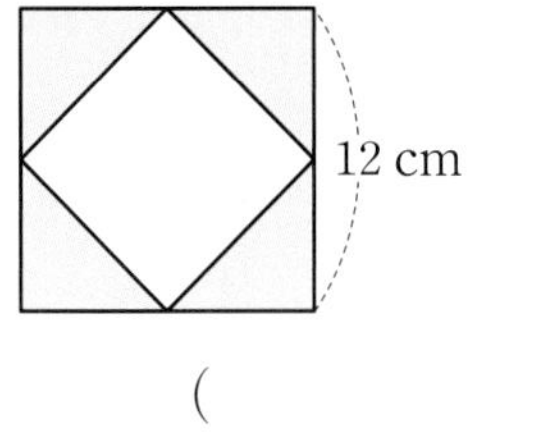

(　　　　　　　　　　)

⊂어려운 문제⊃

10 마름모 가와 나의 넓이가 같을 때 □ 안에 알맞은 수를 써넣으세요.

가　　　　나

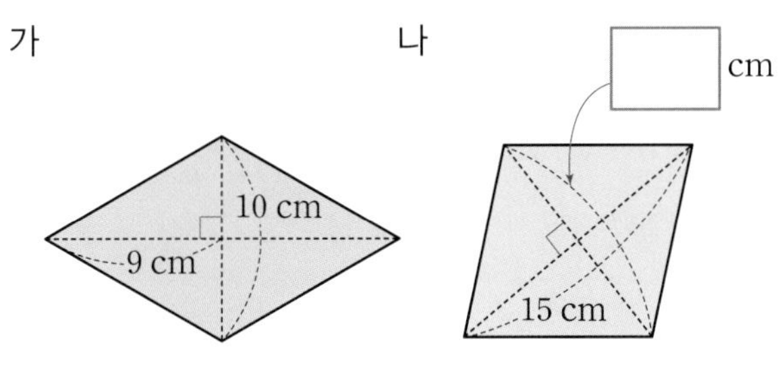

도움말 마름모 가의 넓이를 구한 후 □ 안에 알맞은 수를 구합니다.

문제해결 접근하기

11 한 대각선의 길이가 19 cm인 마름모가 있습니다. 이 마름모의 넓이가 114 cm^2일 때 다른 대각선의 길이는 몇 cm인지 구해 보세요.

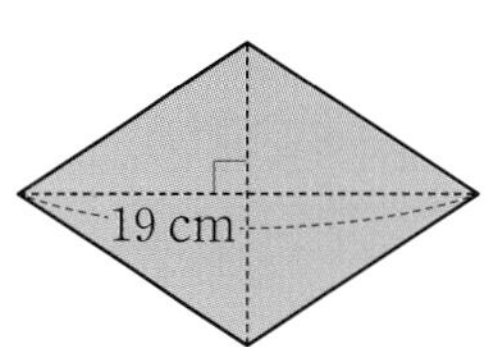

이해하기

구하려는 것은 무엇인가요?

답 ______________________

계획 세우기

어떤 방법으로 문제를 해결하면 좋을까요?

답 ______________________

해결하기

(1) 마름모의 다른 대각선의 길이를 ● cm라 하면

$19 \times ● \div 2 =$ □ 입니다.

(2) $19 \times ● =$ □, $● =$ □

(3) 다른 대각선의 길이는 □ cm입니다.

되돌아보기

한 대각선의 길이가 24 cm인 마름모가 있습니다. 이 마름모의 넓이가 156 cm^2일 때 다른 대각선의 길이는 몇 cm인지 구해 보세요.

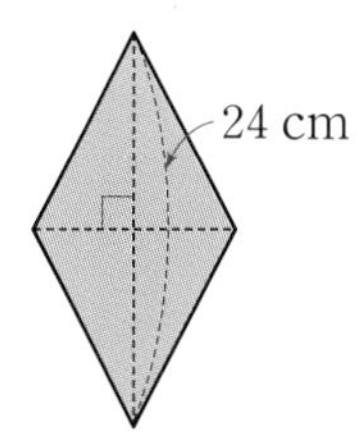

답 ______________________

개념 9 사다리꼴의 넓이를 구해 볼까요

• 사다리꼴의 밑변
- 사다리꼴의 밑변은 평행사변형과 달리 고정되어 있습니다.
- 사다리꼴의 윗변과 아랫변은 고정된 위치가 아닙니다.

사다리꼴의 윗변, 아랫변, 높이 알아보기

• 사다리꼴에서 평행한 두 변을 밑변이라 하고, 한 밑변을 윗변, 다른 밑변을 아랫변이라고 합니다. 이때 두 밑변 사이의 거리를 높이라고 합니다.

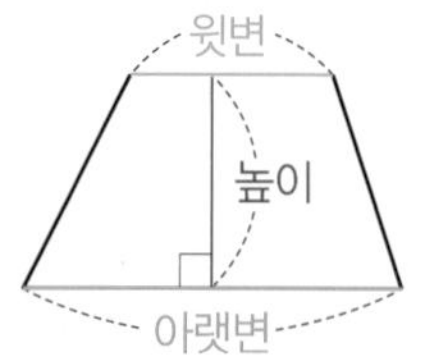

사다리꼴의 넓이 구하기

(사다리꼴의 넓이)＝((윗변의 길이)＋(아랫변의 길이))×(높이)÷2

방법 1 사다리꼴 2개를 이용하여 넓이 구하기

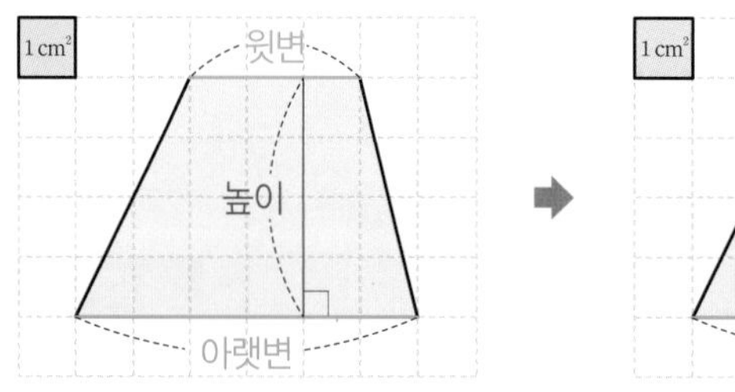

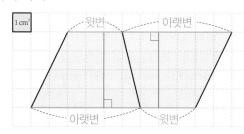

(사다리꼴의 넓이)＝(만들어진 평행사변형의 넓이)÷2
＝(밑변의 길이)×(높이)÷2
＝((윗변의 길이)＋(아랫변의 길이))×(높이)÷2

• 여러 가지 방법으로 사다리꼴의 넓이 구하기
- 평행사변형 1개와 삼각형 1개로 나누기

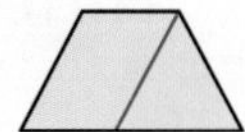

- 2개의 삼각형으로 나누기

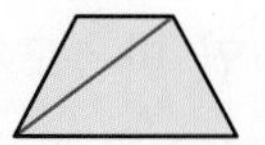

- 직사각형과 삼각형 2개로 나누기

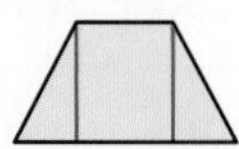

방법 2 사다리꼴을 잘라 넓이 구하기

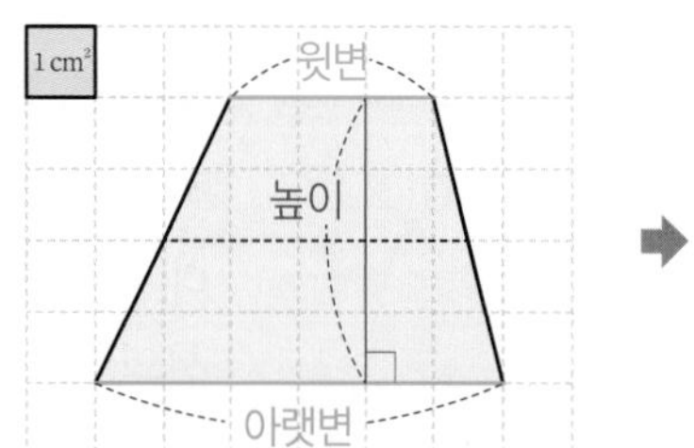

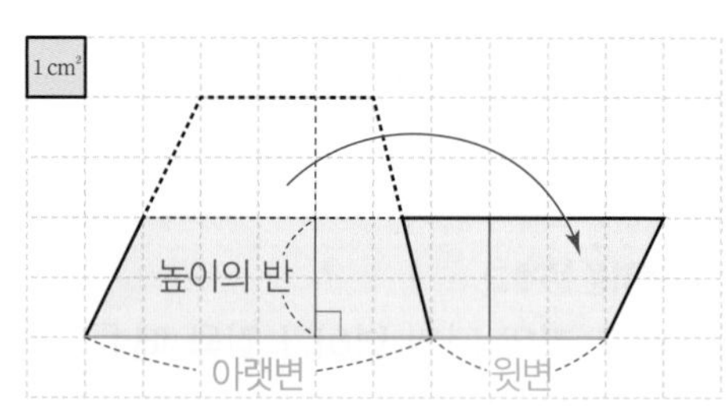

(사다리꼴의 넓이)＝(만들어진 평행사변형의 넓이)
＝(밑변의 길이)×(사다리꼴의 높이)의 반
＝((윗변의 길이)＋(아랫변의 길이))×(높이)÷2

문제를 풀어 이해해요

정답과 해설 35쪽

1 보기 와 같이 사다리꼴의 윗변, 아랫변, 높이를 표시해 보세요.

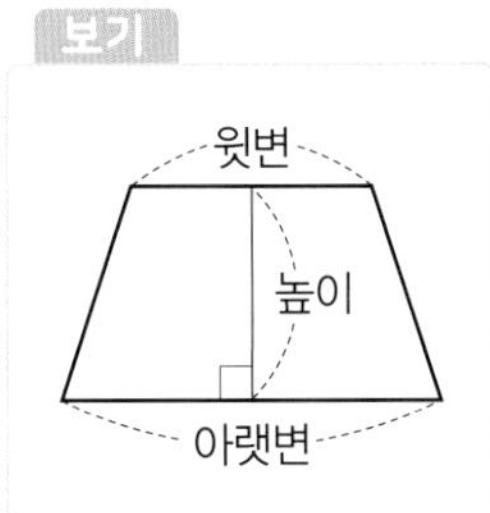

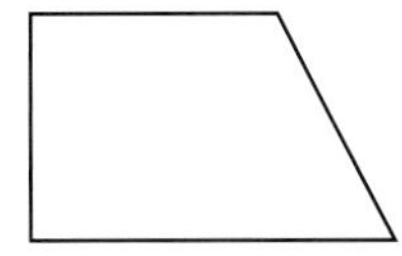

사다리꼴의 윗변, 아랫변, 높이를 이해하고, 넓이를 구할 수 있는지 묻는 문제예요.

2 사다리꼴 2개를 이용하여 사다리꼴의 넓이를 구하려고 합니다. □ 안에 알맞은 수를 써넣으세요.

사다리꼴의 넓이는 평행사변형의 넓이의 반이에요.

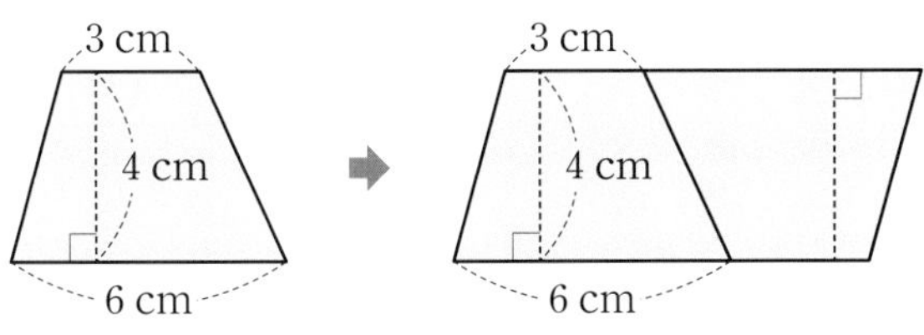

(1) 만든 평행사변형의 넓이는 □ cm^2입니다.

(2) 사다리꼴의 넓이는 □ cm^2입니다.

3 사다리꼴의 넓이를 구하려고 합니다. □ 안에 알맞은 수를 써넣으세요.

(사다리꼴의 넓이)
=((윗변의 길이)+(아랫변의 길이))×(높이)÷2

(1)

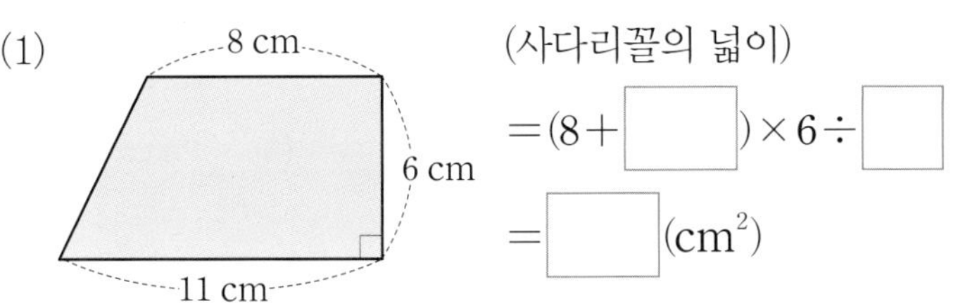

(사다리꼴의 넓이)
=(8+□)×6÷□
=□(cm^2)

(2)

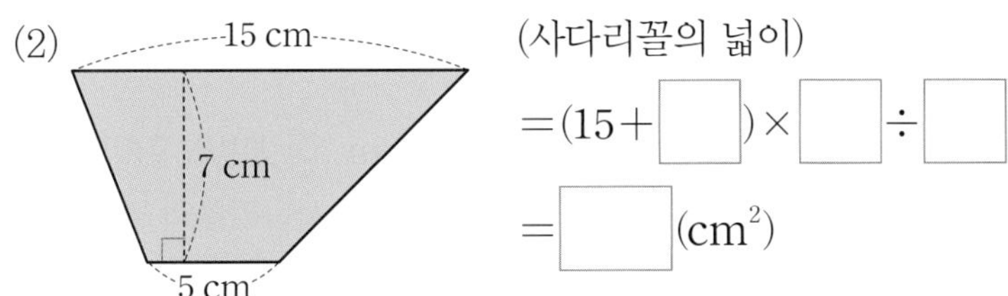

(사다리꼴의 넓이)
=(15+□)×□÷□
=□(cm^2)

교과서 내용 학습

01 □ 안에 알맞은 말을 써넣으세요.

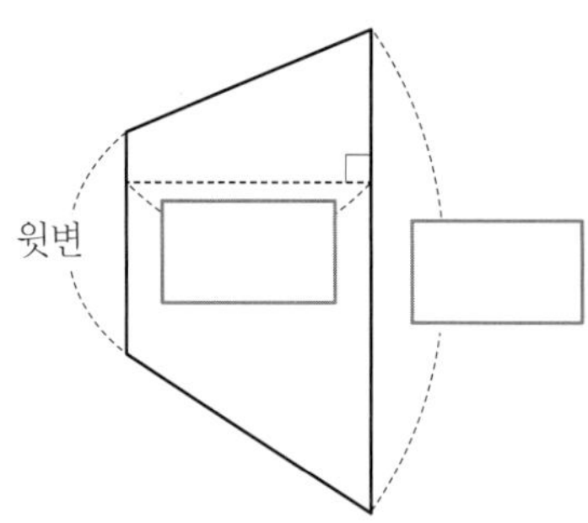

02 사다리꼴을 삼각형 2개로 나누어 넓이를 구하려고 합니다. 삼각형 ㉠, ㉡의 넓이를 이용하여 사다리꼴의 넓이는 몇 cm^2인지 구해 보세요.

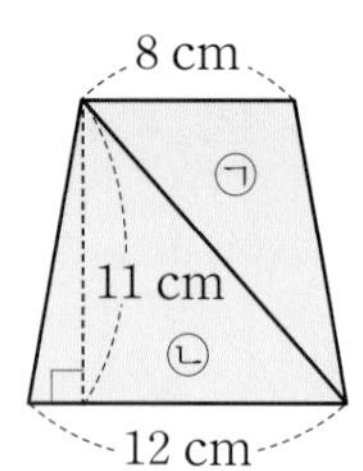

㉠의 넓이 (　　　　　　)

㉡의 넓이 (　　　　　　)

사다리꼴의 넓이 (　　　　　　)

중요

03 사다리꼴의 넓이를 구해 보세요.

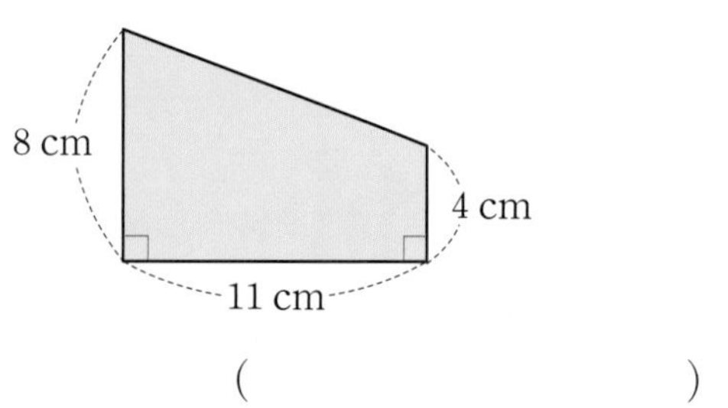

(　　　　　　)

04 윗변의 길이가 15 cm이고, 아랫변의 길이가 7 cm인 사다리꼴 모양의 색종이가 있습니다. 두 밑변 사이의 거리가 16 cm라면 색종이의 넓이는 몇 cm^2인지 구해 보세요.

(　　　　　　)

05 밑변의 길이가 5 cm, 높이가 8 cm인 삼각형 5개를 겹치지 않게 이어 붙여 사다리꼴을 만들었습니다. 사다리꼴의 넓이는 몇 cm^2인지 구해 보세요.

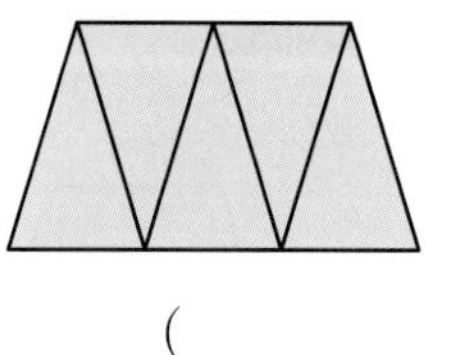

(　　　　　　)

06 넓이가 더 작은 도형을 찾아 기호를 써 보세요.

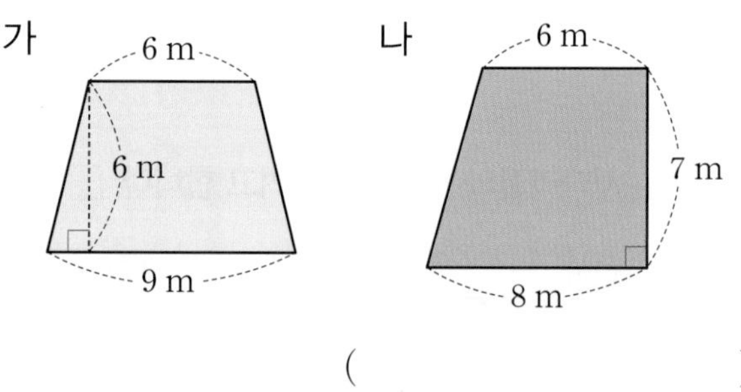

(　　　　　　)

07 윗변의 길이가 5 cm, 아랫변의 길이가 7 cm인 사다리꼴이 있습니다. 이 사다리꼴의 넓이가 48 cm^2일 때 사다리꼴의 높이는 몇 cm인지 구해 보세요.

(　　　　　　)

정답과 해설 36쪽

08 주어진 사다리꼴과 정사각형의 넓이가 같을 때 정사각형의 한 변의 길이는 몇 cm인지 구해 보세요.

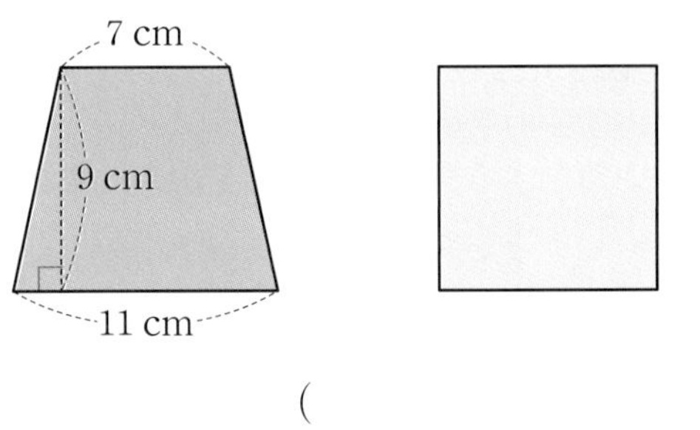

(　　　　　　　　　　)

⊂중요⊃

09 □ 안에 알맞은 수를 써넣으세요.

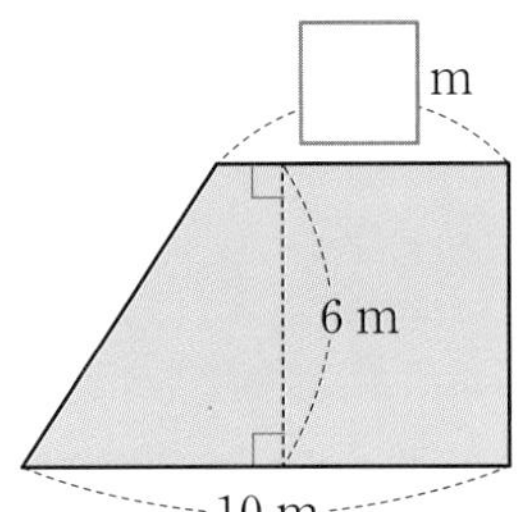

넓이: $48\ m^2$

⊂어려운 문제⊃

10 삼각형 가과 사다리꼴 나를 이어 붙여 사다리꼴을 만들었습니다. 나의 넓이가 가의 넓이의 2배일 때 □ 안에 알맞은 수를 써넣으세요.

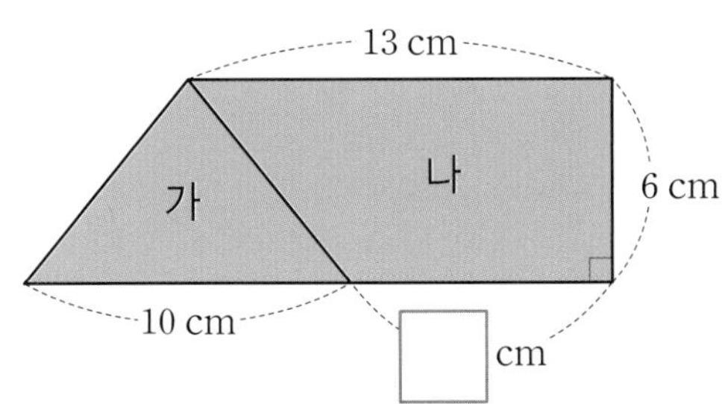

도움말 삼각형 가의 넓이를 이용하여 사다리꼴 나의 넓이를 구합니다.

문제해결 접근하기

11 삼각형 ㅁㄴㄷ의 넓이가 $40\ cm^2$일 때 사다리꼴 ㄱㄴㄷㄹ의 넓이는 몇 cm^2인지 구해 보세요.

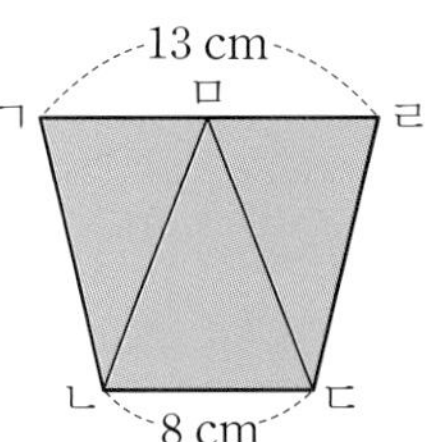

이해하기

구하려는 것은 무엇인가요?

답 ______________________

계획 세우기

어떤 방법으로 문제를 해결하면 좋을까요?

답 ______________________

해결하기

(1) 삼각형 ㅁㄴㄷ의 높이를 ■ cm라 하면

$8 \times ■ \div 2 =$ □

$8 \times ■ =$ □, $■ =$ □

(2) 사다리꼴 ㄱㄴㄷㄹ의 높이는 삼각형 ㅁㄴㄷ의 높이와 같은 □ cm입니다.

(3) (사다리꼴 ㄱㄴㄷㄹ의 넓이)

$=(13+8) \times$ □ $\div 2 =$ □ (cm^2)

되돌아보기

삼각형 ㄱㄷㄹ의 넓이가 $20\ cm^2$일 때 사다리꼴 ㄱㄴㄷㄹ의 넓이는 몇 cm^2인지 구해 보세요.

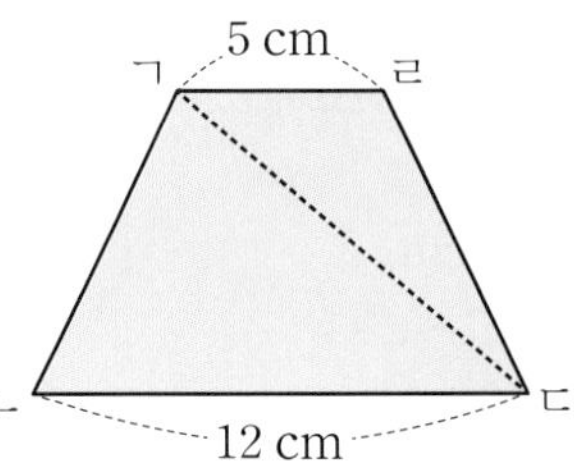

답 ______________________

단원 확인 평가

01 정다각형의 둘레가 63 cm입니다. □ 안에 알맞은 수를 써넣으세요.

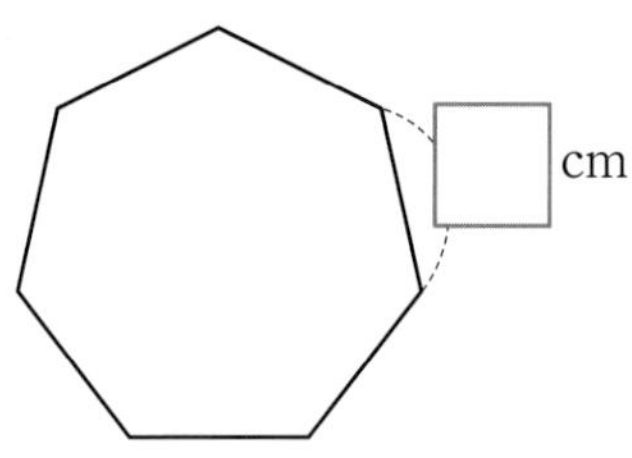

02 직사각형의 둘레를 구해 보세요.

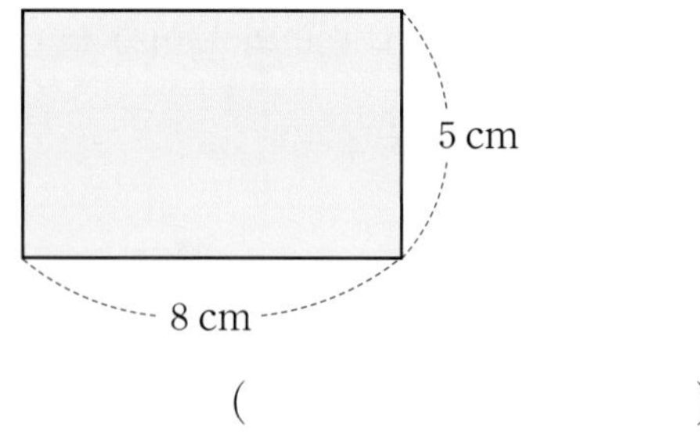

(   )

03 평행사변형 가와 마름모 나 중 둘레가 더 긴 도형을 찾아 기호를 써 보세요.

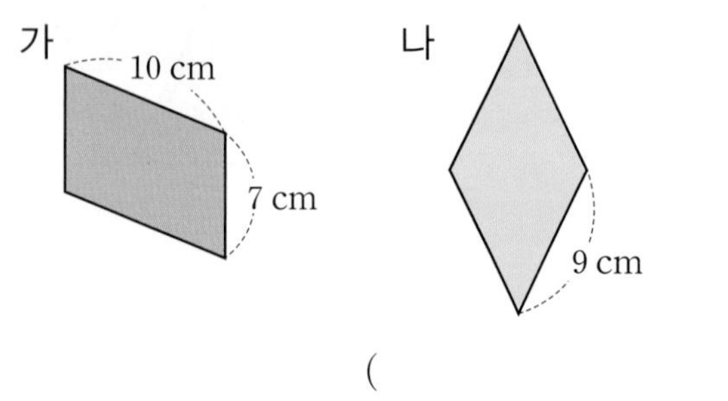

(   )

04 도형의 넓이를 구해 보세요.

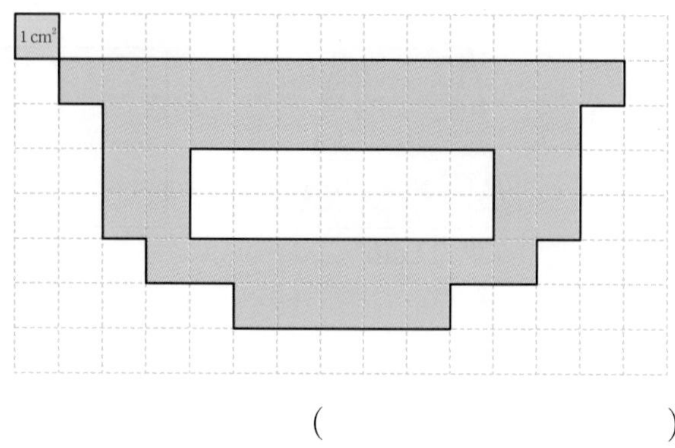

(   )

중요

05 직사각형과 정사각형의 넓이의 합은 몇 cm^2인지 구해 보세요.

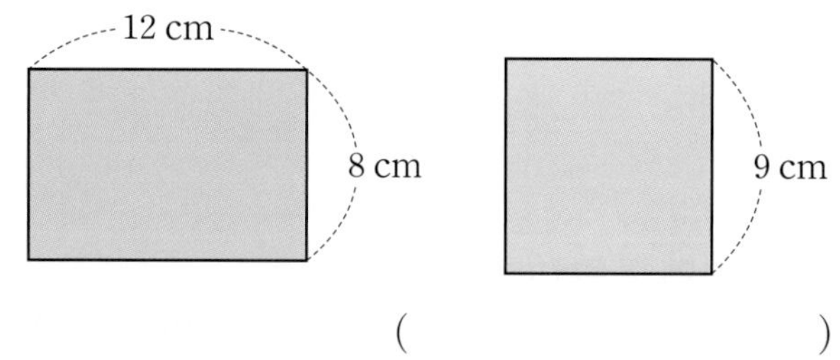

(   )

06 넓이가 $100\ m^2$인 정사각형이 있습니다. 이 정사각형의 둘레는 몇 m인지 구해 보세요.

(　　　　　　　　)

⊂어려운 문제⊃

07 세로가 가로보다 5 cm 더 긴 직사각형이 있습니다. 직사각형의 둘레가 34 cm일 때 넓이는 몇 cm^2인지 구해 보세요.

(　　　　　　　　)

08 보기 에서 알맞은 단위를 골라 □ 안에 써넣으세요.

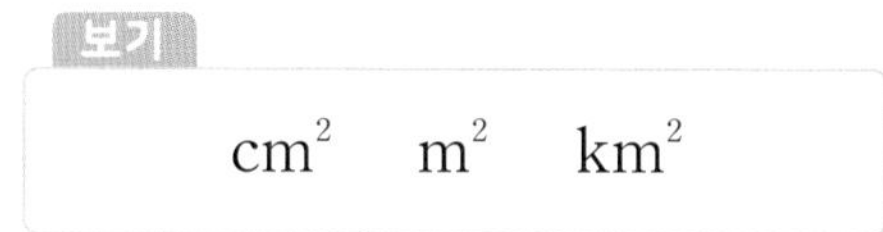

(1) 제주특별자치도의 넓이는 약 1850 □ 입니다.

(2) 경린이의 방의 넓이는 약 10 □ 입니다.

09 직사각형의 넓이는 몇 m^2인지 구해 보세요.

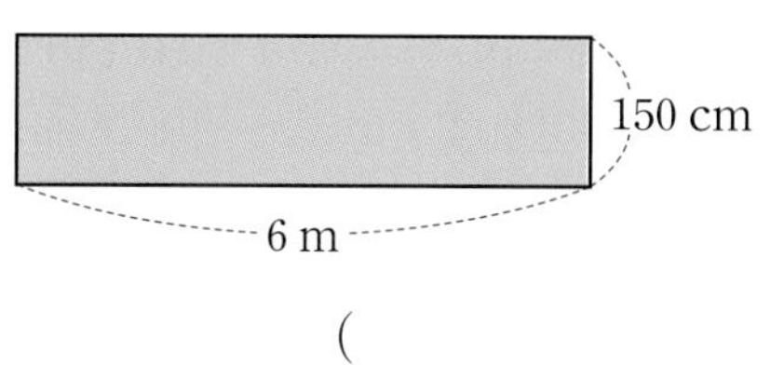

(　　　　　　　　)

10 평행사변형의 넓이는 몇 cm^2인지 구해 보세요.

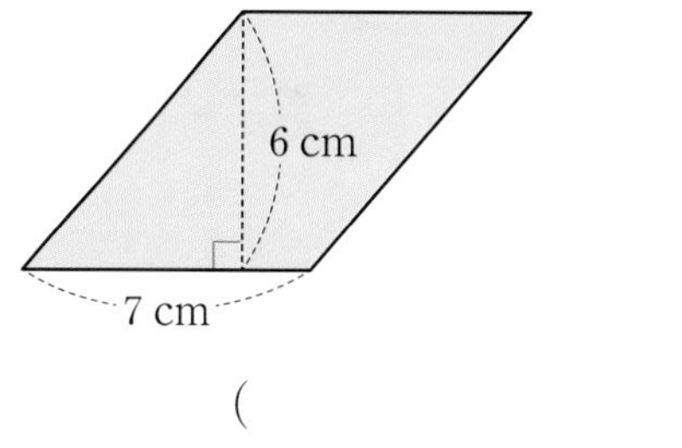

(　　　　　　　　)

11 넓이가 $90\ cm^2$이고 높이가 15 cm인 평행사변형의 밑변의 길이는 몇 cm인지 구해 보세요.

(　　　　　　)

⊂중요⊃

12 넓이가 다른 평행사변형을 찾아 기호를 써 보세요.

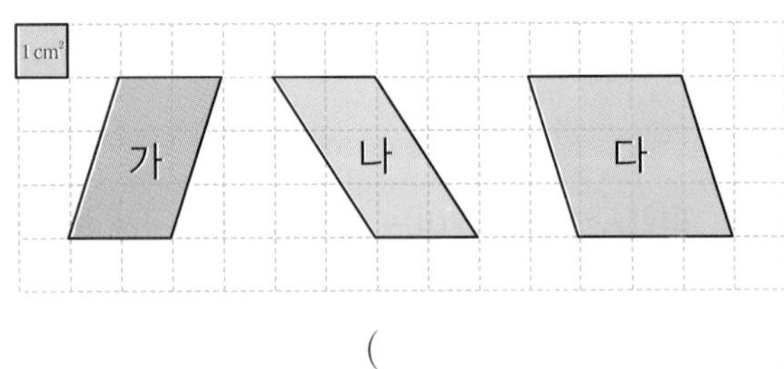

(　　　　　　)

13 삼각형의 넓이는 몇 cm^2인지 구해 보세요.

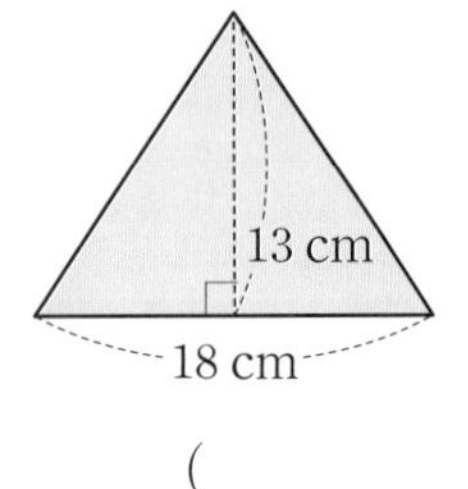

(　　　　　　)

14 삼각형 ㄱㄴㄷ의 둘레는 60 cm입니다. 이 삼각형의 넓이는 몇 cm^2인지 구해 보세요.

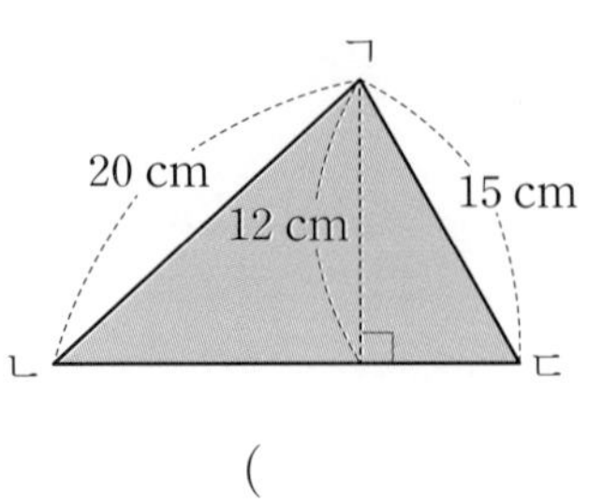

(　　　　　　)

⊂서술형⊃

15 평행사변형 ㄱㄷㄹㅁ의 넓이가 삼각형 ㄱㄴㄷ의 넓이의 4배일 때 선분 ㄱㅁ의 길이는 몇 cm인지 풀이 과정을 쓰고 답을 구해 보세요.

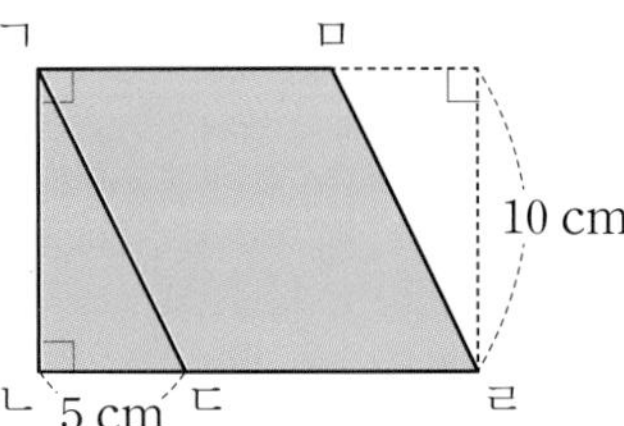

풀이

(1) 삼각형 ㄱㄴㄷ의 넓이는
5×(　　　)÷2=(　　　)(cm^2)입니다.

(2) 평행사변형 ㄱㄷㄹㅁ의 넓이는 삼각형 ㄱㄴㄷ의 넓이의 4배이므로
(　　　)×4=(　　　)(cm^2)입니다.

(3) 선분 ㄱㅁ은 평행사변형 ㄱㄷㄹㅁ의 밑변이므로
(선분 ㄱㅁ)×10=(　　　)에서
(선분 ㄱㅁ)=(　　　)÷10
=(　　　)(cm)입니다.

16 마름모의 두 대각선의 길이를 각각 자로 재어 마름모의 넓이는 몇 cm^2인지 구해 보세요.

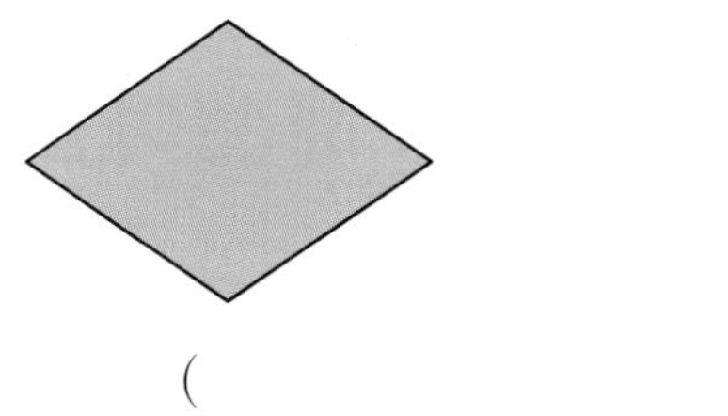

(　　　　　　　　　　)

17 한 변의 길이가 20 cm인 정사각형의 네 변의 가운데를 이어 마름모를 그렸습니다. 마름모의 넓이는 몇 cm^2인지 구해 보세요.

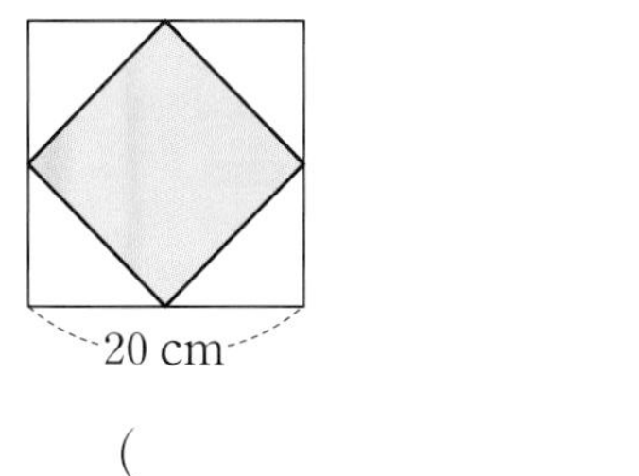

(　　　　　　　　　　)

18 사다리꼴의 넓이는 몇 cm^2인지 구해 보세요.

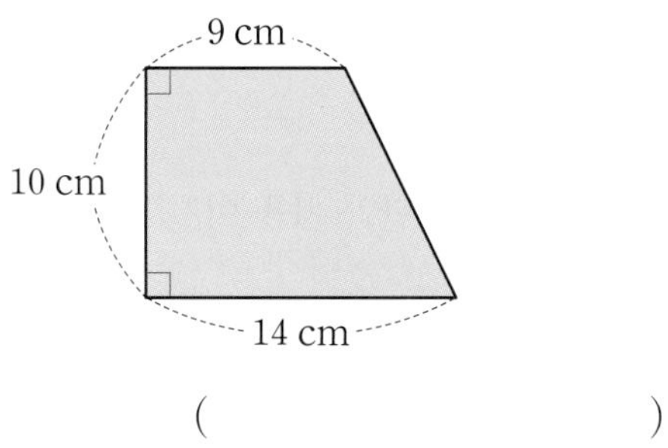

(　　　　　　　　　　)

⊂서술형⊃

19 다음 사다리꼴은 아랫변의 길이가 윗변의 길이보다 4 cm 더 길고, 넓이는 56 cm^2입니다. 사다리꼴의 높이는 몇 cm인지 풀이 과정을 쓰고 답을 구해 보세요.

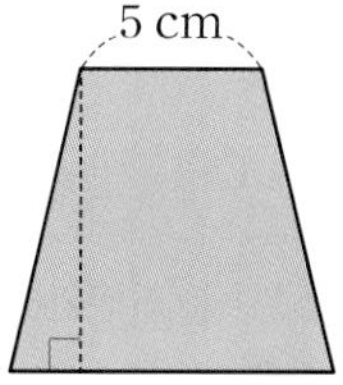

풀이

(1) 사다리꼴의 아랫변의 길이는
5＋(　　　　)＝(　　　　)(cm)입니다.

(2) 사다리꼴의 높이를 ■ cm라 하고 사다리꼴의 넓이를 구하는 식을 세우면
(5＋(　　　　))×■÷2＝56입니다.
(　　　　)×■＝(　　　　),
■＝(　　　　)

(3) 사다리꼴의 높이는 (　　　　) cm입니다.

답 ____________________

⊂어려운 문제⊃

20 마름모와 사다리꼴의 넓이가 같을 때 □ 안에 알맞은 수를 써넣으세요.

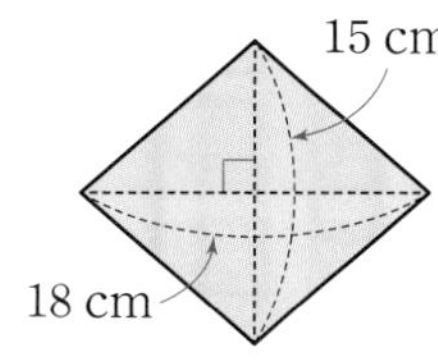

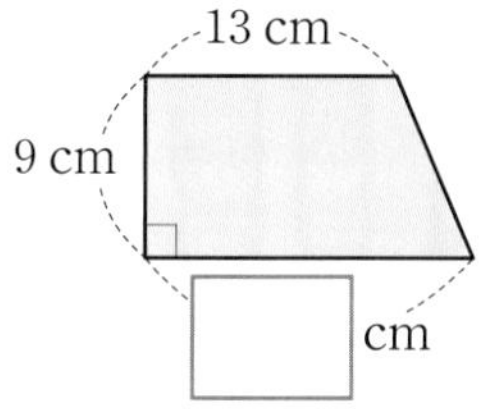

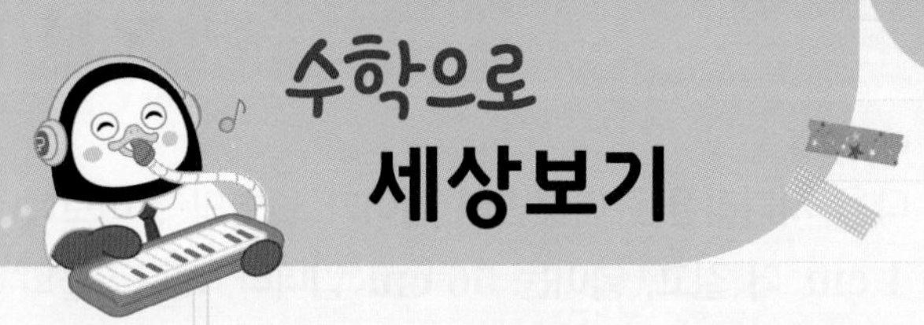

놀이판에 다각형을 그려 땅따먹기 놀이를 해 보아요

우리는 이번 단원에서 직사각형, 평행사변형, 삼각형, 마름모, 사다리꼴의 넓이 구하는 방법을 익히고 다각형의 넓이를 이용한 문제를 해결해 보았습니다. 다각형의 넓이를 구하는 방법을 이용하여 땅따먹기 놀이를 해 볼까요?

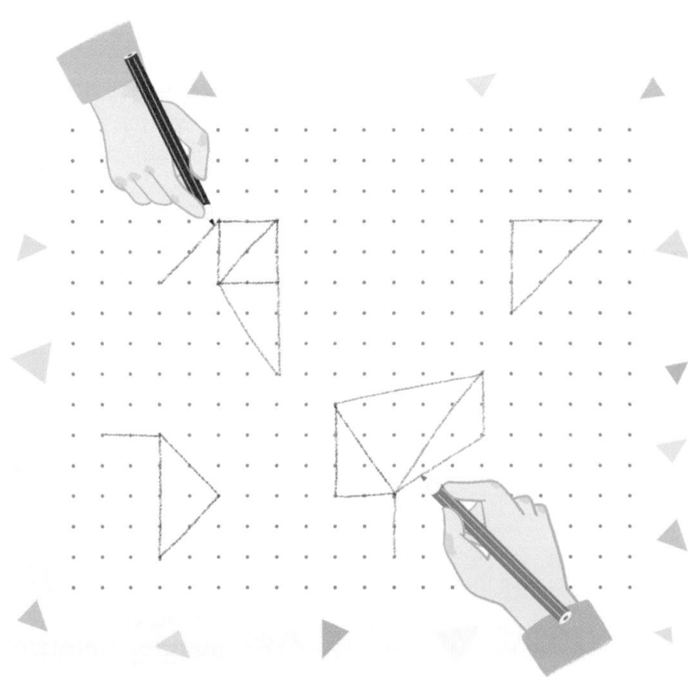

〈준비물〉 자, 색연필　〈인원〉 2명

〈방법〉

① 가위바위보를 하여 이긴 사람이 먼저 그립니다.

② 이긴 사람은 놀이판에서 점 2개를 골라 선을 긋습니다.
(점은 최대 5개까지만 이어 일직선으로 그을 수 있습니다.)

③ 다시 가위바위보를 하여 이긴 사람은 두 점을 이어 선을 긋습니다. 만약 처음 이긴 사람이 또 이겼다면 먼저 그은 선과 이어질 수 있도록 선을 긋습니다.

④ 다시 가위바위보를 하여 이긴 사람은 먼저 그은 선과 이어지는 선을 그어 다각형을 만듭니다.

⑤ 서로 다른 색으로 자기가 만든 땅에 번호를 쓰거나 색칠을 하여 구분합니다.

⑥ 선을 그어 다각형을 먼저 완성한 사람이 그 땅의 주인이 됩니다.

⑦ 10개의 땅 모양이 완성이 되거나 더 이상 땅을 만들 수 없을 경우 놀이를 멈춥니다. 넓이의 합이 큰 사람이 이깁니다.(필요한 경우 계산기를 사용할 수 있습니다.)

〈놀이판〉

1 cm^2

〈내가 만든 땅의 모양과 넓이〉

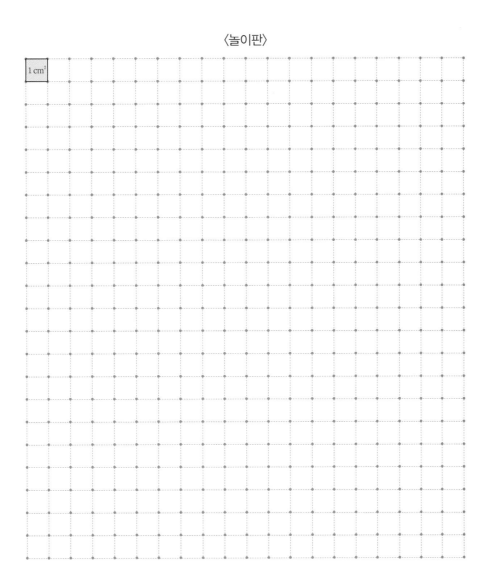

땅	1	2	3	4	5	6	7	8	9	10	넓이의 합
모양											
넓이(cm^2)											

MEMO

MEMO

MEMO

BOOK 1

개념책

BOOK 1 개념책으로 **학습 개념**을
확실하게 공부했나요?

BOOK 2

실전책

BOOK 2 실전책에는 **요점 정리**가
있어서 **공부한 내용을 복습**할 수 있어요!
단원평가가 들어 있어
내 실력을 확인해 볼 수 있답니다.

EBS

인터넷·모바일·TV
무료 강의 제공

초 | 등 | 부 | 터 EBS

만점왕

수학 5-1

예습, 복습, 숙제까지 해결되는
교과서 완전 학습서

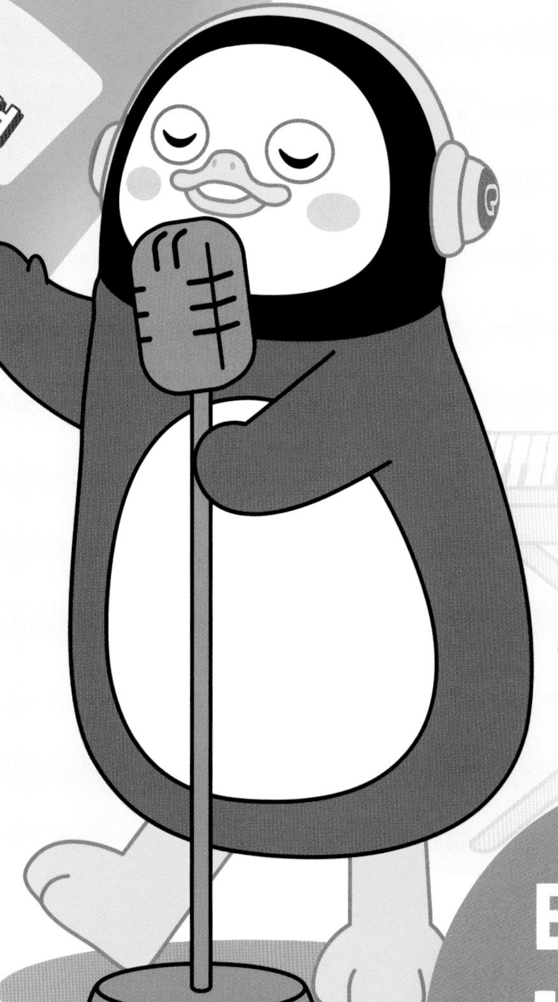

BOOK 2
실전책

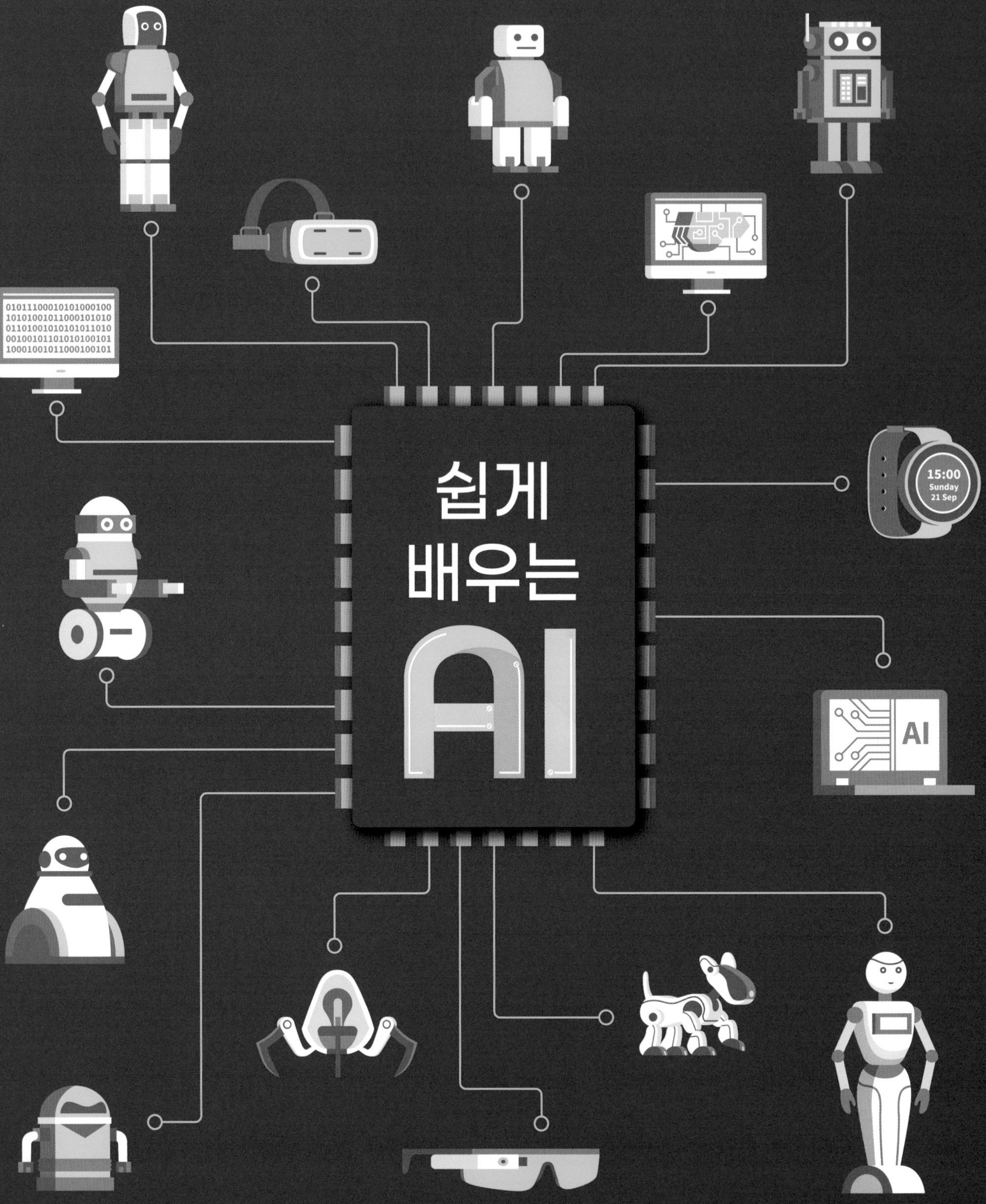

BOOK 2
실전책
만점왕
수학
5-1

자기 주도 활용 방법

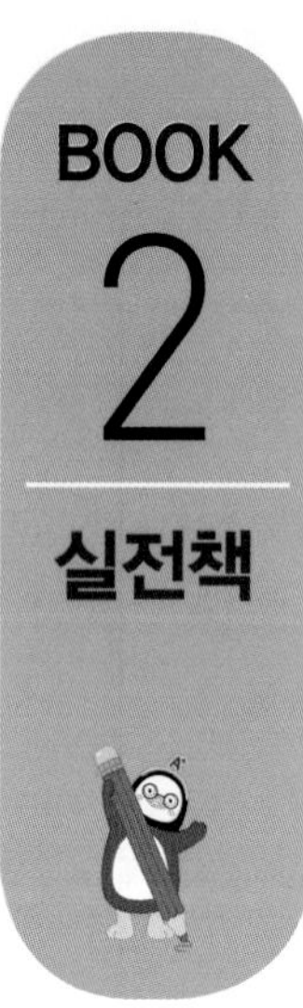

시험 2주 전 공부

핵심을 복습하기

시험이 2주 남았네요. 이럴 땐 먼저 핵심을 복습해 보면 좋아요.

만점왕 북2 실전책을 펴 보면

각 단원별로 핵심 정리와 쪽지 시험이 있습니다.

정리된 핵심을 읽고 확인 문제를 풀어 보세요.

확인 문제가 어렵게 느껴지거나 자신 없는 부분이 있다면

북1 개념책을 찾아서 다시 읽어 보는 것도 도움이 돼요.

시험 1주 전 공부

시간을 정해 두고 연습하기

앗, 이제 시험이 일주일 밖에 남지 않았네요.

시험 직전에는 실제 시험처럼 시간을 정해 두고 문제를 푸는 연습을 하는 게 좋아요.

그러면 시험을 볼 때에 떨리는 마음이 줄어드니까요.

이때에는 **만점왕 북2의 학교 시험 만점왕, 서술형·논술형 평가**를 풀어 보면 돼요.

시험 시간에 맞게 풀어 본 후 맞힌 개수를 세어 보면

자신의 실력을 알아볼 수 있답니다.

이 책의 **차례**

BOOK 2 실전책

1 자연수의 혼합 계산 4

2 약수와 배수 14

3 규칙과 대응 24

4 약분과 통분 34

5 분수의 덧셈과 뺄셈 44

6 다각형의 둘레와 넓이 54

핵심 복습 1단원

● **덧셈과 뺄셈이 섞여 있는 식의 계산**

• 덧셈과 뺄셈이 섞여 있는 식에서는 앞에서부터 차례로 계산합니다.

• (　　)가 있으면 (　　) 안을 가장 먼저 계산합니다.

$62-23+7=39+7=46$ (① $62-23$, ② $39+7$)

$62-(23+7)=62-30=32$ (① $23+7$, ② $62-30$)

● **곱셈과 나눗셈이 섞여 있는 식의 계산**

• 곱셈과 나눗셈이 섞여 있는 식에서는 앞에서부터 차례로 계산합니다.

• (　　)가 있으면 (　　) 안을 가장 먼저 계산합니다.

$96\div6\times2=16\times2=32$ (① $96\div6$, ② 16×2)

$96\div(6\times2)=96\div12=8$ (① 6×2, ② $96\div12$)

● **덧셈, 뺄셈, 곱셈이 섞여 있는 식의 계산**

• 덧셈, 뺄셈, 곱셈이 섞여 있는 식에서는 곱셈을 먼저 계산합니다.

$8+7\times3-9=8+21-9=29-9=20$ (①, ②, ③)

• (　　)가 있으면 (　　) 안을 가장 먼저 계산합니다.

$(8+7)\times3-9=15\times3-9=45-9=36$ (①, ②, ③)

● **덧셈, 뺄셈, 나눗셈이 섞여 있는 식의 계산**

• 덧셈, 뺄셈, 나눗셈이 섞여 있는 식에서는 나눗셈을 먼저 계산합니다.

$39-12\div3+8=39-4+8=35+8=43$ (①, ②, ③)

• (　　)가 있으면 (　　) 안을 가장 먼저 계산합니다.

$(39-12)\div3+8=27\div3+8=9+8=17$ (①, ②, ③)

● **덧셈, 뺄셈, 곱셈, 나눗셈이 섞여 있는 식의 계산**

• 덧셈, 뺄셈, 곱셈, 나눗셈이 섞여 있는 식에서는 곱셈과 나눗셈을 먼저 계산합니다.

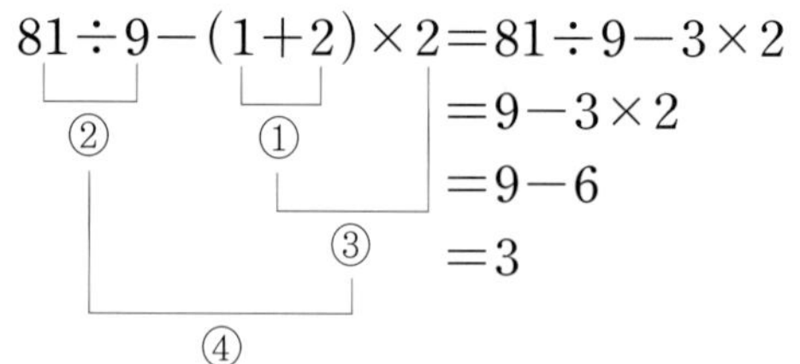

$7\times8-28+30\div6=56-28+30\div6=56-28+5=28+5=33$ (①, ②, ③, ④)

• (　　)가 있으면 (　　) 안을 가장 먼저 계산합니다.

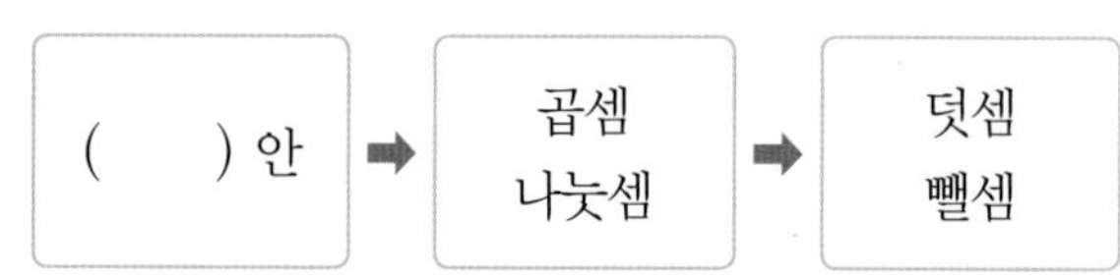

$81\div9-(1+2)\times2=81\div9-3\times2=9-3\times2=9-6=3$ (①, ②, ③, ④)

(　　) 안 ➡ 곱셈 나눗셈 ➡ 덧셈 뺄셈

• (　　) 안에 덧셈, 뺄셈, 곱셈, 나눗셈이 있을 때에는 곱셈과 나눗셈부터 계산합니다.

정답과 해설 38쪽

01 □ 안에 알맞은 수를 써넣으세요.

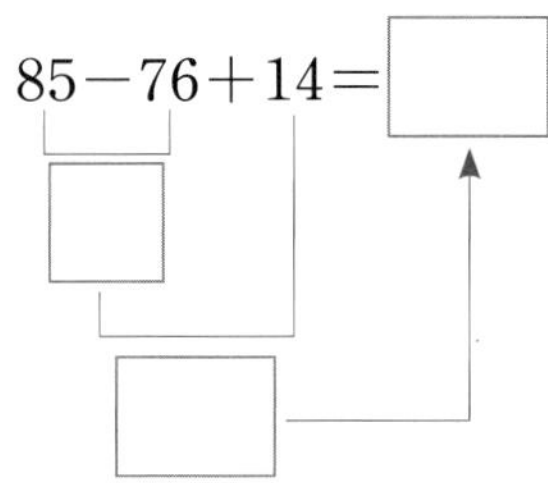

02 □ 안에 알맞은 수를 써넣으세요.

$45-(23+6)=45-\square$

$=\square$

03 □ 안에 알맞은 수를 써넣으세요.

$132\div4\times2=\square\times2$

$=\square$

04 □ 안에 알맞은 수를 써넣으세요.

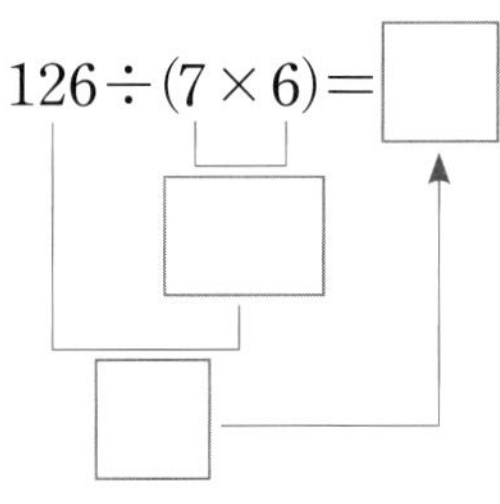

05 가장 먼저 계산해야 하는 부분에 ○표 하세요.

$12+32\div8-3$

06 계산 순서를 바르게 나타낸 것에 ○표 하세요.

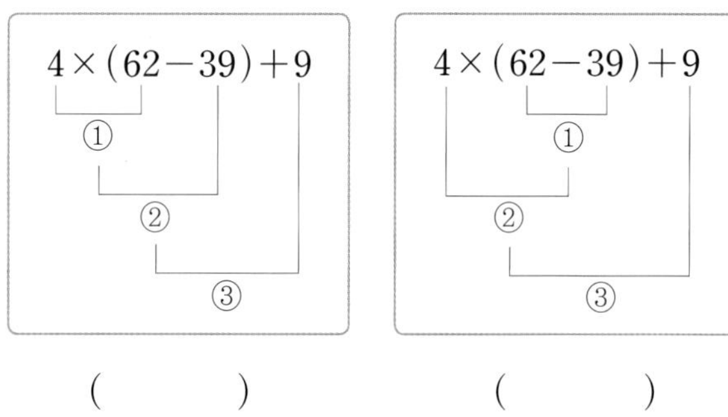

(　　　)　　(　　　)

07 계산 순서에 맞게 기호를 차례로 써 보세요.

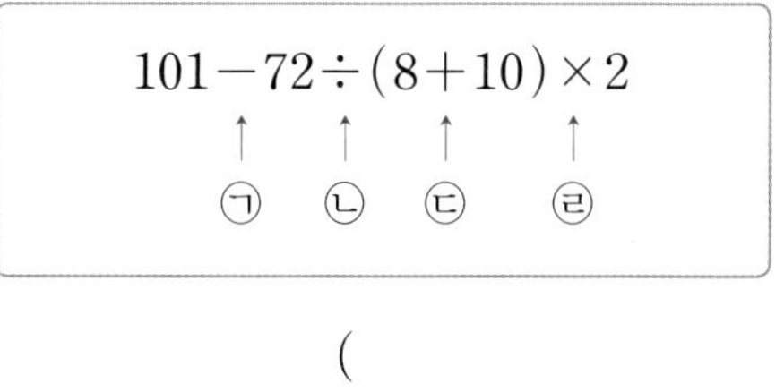

(　　　　　　　)

[08~10] 계산 순서를 나타내고, 계산해 보세요.

08

$74-115\div5+12$

09

$56\times2-234\div9+7$

10

$24\times(13-4)\div8-17$

학교 시험 만점왕 ❶회

01 □ 안에 알맞은 수를 써넣으세요.

$$29-14+6=\square+6$$
$$=\square$$

02 다음 중 계산 결과가 다른 하나를 찾아 기호를 써 보세요.

㉠ $48\div6\times2$
㉡ $(48\div6)\times2$
㉢ $48\div(6\times2)$

(　　　　　　　)

서술형 03 다음 식에 알맞은 문제를 만들고 답을 구해 보세요.

$20-(5+3)$

문제

답

04 계산 결과를 찾아 이어 보세요.

$91-5\times9+8$ •	• 28
$(42-17)\times2+12$ •	• 54
	• 62

05 계산 과정 중 틀린 곳을 찾아 바르게 계산해 보세요.

$$59-4\times(2+5)=59-4\times7$$
$$=55\times7$$
$$=385$$

$59-4\times(2+5)$

06 민재와 지영이 중에서 바르게 계산한 친구는 누구인가요?

민재

$125\div(21+4)=125\div25=5$

지영

$(11+3)\times5=11+15=26$

(　　　　　　　)

07 보기 와 같이 계산 순서를 나타내고 계산해 보세요.

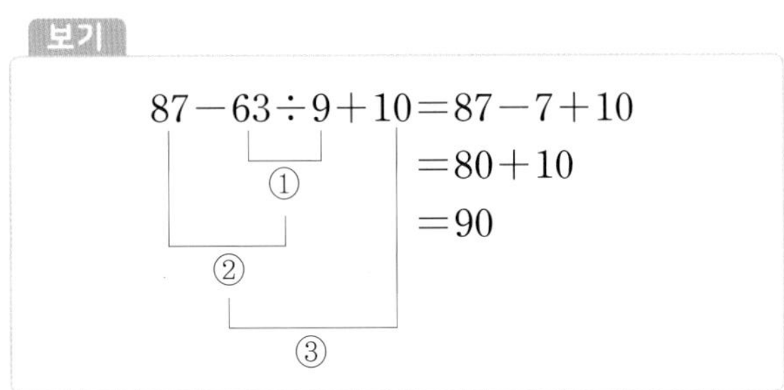

$16+8-54\div6$

08 계산 결과를 비교하여 ○ 안에 >, =, <를 알맞게 써넣으세요.

$21+36\div12-3$ ○ $21+36\div(12-3)$

09 소정이네 학교 5학년 학생 220명이 체험학습을 가기 위해 버스 5대에 똑같이 나누어 타기로 하였습니다. 소정이가 탄 버스의 학생 중 2명은 결석을 하여 체험학습에 참여하지 못했습니다. 소정이가 탄 버스에 버스 기사님 1명이 타셨다면 이 버스에 탄 사람은 모두 몇 명인지 하나의 식으로 나타내어 구해 보세요.

식 ______________________

답 ______________________

10 다음 식이 성립하도록 (　　)로 묶어 보세요.

$32 - 11 \div 7 + 4 = 7$

11 계산 순서에 맞게 기호를 차례로 써 보세요.

$4\times(12+15)\div3-29$
↑ ㉠ ↑ ㉡ ↑ ㉢ ↑ ㉣

(　　　　　　　　)

12 계산해 보세요.

$29-16\div8+15\times2$

(　　　　　　　　)

13 계산 결과를 찾아 ○표 하세요.

$(38-23)\div3\times12+23$

80	81	82	83	84

14 계산 결과가 더 큰 것의 기호를 써 보세요.

㉠ $40-(24+8)\times2\div4$
㉡ $40-24+8\times2\div4$

(　　　　　　　　)

15 두 식을 (　　)를 사용하여 하나의 식으로 나타내어 보세요.

$228\div12-5=14$
$2\times6=12$

식 ____________________

16 다음을 하나의 식으로 나타내어 답을 구해 보세요.

8과 9의 곱을 2로 나눈 뒤 20을 뺀 값

식 ____________________

답 ____________________

17 ㉠과 ㉡의 계산 결과의 차를 구해 보세요.

㉠ $(12+13)\times6\div5-3$
㉡ $24\div3+4\times5-6$

(　　　　　　　　)

18 다음 식이 성립하도록 ○ 안에 +, −, ×, ÷ 중 알맞은 것을 써넣으세요.

$128\div(8\bigcirc8)-1=1$

19 예준이는 시장에 가서 떡볶이 2인분, 순대 1인분, 김밥 2줄을 사고 15000원을 냈습니다. 거스름돈은 얼마인지 하나의 식으로 나타내어 구해 보세요.

김밥(1줄)	떡볶이 (1인분)	순대 (1인분)	튀김 (1인분)
2500원	3000원	2000원	4000원

식 ____________________

답 ____________________

서술형 20 어떤 수에 3을 더하고 5를 곱해야 하는 것을 잘못하여 어떤 수에서 3을 빼고 5로 나누었더니 3이 되었습니다. 바르게 계산한 결과는 얼마인지 풀이 과정을 쓰고 답을 구해 보세요.

풀이

답 ____________________

학교 시험 만점왕 ❷회

정답과 해설 40쪽

01 가장 먼저 계산해야 할 부분에 ○표 하세요.

$13+34-27$

02 ㉠과 ㉡의 계산 결과의 합을 구해 보세요.

㉠ $96\div6\times2$
㉡ $120\div(6\times4)$

(　　　　　　　)

03 계산해 보세요.

$80-72\div6$

(　　　　　　　)

04 다음은 잘못 계산한 것입니다. 바르게 계산하여 답을 구해 보세요.

$$40-81\div(3+6)=40-27+6$$
$$=13+6$$
$$=19$$

(　　　　　　　)

05 계산을 바르게 한 것에 ○표 하세요.

$16+7\times3=69$ (　　　)

$16\times7+3=115$ (　　　)

06 굴비 한 두름은 20마리입니다. 굴비 7두름을 사서 5명이 똑같이 나누어 가졌습니다. 한 명이 굴비를 몇 마리씩 가지게 되는지 하나의 식으로 나타내어 구해 보세요.

식 ______________________

답 ______________

07 계산 결과를 비교하여 ○ 안에 >, =, <를 알맞게 써넣으세요.

$52-(13+25)\div2$ ○ $(39-24)\times3-9$

08 윤아는 하루에 문제집을 3장씩 매일 풀었습니다. 문제집을 지금까지 168장 풀었다면, 윤아는 몇 주 동안 문제집을 풀었는지 하나의 식으로 나타내어 구해 보세요.

식 ______________________

답 ______________

09 ○ 안에 ×, ÷를 알맞게 써넣으세요.

$$162 \bigcirc (9 \bigcirc 3) = 6$$

10 세 번째로 계산해야 하는 곳의 기호를 써 보세요.

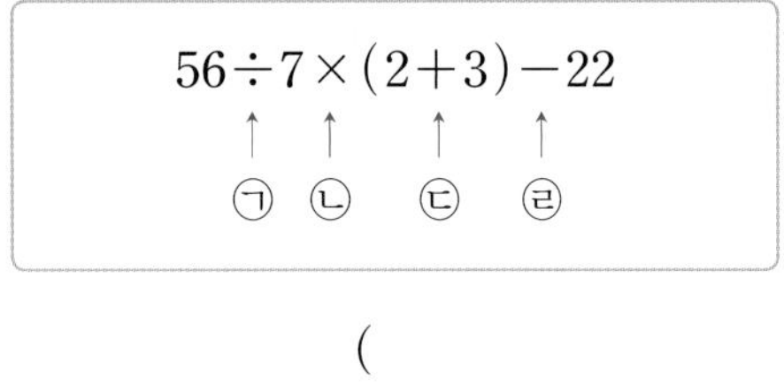

(　　　　　　　　)

11 보기 와 같이 계산 순서를 나타내고 계산해 보세요.

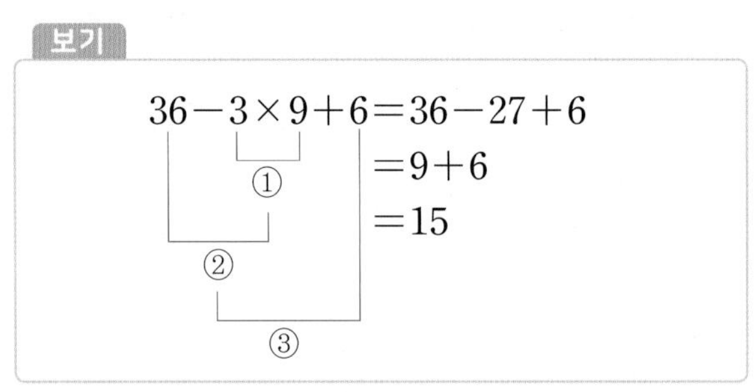

$23+(27-12)\div 3$

12 다음 중 잘못 계산한 것은 어느 것인가요? (　　　)

① $9-2\times 3\div 6=8$
② $27\div 3\times 4+4=40$
③ $24\div 4\times (1+5)=36$
④ $55-(12+3)\times 3=138$
⑤ $5+9\div 3\times 2=11$

13 길이가 80 cm인 노란색 테이프를 5등분 한 것 중의 한 도막과 길이가 75 cm인 파란색 테이프를 3등분 한 것 중의 한 도막을 4 cm가 겹치도록 이어 붙였습니다. 이어 붙인 색 테이프의 전체 길이는 몇 cm인지 하나의 식으로 나타내어 구해 보세요.

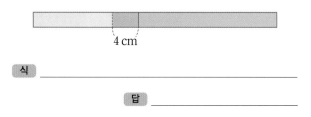

4 cm

식 ______________________

답 ______________________

14 민수는 13세이고, 민수 동생은 민수보다 4세 어립니다. 민수 어머니는 민수 동생 나이의 4배보다 7세 많습니다. 민수 어머니의 나이는 몇 세인지 하나의 식으로 나타내어 구해 보세요.

식 ______________________

답 ______________________

서술형 **15** ㉠과 ㉡의 계산 결과의 차를 구하는 풀이 과정을 쓰고 답을 구해 보세요.

㉠ $30 \div 5 \times (7-4)$
㉡ $40-(11+3) \times 2$

풀이

답

16 다음 식이 성립하도록 (　　)로 묶어 보세요.

$33 - 72 \div 8 \times 3 = 30$

17 다음 중 계산 결과가 가장 큰 것을 찾아 기호를 써 보세요.

㉠ $72 \div (3+5) \times 4-6$
㉡ $27+63 \div 9 \times 2-5$
㉢ $52-(2+6) \times 6 \div 2$

(　　　　　　　　)

18 다음 식이 성립하도록 □ 안에 알맞은 수를 써넣으세요.

$264 \div 11+(\square-3) \times 2=32$

19 □ 안에 들어갈 수 있는 자연수는 모두 몇 개인가요?

$52-(21+15) \div 3 \times 4 > \square$

(　　　　　　　　)

서술형 **20** 수 카드 2, 3, 5, 7 을 모두 한 번씩 사용하여 다음 식을 만들려고 합니다. 계산 결과가 가장 클 때의 값은 얼마인지 풀이 과정을 쓰고 답을 구해 보세요.

$\square \times (\square + \square) - \square$

풀이

답

서술형·논술형 평가 1단원

01 두 식을 계산 순서에 맞게 각각 계산해 보고 그 계산 결과를 비교하여 설명해 보세요.

$68-10+33$　　$68-(10+33)$

설명

02 버스에 35명이 타고 있었습니다. 이 중 학교 앞 정류장에서 16명이 내리고 9명이 탔습니다. 학교 앞 정류장을 지난 후 버스에 타고 있는 사람은 몇 명인지 하나의 식으로 나타내어 구하려고 합니다. 풀이 과정을 쓰고 답을 구해 보세요.

풀이

답

03 다음 식에 알맞은 문제를 만들고 답을 구해 보세요.

$36 \times 4 \div 9$

문제

답

04 도훈이네 반 학생들은 한 모둠에 4명씩 여섯 모둠입니다. 사탕 48개를 도훈이네 반 학생들에게 똑같이 나누어 주려면 한 명에게 사탕을 몇 개씩 주어야 하는지 하나의 식으로 나타내어 구하려고 합니다. 풀이 과정을 쓰고 답을 구해 보세요.

풀이

답

05 재민이는 가지고 있던 돈 8000원으로 1500원짜리 연습장 3권을 샀습니다. 부모님이 용돈 3000원을 주셨다면 재민이가 현재 가지고 있는 돈은 모두 얼마인지 하나의 식으로 나타내어 구하려고 합니다. 풀이 과정을 쓰고 답을 구해 보세요.

풀이

답

06 어떤 수에서 15를 빼고 4로 나눈 다음 14를 더했더니 30이 되었습니다. 어떤 수를 구하는 풀이 과정을 쓰고 답을 구해 보세요.

풀이

답

07 보기 와 같이 32◎4를 계산한 값은 얼마인지 풀이 과정을 쓰고 답을 구해 보세요.

보기

㉮◎㉯$=$(㉮$-$㉯)$\times$㉯$+$㉮$\div$㉯

풀이

답

08 대화를 보고 지연이와 하준이 중 일주일 동안 누가 책을 얼마나 더 많이 읽었는지 풀이 과정을 쓰고 답을 구해 보세요.

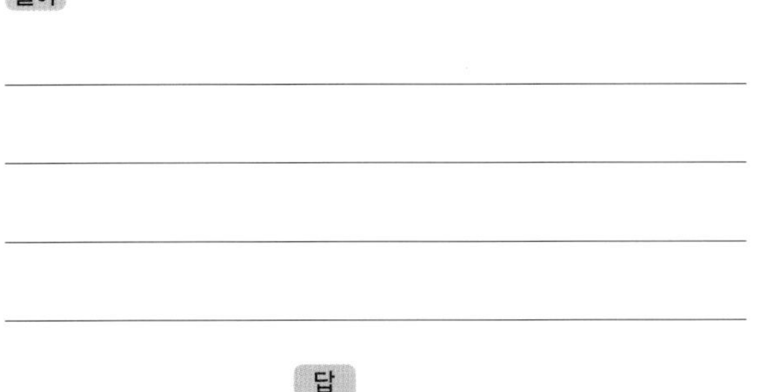

지연: 난 일주일 동안 매일 책을 24쪽씩 읽었어.
하준: 난 일주일 중 2일은 책을 읽지 않고 나머지 날은 하루에 45쪽씩 읽었어.

풀이

답

09 어떤 꽃집에서 어제는 장미 14송이씩 3묶음과 카네이션 23송이를 팔고, 오늘은 백합 115송이를 똑같이 5묶음으로 나눈 것 중 3묶음을 팔았습니다. 오늘 판 꽃은 어제 판 꽃보다 몇 송이 더 많은지 하나의 식으로 나타내어 구하려고 합니다. 풀이 과정을 쓰고 답을 구해 보세요.

풀이

답

10 수 카드 3, 4, 6, 8 을 모두 한 번씩 사용하여 다음 식을 만들려고 합니다. 계산 결과가 가장 클 때와 가장 작을 때의 값은 각각 얼마인지 구하는 풀이 과정을 쓰고 답을 구해 보세요.

$72\div\square\times\square-\square+\square$

풀이

답

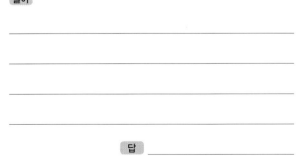

● 약수 알기

• 어떤 수를 나누어떨어지게 하는 수를 그 수의 약수라고 합니다.

예 10의 약수 구하기

$10 \div 1 = 10$　　$10 \div 2 = 5$

$10 \div 5 = 2$　　$10 \div 10 = 1$

➡ 10의 약수: 1, 2, 5, 10

● 배수 알기

• 어떤 수를 1배, 2배, 3배, ... 한 수를 그 수의 배수라고 합니다.

예 2의 배수 구하기

$2 \times 1 = 2$, $2 \times 2 = 4$, $2 \times 3 = 6$, ...

➡ 2의 배수: 2, 4, 6, ...

● 약수와 배수의 관계

$16 = 1 \times 16$　　$16 = 2 \times 8$

$16 = 4 \times 4$　　$16 = 2 \times 2 \times 2 \times 2$

16은 1, 2, 4, 8, 16의 배수입니다.

1, 2, 4, 8, 16은 16의 약수입니다.

● 공약수와 최대공약수

• 두 수의 공통된 약수를 두 수의 공약수라 하고, 공약수 중에서 가장 큰 수를 두 수의 최대공약수라고 합니다.

예 16과 24의 공약수와 최대공약수 알아보기

16의 약수: 1, 2, 4, 8, 16

24의 약수: 1, 2, 3, 4, 6, 8, 12, 24

➡ 16과 24의 공약수: 1, 2, 4, 8

16과 24의 최대공약수: 8

• 두 수의 공약수는 두 수의 최대공약수의 약수와 같습니다.

● 최대공약수 구하는 방법 알기

방법1 여러 수의 곱으로 나타낸 곱셈식을 이용하여 최대공약수 구하기

$16 = 2 \times 2 \times 2 \times 2$　　$24 = 2 \times 2 \times 2 \times 3$

$2 \times 2 \times 2 = 8$ ➡ 16과 24의 최대공약수

방법2 두 수의 공약수를 이용하여 최대공약수 구하기

16과 24의 공약수 → 2) 16 24

8과 12의 공약수 → 2) 8 12

4와 6의 공약수 → 2) 4 6

2 3

$2 \times 2 \times 2 = 8$ ➡ 16과 24의 최대공약수

● 공배수와 최소공배수

• 두 수의 공통된 배수를 두 수의 공배수라 하고, 공배수 중에서 가장 작은 수를 두 수의 최소공배수라고 합니다.

예 2와 3의 공배수와 최소공배수 알아보기

2의 배수: 2, 4, 6, 8, 10, 12, 14, 16, 18, ...

3의 배수: 3, 6, 9, 12, 15, 18, 21, 24, ...

➡ 2와 3의 공배수: 6, 12, 18, ...

2와 3의 최소공배수: 6

• 두 수의 공배수는 두 수의 최소공배수의 배수와 같습니다.

● 최소공배수 구하는 방법 알기

방법1 여러 수의 곱으로 나타낸 곱셈식을 이용하여 최소공배수 구하기

$18 = 2 \times 3 \times 3$　　$24 = 2 \times 3 \times 4$

$2 \times 3 \times 3 \times 4 = 72$ ➡ 18과 24의 최소공배수

방법2 두 수의 공약수를 이용하여 최소공배수 구하기

18과 24의 공약수 → 2) 18 24

9와 12의 공약수 → 3) 9 12

3 4

$2 \times 3 \times 3 \times 4 = 72$ ➡ 18과 24의 최소공배수

쪽지 시험 2. 약수와 배수

정답과 해설 43쪽

01 나눗셈식을 보고 4의 약수를 모두 써 보세요.

$4\div1=4$　　$4\div2=2$
$4\div3=1\cdots1$　　$4\div4=1$

(　　　　　　)

02 14의 약수를 모두 구해 보세요.

(　　　　　　)

03 5의 배수를 가장 작은 수부터 차례로 3개 써 보세요.

(　　　　　　)

04 오른쪽 수가 왼쪽 수의 배수인 것을 모두 찾아 ○표 하세요.

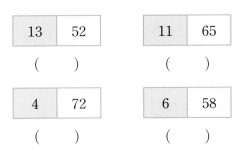

13	52

(　　)

11	65

(　　)

4	72

(　　)

6	58

(　　)

05 곱셈식을 보고 □ 안에 알맞은 말을 써넣으세요.

$1\times18=18$　　$2\times9=18$　　$3\times6=18$

(1) 18은 1, 2, 3, 6, 9, 18의 □입니다.

(2) 1, 2, 3, 6, 9, 18은 18의 □입니다.

06 15와 20의 공약수와 최대공약수를 구해 보세요.

15의 약수: 1, 3, 5, 15
20의 약수: 1, 2, 4, 5, 10, 20

공약수 (　　　　　　)
최대공약수 (　　　　　　)

07 12와 16의 최대공약수를 구해 보세요.

$$\begin{array}{r|rr} 2 & 12 & 16 \\ \hline 2 & 6 & 8 \\ \hline & 3 & 4 \end{array}$$

(　　　　　　)

08 3과 5의 공배수를 가장 작은 수부터 차례로 3개 구하고, 최소공배수를 구해 보세요.

3의 배수: 3, 6, 9, 12, 15, 18, 21, 24, 27, 30, 33, 36, 39, 42, 45, 48, ...
5의 배수: 5, 10, 15, 20, 25, 30, 35, 40, 45, 50, ...

공배수 (　　　　　　)
최소공배수 (　　　　　　)

09 32와 40의 최소공배수를 구해 보세요.

$32=4\times8$　　$40=5\times8$

(　　　　　　)

10 14와 21의 최소공배수를 구해 보세요.

$$\begin{array}{r|rr} 7 & 14 & 21 \\ \hline & 2 & 3 \end{array}$$

(　　　　　　)

학교 시험 만점왕 ❶회

정답과 해설 43쪽

01 약수를 모두 구해 보세요.

19

(　　　　　　　　)

02 32를 어떤 수로 나누었더니 나누어떨어졌습니다. 어떤 수가 될 수 있는 수를 모두 구해 보세요.

(　　　　　　　　)

03 다음 중 약수의 개수가 가장 많은 수는 어느 것인가요?

15　　18　　23

(　　　　　　　　)

04 ■의 배수를 가장 작은 수부터 차례로 쓴 것입니다. ■를 구해 보세요.

12, 24, 36, 48, ...

(　　　　　　　　)

05 1부터 100까지의 수 중에서 7의 배수는 모두 몇 개인가요?

(　　　　　　　　)

06 두 수가 약수와 배수의 관계가 아닌 것에 ×표 하세요.

81	9		64	7		84	12
(　)			(　)			(　)	

07 30과 약수와 배수의 관계인 수를 모두 찾아 써 보세요.

6　　8　　15　　70　　90

(　　　　　　　　)

08 □ 안에 알맞은 수를 써넣고, 18과 27의 최대공약수를 구해 보세요.

$18=2\times\square\times\square$

$27=3\times\square\times\square$

(　　　　　　　　)

09 24와 40을 어떤 수로 나누면 나누어떨어집니다. 어떤 수 중에서 가장 큰 수를 구해 보세요.

(　　　　　　　　)

10 두 수의 최대공약수가 가장 큰 것을 찾아 기호를 써 보세요.

㉠ (15, 25)	㉡ (16, 24)
㉢ (24, 42)	㉣ (30, 45)

(　　　　　　　　)

11 두 수의 공약수와 최대공약수를 구해 보세요.

72　　90

공약수 (　　　　　　　　)

최대공약수 (　　　　　　　　)

12 두 수의 최소공배수를 구해 보세요.

$2\times2\times2\times3$　　　$2\times3\times5$

(　　　　　　　　)

13 두 수의 최소공배수를 이어 보세요.

(2, 9) •　　　• 9

(18, 36) •　　　• 18

　　　• 36

서술형 **14** 두 수의 최대공약수와 최소공배수의 차를 구하는 풀이 과정을 쓰고 답을 구해 보세요.

54　　81

풀이

답

15 풀 52개와 가위 48개를 남김없이 같은 개수씩 상자에 나누어 담으려고 합니다. 상자의 수를 가장 많게 한다면 상자 몇 개에 나누어 담을 수 있는지 구해 보세요.

(　　　　　　　　　　)

16 두 친구가 공통으로 설명하는 수를 구해 보세요.

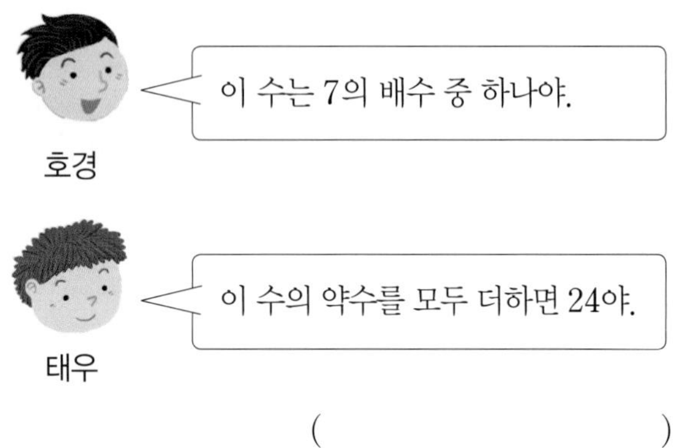

이 수는 7의 배수 중 하나야.
호경
이 수의 약수를 모두 더하면 24야.
태우

(　　　　　　　　　　)

17 60과 어떤 수의 최대공약수는 20입니다. 두 수의 공약수의 합은 얼마인가요?

(　　　　　　　　　　)

18 보기 의 조건을 모두 만족하는 수를 구해 보세요.

보기

㉠ 16과 28의 공배수입니다.
㉡ 300보다 크고 400보다 작습니다.

(　　　　　　　　　　)

19 길이가 100 m인 길의 한 쪽에 꽃과 나무를 심으려고 합니다. 길의 처음부터 심기 시작하여 꽃은 4 m마다, 나무는 6 m마다 심는다면 꽃과 나무가 같이 심어지는 곳은 모두 몇 군데인가요?

(　　　　　　　　　　)

서술형 **20** 짧은 변이 15 cm, 긴 변이 40 cm인 직사각형 모양의 색종이를 겹치지 않게 이어 붙여 가장 작은 정사각형을 만들려고 합니다. 필요한 색종이는 모두 몇 장인지 풀이 과정을 쓰고 답을 구해 보세요.

풀이

답

학교 시험 만점왕 ❷회

01 22의 약수 중에서 가장 큰 수와 가장 작은 수의 합을 구해 보세요.

( )

02 54의 약수가 아닌 수를 찾아 써 보세요.

1	2	3	7	9	18

( )

03 왼쪽 수가 오른쪽 수의 약수가 되는 것은 어느 것인가요? ( )

① (2, 9) ② (3, 10) ③ (4, 24)
④ (5, 91) ⑤ (3, 44)

04 9의 배수를 가장 작은 수부터 차례로 3개 써 보세요.

( )

05 어떤 수의 배수를 나열한 것입니다. 열 번째 수를 구해 보세요.

13, 26, 39, 52, ...

( )

06 다음 식에 대한 설명으로 옳지 않은 것을 찾아 기호를 써 보세요.

$18=9\times2$

㉠ 18은 2의 배수입니다.
㉡ 18은 9의 약수입니다.
㉢ 9는 18의 약수입니다.
㉣ 2는 18의 약수입니다.

( )

07 두 수의 공약수를 모두 구해 보세요.

12 16

( )

08 어떤 두 수의 최대공약수가 30일 때 이 두 수의 공약수를 모두 구해 보세요.

( )

09 두 수의 최대공약수가 다른 것에 ○표 하세요.

(35, 45)	(20, 32)	(25, 40)
( )	( )	( )

10 10과 12를 각각 두 수의 곱으로 나타내고 10과 12의 최소공배수를 구하려고 합니다. □ 안에 알맞은 수를 써넣으세요.

$10=2\times5$ $12=2\times2\times3$

➡ 10과 12의 최소공배수

: □×□×3×5=□

11 두 수의 최대공약수와 최소공배수를 각각 구해 보세요.

28 32

최대공약수 ( )

최소공배수 ( )

12 약수와 배수에 대해 잘못 설명한 친구의 이름을 써 보세요.

현서: 4와 9의 최대공약수는 1이야.
재우: 20과 24의 최소공배수는 480이야.
혁규: 7과 9의 곱인 63은 두 수의 최소공배수이기도 해.
주원: 10과 12의 최소공배수인 60의 배수는 10과 12의 공배수와 같아.

( )

서술형 **13** 어떤 두 수의 최소공배수가 40일 때 두 수의 공배수 중에서 가장 큰 세 자리 수를 구하는 풀이 과정을 쓰고 답을 구해 보세요.

풀이

답

14 공통으로 설명하는 수를 구해 보세요.

주희: 이 수는 17의 배수야.
윤재: 이 수는 110보다 크고 120보다 작아.

( )

15 [1], [3], [4], [7]이 적힌 카드가 한 장씩 있습니다. 이 카드를 한 번씩만 사용하여 아래와 같이 두 자리 수를 2개 만들었습니다. 두 수가 서로 약수와 배수의 관계가 될 때 두 수를 구해 보세요.

□□ □□

( )

16 다음을 모두 만족하는 수는 모두 몇 개인가요?

- 48과 72의 공약수입니다.
- 4의 배수입니다.

( )

17 두 수 ㉮와 ㉯의 최소공배수가 120일 때 ㉮와 ㉯를 각각 구해 보세요.

□)	㉮	㉯
2)	8	20
2)	4	10
	2	5

㉮ ( )
㉯ ( )

18 민우와 유진이가 다음과 같은 규칙에 따라 각각 바둑돌 200개를 한 줄로 길게 늘어놓을 때 같은 자리에 흰 바둑돌이 놓이는 경우는 모두 몇 번인가요?

민우	●●○●●○●●○●●○···
유진	●●●○●●●○●●●○···

( )

19 배 27개와 살구 45개를 최대한 많은 학생에게 남김없이 똑같이 나누어 주려고 합니다. 한 명이 받는 배와 살구는 각각 몇 개인가요?

배 ( )
살구 ( )

서술형 **20** 달리기를 하며 공원을 한 바퀴 도는 데 예찬이는 8분, 다은이는 10분이 걸린다고 합니다. 오전 10시에 두 사람이 동시에 출발했다면 출발 지점에서 두 번째로 다시 만나는 시각은 오전 몇 시 몇 분인지 풀이 과정을 쓰고 답을 구해 보세요.

풀이

답

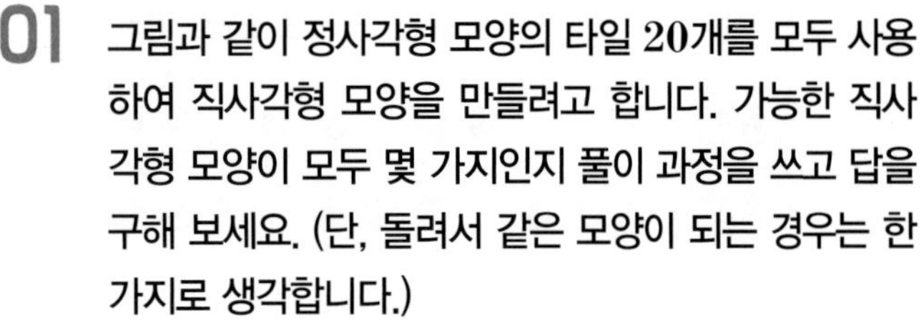

01 그림과 같이 정사각형 모양의 타일 20개를 모두 사용하여 직사각형 모양을 만들려고 합니다. 가능한 직사각형 모양이 모두 몇 가지인지 풀이 과정을 쓰고 답을 구해 보세요. (단, 돌려서 같은 모양이 되는 경우는 한 가지로 생각합니다.)

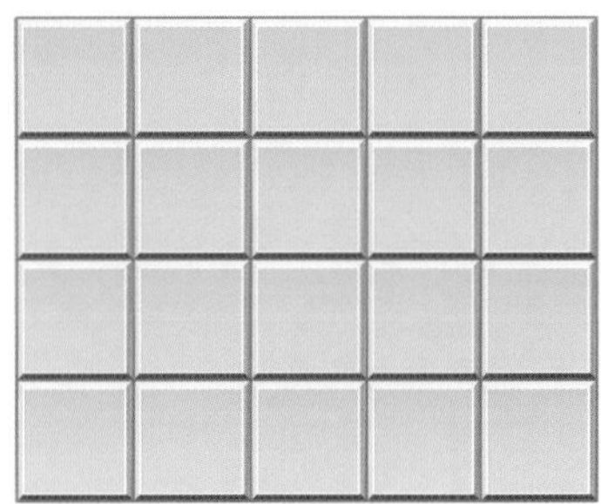

풀이

답

02 오늘은 학급 출석번호가 5의 배수에 해당되는 학생들이 도우미 활동을 하는 날입니다. 출석번호가 1번부터 24번까지 있을 때 오늘 도우미 활동을 하는 학생은 모두 몇 명인지 풀이 과정을 쓰고 답을 구해 보세요.

풀이

답

03 다음 조건을 모두 만족하는 수를 구하는 풀이 과정을 쓰고 답을 구해 보세요.

- 10보다 크고 30보다 작습니다.
- 60의 약수이면서 5의 배수입니다.
- 짝수입니다.

풀이

답

04 왼쪽 수가 오른쪽 수의 배수일 때 □ 안에 들어갈 수 있는 수는 모두 몇 개인지 풀이 과정을 쓰고 답을 구해 보세요.

36, □

풀이

답

05 배추 120포기, 호박 112개를 최대한 많은 사람들에게 남김없이 똑같이 나누어 주려고 합니다. 배추와 호박을 몇 명에게 나누어 줄 수 있는지 풀이 과정을 쓰고 답을 구해 보세요.

풀이

답

06 짧은 변이 40 cm, 긴 변이 56 cm인 직사각형 모양의 종이를 크기가 같은 정사각형 모양으로 남는 부분 없이 자르려고 합니다. 가장 큰 정사각형 여러 장 만들었을 때 정사각형은 모두 몇 장인지 풀이 과정을 쓰고 답을 구해 보세요.

풀이

답

07 과일 가게에서 바구니의 수를 가장 많게 하여 자두 64개, 참외 48개를 남김없이 똑같이 나누어 담으려고 합니다. 자두는 한 개에 500원, 참외는 한 개에 1200원을 받는다면 한 바구니의 가격은 얼마인지 풀이 과정을 쓰고 답을 구해 보세요.

풀이

답

08 연아와 하람이는 5월 1일부터 한 달 동안 수영을 배우기로 하였습니다. 연아는 4일마다 수영장을 가고, 하람이는 6일마다 수영장에 갈 때 5월에 두 사람이 함께 수영장에 가는 날은 모두 몇 번인지 풀이 과정을 쓰고 답을 구해 보세요.

풀이

답

09 길이가 400 m인 길의 한 쪽에 코스모스와 튤립을 심으려고 합니다. 길의 처음부터 심기 시작하여 코스모스는 8 m마다, 튤립은 10 m마다 심는다면 코스모스와 튤립이 같이 심어지는 곳은 모두 몇 군데인지 풀이 과정을 쓰고 답을 구해 보세요.

풀이

답

10 오전에 부산행 버스와 광주행 버스가 출발하는 시각을 나타낸 표입니다.

	출발 시각		출발 시각
부산	10:00	광주	10:00
	10:12		10:15
	10:24		10:30
	10:36		10:45
	⋮		⋮

두 버스가 오전 10시부터 시작하여 다섯 번째로 동시에 출발하는 시각을 구하는 풀이 과정을 쓰고 답을 구해 보세요.

풀이

답

● 두 양 사이의 관계(1)

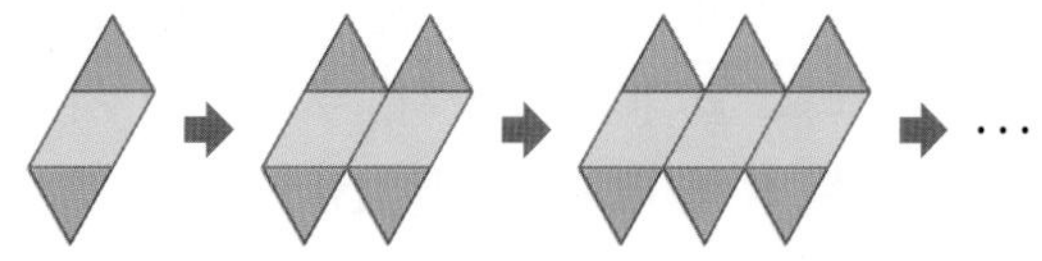

• 초록색 사각형이 1개일 때 파란색 삼각형은 2개입니다.
• 초록색 사각형이 2개일 때 파란색 삼각형은 4개입니다.
• 초록색 사각형이 1개씩 많아질 때 파란색 삼각형은 2개씩 많아집니다.
• 초록색 사각형의 수를 2배 하면 파란색 삼각형의 수입니다.
• 파란색 삼각형의 수를 2로 나누면 초록색 사각형의 수입니다.
• 초록색 사각형이 10개일 때 파란색 삼각형은 $10 \times 2 = 20$(개)입니다.

● 두 양 사이의 관계(2)

• 접시는 1개, 2개, 3개, 4개, ...로 1개씩 늘어납니다.
• 복숭아는 5개, 10개, 15개, 20개, ...로 5개씩 늘어납니다.
• 대응 관계를 표를 이용하여 알아보기

접시의 수(개)	1	2	3	4	…
복숭아의 수(개)	5	10	15	20	…

(÷5, ×5)

➡ 접시의 수를 5배 하면 복숭아의 수와 같습니다.
➡ 복숭아의 수를 5로 나누면 접시의 수와 같습니다.

● 대응 관계를 식으로 나타내기

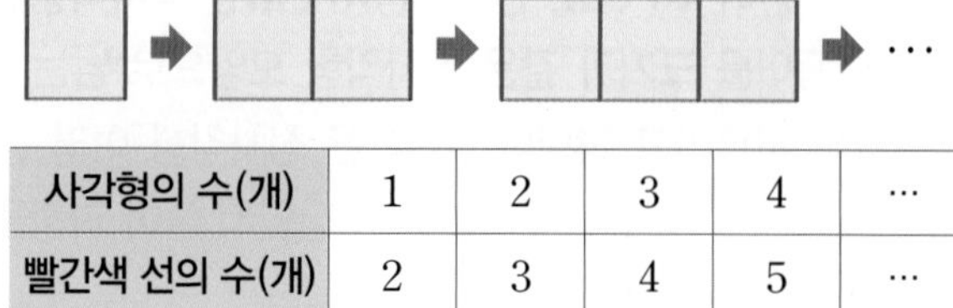

사각형의 수(개)	1	2	3	4	…
빨간색 선의 수(개)	2	3	4	5	…

• 사각형의 수를 ○, 빨간색 선의 수를 △라고 할 때 사각형의 수와 빨간색 선의 수 사이의 대응 관계를 식으로 나타낼 수 있습니다.

(사각형의 수)+1=(빨간색 선의 수)

⬇

○+1=△

(빨간색 선의 수)−1=(사각형의 수)

⬇

△−1=○

● 생활 속에서 대응 관계를 찾아 식으로 나타내기

• 생수의 수와 생수 가격 사이의 대응 관계를 표를 이용하여 알아보기

생수의 수(병)	1	2	3	4	…
생수 가격(원)	800	1600	2400	3200	…

➡ 생수의 수를 ♡, 생수 가격을 ☆이라고 할 때 두 양 사이의 대응 관계를 식으로 나타내면 ♡×800=☆ 또는 ☆÷800=♡입니다.

• 생수 8병은 $8 \times 800 = 6400$(원)입니다.
• 9600원으로 생수 $9600 \div 800 = 12$(병)을 살 수 있습니다.

정답과 해설 48쪽

[01~02] 자전거 한 대의 바퀴는 2개입니다. 물음에 답하세요.

01 자전거의 수와 자전거 바퀴의 수 사이의 대응 관계를 표를 이용하여 알아보세요.

자전거의 수(대)	1	2	3	4	…
자전거 바퀴의 수(개)					…

02 자전거의 수와 자전거 바퀴의 수 사이의 대응 관계를 바르게 설명한 문장은 어느 것인가요?

> ㉠ 자전거 바퀴의 수를 2배 하면 자전거의 수입니다.
> ㉡ 자전거의 수를 2배 하면 자전거 바퀴의 수입니다.

( )

[03~04] ○와 ●의 배열을 보고 물음에 답하세요.

1 2 3 

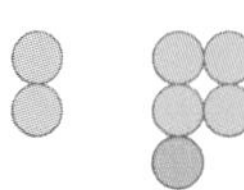 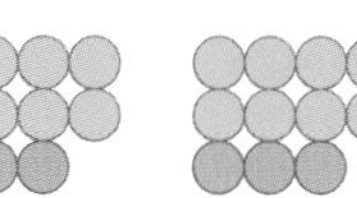 …

03 ○의 수와 ●의 수 사이의 대응 관계를 표를 이용하여 알아보세요.

단계	1	2	3	4	…
○의 수(개)	2				…
●의 수(개)	0				…

04 5 단계에 이어질 모양을 바르게 그린 것을 찾아 ○표 하세요.

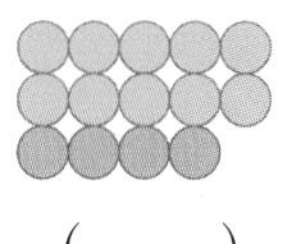 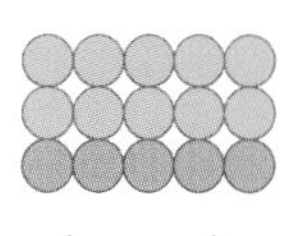

( ) ( )

[05~06] 종합 비타민을 매일 4개씩 먹으려고 합니다. 먹은 날수를 ■, 먹은 비타민의 수를 ◆라고 할 때 물음에 답하세요.

05 ■와 ◆ 사이의 대응 관계를 표를 이용하여 알아보세요.

■	1	2	3	4	…
◆					…

06 두 양 사이의 대응 관계를 식으로 나타내어 보세요.

( )

[07~08] 표를 보고 물음에 답하세요.

○	2	3	4	5	…	㉠
△	1	2	3	4	…	15

07 ○와 △ 사이의 대응 관계를 식으로 나타내어 보세요.

( )

08 ㉠에 알맞은 수는 무엇인가요?

( )

[09~10] 어느 안경 공장에서 1시간에 안경을 250개씩 만듭니다. 물음에 답하세요.

09 만들어진 안경의 수(♡)와 만드는 데 걸린 시간(△) 사이의 대응 관계를 식으로 나타내어 보세요.

( )

10 안경을 2000개 만들려면 몇 시간이 걸리나요?

( )

학교 시험 만점왕 ❶회

[01~03] 꽃잎이 5장인 꽃이 있습니다. 물음에 답하세요.

01 꽃의 수와 꽃잎의 수 사이의 대응 관계를 표를 이용하여 알아보세요.

꽃의 수(송이)	1	2	3	4	…
꽃잎의 수(장)					…

02 알맞은 수나 말에 ○표 하세요.

- 꽃의 수에 5를 (더하면 , 곱하면) 꽃잎의 수가 됩니다.
- 꽃잎의 수를 (4 , 5)로 나누면 꽃의 수가 됩니다.

03 꽃이 10송이일 때 꽃잎은 몇 장인가요?

( )

04 육각형과 사다리꼴로 규칙적인 모양을 만들었습니다. 육각형의 수와 사다리꼴의 수 사이의 대응 관계를 바르게 말한 것에 ○표 하세요.

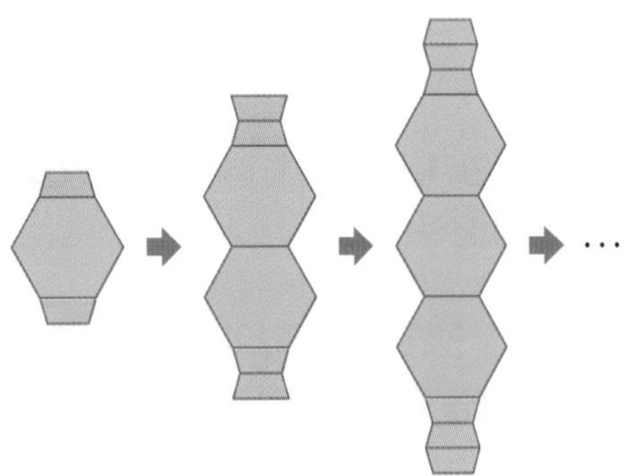

육각형의 수에 2를 곱하면 사다리꼴의 수가 됩니다. ( )

육각형의 수에 2를 더하면 사다리꼴의 수가 됩니다. ( )

[05~07] 그림과 같이 종이테이프를 자르고 있습니다. 물음에 답하세요.

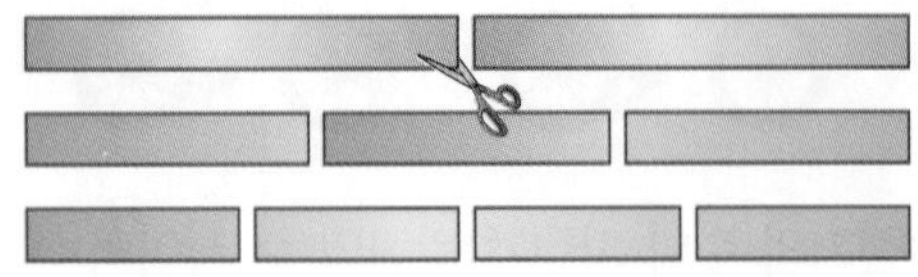

05 종이테이프를 자른 횟수와 종이테이프 조각의 수 사이의 대응 관계를 써 보세요.

( )

06 종이테이프를 15번 자르면 종이테이프 조각은 몇 개가 되나요?

( )

07 종이테이프 조각이 25개가 되려면 종이테이프를 몇 번 자르면 되나요?

( )

[08~10] ○와 ● 사이의 대응 관계를 나타낸 표입니다. 물음에 답하세요.

○	1	2	3	4	5	…
●	10	20	30	㉠	㉡	…

08 ○와 ● 사이의 대응 관계를 식으로 나타내어 보세요.

( )

09 ㉠과 ㉡에 알맞은 수의 합은 얼마인가요?

( )

10 □ 안에 알맞은 수를 써넣으세요.

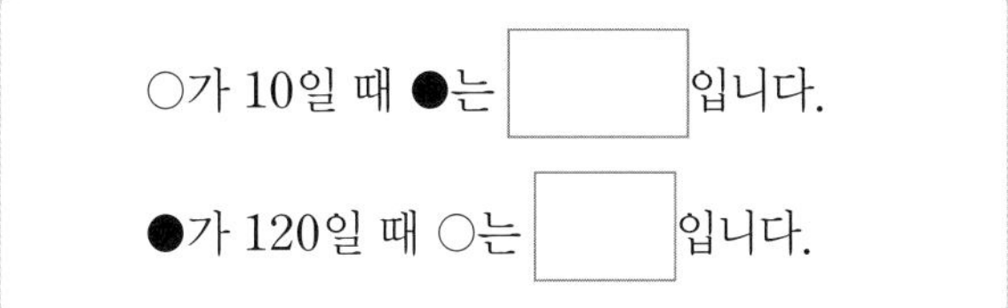

○가 10일 때 ●는 □입니다.

●가 120일 때 ○는 □입니다.

11 표를 보고 ○와 △ 사이의 대응 관계를 식으로 바르게 나타낸 것을 고르세요. ( )

○	20	18	16	14	12
△	10	8	6	4	2

① △+2=○ ② ○÷2=△
③ ○×2=△ ④ ○−10=△
⑤ △×10=○

[12~14] 배열 순서에 따른 모양의 변화를 보고 물음에 답하세요.

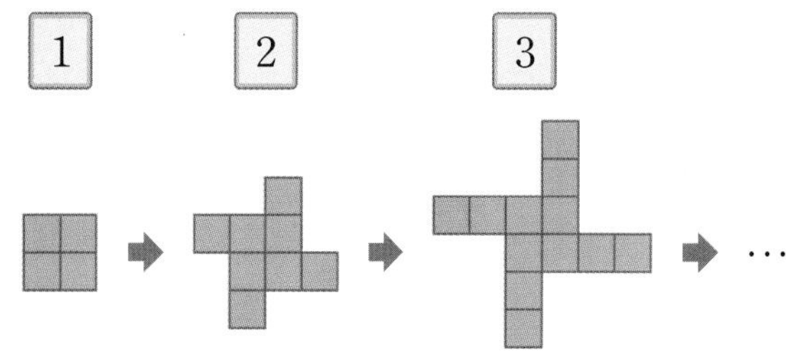

12 배열 순서와 사각형의 수의 사이의 대응 관계를 표를 이용하여 알아보세요.

배열 순서	1	2	3	…
사각형의 수(개)	4			…

13 배열 순서를 ○, 사각형의 수를 ◇라고 할 때 두 양 사이의 대응 관계를 식으로 나타내어 보세요.

( )

서술형 **14** 배열 순서가 8일 때 사각형의 수와 배열 순서가 20일 때 사각형의 수의 합을 구하는 풀이 과정을 쓰고 답을 구해 보세요.

풀이

답

15 관계있는 것끼리 이어 보세요.

▣	1	2	3	4
⊙	2	4	6	8

▣	1	2	3	4
⊙	5	6	7	8

▣	1	2	3	4
⊙	0	1	2	3

- ▣$+4=$⊙
- ▣$\times2=$⊙
- ▣$-1=$⊙

16 시립미술관의 입장객의 수와 입장료 사이의 대응 관계를 나타낸 표입니다. 바르게 설명한 친구의 이름을 써 보세요.

입장객의 수(명)	1	2	3	4	…
입장료(원)	1500	3000	4500	6000	…

승현: 입장객의 수는 입장료의 1500배야.
지명: 입장객이 10명이면 입장료는 9000원이야.
지민: 입장료를 1500으로 나누면 입장객의 수와 같아.

( )

17 생태과학관의 3D 영화 상영 시간표입니다. 영화 시작 시각과 끝나는 시각 사이의 대응 관계를 나타낸 식을 보고, ▣와 ⊙가 의미하는 것을 각각 써 보세요.

회차	시작 시각	끝나는 시각
1회	9시	10시
2회	11시	12시
3회	13시	14시
4회	15시	16시

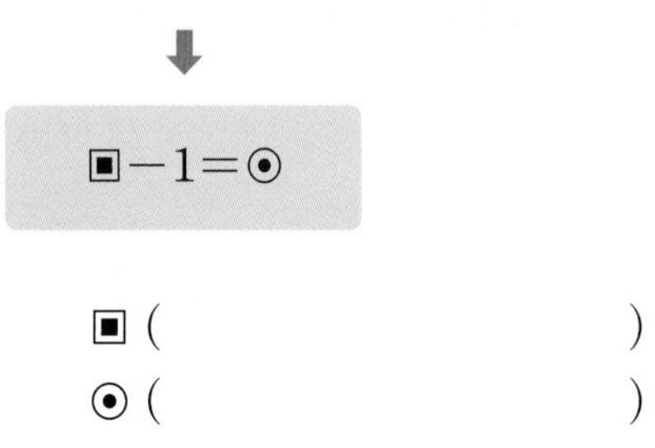

▣ ( )
⊙ ( )

[18~19] 열량은 음식에 들어 있는 에너지를 말합니다. 방울토마토를 100 g을 먹었을 때 섭취한 열량은 22 kcal입니다. 물음에 답하세요.

18 방울토마토의 양과 섭취한 열량 사이의 대응 관계를 표를 이용하여 알아보세요.

방울토마토의 양 (g)	100	200	300		500
섭취한 열량 (kcal)	22			88	

서술형 **19** 방울토마토 800 g을 먹었을 때 섭취한 열량은 몇 kcal인지 구하는 풀이 과정을 쓰고 답을 구해 보세요.

풀이

답

20 표를 완성하고 ♡와 ♥ 사이의 대응 관계를 식으로 나타내어 보세요.

♡	100	98	44	30		8
♥	50	49		15	11	

식

학교 시험 만점왕 ❷회

[01~02] 배드민턴 가방에 배드민턴 라켓이 2개씩 들어 있습니다. 물음에 답하세요.

01 배드민턴 가방의 수와 배드민턴 라켓의 수 사이의 대응 관계를 표를 이용하여 알아보세요.

배드민턴 가방의 수(개)	1	2	3	4	…
배드민턴 라켓의 수(개)					…

02 배드민턴 가방의 수와 배드민턴 라켓의 수 사이의 대응 관계를 바르게 설명한 친구의 이름을 써 보세요.

현우: 배드민턴 가방의 수에 2를 곱하면 배드민턴 라켓의 수가 돼.

진현: 배드민턴 라켓의 수에 2를 곱하면 배드민턴 가방의 수가 돼.

( )

03 □ 안에 알맞은 수를 써넣으세요.

●	2	4	6	8
♡	5	7	9	11

♡는 ●보다 □ 더 큽니다.

●는 ♡보다 □ 더 작습니다.

[04~06] 직사각형을 이어 붙여 규칙적인 배열을 만들었습니다. 물음에 답하세요.

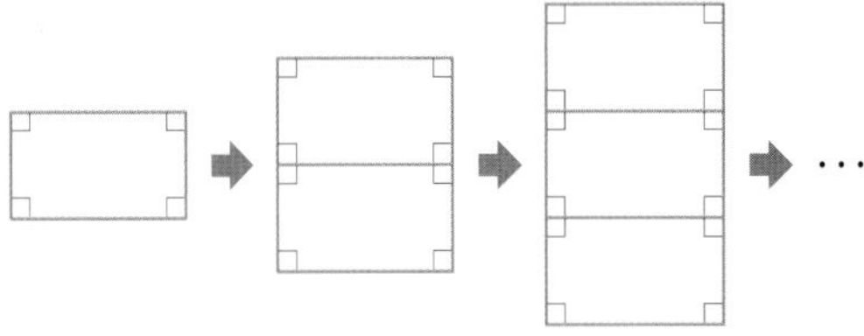

04 직사각형의 수와 직각의 수 사이의 대응 관계를 표를 이용하여 알아보세요.

직사각형의 수(개)	1	2	3	4	…
직각의 수(개)					…

05 직사각형의 수와 직각의 수 사이의 대응 관계를 써 보세요.

( )

06 직사각형을 9개 이어 붙였을 때 찾을 수 있는 직각은 모두 몇 개인가요?

( )

서술형 07 식탁 1개에 의자를 6개씩 놓으려고 합니다. 식탁을 5개 놓으려면 의자는 몇 개가 필요한지 풀이 과정을 쓰고 답을 구해 보세요.

풀이

답

[08~10] 생수병 한 묶음에 생수병이 20병씩 들어 있습니다. 물음에 답하세요.

08 생수병 묶음의 수와 생수병의 수 사이의 대응 관계를 표를 이용하여 알아보세요.

생수병 묶음의 수(개)	1	2	3	4	…
생수병의 수(병)					…

09 생수병 묶음의 수와 생수병의 수 사이의 대응 관계를 식으로 나타내려고 합니다. 보기 에서 알맞은 카드를 골라 □ 안에 써넣으세요.

보기

×20	+20	÷20	−20

(1) (생수병의 수) □ =(생수병 묶음의 수)

(2) (생수병 묶음의 수) □ =(생수병의 수)

10 생수병이 240병 있을 때 생수병 묶음은 몇 개인가요?

( )

[11~13] 다각형의 한 꼭짓점에서 대각선을 그으면 다음과 같이 그을 수 있습니다. 물음에 답하세요.

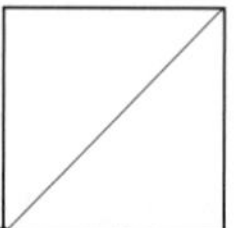
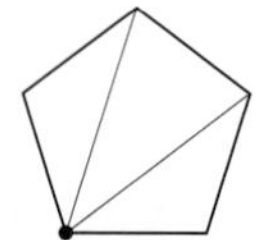
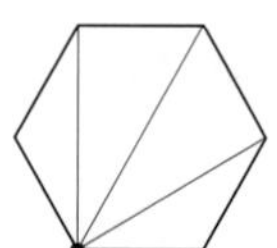

11 다각형의 꼭짓점의 수와 한 꼭짓점에서 그은 대각선의 수 사이의 대응 관계를 표를 이용하여 알아보세요.

다각형의 꼭짓점의 수(개)	4	5	6	7	…
한 꼭짓점에서 그은 대각선의 수(개)					…

12 십각형의 한 꼭짓점에서 그은 대각선은 몇 개인가요?

( )

13 다각형의 꼭짓점의 수를 ♡, 한 꼭짓점에서 그은 대각선의 수를 ☆이라고 할 때 두 양 사이의 대응 관계를 바르게 나타낸 식을 모두 찾아 색칠해 보세요.

♡ − 3 = ☆	☆ − 3 = ♡
♡ + 3 = ☆	☆ + 3 = ♡

14 ■가 40일 때 ▲의 값을 구해 보세요.

■	5	6	7	8	9	10
▲	15	16	17	18	19	20

( )

[15~17] 승욱이는 삼각형으로 규칙적인 배열을 만들었습니다. 물음에 답하세요.

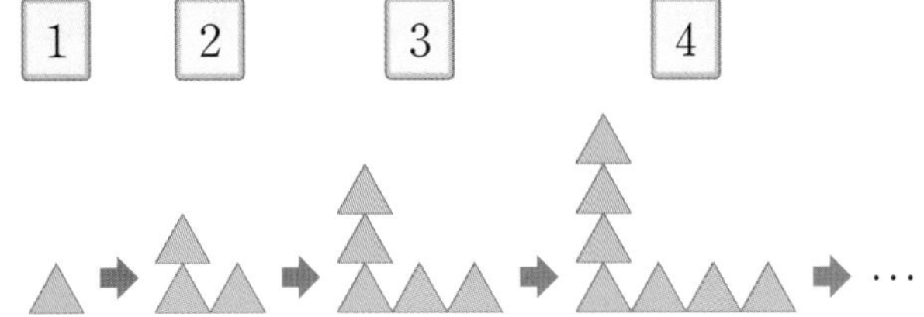

15 배열 순서와 삼각형의 수 사이의 대응 관계를 표를 이용하여 알아보세요.

배열 순서	1	2	3	4	…
삼각형의 수(개)					…

16 배열 순서를 ♡, 삼각형의 수를 ●라고 할 때 두 양 사이의 대응 관계를 바르게 나타낸 식을 찾아 기호를 써 보세요.

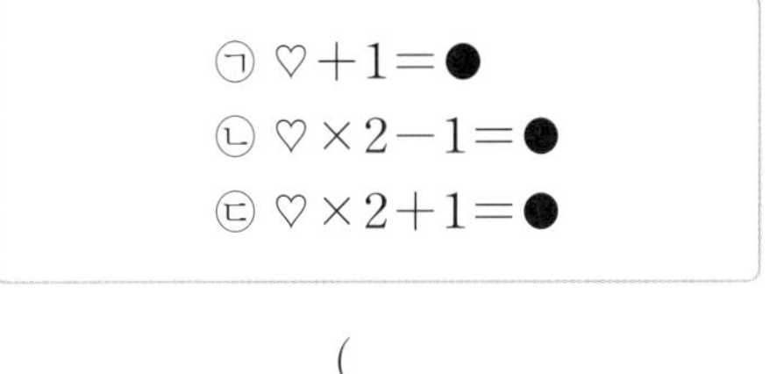

㉠ ♡+1=●
㉡ ♡×2−1=●
㉢ ♡×2+1=●

(　　　　　　　)

17 ㉠+㉡의 값을 구해 보세요.

• 배열 순서가 7 일 때 삼각형은 ㉠개입니다.
• 삼각형이 21개일 때 배열 순서는 ㉡입니다.

(　　　　　　　)

[18~19] 오징어 한 마리는 다리가 10개입니다. 물음에 답하세요.

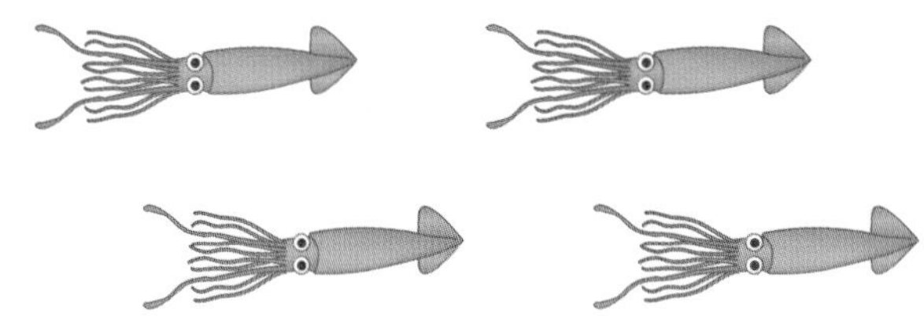

18 오징어의 수와 오징어 다리의 수 사이의 대응 관계를 표를 이용하여 알아보세요.

오징어의 수(마리)	1	2	3	4	…
오징어 다리의 수(개)					…

서술형 19 오징어의 수와 오징어 다리의 수 사이의 대응 관계를 잘못 말한 친구의 이름을 쓰고, 잘못된 부분을 찾아 바르게 고쳐 써 보세요.

두희: 오징어의 수는 오징어 다리의 수의 10배이니까 오징어가 10마리일 때 오징어 다리는 100개야.

보람: 오징어 다리의 수를 10으로 나누면 오징어가 몇 마리인지 알 수 있어.

잘못 말한 사람

바르게 고치기

20 표를 보고 ○와 ● 사이의 대응 관계를 식으로 나타내어 보세요.

○	1	2	3	4	6	12
●	12	6	4	3	2	1

(　　　　　　　)

서술형·논술형 평가 3단원

01 풍선을 3개씩 리본 한 개로 묶었습니다. 서로 관계있는 두 양을 찾아 대응 관계를 써 보세요.

02 얼음틀 한 개에 물을 가득 부어 얼리면 얼음 조각 15개를 만들 수 있습니다. ㉠에 알맞은 수를 구하는 풀이 과정을 쓰고 답을 구해 보세요.

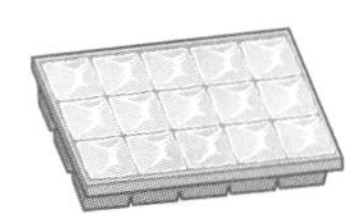 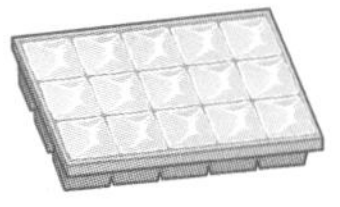 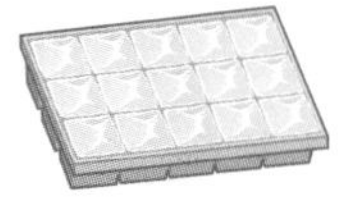

얼음틀의 수(개)	1	2	3	…	㉠
얼음 조각의 수(개)	15	30	45	…	120

풀이

답

03 표를 보고 ○와 ♡ 사이의 대응 관계를 두 가지로 나타내어 보세요.

○	1	2	3	4	5
♡	4	8	12	16	20

04 색종이 5장으로 종이접기를 해서 별 1개를 만들 수 있습니다. 색종이의 수를 ○, 만들 수 있는 별의 수를 ◇라고 할 때 두 양 사이의 대응 관계를 식으로 나타내고 색종이 85장으로 만들 수 있는 별은 몇 개인지 풀이 과정을 쓰고 답을 구해 보세요.

풀이

답

05 그림과 같이 11개의 빨대를 놓아 삼각형 5개를 만들었습니다. 같은 규칙으로 빨대를 14개 더 놓는다면 삼각형은 모두 몇 개가 되는지 풀이 과정을 쓰고 답을 구해 보세요.

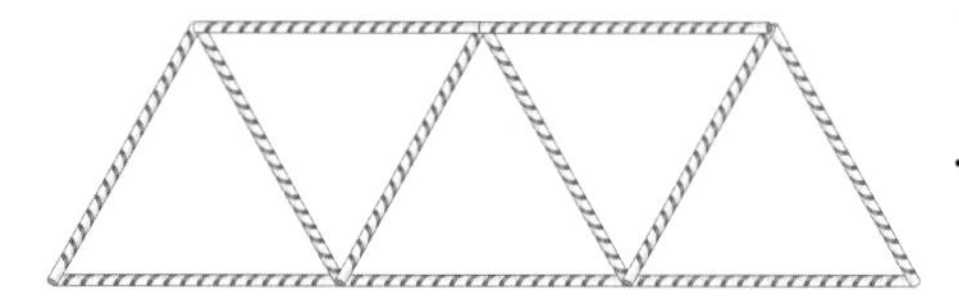

풀이

답

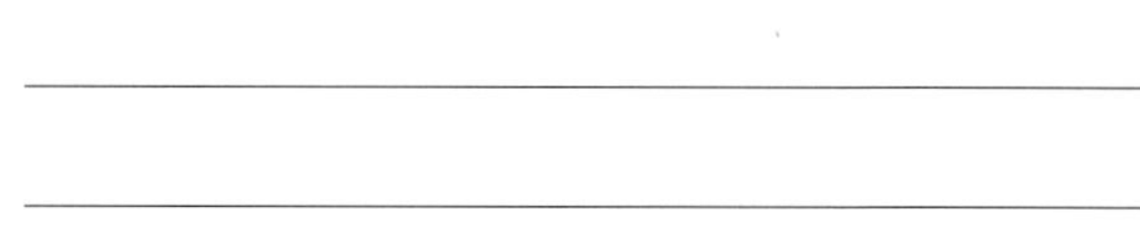

정답과 해설 51쪽

06 도형 조각으로 규칙적인 배열을 만들었습니다. 사각형의 수(☆)와 삼각형의 수(♡) 사이의 대응 관계를 2가지 식으로 나타내어 보세요.

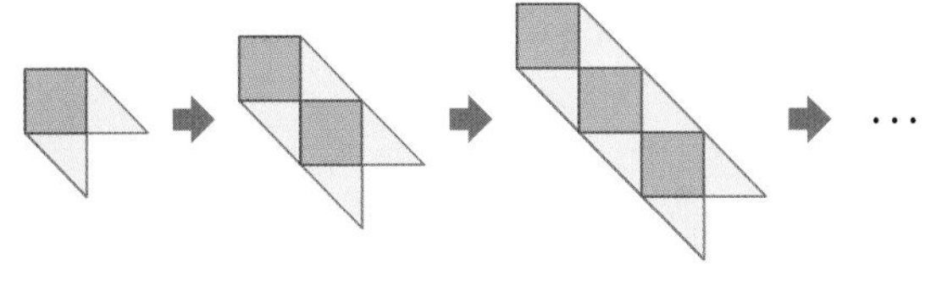

07 대응 관계를 나타낸 식을 보고, 식에 알맞은 상황을 만들어 보세요.

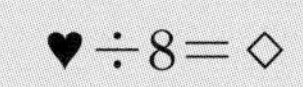

♥÷8=◇

08 영화관의 의자의 수와 팔걸이의 수 사이의 대응 관계를 찾아 기호를 사용하여 식으로 나타내어 보세요.

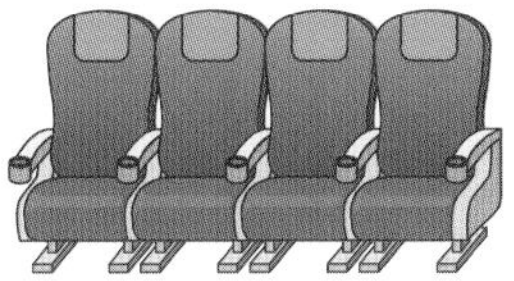

09 세윤이는 보석 조각으로 규칙적인 모양을 만들고 있습니다. 배열 순서가 [7]일 때 보석 조각은 몇 개인지 구하는 풀이 과정을 쓰고 답을 구해 보세요.

[1] [2] [3] [4]

풀이

답

10 공영 주차장의 주차 요금은 1시간에 1000원입니다. 주차 시간과 주차 요금 사이의 대응 관계를 기호를 사용하여 식으로 나타내고, 4시간을 주차했을 때 주차 요금은 얼마인지 풀이 과정을 쓰고 답을 구해 보세요.

풀이

답

핵심 복습 4단원

● **크기가 같은 분수**

$\frac{1}{3}$ 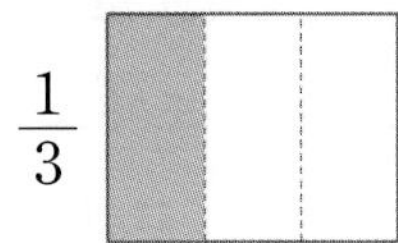 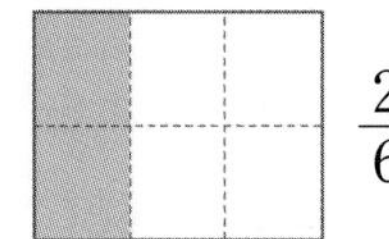 $\frac{2}{6}$

• 색칠한 부분의 크기가 같으므로 $\frac{1}{3}$과 $\frac{2}{6}$는 크기가 같습니다.

● **크기가 같은 분수 만들기**

• 분모와 분자에 0이 아닌 같은 수를 곱하면 크기가 같은 분수를 만들 수 있습니다.

$$\frac{3}{5}=\frac{6}{10}=\frac{9}{15}=\frac{12}{20}$$

(×2, ×3, ×4)

• 분모와 분자를 0이 아닌 같은 수로 나누면 크기가 같은 분수를 만들 수 있습니다.

$$\frac{12}{18}=\frac{6}{9}=\frac{4}{6}=\frac{2}{3}$$

(÷2, ÷3, ÷6)

● **약분**

• 분모와 분자를 공약수로 나누어 간단한 분수로 만드는 것을 약분한다고 합니다. 약분할 때에는 1을 제외한 공약수로 분모와 분자를 나눕니다.

$$\frac{4}{12}=\frac{4\div2}{12\div2}=\frac{2}{6}$$

$$\frac{4}{12}=\frac{4\div4}{12\div4}=\frac{1}{3}$$

• 분모와 분자의 공약수가 1뿐인 분수를 기약분수라고 합니다. 분모와 분자를 그들의 최대공약수로 나누면 한 번에 기약분수로 나타낼 수 있습니다.

$$\frac{6}{18}=\frac{6\div6}{18\div6}=\frac{1}{3}$$

└ 6과 18의 최대공약수

● **통분**

• 분수의 분모를 같게 하는 것을 통분한다고 하고, 통분한 분모를 공통분모라고 합니다.

방법 1 분모의 곱을 공통분모로 하여 통분하기

$$\left(\frac{5}{6}, \frac{4}{9}\right) \Rightarrow \left(\frac{5\times9}{6\times9}, \frac{4\times6}{9\times6}\right) \Rightarrow \left(\frac{45}{54}, \frac{24}{54}\right)$$

방법 2 분모의 최소공배수를 공통분모로 하여 통분하기

$$\left(\frac{5}{6}, \frac{4}{9}\right) \Rightarrow \left(\frac{5\times3}{6\times3}, \frac{4\times2}{9\times2}\right) \Rightarrow \left(\frac{15}{18}, \frac{8}{18}\right)$$

● **분수의 크기 비교**

• 분수를 통분하여 분모를 같게 만든 후 분자의 크기를 비교합니다.

예 $\frac{2}{7}$와 $\frac{3}{8}$의 크기 비교하기

$$\left(\frac{2}{7}, \frac{3}{8}\right) \Rightarrow \left(\frac{16}{56}, \frac{21}{56}\right) \Rightarrow \frac{2}{7}<\frac{3}{8}$$

● **분수와 소수의 크기 비교**

• 분수를 소수로 나타낼 때에는 분모가 10, 100, 1000인 분수로 고친 다음 소수로 나타냅니다.

• 소수를 분수로 나타낼 때에는 분모가 10, 100, 1000인 분수로 고친 후 약분합니다.

• 분수와 소수의 크기를 비교할 때는 분수를 소수로 나타내거나 소수를 분수로 나타낸 후 비교합니다.

예 $\frac{7}{20}$과 0.4의 크기 비교하기

방법 1 분수를 소수로 나타내어 크기 비교하기

$$\frac{7}{20}=\frac{35}{100}=0.35 \Rightarrow \frac{7}{20}<0.4$$

방법 2 소수를 분수로 나타내어 크기 비교하기

$$0.4=\frac{4}{10}=\frac{8}{20} \Rightarrow \frac{7}{20}<0.4$$

정답과 해설 53쪽

01 주어진 분수만큼 색칠하고 크기가 같은 분수를 찾아 쓰세요.

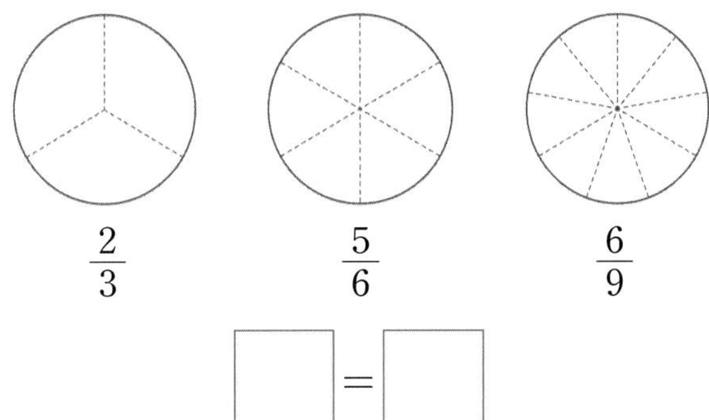

$\frac{2}{3}$ $\frac{5}{6}$ $\frac{6}{9}$

□ = □

02 □ 안에 알맞은 수를 써넣으세요.

$$\frac{21}{35}=\frac{21\div\square}{35\div 7}=\frac{\square}{\square}$$

03 왼쪽의 분수와 크기가 같은 분수에 모두 ○표 하세요.

$\frac{4}{12}$	$\frac{1}{3}$	$\frac{1}{4}$	$\frac{3}{6}$	$\frac{8}{24}$	$\frac{10}{36}$

04 $\frac{20}{35}$의 분모와 분자를 어떤 수로 나누어 약분하려고 합니다. 어떤 수를 구해 보세요.

( )

05 $\frac{24}{30}$를 약분한 분수를 모두 써 보세요.

( )

06 다음 중 기약분수는 모두 몇 개인가요?

$\frac{1}{2}$	$\frac{4}{6}$	$\frac{8}{9}$	$\frac{21}{28}$	$\frac{19}{42}$	$\frac{13}{39}$

( )

07 $\frac{11}{25}$과 $\frac{7}{10}$을 가장 작은 공통분모로 통분하려고 합니다. 공통분모는 얼마인가요?

( )

08 $\left(\frac{3}{10}, \frac{4}{15}\right)$를 바르게 통분한 것을 모두 찾아 기호를 써 보세요.

㉠ $\left(\frac{9}{30}, \frac{12}{30}\right)$ ㉡ $\left(\frac{9}{30}, \frac{8}{30}\right)$

㉢ $\left(\frac{12}{60}, \frac{16}{60}\right)$ ㉣ $\left(\frac{45}{150}, \frac{40}{150}\right)$

( )

09 두 수의 크기를 비교하여 ○ 안에 >, =, <를 알맞게 써넣으세요.

$\frac{7}{12}$ ○ $\frac{5}{8}$

10 더 큰 수에 색칠해 보세요.

$\frac{4}{5}$	0.7

학교 시험 만점왕 ❶회

01 그림을 보고 □ 안에 알맞은 수를 써넣으세요.

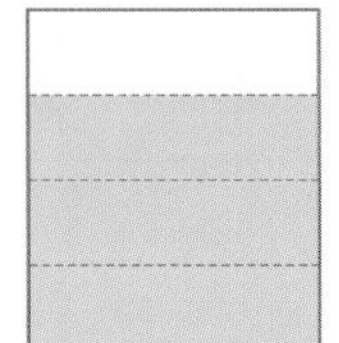 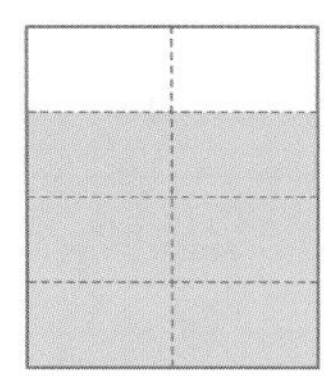 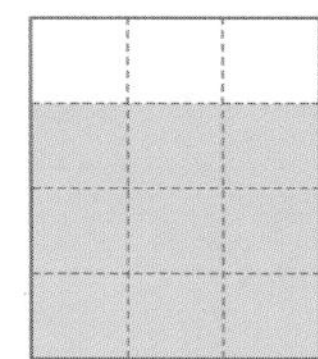

$$\frac{3}{4} = \frac{6}{\square} = \frac{\square}{12}$$

02 8조각으로 자른 피자 한 판을 $\frac{1}{2}$만큼 먹으려면 몇 조각을 먹어야 할까요?

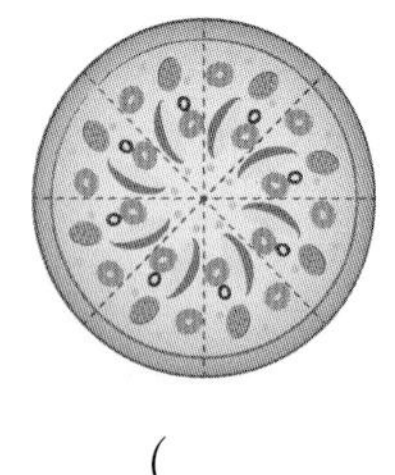

(　　　　　　　　)

03 $\frac{5}{7}$와 크기가 같은 분수를 만들려고 합니다. □ 안에 알맞은 수를 써넣으세요.

$$\frac{5}{7} = \frac{5 \times \square}{7 \times 6} = \frac{\square}{\square}$$

04 크기가 같은 분수에 대해 바르게 설명한 것은 어느 것인가요? (　　　)

① 분모가 다른 분수는 크기가 같은 분수가 될 수 없습니다.

② 분모와 분자에 2를 더하면 크기가 같은 분수를 만들 수 있습니다.

③ 분모와 분자에서 3을 빼면 크기가 같은 분수를 만들 수 있습니다.

④ 분모와 분자에 5를 곱하면 크기가 같은 분수를 만들 수 있습니다.

⑤ 분모를 2로 나누고 분자를 3으로 나누면 크기가 같은 분수를 만들 수 있습니다.

05 크기가 같은 분수끼리 짝 지어진 것을 모두 찾아 기호를 써 보세요.

㉠ $\left(\frac{3}{5}, \frac{7}{10}\right)$　㉡ $\left(\frac{21}{27}, \frac{7}{9}\right)$

㉢ $\left(\frac{6}{7}, \frac{30}{35}\right)$　㉣ $\left(\frac{32}{56}, \frac{4}{9}\right)$

(　　　　　　　　)

06 $\frac{2}{9}$와 크기가 같은 분수 중에서 분자가 10인 분수를 써 보세요.

(　　　　　　　　)

07 $\dfrac{27}{81}$을 약분했습니다. ㉠+㉡+㉢의 값을 구해 보세요.

$$\frac{27}{81}=\frac{9}{㉠}=\frac{㉡}{9}=\frac{1}{㉢}$$

(　　　　　　　　　　)

08 다음 중 기약분수는 모두 몇 개인가요? (　　　)

$$\frac{10}{31}\quad\frac{25}{38}\quad\frac{6}{10}\quad\frac{7}{24}\quad\frac{13}{26}\quad\frac{23}{42}$$

① 1개　　② 2개　　③ 3개
④ 4개　　⑤ 5개

09 분수를 약분해서 기약분수로 나타내었을 때 분모가 더 큰 분수에 ○표 하세요.

$\dfrac{36}{42}$	$\dfrac{27}{36}$

서술형 **10** 분모가 10인 진분수 중에서 기약분수는 모두 몇 개인지 풀이 과정을 쓰고 답을 구해 보세요.

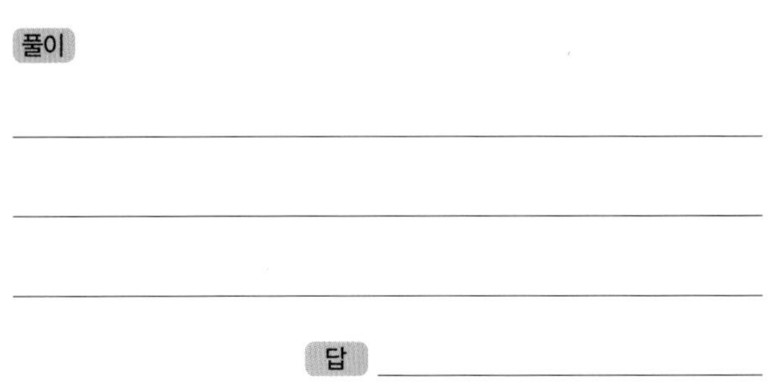

11 약분하여 $\dfrac{5}{6}$가 되는 분수 중에서 분모가 10보다 크고 20보다 작은 분수를 모두 구해 보세요.

(　　　　　　　　　　)

12 $\dfrac{2}{7}$와 $\dfrac{1}{6}$을 통분하려고 합니다. □ 안에 알맞은 수를 써넣으세요.

$$\left(\frac{2}{7}, \frac{1}{6}\right) \Rightarrow \left(\frac{2\times\square}{7\times6}, \frac{1\times\square}{6\times7}\right)$$

$$\Rightarrow \left(\square, \square\right)$$

13 $\left(\dfrac{8}{15}, \dfrac{7}{12}\right)$을 분모의 곱을 공통분모로 하여 바르게 통분한 것을 찾아 기호를 써 보세요.

㉠ $\left(\dfrac{40}{60}, \dfrac{35}{60}\right)$　　㉡ $\left(\dfrac{32}{60}, \dfrac{35}{60}\right)$

㉢ $\left(\dfrac{96}{180}, \dfrac{105}{180}\right)$　　㉣ $\left(\dfrac{96}{180}, \dfrac{84}{180}\right)$

(　　　　　　　　　　)

14 $\frac{5}{6}$와 $\frac{7}{9}$을 통분하려고 합니다. 공통분모가 될 수 있는 수를 가장 작은 수부터 차례로 3개 써 보세요.

(　　　　　　　　　　　　　)

15 두 수의 크기를 비교하여 ○ 안에 >, =, <를 알맞게 써넣으세요.

(1) $\frac{7}{13}$ ○ $\frac{15}{26}$

(2) $\frac{9}{25}$ ○ $\frac{7}{10}$

16 수 카드를 한 번씩 모두 사용하여 대분수를 만들려고 합니다. 만들 수 있는 대분수 중 가장 큰 수를 소수로 나타내어 보세요.

3　5　7

(　　　　　　　　　　　　　)

17 크기가 더 큰 수를 말한 친구는 누구인가요?

(　　　　　　　　　　　　　)

18 크기가 큰 순서대로 기호를 써 보세요.

㉠ $\frac{1}{5}$　㉡ 0.4　㉢ $\frac{5}{8}$

(　　　　　　　　　　　　　)

서술형 **19** 학교에서 집까지의 거리는 0.7 km, 학교에서 학원까지의 거리는 $\frac{3}{4}$ km, 학교에서 편의점까지의 거리는 $\frac{17}{20}$ km입니다. 학교에서 가장 가까운 곳은 어디인지 풀이 과정을 쓰고 답을 구해 보세요.

풀이

답

20 $\frac{1}{4}$과 0.4 사이의 수 중에서 분모가 10인 분수를 구해 보세요.

(　　　　　　　　　　　　　)

01 $\frac{2}{5}$만큼 색칠하고 □ 안에 알맞은 수를 써넣으세요.

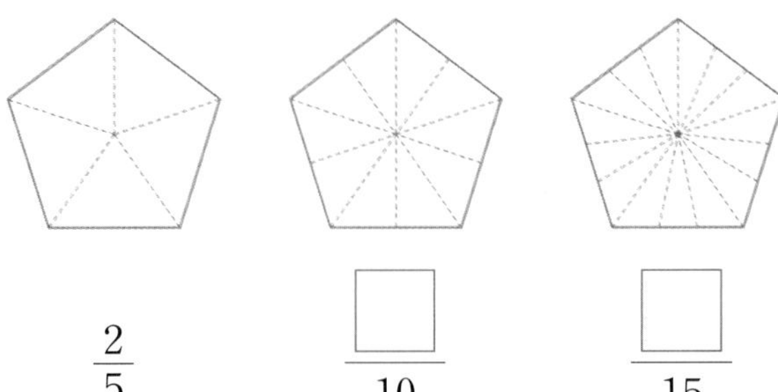

$\frac{2}{5}$ $\quad \frac{\square}{10}$ $\quad \frac{\square}{15}$

02 ㉠+㉡+㉢의 값을 구해 보세요.

×㉠

$$\frac{9}{16}=\frac{㉢}{32}$$

×㉡

(　　　　　　　　　)

03 □ 안에 알맞은 수를 써넣으세요.

$$\frac{40}{48}=\frac{\square}{6}$$

04 수 카드를 사용하여 $\frac{9}{14}$와 크기가 같은 분수를 만들려고 합니다. 수 카드 중 ㉠과 ㉡에 들어갈 알맞은 수를 찾아 써 보세요.

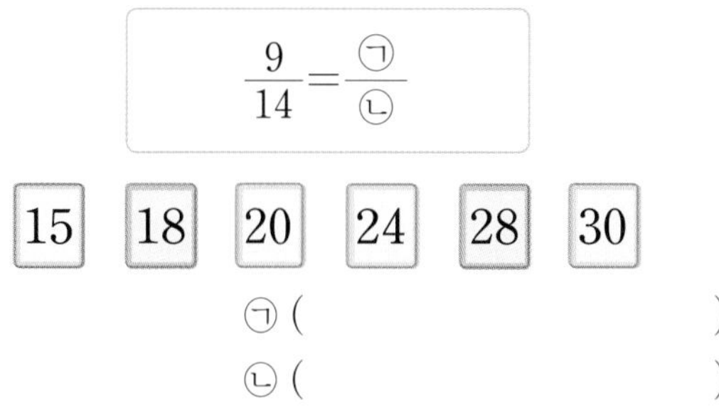

$$\frac{9}{14}=\frac{㉠}{㉡}$$

15 　18 　20 　24 　28 　30

㉠ (　　　　　　　　　)

㉡ (　　　　　　　　　)

서술형 **05** $\frac{1}{4}$과 크기가 같은 분수 중에서 분모가 10보다 크고 30보다 작은 분수는 모두 몇 개인지 풀이 과정을 쓰고 답을 구해 보세요.

풀이

답

06 약분한 분수를 모두 써 보세요.

$$\frac{32}{44}$$

(　　　　　　　　　)

07 약분하여 $\frac{3}{4}$이 되는 분수 중에서 분모가 가장 작은 두 자리 수인 분수를 구해 보세요.

(　　　　　　　　　)

08 $\frac{48}{72}$을 약분한 분수 중에서 분모와 분자의 차가 6인 분수는 얼마인가요?

(　　　　　　　　　　)

09 진분수 $\frac{\square}{12}$가 기약분수일 때 □ 안에 들어갈 수 있는 수를 모두 구해 보세요.

(　　　　　　　　　　)

10 기약분수로 나타낸 수가 다른 것은 어느 것인가요?

(　　　)

① $\frac{9}{15}$　② $\frac{12}{20}$　③ $\frac{14}{35}$

④ $\frac{36}{60}$　⑤ $\frac{45}{75}$

11 알맞은 수나 말에 ○표 하세요.

> 두 분수의 분모를 같게 하는 것을 (약분 , 통분) 한다고 하고 통분한 분모를 공통분모라고 합니다. $\frac{13}{24}$과 $\frac{11}{40}$을 통분할 때 두 분수의 가장 작은 공통분모는 (120 , 143)이고, 이 수는 두 분모의 (곱 , 최소공배수)입니다.

12 $\left(\frac{3}{8}, \frac{5}{6}\right)$를 바르게 통분한 것은 어느 것인가요?

(　　　)

① $\left(\frac{7}{14}, \frac{13}{14}\right)$　② $\left(\frac{15}{40}, \frac{15}{18}\right)$

③ $\left(\frac{3}{24}, \frac{15}{24}\right)$　④ $\left(\frac{3}{24}, \frac{5}{24}\right)$

⑤ $\left(\frac{9}{24}, \frac{20}{24}\right)$

13 두 분수를 통분할 때 분모의 최소공배수를 공통분모로 한 경우와 분모의 곱을 공통분모로 한 경우의 통분한 결과가 같은 것을 찾아 기호를 써 보세요.

> ㉠ $\left(\frac{7}{8}, \frac{2}{5}\right)$　㉡ $\left(\frac{3}{5}, \frac{13}{20}\right)$　㉢ $\left(\frac{4}{15}, \frac{5}{9}\right)$

(　　　　　　　　　　)

14 승주가 두 분수 $\frac{5}{6}$와 $\frac{●}{14}$를 통분한 것입니다. ●에 알맞은 수를 구해 보세요.

> $\left(\frac{35}{■}, \frac{27}{■}\right)$

(　　　　　　　　　　)

15 더 큰 분수에 ○표 해 보세요.

$\frac{9}{20}$	$\frac{8}{15}$
(　　)	(　　)

16 서하, 진서, 범서는 같은 크기의 도화지를 각각 한 장씩 가지고 있습니다. 서하는 전체의 $\frac{5}{8}$만큼, 진서는 전체의 $\frac{7}{9}$만큼, 범서는 전체의 $\frac{4}{7}$만큼 색칠했습니다. 가장 넓게 색칠한 친구는 누구인가요?

(　　　　　　　　)

17 분모를 10, 100, 1000으로 고쳐서 소수로 나타낼 수 <u>없는</u> 분수는 어느 것인가요? (　　)

① $\frac{1}{4}$　② $\frac{4}{5}$　③ $\frac{3}{8}$

④ $\frac{7}{9}$　⑤ $\frac{31}{50}$

18 두 수의 크기를 비교하여 더 작은 수를 빈칸에 써넣으세요.

(1)

0.7	$\frac{3}{4}$

(2)

$1\frac{17}{20}$	1.9

19 작은 분수부터 차례로 써 보세요.

$\frac{3}{8}$　$\frac{6}{13}$　$\frac{9}{29}$

(　　　　　　　　)

서술형 **20** □ 안에 들어갈 수 있는 자연수는 모두 몇 개인지 풀이 과정을 쓰고 답을 구해 보세요.

$$\frac{\square}{7} < \frac{40}{77}$$

풀이

답

서술형·논술형 평가 4단원

01 $\frac{27}{45}$의 분모와 분자를 0이 아닌 같은 수로 나누어 만들 수 있는 크기가 같은 분수를 모두 구하는 풀이 과정을 쓰고 답을 구해 보세요.

풀이

답

02 다음 조건을 모두 만족하는 분수 $\frac{가}{나}$를 구하는 풀이 과정을 쓰고 답을 구해 보세요.

- $\frac{가}{나}$는 $\frac{3}{8}$과 크기가 같습니다.
- 가와 나의 합은 33입니다.

풀이

답

03 어떤 분수의 분모에서 5를 빼고, 분모와 분자를 6으로 나누었더니 $\frac{4}{9}$가 되었습니다. 어떤 분수를 구하는 풀이 과정을 쓰고 답을 구해 보세요.

풀이

답

04 분자가 30인 분수 중에서 약분하면 $\frac{6}{11}$이 되는 분수를 구하는 풀이 과정을 쓰고 답을 구해 보세요.

풀이

답

05 $\frac{18}{21}$은 기약분수가 아닙니다. 그 이유를 설명해 보세요.

이유

정답과 해설 56쪽

06 민근이가 설명하는 분수 $\frac{㉮}{㉯}$를 구하는 풀이 과정을 쓰고 답을 구해 보세요.

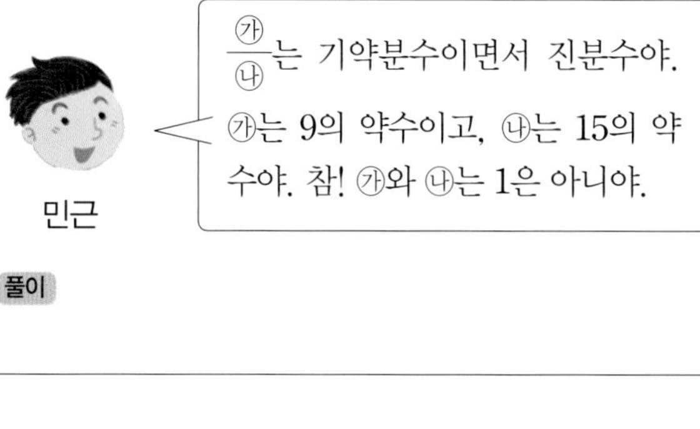

$\frac{㉮}{㉯}$는 기약분수이면서 진분수야.
㉮는 9의 약수이고, ㉯는 15의 약수야. 참! ㉮와 ㉯는 1은 아니야.
민근

풀이

답

07 두 분수를 통분하려고 합니다. 공통분모가 될 수 있는 수 중에서 100보다 작은 수는 모두 몇 개인지 풀이 과정을 쓰고 답을 구해 보세요.

$$\left(\frac{5}{6}, \frac{7}{10}\right)$$

풀이

답

08 승희는 초콜릿을 똑같이 12조각으로 나누어 7조각을 먹었습니다. 지원이는 승희와 같은 크기의 초콜릿을 똑같이 20조각으로 나누어 13조각을 먹었습니다. 남은 초콜릿이 더 많은 친구는 누구인지 풀이 과정을 쓰고 답을 구해 보세요.

풀이

답

09 세 분수 $\frac{5}{8}$, $\frac{\square}{20}$, $\frac{4}{5}$의 크기를 비교하였더니 $\frac{4}{5}$가 가장 크고, $\frac{5}{8}$가 가장 작았습니다. 기약분수인 $\frac{\square}{20}$를 구하는 풀이 과정을 쓰고 답을 구해 보세요.

풀이

답

10 0.45와 $\frac{4}{5}$ 사이에 있는 소수 한 자리 수는 모두 몇 개인지 풀이 과정을 쓰고 답을 구해 보세요.

풀이

답

● 받아올림이 없는 분모가 다른 진분수의 덧셈

• $\frac{1}{6}+\frac{3}{8}$의 계산

방법 1 두 분모의 곱을 공통분모로 하여 통분한 후 계산하기

$\frac{1}{6}+\frac{3}{8}=\frac{8}{48}+\frac{18}{48}=\frac{26}{48}=\frac{13}{24}$

방법 2 두 분모의 최소공배수를 공통분모로 하여 통분한 후 계산하기

$\frac{1}{6}+\frac{3}{8}=\frac{4}{24}+\frac{9}{24}=\frac{13}{24}$

● 받아올림이 있는 분모가 다른 진분수의 덧셈

• $\frac{3}{4}+\frac{7}{10}$의 계산

방법 1 두 분모의 곱을 공통분모로 하여 통분한 후 계산하기

$\frac{3}{4}+\frac{7}{10}=\frac{30}{40}+\frac{28}{40}=\frac{58}{40}=1\frac{18}{40}=1\frac{9}{20}$

방법 2 두 분모의 최소공배수를 공통분모로 하여 통분한 후 계산하기

$\frac{3}{4}+\frac{7}{10}=\frac{15}{20}+\frac{14}{20}=\frac{29}{20}=1\frac{9}{20}$

● 분모가 다른 대분수의 덧셈

• $2\frac{5}{6}+3\frac{1}{4}$의 계산

방법 1 자연수는 자연수끼리, 분수는 분수끼리 더해서 계산하기

$2\frac{5}{6}+3\frac{1}{4}=2\frac{10}{12}+3\frac{3}{12}$

$=5+\frac{13}{12}=5+1\frac{1}{12}=6\frac{1}{12}$

방법 2 대분수를 가분수로 나타내어 계산하기

$2\frac{5}{6}+3\frac{1}{4}=\frac{17}{6}+\frac{13}{4}=\frac{34}{12}+\frac{39}{12}$

$=\frac{73}{12}=6\frac{1}{12}$

● 분모가 다른 진분수의 뺄셈

• $\frac{3}{4}-\frac{1}{6}$의 계산

방법 1 두 분모의 곱을 공통분모로 하여 통분한 후 계산하기

$\frac{3}{4}-\frac{1}{6}=\frac{18}{24}-\frac{4}{24}=\frac{14}{24}=\frac{7}{12}$

방법 2 두 분모의 최소공배수를 공통분모로 하여 통분한 후 계산하기

$\frac{3}{4}-\frac{1}{6}=\frac{9}{12}-\frac{2}{12}=\frac{7}{12}$

● 받아내림이 없는 분모가 다른 대분수의 뺄셈

• $2\frac{2}{3}-1\frac{1}{4}$의 계산

방법 1 자연수는 자연수끼리, 분수는 분수끼리 빼서 계산하기

$2\frac{2}{3}-1\frac{1}{4}=2\frac{8}{12}-1\frac{3}{12}$

$=1+\frac{5}{12}=1\frac{5}{12}$

방법 2 대분수를 가분수로 나타내어 계산하기

$2\frac{2}{3}-1\frac{1}{4}=\frac{8}{3}-\frac{5}{4}=\frac{32}{12}-\frac{15}{12}$

$=\frac{17}{12}=1\frac{5}{12}$

● 받아내림이 있는 분모가 다른 대분수의 뺄셈

• $5\frac{1}{3}-3\frac{1}{2}$의 계산

방법 1 자연수는 자연수끼리, 분수는 분수끼리 빼서 계산하기

$5\frac{1}{3}-3\frac{1}{2}=5\frac{2}{6}-3\frac{3}{6}=4\frac{8}{6}-3\frac{3}{6}$

$=1+\frac{5}{6}=1\frac{5}{6}$

방법 2 대분수를 가분수로 나타내어 계산하기

$5\frac{1}{3}-3\frac{1}{2}=\frac{16}{3}-\frac{7}{2}=\frac{32}{6}-\frac{21}{6}$

$=\frac{11}{6}=1\frac{5}{6}$

쪽지 시험 5. 분수의 덧셈과 뺄셈

정답과 해설 58쪽

01 □ 안에 알맞은 수를 써넣으세요.

$$\frac{3}{5}+\frac{4}{15}=\frac{\square}{15}+\frac{4}{15}=\frac{\square}{15}$$

02 계산 결과를 비교하여 ○ 안에 >, =, <를 알맞게 써넣으세요.

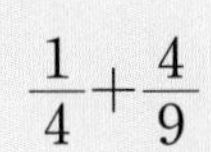

$\frac{1}{4}+\frac{4}{9}$ ○ $\frac{5}{12}+\frac{7}{18}$

03 관계있는 것끼리 이어 보세요.

$\frac{5}{8}+\frac{7}{12}$ •	• $1\frac{1}{6}$
$\frac{2}{3}+\frac{5}{6}$ •	• $1\frac{5}{24}$
$\frac{13}{18}+\frac{4}{9}$ •	• $1\frac{1}{2}$

04 □ 안에 알맞은 수를 써넣으세요.

$$4\frac{2}{3}+2\frac{4}{9}=4\frac{\square}{9}+2\frac{4}{9}$$
$$=6\frac{\square}{9}=\square\frac{\square}{9}$$

05 빈칸에 알맞은 수를 써넣으세요.

+	$2\frac{3}{7}$	$3\frac{7}{9}$
$3\frac{1}{4}$		

06 □ 안에 알맞은 수를 써넣으세요.

$$\frac{5}{6}-\frac{3}{4}=\frac{\square}{24}-\frac{\square}{24}=\frac{\square}{24}=\frac{\square}{12}$$

07 빈 곳에 알맞은 수를 써넣으세요.

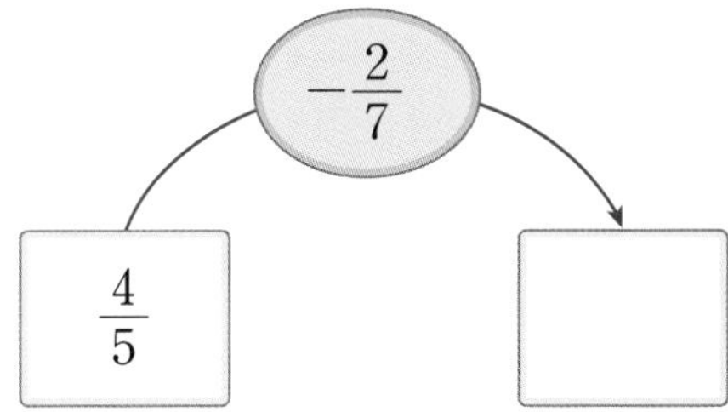

08 보기 와 같이 계산해 보세요.

보기

$$3\frac{3}{4}-1\frac{1}{3}=3\frac{9}{12}-1\frac{4}{12}$$
$$=(3-1)+\left(\frac{9}{12}-\frac{4}{12}\right)=2\frac{5}{12}$$

$$4\frac{7}{10}-2\frac{2}{5}=$$

09 □ 안에 알맞은 수를 써넣으세요.

$$2\frac{1}{4}-1\frac{3}{8}=\frac{\square}{4}-\frac{11}{8}=\frac{\square}{8}-\frac{11}{8}=\frac{\square}{8}$$

10 □ 안에 알맞은 수를 써넣으세요.

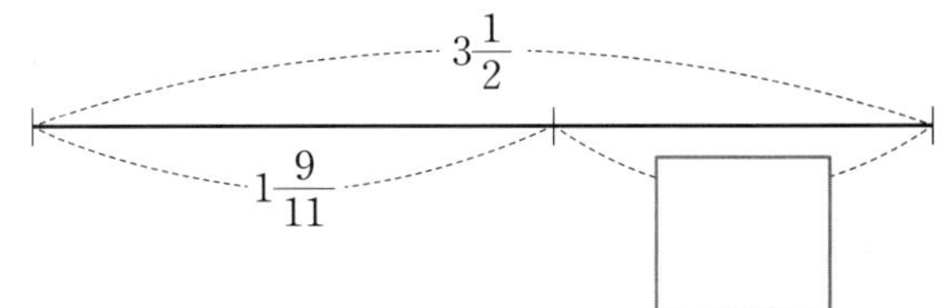

학교 시험 만점왕 ❶회

01 보기 와 같이 계산해 보세요.

보기

$$\frac{3}{4}+\frac{1}{6}=\frac{3\times3}{4\times3}+\frac{1\times2}{6\times2}=\frac{9}{12}+\frac{2}{12}=\frac{11}{12}$$

$\frac{3}{10}+\frac{3}{8}=$ ______________________

02 가 막대의 길이가 $\frac{1}{4}$ m일 때 나 막대의 길이는 몇 m인가요?

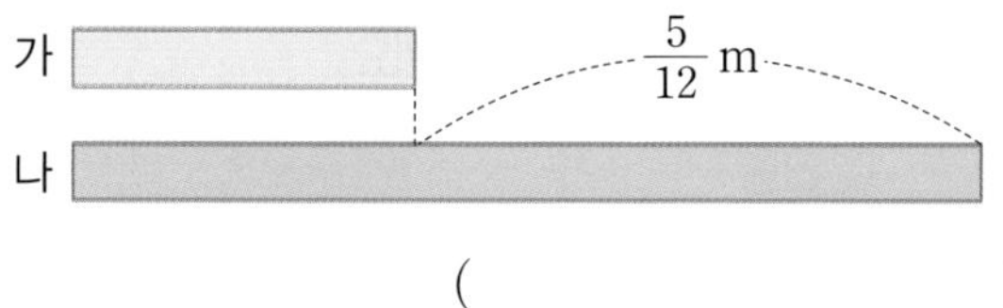

(　　　　　　　　)

03 미진이네 학교 체육관에 있는 공 중에서 전체의 $\frac{5}{8}$가 축구공이고, 전체의 $\frac{1}{3}$이 농구공입니다. 축구공과 농구공은 전체의 얼마인지 구해 보세요.

(　　　　　　　　)

04 잘못 계산한 곳을 찾아 바르게 계산해 보세요.

$$\frac{5}{9}+\frac{3}{4}=\frac{5+3}{9+4}=\frac{8}{13}$$

$\frac{5}{9}+\frac{3}{4}=$ ______________________

05 빈 곳에 알맞은 수를 써넣으세요.

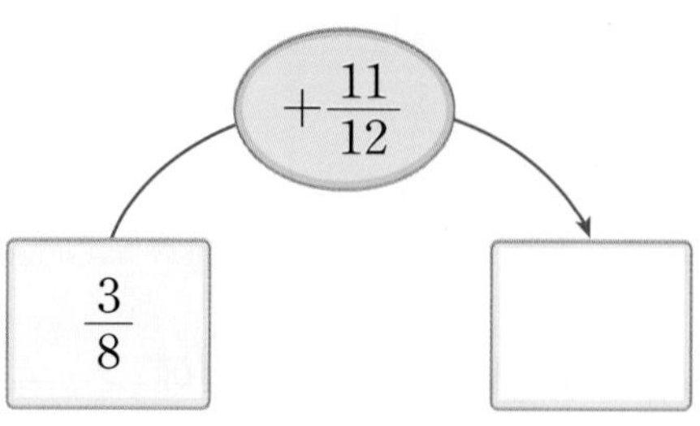

06 다음이 나타내는 수를 구해 보세요.

$1\frac{3}{4}$보다 $1\frac{2}{7}$ 큰 수

(　　　　　　　　)

07 설탕을 가 비커에는 $9\frac{5}{12}$ g, 나 비커에는 가 비커보다 $8\frac{7}{18}$ g 더 넣었습니다. 나 비커에 넣은 설탕은 몇 g인가요?

(　　　　　　　　)

서술형 08 어떤 수에 $\frac{5}{14}$를 더해야 할 것을 잘못하여 빼었더니 $\frac{8}{21}$이 되었습니다. 바르게 계산하면 얼마인지 풀이 과정을 쓰고 답을 구해 보세요.

풀이

답

09 두 수의 차를 구해 보세요.

$\frac{2}{9}$ $\frac{5}{6}$

(　　　　　　　)

10 계산 결과가 더 작은 것의 기호를 써 보세요.

㉠ $\frac{11}{15}-\frac{1}{3}$　㉡ $\frac{5}{6}-\frac{2}{5}$

(　　　　　　　)

11 민정이네 집에서 과학관까지의 거리는 $\frac{15}{18}$ km입니다. 민정이가 집에서 과학관에 가기 위해서 $\frac{4}{9}$ km는 걸어가고 남은 거리는 자전거를 타고 갔습니다. 민정이가 자전거를 타고 간 거리는 몇 km인가요?

(　　　　　　　)

12 잘못 계산한 친구는 누구인가요?

하정: $5\frac{1}{2}-1\frac{3}{7}=4\frac{1}{14}$

준민: $7\frac{11}{12}-4\frac{5}{9}=3\frac{23}{36}$

(　　　　　　　)

13 □ 안에 알맞은 수를 써넣으세요.

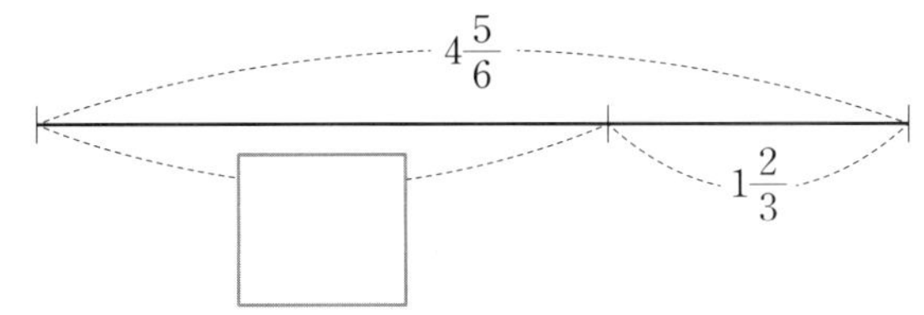

14 계산 결과가 같은 것을 찾아 기호를 써 보세요.

㉠ $9\frac{3}{8}-8\frac{1}{12}$　㉡ $3\frac{3}{8}-2\frac{1}{3}$

㉢ $6\frac{2}{3}-5\frac{1}{6}$　㉣ $1\frac{5}{8}-\frac{7}{12}$

(　　　　　　　)

15 계산 결과를 비교하여 ○ 안에 >, =, <를 알맞게 써넣으세요.

$\frac{7}{8}+\frac{3}{4}$ 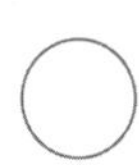 $3\frac{3}{4}-1\frac{5}{6}$

16 물 $5\frac{3}{5}$ L가 들어 있는 물통에서 물 $1\frac{7}{8}$ L를 덜어 냈습니다. 물통에 남아 있는 물은 몇 L인가요?

(　　　　　　　　　　)

17 3장의 수 카드 중에서 2장을 사용하여 진분수를 만들려고 합니다. 만들 수 있는 분수 중 가장 큰 수와 두 번째로 큰 수의 합을 구해 보세요.

2	3	7

(　　　　　　　　　　)

18 □ 안에 들어갈 수 있는 모든 자연수의 합을 구해 보세요.

$3\frac{2}{3}+2\frac{1}{4}<\square<4\frac{5}{6}+3\frac{3}{8}$

(　　　　　　　　　　)

19 □ 안에 알맞은 수를 써넣으세요.

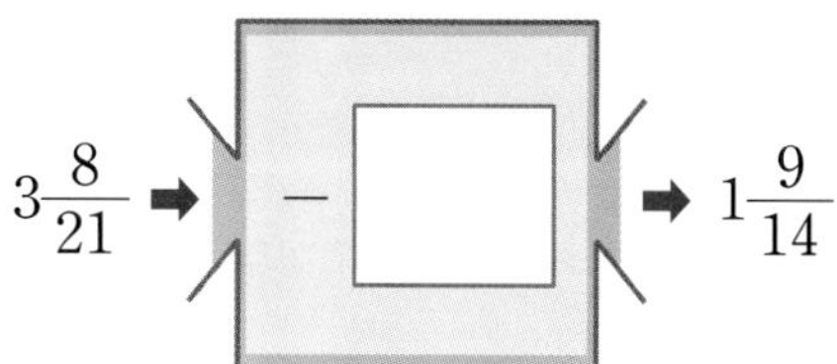

서술형 20 보람이와 세은이의 대화를 읽고 보람이와 세은이가 일주일 동안 마신 우유는 모두 몇 L인지 풀이 과정을 쓰고 답을 구해 보세요.

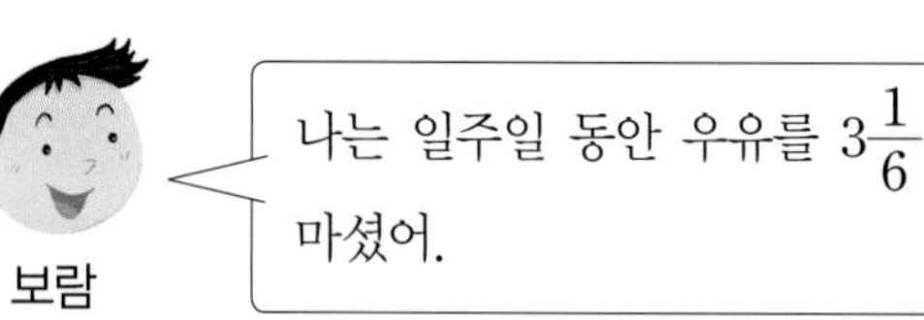

나는 일주일 동안 우유를 $3\frac{1}{6}$ L 마셨어.
보람

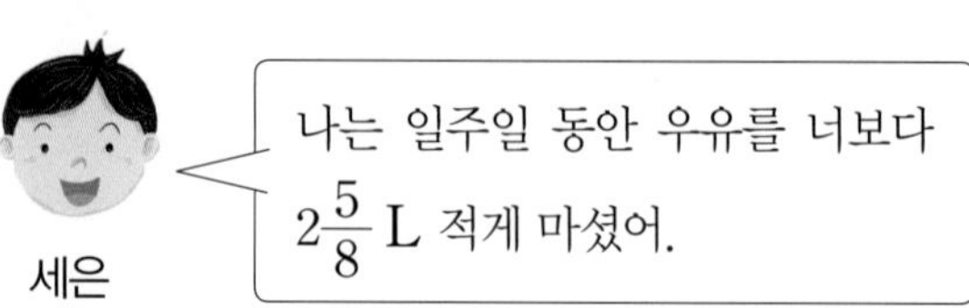

나는 일주일 동안 우유를 너보다 $2\frac{5}{8}$ L 적게 마셨어.
세은

풀이

답

학교 시험 만점왕 ❷회

정답과 해설 60쪽

01 □ 안에 알맞은 수를 써넣으세요.

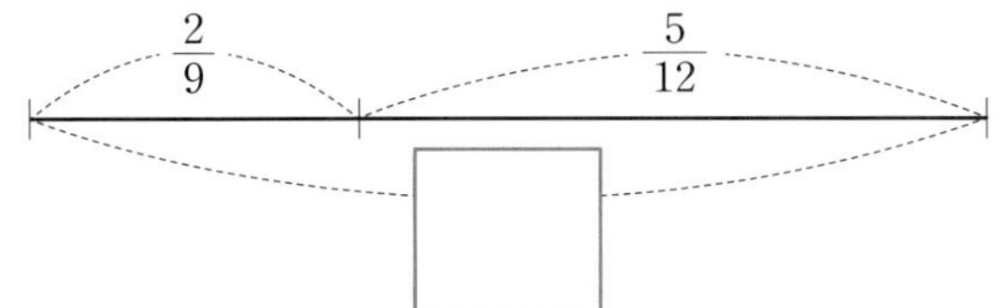

02 효빈이는 운동을 하고 물 $\frac{3}{5}$ L를 마신 후 갈증이 나서 $\frac{1}{4}$ L를 더 마셨습니다. 효빈이가 마신 물의 양은 모두 몇 L인가요?

( )

03 빈칸에 알맞은 수를 써넣으세요.

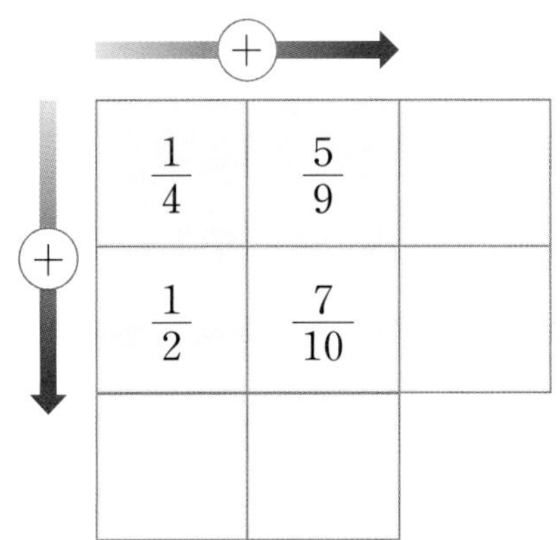

04 태희와 지훈이가 멀리뛰기를 하였습니다. 태희는 $\frac{5}{6}$ m를, 지훈이는 $\frac{9}{14}$ m를 뛰었습니다. 태희와 지훈이가 뛴 거리의 합은 몇 m인가요?

( )

05 분수를 규칙에 따라 늘어놓았습니다. 다섯 번째 분수와 여섯 번째 분수를 써넣고, 두 분수의 합을 구해 보세요.

$\frac{1}{3}$ — $\frac{2}{4}$ — $\frac{3}{5}$ — $\frac{4}{6}$ — □ — □

( )

06 계산 결과가 더 큰 식을 쓴 친구는 누구인가요?

( )

07 □ 안에 알맞은 분수를 써넣으세요.

$$\square - 1\frac{6}{7} = 5\frac{4}{21}$$

08 색 테이프를 두 도막으로 잘랐더니 한 도막은 $1\frac{1}{2}$ m이고 다른 한 도막은 $2\frac{3}{5}$ m였습니다. 처음 색 테이프의 길이는 몇 m인가요?

( )

09 다음이 나타내는 수를 구해 보세요.

$\frac{5}{7}$보다 $\frac{4}{9}$ 작은 수

( )

10 □ 안에 알맞은 수를 써넣으세요.

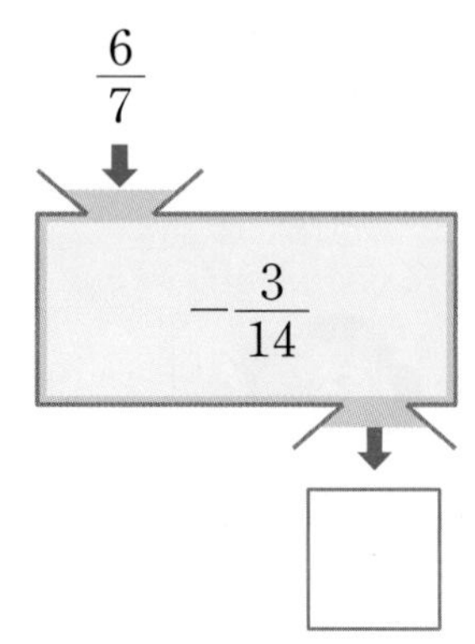

11 윤아는 찰흙을 $\frac{7}{8}$ kg 가지고 있었습니다. 그 중에서 그릇을 만들기 위해 $\frac{7}{10}$ kg을 사용했다면 남은 찰흙은 몇 kg인가요?

( )

12 계산해 보세요.

(1) $5\frac{4}{5} - 3\frac{3}{4}$

(2) $4\frac{2}{3} - 1\frac{7}{10}$

13 계산 결과가 1보다 작은 식을 모두 찾아 기호를 써 보세요.

㉠ $\frac{1}{4} + \frac{7}{12}$ ㉡ $\frac{1}{2} + \frac{15}{22}$

㉢ $2\frac{5}{14} - 1\frac{1}{2}$ ㉣ $3\frac{3}{5} - 1\frac{11}{12}$

( )

14 계산 결과가 같은 것끼리 이어 보세요.

$1\frac{2}{5} + 1\frac{7}{20}$ •	• $5\frac{1}{4} - 2\frac{4}{5}$
$1\frac{1}{2} + \frac{19}{20}$ •	• $4\frac{7}{10} - 1\frac{19}{20}$

15 가장 큰 수와 가장 작은 수의 차를 구해 보세요.

$4\frac{5}{8}$ $2\frac{7}{8}$ $4\frac{7}{10}$ $1\frac{13}{16}$

( )

서술형 16 주어진 숫자 카드를 한 번씩 모두 사용하여 대분수를 2개 만들려고 합니다. 두 대분수의 합이 가장 크게 되는 덧셈식의 계산 결과를 구하는 풀이 과정을 쓰고 답을 구해 보세요.

4	2	3	7	1	9

풀이

답

17 □ 안에 들어갈 수 있는 가장 큰 자연수를 구해 보세요.

$1\frac{3}{10}+2\frac{1}{5}>3\frac{\square}{10}$

( )

18 어떤 수에서 $3\frac{1}{15}$을 빼야 할 것을 잘못하여 더했더니 $14\frac{3}{5}$이 되었습니다. 바르게 계산하면 얼마인지 구해 보세요.

( )

19 길이가 $1\frac{2}{5}$ m인 색 테이프 3장을 $\frac{2}{7}$ m씩 겹쳐서 이어 붙였습니다. 이어 붙인 전체 색 테이프의 길이는 몇 m인가요?

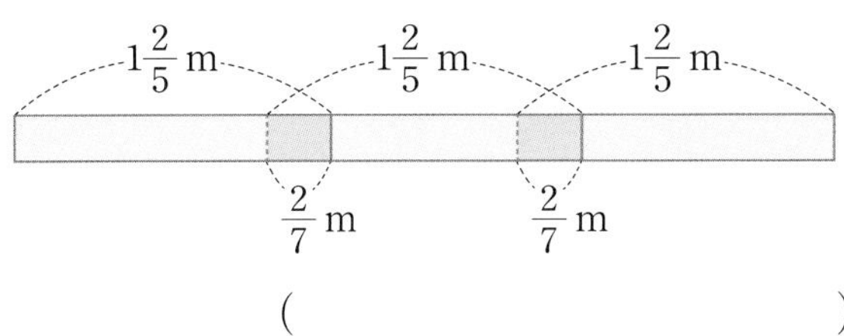

( )

서술형 20 무게가 같은 배 10개가 들어 있는 상자의 무게가 $5\frac{13}{21}$ kg이었습니다. 이 상자에서 배 5개를 꺼낸 다음 무게를 다시 재었더니 $3\frac{5}{14}$ kg이 되었습니다. 상자 만의 무게는 몇 kg인지 풀이 과정을 쓰고 답을 구해 보세요.

풀이

답

서술형·논술형 평가 5단원

01 ㉠과 ㉡의 합을 구하는 풀이 과정을 쓰고 답을 구해 보세요.

㉠ $\frac{1}{16}$이 5개인 수

㉡ $\frac{1}{12}$이 7개인 수

풀이

답

02 가장 큰 분수와 가장 작은 분수의 합을 구하는 풀이 과정을 쓰고 답을 구해 보세요.

$\frac{4}{5}$ $\frac{5}{6}$ $\frac{7}{8}$

풀이

답

03 어머니께서는 어제 딸기를 $\frac{3}{5}$ kg 사오시고, 오늘은 어제보다 $\frac{1}{10}$ kg 더 많이 사오셨습니다. 어머니께서 어제와 오늘 사온 딸기의 양은 모두 몇 kg인지 풀이 과정을 쓰고 답을 구해 보세요.

풀이

답

04 □ 안에 들어갈 수 있는 자연수는 모두 몇 개인지 풀이 과정을 쓰고 답을 구해 보세요.

$2\frac{3}{16}+3\frac{5}{8}<\square<14\frac{1}{6}-2\frac{1}{8}$

풀이

답

05 효빈이와 민혁이는 각자 가지고 있는 수 카드를 한 번씩 모두 사용하여 가장 큰 대분수를 만들려고 합니다. 효빈이가 만든 분수와 민혁이가 만든 분수의 합을 구하는 풀이 과정을 쓰고 답을 구해 보세요.

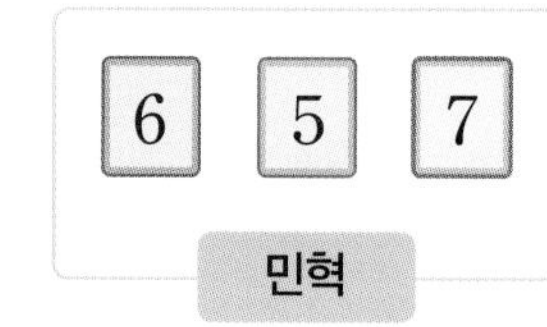

풀이

답

06 찬규와 서현이는 각자 주사위 2개를 던져 나온 눈의 수로 진분수를 만들었습니다. 누가 얼마만큼 더 작은 분수를 만들었는지 풀이 과정을 쓰고 답을 구해 보세요.

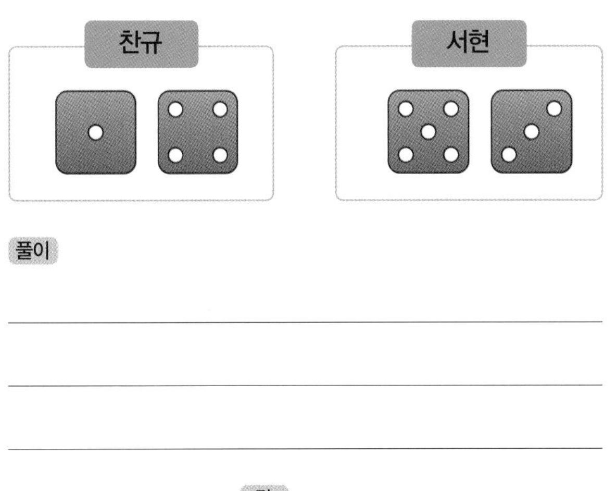

풀이

답

07 집에서 서점을 거쳐 공원까지 가는 길과 집에서 문구점을 거쳐 공원까지 가는 길을 나타낸 것입니다. 집에서 공원까지 갈 때 서점과 문구점 중 어디를 거쳐 가는 길이 몇 km 더 가까운지 풀이 과정을 쓰고 답을 구해 보세요.

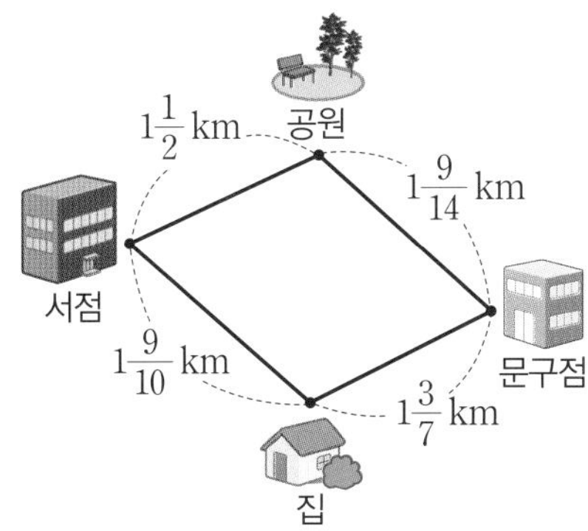

풀이

답

08 $7\frac{5}{6}$에 어떤 수를 더해야 할 것을 잘못하여 뺐었더니 $4\frac{3}{8}$이 되었습니다. 바르게 계산하면 얼마인지 풀이 과정을 쓰고 답을 구해 보세요.

풀이

답

09 기호 ♥에 대하여 ㉠♥㉡=㉠−㉡+㉠이라고 약속할 때 다음 계산 결과는 얼마인지 풀이 과정을 쓰고 답을 구해 보세요.

$$3\frac{1}{2}♥1\frac{2}{7}$$

풀이

답

10 ㉡에서 ㉢까지의 거리는 몇 km인지 풀이 과정을 쓰고 답을 구해 보세요.

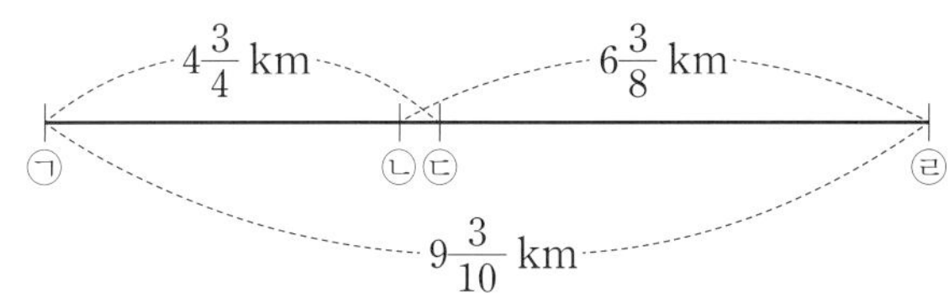

풀이

답

● 정다각형의 둘레

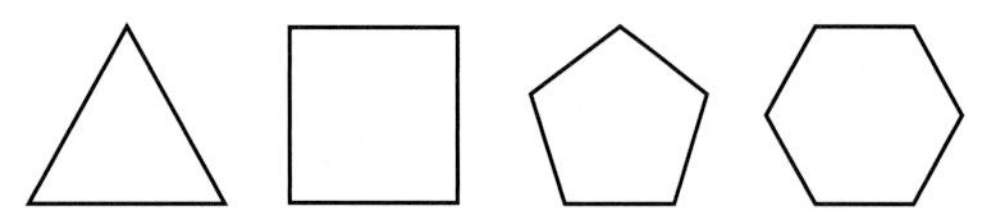

(정다각형의 둘레)=(한 변의 길이)×(변의 수)

● 사각형의 둘레

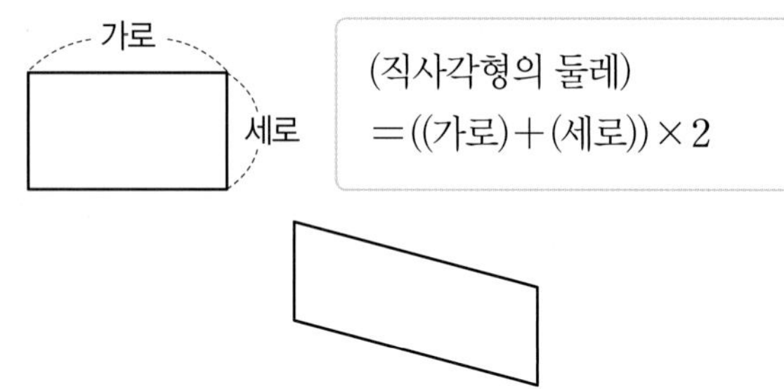

(직사각형의 둘레)
=((가로)+(세로))×2

(평행사변형의 둘레)
=((한 변의 길이)+(다른 한 변의 길이))×2

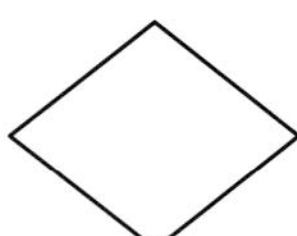

(마름모의 둘레)
=(한 변의 길이)×4

● $1\ cm^2$

• 한 변이 1 cm인 정사각형의 넓이를 $1\ cm^2$라 쓰고 1 제곱센티미터라고 읽습니다.

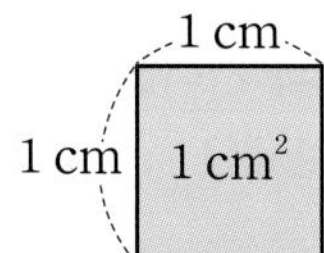

● 직사각형과 정사각형의 넓이

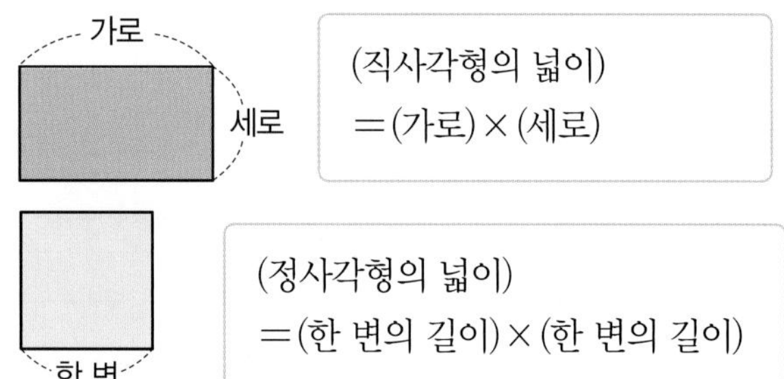

(직사각형의 넓이)
=(가로)×(세로)

(정사각형의 넓이)
=(한 변의 길이)×(한 변의 길이)

● $1\ cm^2$ 보다 더 큰 넓이의 단위

• 한 변의 길이가 1 m인 정사각형의 넓이를 $1\ m^2$라 쓰고, 1 제곱미터라고 읽습니다.

$1\ m^2=10000\ cm^2$

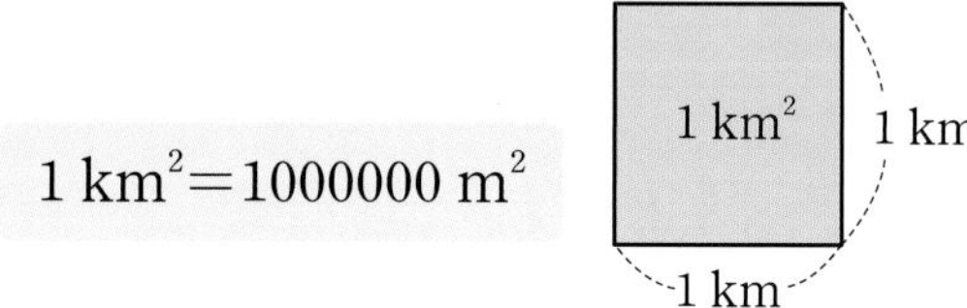

• 한 변의 길이가 1 km인 정사각형의 넓이를 $1\ km^2$라 쓰고, 1 제곱킬로미터라고 읽습니다.

$1\ km^2=1000000\ m^2$

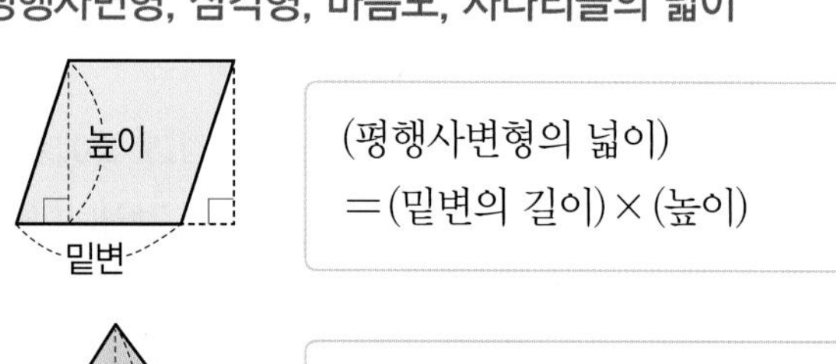

● 평행사변형, 삼각형, 마름모, 사다리꼴의 넓이

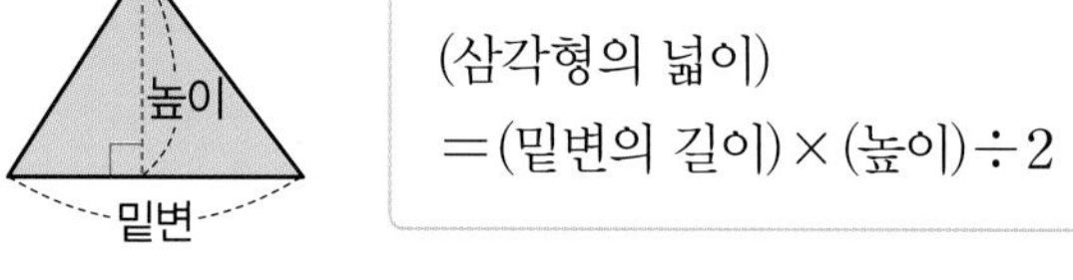

(평행사변형의 넓이)
=(밑변의 길이)×(높이)

(삼각형의 넓이)
=(밑변의 길이)×(높이)÷2

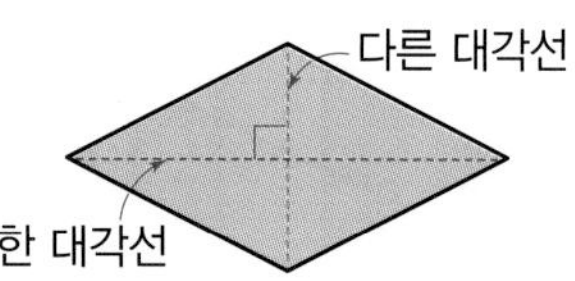

(마름모의 넓이)
=(한 대각선의 길이)×(다른 대각선의 길이)÷2

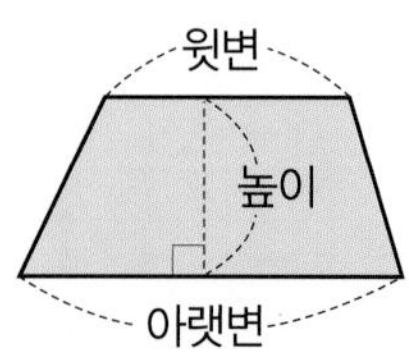

(사다리꼴의 넓이)
=((윗변의 길이)+(아랫변의 길이))×(높이)÷2

정답과 해설 64쪽

01 한 변의 길이가 6 cm인 정육각형의 둘레는 몇 cm인지 구해 보세요.

(　　　　　　　　　　)

02 평행사변형의 둘레는 몇 cm인지 구해 보세요.

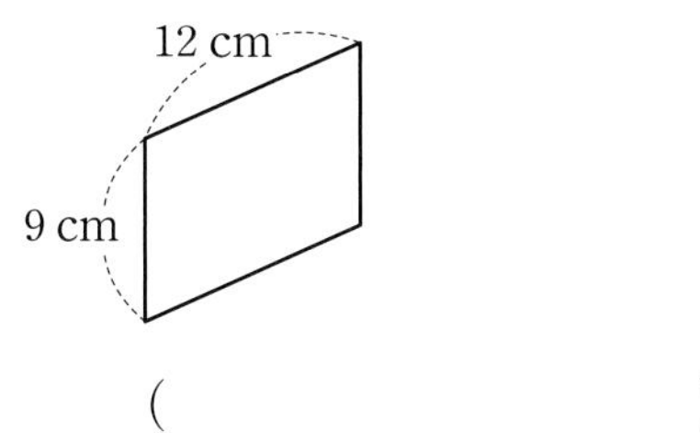

(　　　　　　　　　　)

03 그림을 보고 □ 안에 알맞은 수를 써넣으세요.

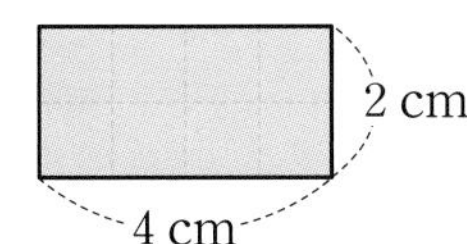

1 cm² 가 □번 들어가므로 □ cm^2입니다.

[04~05] 직사각형과 정사각형의 넓이를 구하려고 합니다. □ 안에 알맞은 수를 써넣으세요.

04

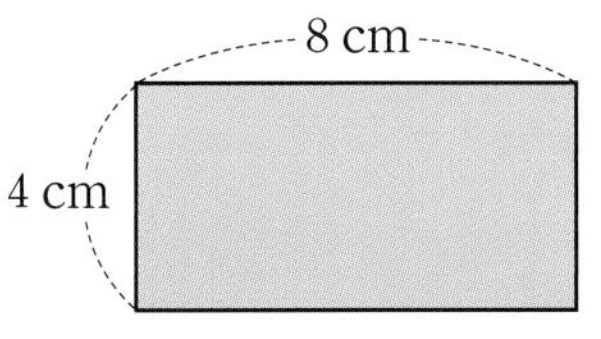

(직사각형의 넓이)$=8\times$□$=$□(cm^2)

05

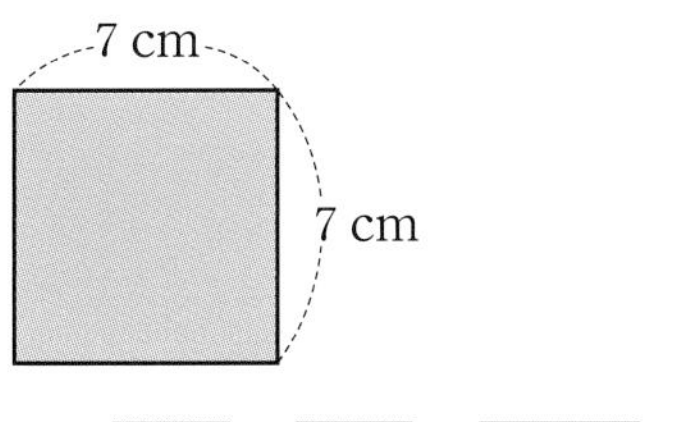

(정사각형의 넓이)$=$□$\times$□$=$□(cm^2)

06 □ 안에 알맞은 수를 써넣으세요.

(1) $270000\ cm^2=$□m^2

(2) $15\ km^2=$□m^2

07 밑변의 길이가 6 cm이고 높이가 12 cm인 평행사변형의 넓이는 몇 cm^2인지 구해 보세요.

(　　　　　　　　　　)

[08~10] 도형의 넓이를 구하려고 합니다. □ 안에 알맞은 수를 써넣으세요.

08

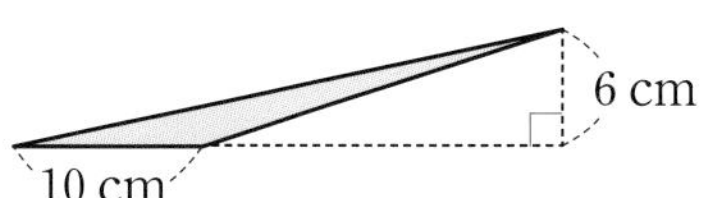

(삼각형의 넓이)$=10\times$□$\div$□

$=$□(cm^2)

09

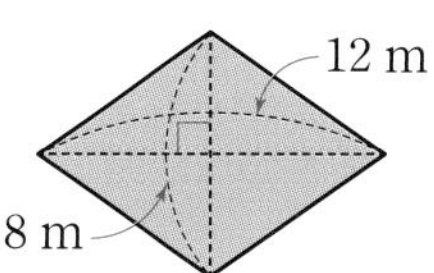

(마름모의 넓이)$=8\times$□$\div$□

$=$□(m^2)

10

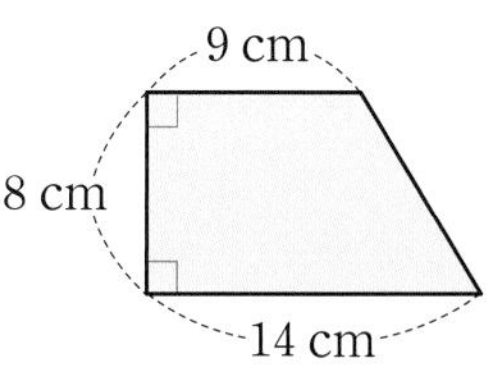

(사다리꼴의 넓이)$=(9+$□$)\times$□$\div 2$

$=$□(cm^2)

학교 시험 만점왕 ❶회

01 둘레가 56 cm인 정칠각형의 한 변의 길이는 몇 cm인지 구해 보세요.

( )

02 주어진 선분을 한 변으로 하여 둘레가 14 cm인 직사각형을 완성해 보세요.

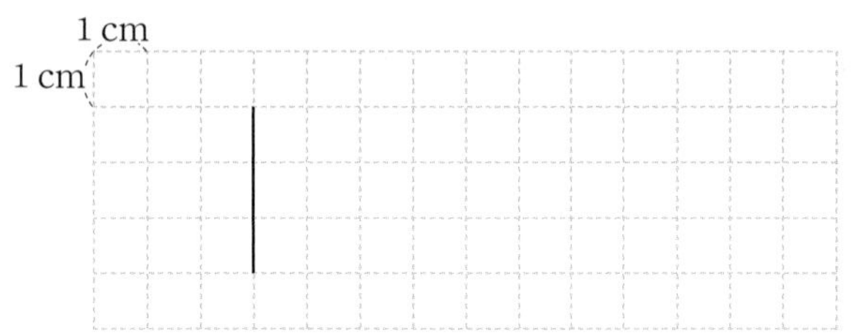

03 평행사변형의 둘레는 몇 cm인지 구해 보세요.

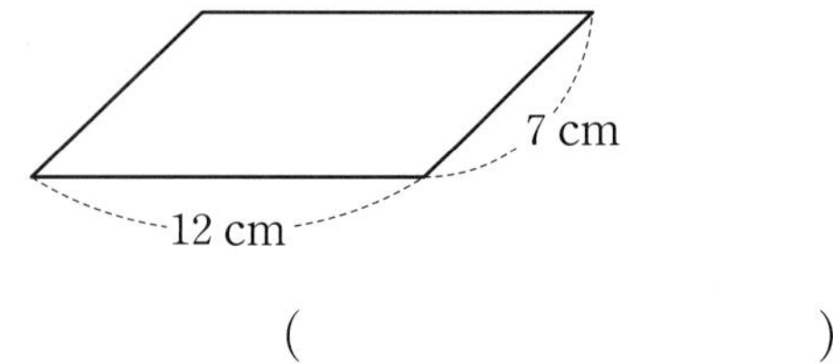

( )

04 도형의 넓이를 구해 보세요.

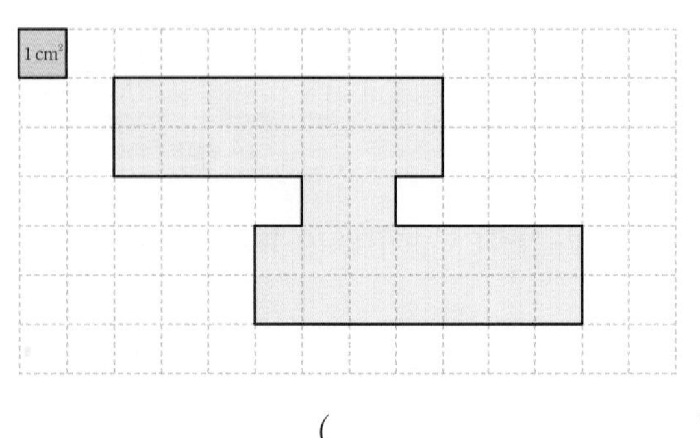

( )

05 넓이가 7 cm^2인 도형을 찾아 기호를 써 보세요.

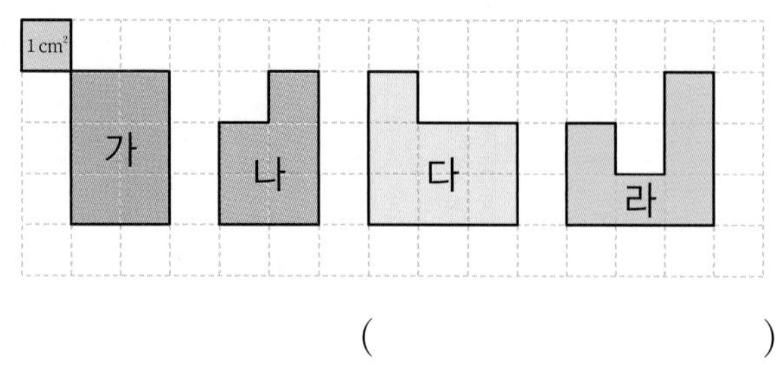

( )

06 직사각형의 둘레가 44 cm입니다. 이 직사각형의 넓이는 몇 cm^2인지 구해 보세요.

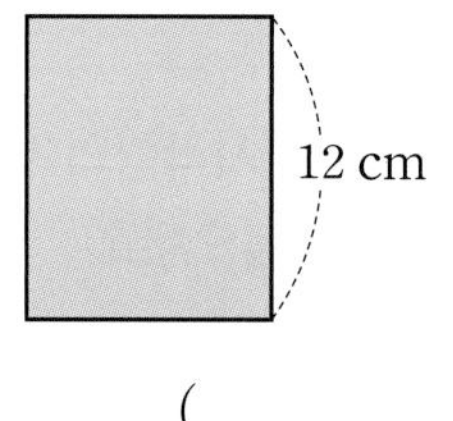

( )

07 넓이가 144 cm^2인 정사각형의 한 변의 길이는 몇 cm인지 구해 보세요.

( )

08 색칠한 부분의 넓이는 몇 cm^2인지 풀이 과정을 쓰고 답을 구해 보세요.

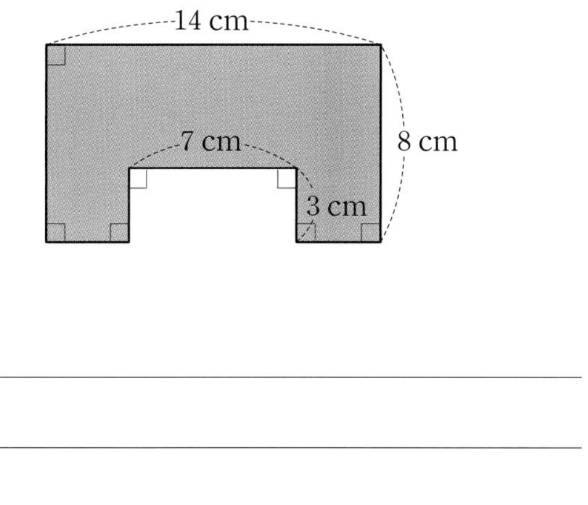

풀이

답

09 ㉠과 ㉡에 들어갈 수의 합을 구해 보세요.

25000000 m^2=㉠ km^2
900000 cm^2=㉡ m^2

(　　　　　　　　)

10 평행사변형의 높이가 3 m일 때 밑변의 길이는 몇 m인지 구해 보세요.

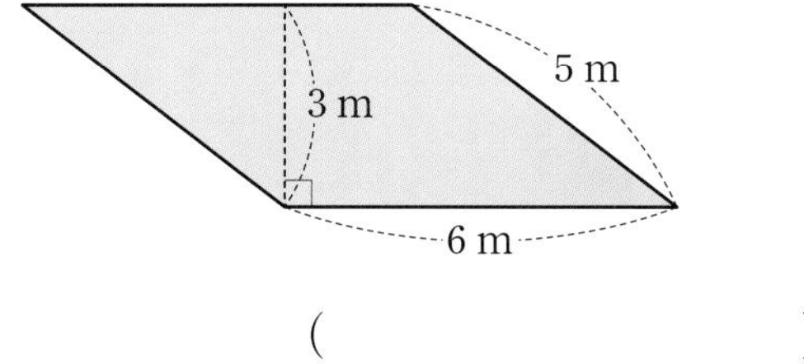

(　　　　　　　　)

11 평행사변형의 넓이는 몇 cm^2인지 구해 보세요.

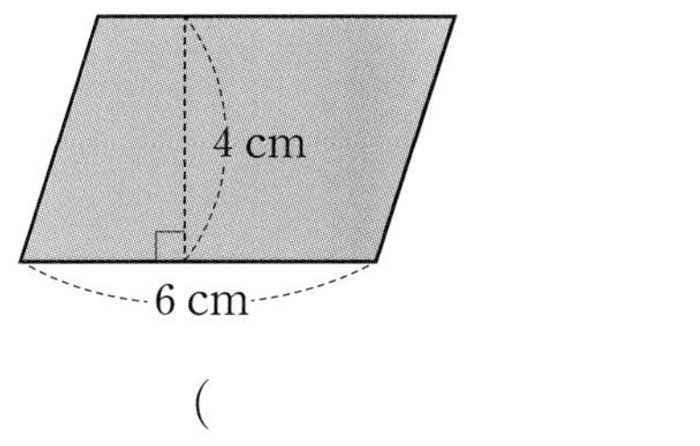

(　　　　　　　　)

12 평행사변형의 넓이가 78 cm^2일 때 □ 안에 알맞은 수를 써넣으세요.

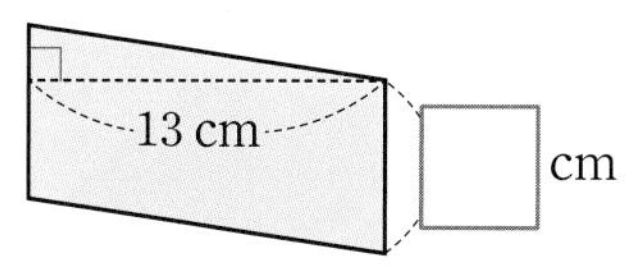

13 넓이가 나머지와 다른 삼각형을 찾아 기호를 써 보세요.

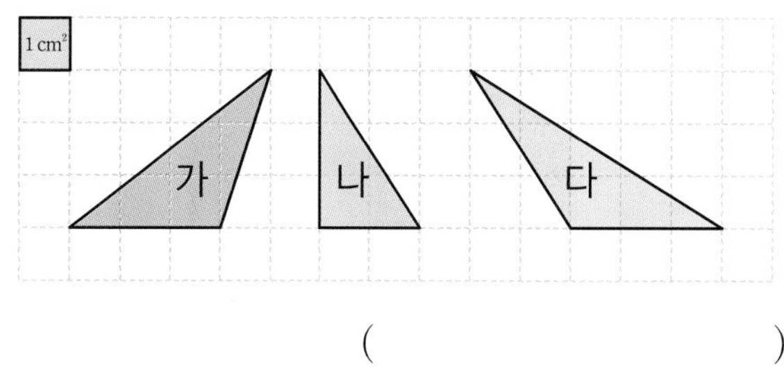

(　　　　　　　　)

14 넓이가 더 넓은 삼각형을 그린 친구는 누구인가요?

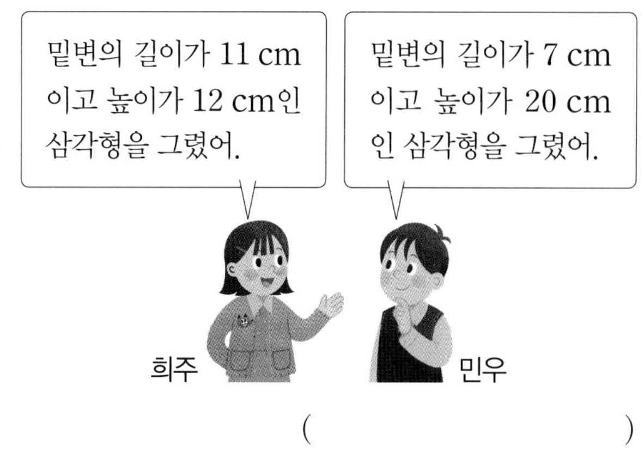

밑변의 길이가 11 cm 이고 높이가 12 cm인 삼각형을 그렸어.
밑변의 길이가 7 cm 이고 높이가 20 cm 인 삼각형을 그렸어.
희주
민우

(　　　　　　　　)

15 오른쪽 그림에서 □ 안에 알맞은 수를 구하는 풀이 과정을 쓰고 답을 구해 보세요.

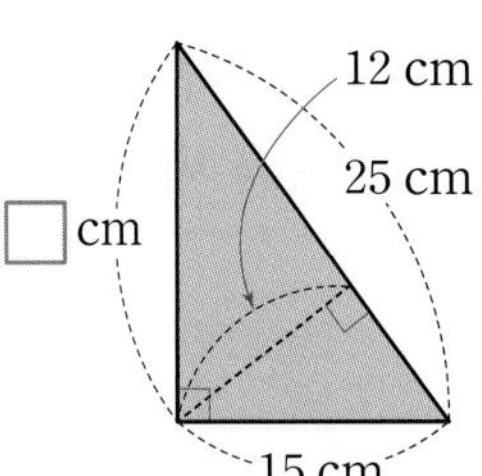

풀이

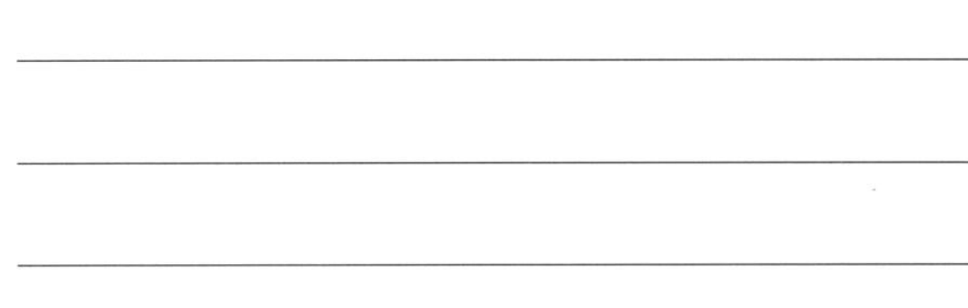

답 ______

16 색칠한 삼각형의 넓이가 14 cm^2일 때 마름모의 넓이는 몇 cm^2인지 구해 보세요.

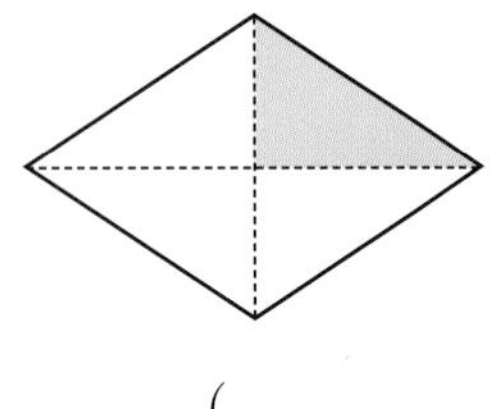

(　　　　　　　　)

17 윗변의 길이가 6 m이고 아랫변의 길이가 11 m인 사다리꼴 모양의 땅이 있습니다. 두 밑변 사이의 거리가 8 m라면 땅의 넓이는 몇 m^2인지 구해 보세요.

(　　　　　　　　)

18 마름모와 사다리꼴 넓이의 차는 몇 cm^2인지 구해 보세요.

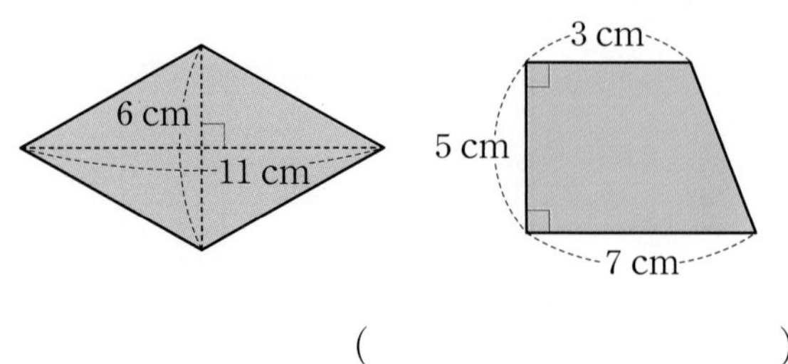

(　　　　　　　　)

19 마름모의 넓이가 207 cm^2입니다. □ 안에 알맞은 수를 써넣으세요.

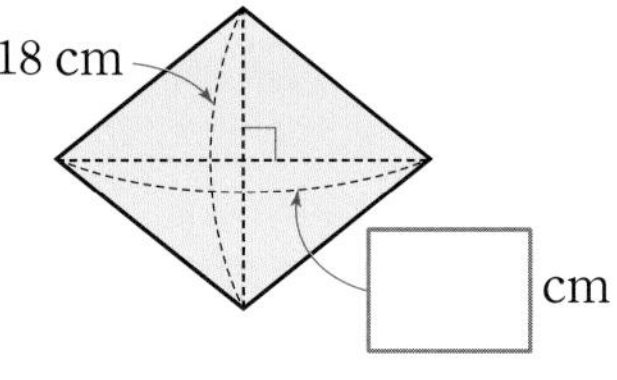

20 도형의 넓이는 몇 cm^2인지 구해 보세요.

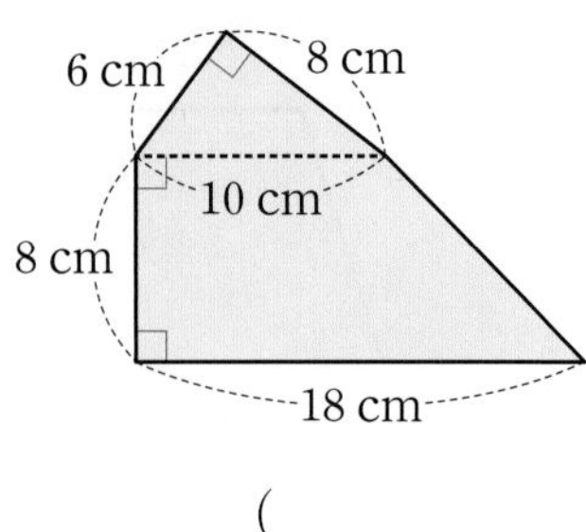

(　　　　　　　　)

학교 시험 만점왕 ❷회

01 정다각형 가와 나 중에서 둘레가 더 긴 도형은 어느 것인가요?

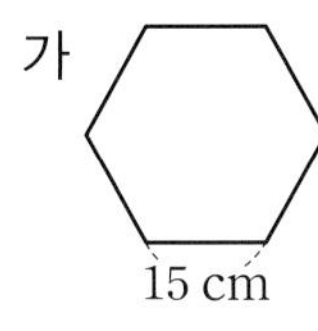

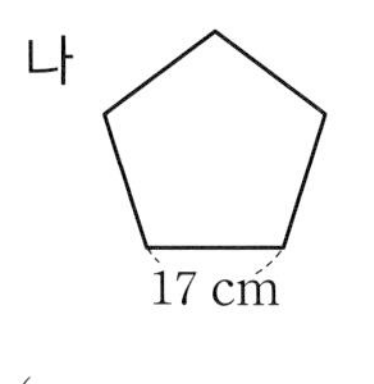

(　　　　　　　　　　)

02 직사각형의 둘레가 34 cm입니다. □ 안에 알맞은 수를 써넣으세요.

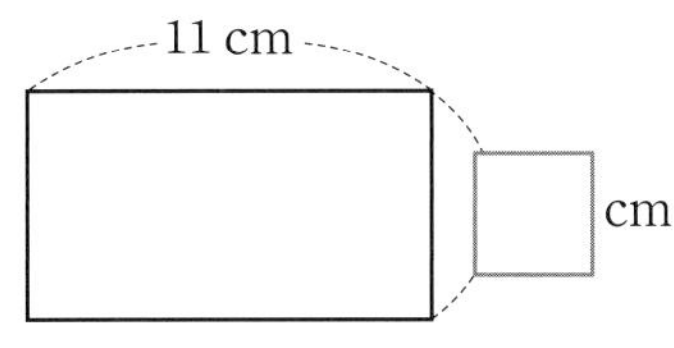

03 마름모의 둘레는 몇 cm인지 구해 보세요.

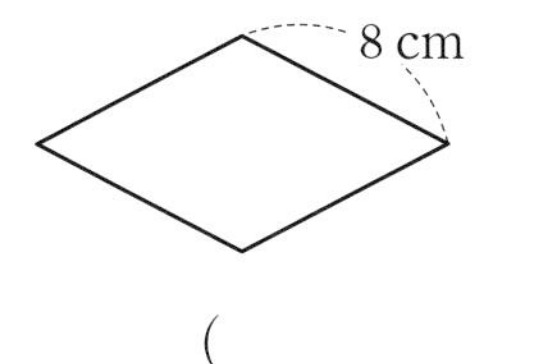

(　　　　　　　　　　)

04 넓이가 5 cm²인 도형을 모두 찾아 ○표 하세요.

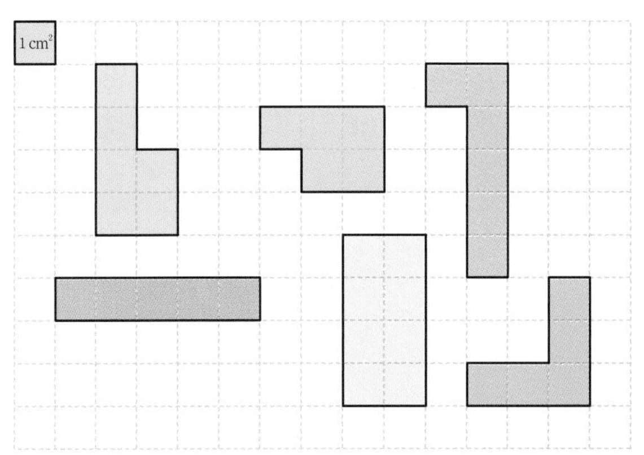

05 넓이를 2 cm²씩 늘려가며 규칙에 따라 그리고 있습니다. 빈칸에 알맞은 도형을 그려 보세요.

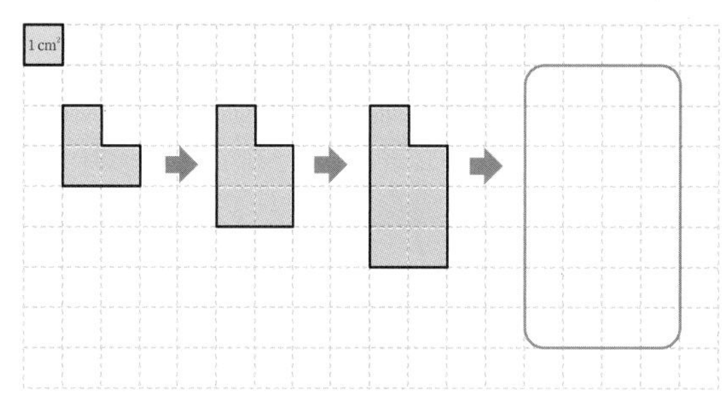

06 두 정사각형의 넓이의 차는 몇 cm²인지 구해 보세요.

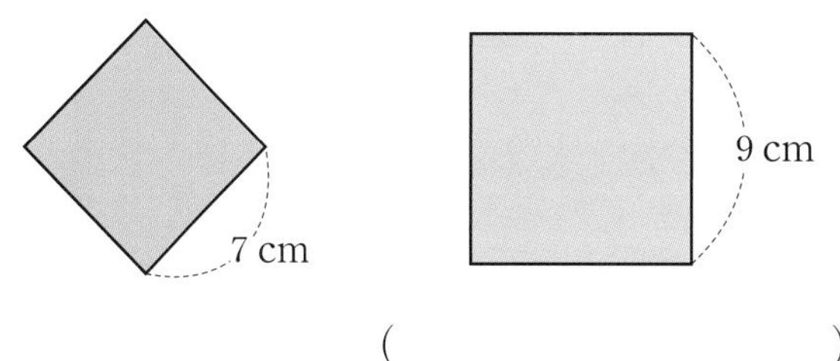

(　　　　　　　　　　)

서술형 **07** 직사각형 가와 정사각형 나의 넓이가 같습니다. 정사각형 나의 한 변의 길이는 몇 cm인지 풀이 과정을 쓰고 답을 구해 보세요.

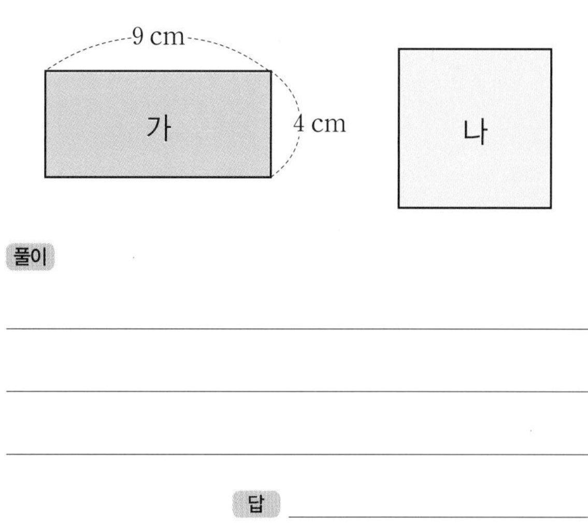

풀이

답

08 □ 안에 알맞은 수를 써넣으세요.

(1) $30\ \mathrm{m}^2=$ □ cm^2

(2) $2100000\ \mathrm{m}^2=$ □ km^2

09 평행사변형의 높이를 나타내는 것을 모두 찾아 기호를 써 보세요.

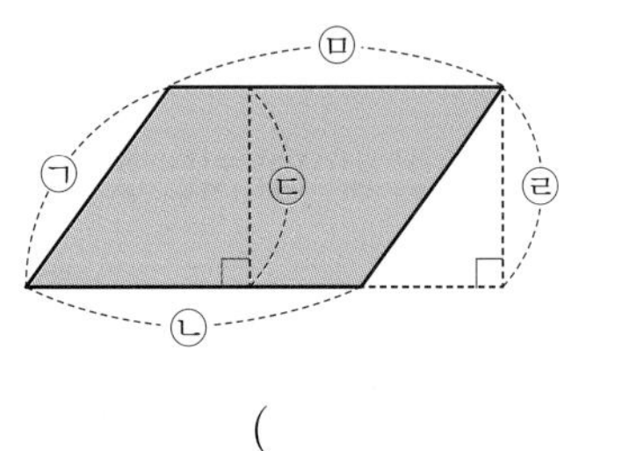

(　　　　　　　　)

10 밑변의 길이가 9 km이고, 높이가 4000 m인 평행사변형의 넓이는 몇 km^2인지 구해 보세요.

(　　　　　　　　)

11 평행사변형의 넓이가 $84\ \mathrm{cm}^2$입니다. □ 안에 알맞은 수를 써넣으세요.

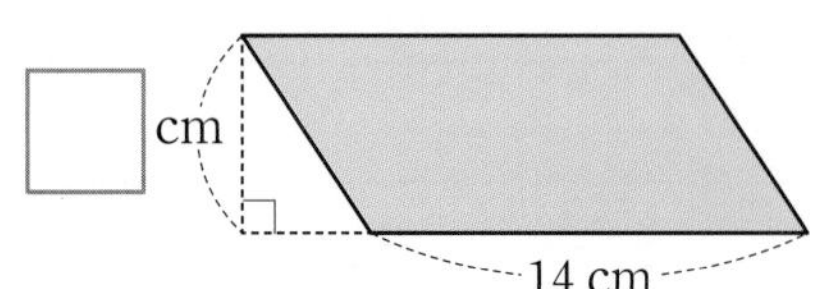

12 평행사변형을 이용하여 삼각형의 넓이를 구하려고 합니다. □ 안에 알맞은 수를 써넣으세요.

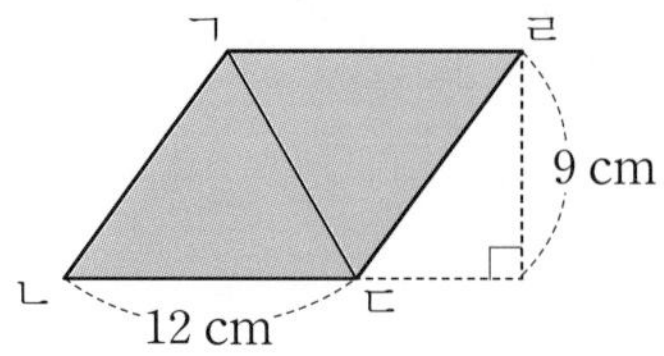

(삼각형 ㄱㄴㄷ의 넓이)

=(평행사변형 ㄱㄴㄷㄹ의 넓이)÷2

=(12× □)÷2= □ (cm^2)

13 두 삼각형의 넓이의 차는 몇 cm^2인지 구해 보세요.

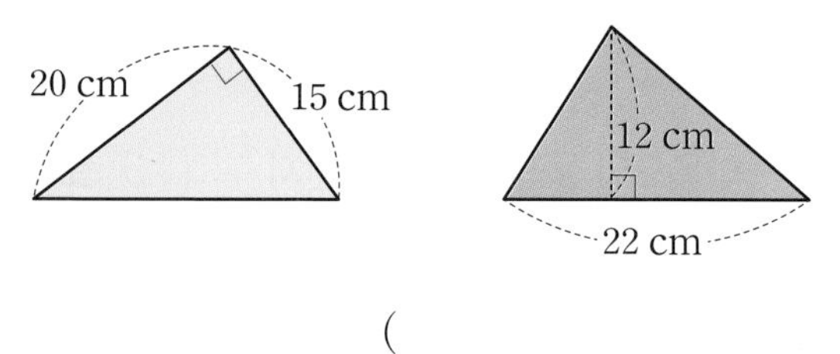

(　　　　　　　　)

14 모양과 크기가 같은 삼각형 4개로 만든 다음 모양의 넓이가 $140\ \mathrm{cm}^2$입니다. □ 안에 알맞은 수를 써넣으세요.

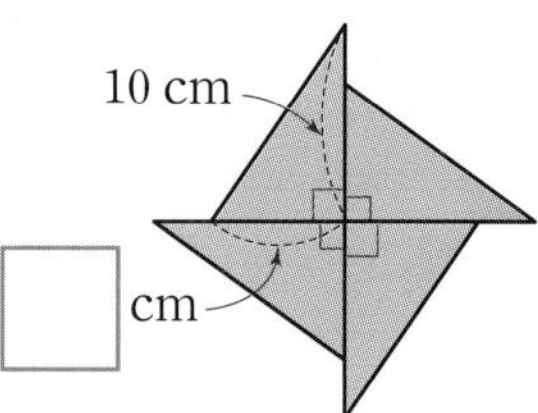

15 마름모의 넓이는 몇 cm^2인지 구해 보세요.

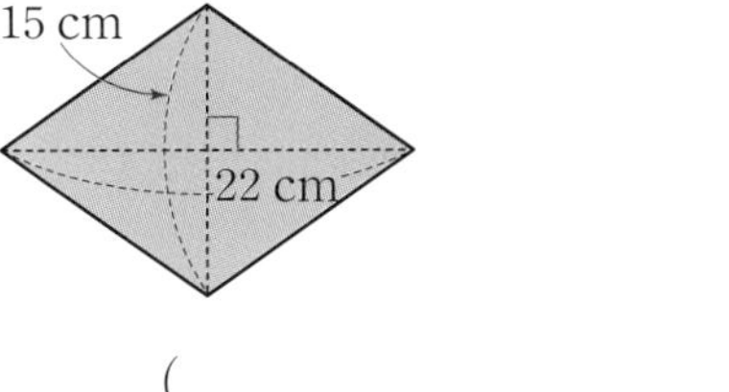

( )

16 어느 건물에 있는 마름모 모양의 장식물은 한 대각선의 길이가 400 cm, 다른 대각선의 길이가 250 cm입니다. 이 장식물의 넓이는 몇 m^2인지 구해 보세요.

( )

17 반지름이 10 cm인 원 안에 마름모를 그리고 그 마름모를 똑같이 4부분으로 나누어 그림과 같이 색칠하였습니다. 색칠한 부분의 넓이는 몇 cm^2인지 구해 보세요.

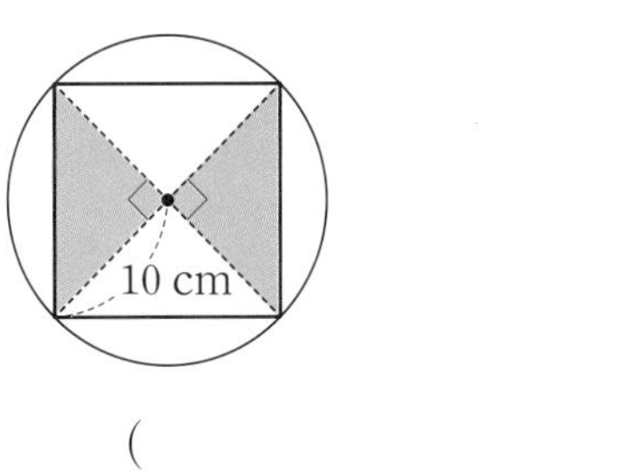

( )

18 사다리꼴을 삼각형 2개로 나누어 넓이를 구하려고 합니다. 삼각형 ㉮, ㉯의 넓이를 이용하여 사다리꼴의 넓이는 몇 cm^2인지 구해 보세요.

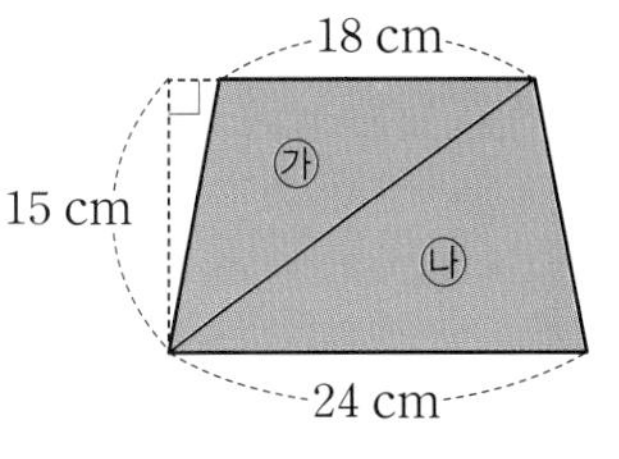

삼각형 ㉮의 넓이 ( )

삼각형 ㉯의 넓이 ( )

사다리꼴의 넓이 ( )

19 직사각형 모양의 종이를 그림과 같이 잘랐을 때 만들어지는 사다리꼴의 넓이는 몇 cm^2인지 구해 보세요.

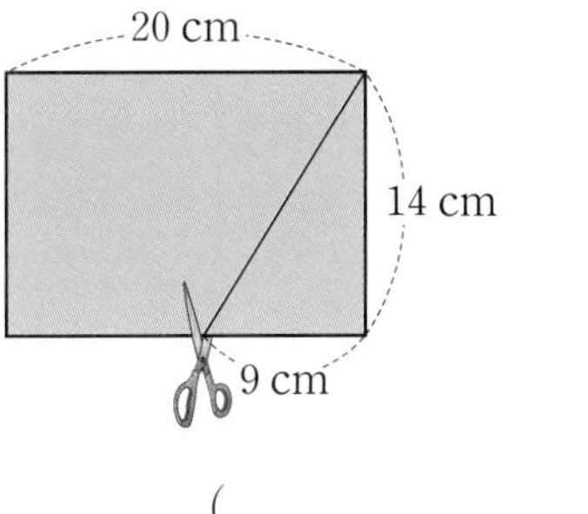

( )

서술형 **20** 색칠한 부분의 넓이는 몇 cm^2인지 풀이 과정을 쓰고 답을 구해 보세요.

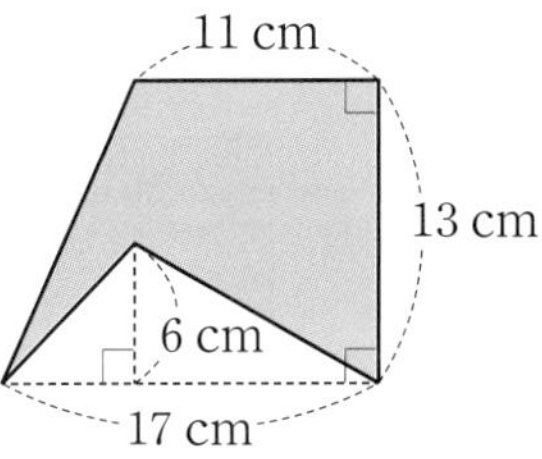

풀이

답

서술형·논술형 평가 6단원

01 정팔각형의 둘레가 128 cm일 때 한 변의 길이는 몇 cm인지 풀이 과정을 쓰고 답을 구해 보세요.

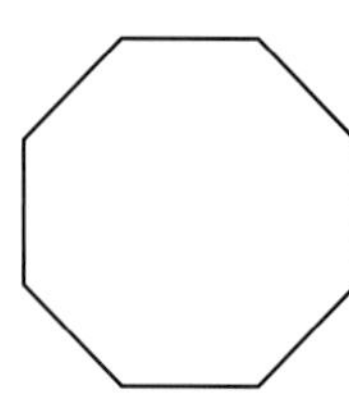

풀이

답

02 마름모 나의 둘레는 평행사변형 가의 둘레의 2배입니다. 마름모 나의 한 변의 길이는 몇 cm인지 풀이 과정을 쓰고 답을 구해 보세요.

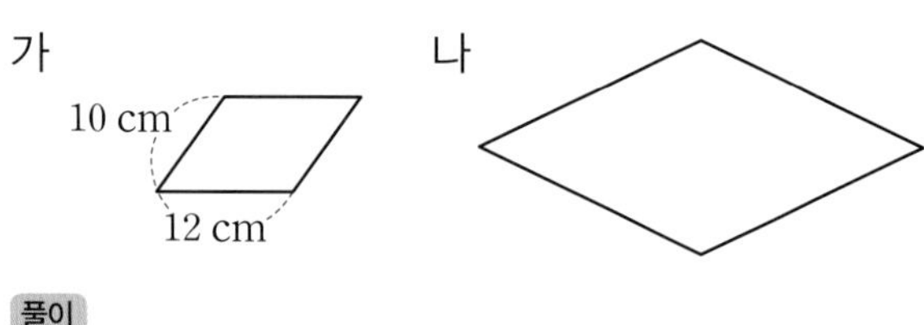

풀이

답

03 도형의 둘레는 몇 cm인지 풀이 과정을 쓰고 답을 구해 보세요.

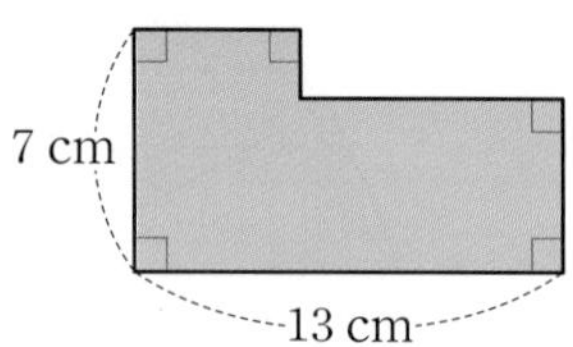

풀이

답

04 도형 가의 넓이는 도형 나의 넓이보다 몇 cm^2 더 넓은지 풀이 과정을 쓰고 답을 구해 보세요.

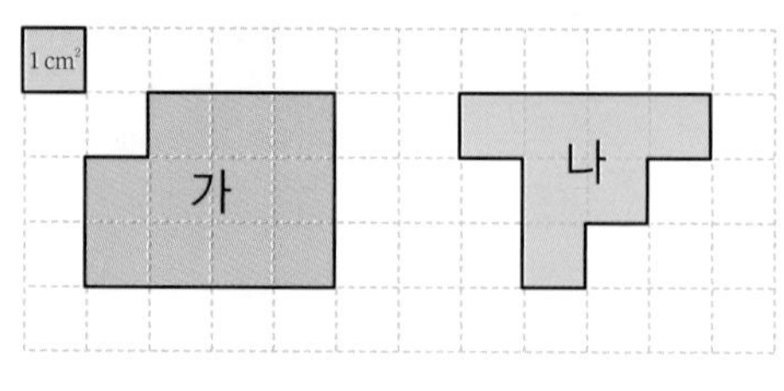

풀이

답

05 직사각형 가와 정사각형 나의 둘레가 같습니다. 정사각형 나의 넓이는 몇 cm^2인지 풀이 과정을 쓰고 답을 구해 보세요.

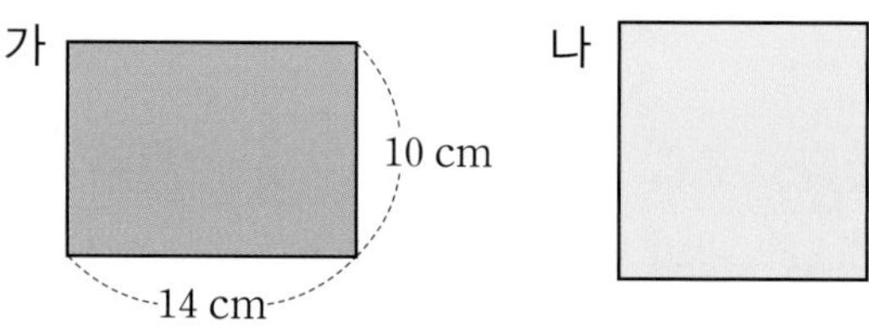

풀이

답

06 평행사변형의 넓이는 몇 km^2인지 풀이 과정을 쓰고 답을 구해 보세요.

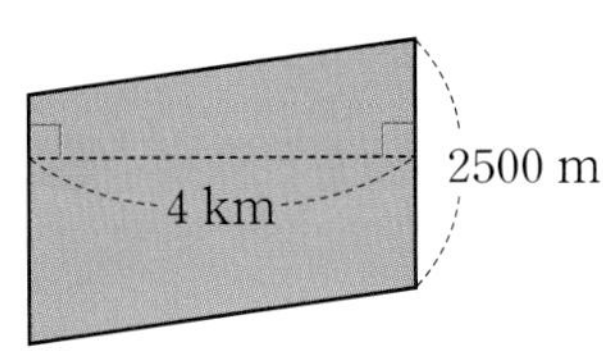

풀이

답

07 밑변의 길이가 5 cm, 높이가 3 cm인 평행사변형이 있습니다. 이 평행사변형의 밑변의 길이와 높이를 각각 3배로 늘이면 평행사변형의 넓이는 몇 cm^2 더 넓어지는지 풀이 과정을 쓰고 답을 구해 보세요.

풀이

답

08 둘레가 60 cm인 직사각형의 각 변의 가운데를 이어 마름모를 그렸습니다. 그린 마름모의 넓이는 몇 cm^2인지 풀이 과정을 쓰고 답을 구해 보세요.

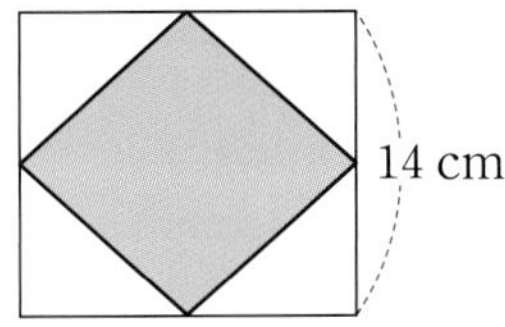

풀이

답

09 사다리꼴의 넓이가 42 cm^2입니다. 사다리꼴의 높이는 몇 cm인지 풀이 과정을 쓰고 답을 구해 보세요.

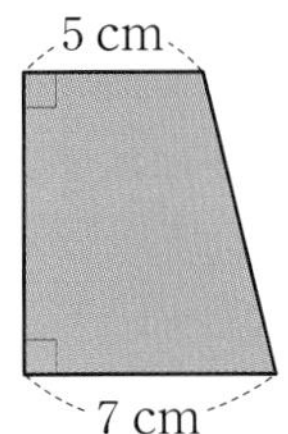

풀이

답

10 사다리꼴 ㄱㄴㄷㄹ의 넓이는 몇 cm^2인지 풀이 과정을 쓰고 답을 구해 보세요.

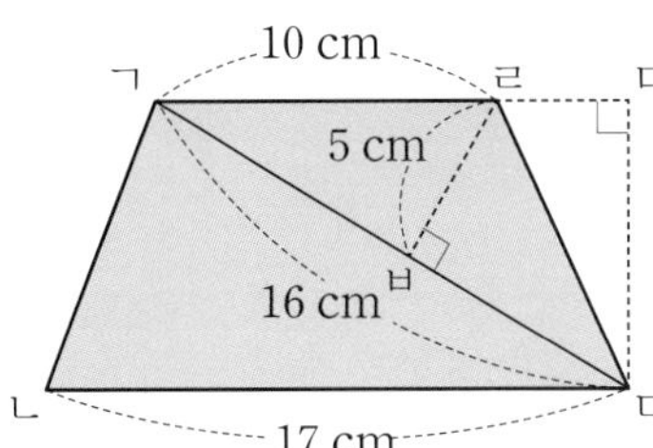

풀이

답

MEMO

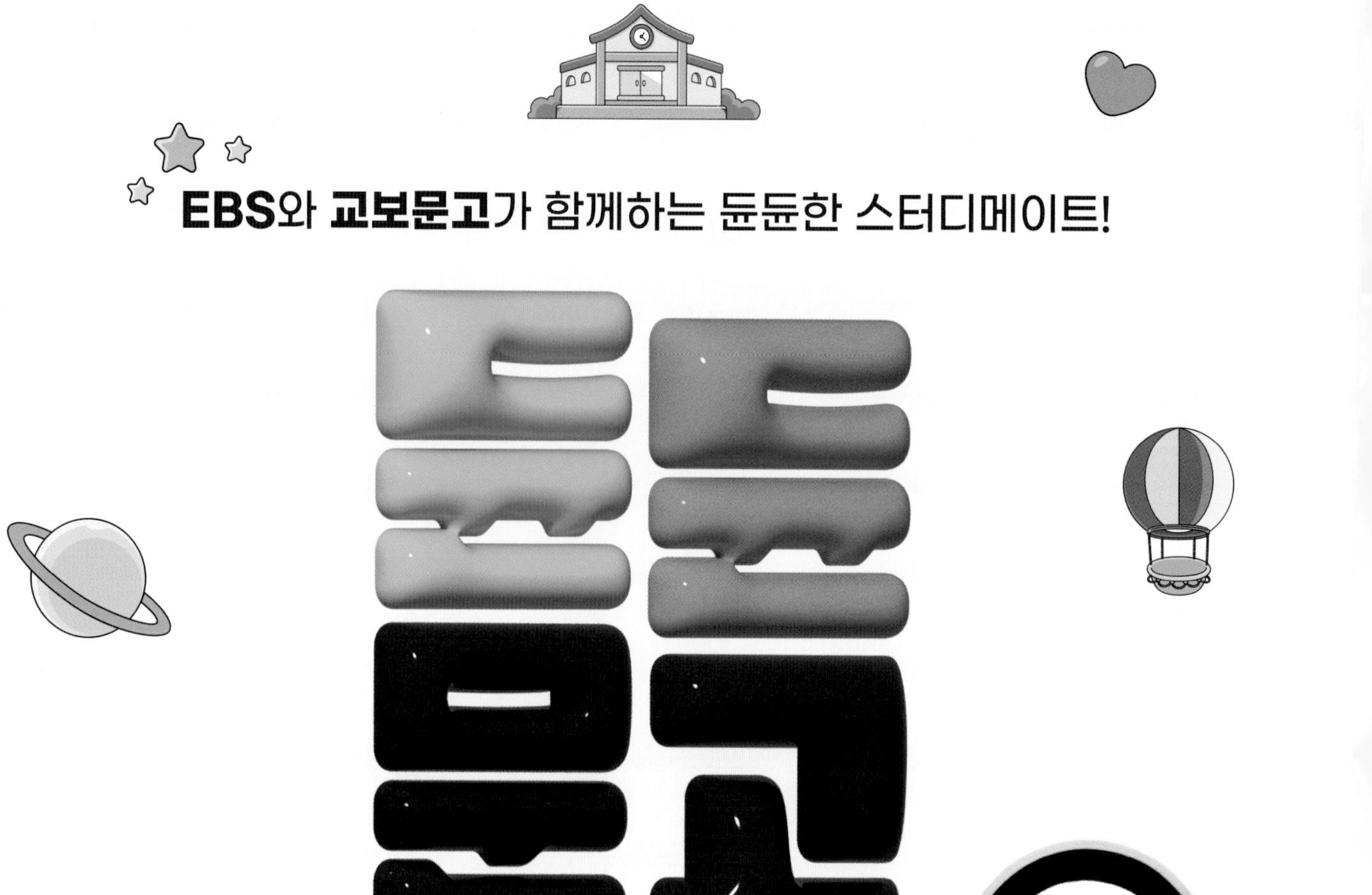

조금 어려운 내용에
도전해보고 싶어요.

아직 기초가 부족해서
차근차근
공부하고 싶어요.

영어의 모든 것!
체계적인
영어공부를 원해요.

조금 어려운
내용에
도전해보고
싶어요.

학습 고민이 있나요?

초등온에는
친구들의 **고민에 맞는**
다양한 강좌가 준비되어 있답니다.

학교 진도에
맞춰
공부하고
싶어요.

초등ON 이란?

EBS가 직접 제작하고 분야별 전문 교육업체가 개발한
다양한 콘텐츠를 바탕으로,

초등 목표달성을 위한 <**초등온**>**서비스**를 제공합니다.

BOOK 3

해설책

BOOK 3 해설책으로
틀린 문제의 해설도 확인해 보세요!

EBS

인터넷·모바일·TV
무료 강의 제공

초 | 등 | 부 | 터 EBS

만점왕

수학 5-1

예습, 복습, 숙제까지 해결되는
교과서 완전 학습서

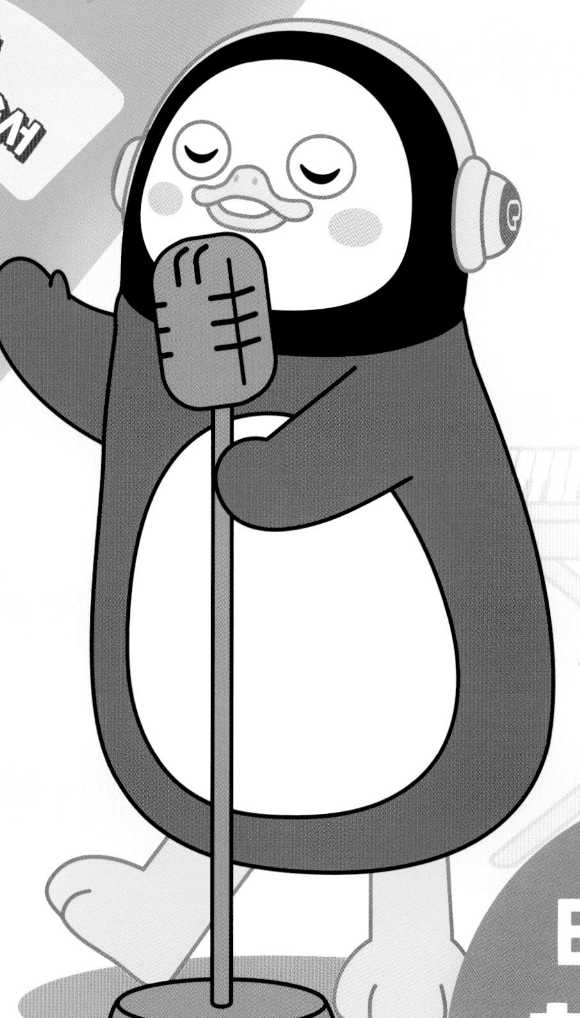

BOOK 3
해설책

“우리 아이 독해 학습, 잘하고 있나요?”

독해 교재 한 권을 다 풀고 다음 책을 학습하려 했더니
갑자기 확 어려워지는 독해 교재도 있어요.
차근차근 수준별 학습이 가능한 독해 교재 어디 없을까요?

* 실제 학부모님들의 고민 사례

저희 아이는 여러 독해 교재를 꾸준히 학습하고 있어요.
짧은 글이라 쓱 보고 답은 쉽게 찾더라구요.
그런데, 진짜 문해력이 키워지는지는 잘 모르겠어요.

국어 독해,
이제 특허받은 ERI로 해결하세요!

‘ERI(EBS Reading Index)’는 EBS와 이화여대 산학협력단이 개발한 과학적 독해 지수로,
글의 난이도를 낱말, 문장, 배경지식 수준에 따라 산출하였습니다.

ERI 독해가 문해력 이다

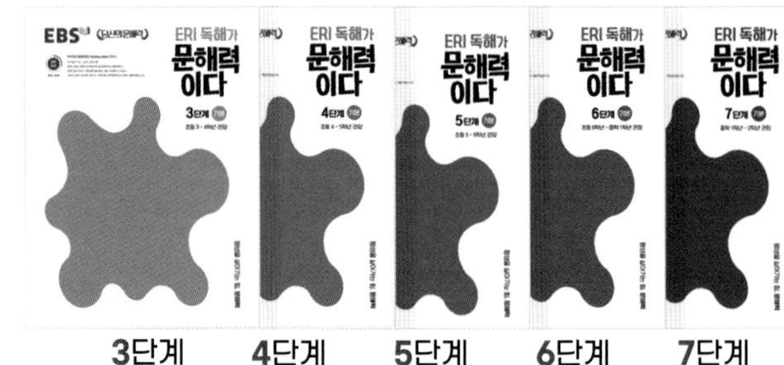

- P단계 예비 초등~초등 1학년 권장
- 1단계 기본/심화 | 초등 1~2학년 권장
- 2단계 기본/심화 | 초등 2~3학년 권장
- 3단계 기본/심화 | 초등 3~4학년 권장
- 4단계 기본/심화 | 초등 4~5학년 권장
- 5단계 기본/심화 | 초등 5~6학년 권장
- 6단계 기본/심화 | 초등 6학년~ 중학 1학년 권장
- 7단계 기본/심화 | 중학 1~2학년 권장

BOOK 3
해설책
만점왕
수학
5-1

1 단원 자연수의 혼합 계산

문제를 풀며 이해해요 9쪽

1 ㉠

2 $44-(29+5)=44-34=10$

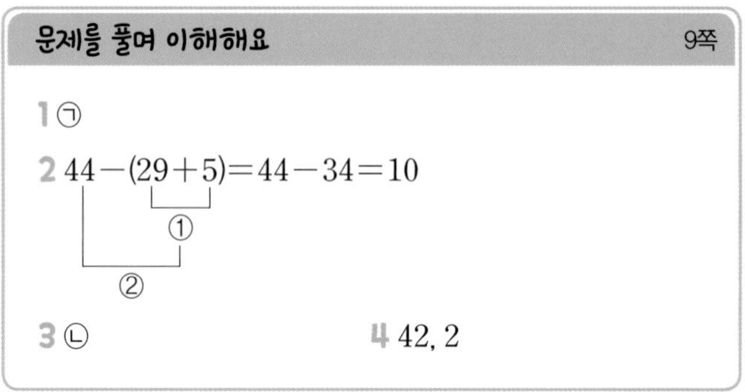

3 ㉡ 4 42, 2

교과서 내용 학습 10~11쪽

01 47, 65
02 ②
03 (○) ( )
04 ㉡
05 135
06 >
07 ㉡
08 ㉢
09 $5000-(950+1100)=2950$, 2950원
10 $80\div(4\times4)=5$, 5개

문제해결 접근하기

11 풀이 참조

01 덧셈과 뺄셈이 섞여 있는 식에서는 앞에서부터 차례로 계산합니다.

02 ( )가 있는 식에서는 ( ) 안을 먼저 계산합니다.

$56-(12+7)=56-19=37$ (① $12+7$, ② $56-19$)

03 • $45-22+16=23+16=39$

• $30-(14+3)=30-17=13$

바르게 계산한 식은 첫 번째 식입니다.

04 ㉠ $54\div9\times3=6\times3=18$

㉡ $54\div(9\times3)=54\div27=2$

㉢ $(54\div9)\times3=6\times3=18$

계산 결과가 다른 하나는 ㉡입니다.

05 $81\div9\times4=9\times4=36$

$45\div5\times11=9\times11=99$

➡ $36+99=135$

06 $45\div5\times3=9\times3=27$

$45\div(5\times3)=45\div15=3$

➡ $27>3$

07 ㉠ $72\div(3\times2)=72\div6=12$

$72\div3\times2=24\times2=48$

㉡ $11\times(8\div4)=11\times2=22$

$11\times8\div4=88\div4=22$

( )가 없어도 계산 결과가 같은 식은 ㉡입니다.

08 나와 동생이 먹은 딸기 수를 식으로 나타내면 $5+4$이므로 남은 딸기 수를 나타내는 식은 ㉢ $15-(5+4)$입니다.

09 풀 1개와 공책 1권의 값은 $(950+1100)$원입니다.
준호가 5000원을 내고 받는 거스름돈은 $5000-(950+1100)=5000-2050=2950$(원)입니다.

10 민성이네 반 전체 학생은 (4×4)명입니다.
사탕 80개를 민성이네 반 학생들에게 똑같이 나누어 주면 한 명에게 $80\div(4\times4)=80\div16=5$(개)씩 나누어 주면 됩니다.

문제해결 접근하기

11 **이해하기** | ㉮ 6명이 인형 288개를 만드는 데 걸리는 시간을 구하려고 합니다.

계획 세우기 | 예 한 명이 한 시간에 인형을 12개씩 만들 수 있으므로 6명이 한 시간 동안 만들 수 있는 인형 수를 구한 후 인형 288개를 만드는 데 걸리는 시간을 구합니다.

해결하기 | (1) 12 (2) 288, 12 (3) 4

되돌아보기 | 예 5명이 한 시간 동안 만들 수 있는 장난감 자동차는 (15×5)개입니다.

5명이 장난감 자동차 600개를 만드는 데 걸리는 시간은 $600 \div (15 \times 5) = 600 \div 75 = 8$(시간)입니다.

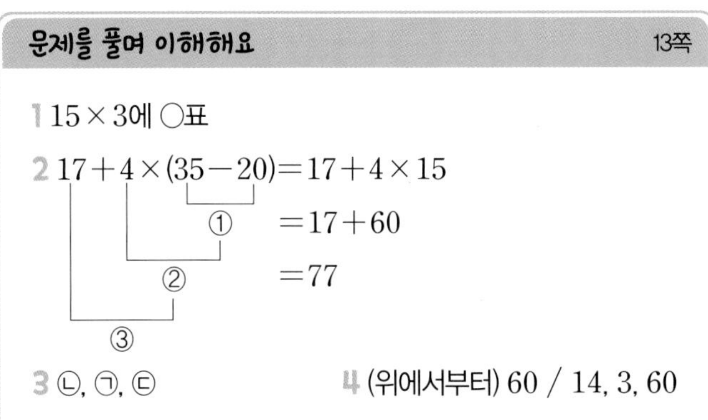

문제를 풀어 이해해요 13쪽

1 15×3에 ○표

2 $17 + 4 \times (35 - 20) = 17 + 4 \times 15$

$= 17 + 60$

$= 77$

3 ㉡, ㉠, ㉢

4 (위에서부터) 60 / 14, 3, 60

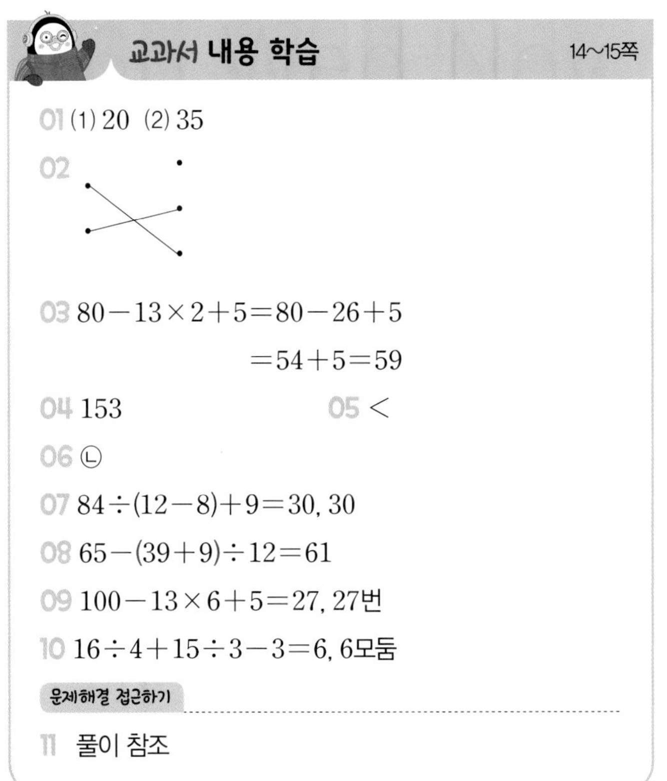

교과서 내용 학습 14~15쪽

01 (1) 20 (2) 35

02

03 $80 - 13 \times 2 + 5 = 80 - 26 + 5$

$= 54 + 5 = 59$

04 153

05 <

06 ㉡

07 $84 \div (12 - 8) + 9 = 30$, 30

08 $65 - (39 + 9) \div 12 = 61$

09 $100 - 13 \times 6 + 5 = 27$, 27번

10 $16 \div 4 + 15 \div 3 - 3 = 6$, 6모둠

문제해결 접근하기

11 풀이 참조

01 (1) $25 + 35 - 5 \times 8 = 25 + 35 - 40$

$= 60 - 40 = 20$

(2) $(20 + 7) \times 2 - 19 = 27 \times 2 - 19$

$= 54 - 19 = 35$

02 $20 - 8 \div 2 + 5 = 20 - 4 + 5$

$= 16 + 5 = 21$

$(31 - 17) \div 2 + 12 = 14 \div 2 + 12$

$= 7 + 12 = 19$

03 덧셈, 뺄셈, 곱셈이 섞여 있는 식은 곱셈을 먼저 계산합니다.

$80 - 13 \times 2 + 5 = 80 - 26 + 5$

① $= 54 + 5$

② $= 59$

③

04 $165 - 96 \div 4 + 12 = 165 - 24 + 12$

$= 141 + 12 = 153$

05 $21 + 36 \div 12 - 3 = 21 + 3 - 3$

$= 24 - 3 = 21$

$21 + 36 \div (12 - 3) = 21 + 36 \div 9$

$= 21 + 4 = 25$

➡ $21 < 25$

06 ㉠ $17 \times (2 + 9) - 110 = 17 \times 11 - 110$

$= 187 - 110 = 77$

㉡ $60 \times 2 + 9 - 43 = 120 + 9 - 43$

$= 129 - 43 = 86$

㉢ $77 \div 11 + 80 - 6 = 7 + 80 - 6$

$= 87 - 6 = 81$

계산 결과가 가장 큰 것은 ㉡입니다.

07 $84 \div (12 - 8) + 9 = 84 \div 4 + 9$

$= 21 + 9 = 30$

08 $65 - (39 + 9) \div 12 = 65 - 48 \div 12$

$= 65 - 4 = 61$

09 지원이가 6일 동안 한 줄넘기 횟수는 (13×6)번이고 100번 하려면 마지막 날에 $(100-13\times6)$번을 하면 됩니다.

목표에서 남은 횟수보다 5번 더 하였으므로 지원이가 마지막 날에 한 줄넘기 횟수는

$100-13\times6+5=100-78+5$

$=22+5=27$(번)

입니다.

10 남학생 모둠은 $(16\div4)$모둠이고 여학생 모둠은 $(15\div3)$모둠입니다. 이 중에서 3모둠만 봉사활동을 갔으므로 봉사활동을 가지 않은 모둠은

$16\div4+15\div3-3=4+5-3$

$=9-3=6$(모둠)

입니다.

문제해결 접근하기

11 **이해하기** | 예 승원이에게 남은 돈을 구하려고 합니다.

계획 세우기 | 예 승원이의 용돈과 할머니께서 주신 돈에서 김밥 3줄 가격을 빼서 구합니다.

해결하기 | (1) 5500 (2) 5500, 3 (3) 3000

되돌아보기 | 예 민재가 공책 4권을 사고 남은 돈은 $(5000-1200\times4)$원입니다.

부모님이 용돈 2500원을 주셨으므로 민재가 현재 가지고 있는 돈은

$5000-1200\times4+2500=5000-4800+2500$

$=200+2500=2700$(원)

입니다.

문제를 풀며 이해해요 17쪽

1 (1) ㉠, ㉣, ㉡, ㉢ (2) ㉢, ㉠, ㉣, ㉡

2 (위에서부터) (1) 47/7, 34, 13, 47 (2) 74/72, 9, 81, 74

3 $24\times(11-2)\div36+7=24\times9\div36+7$

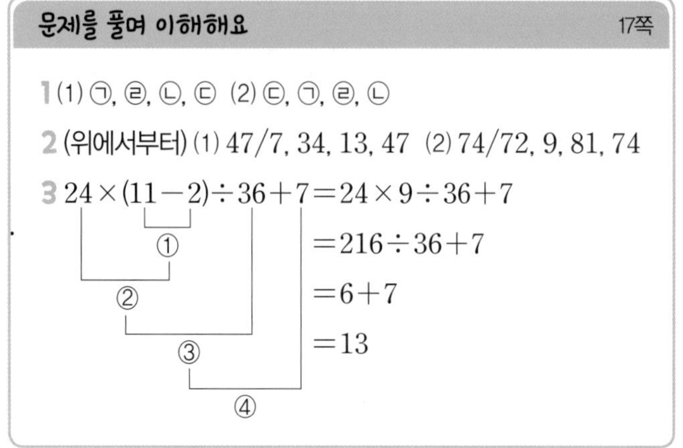

$=216\div36+7$

$=6+7$

$=13$

교과서 내용 학습 18~19쪽

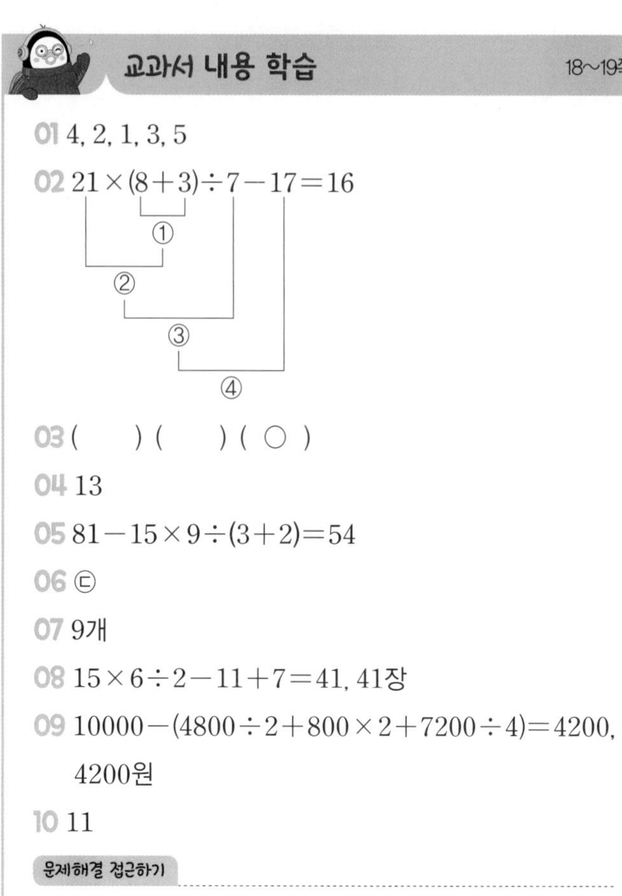

01 4, 2, 1, 3, 5

02 $21\times(8+3)\div7-17=16$

03 ( ) ( ) (○)

04 13

05 $81-15\times9\div(3+2)=54$

06 ㉢

07 9개

08 $15\times6\div2-11+7=41$, 41장

09 $10000-(4800\div2+800\times2+7200\div4)=4200$, 4200원

10 11

문제해결 접근하기

11 풀이 참조

02 $21\times(8+3)\div7-17=21\times11\div7-17$

$=231\div7-17$

$=33-17=16$

03 $16\times3-24\div8+14=48-24\div8+14$

$=48-3+14$

$=45+14=59$

04 $21+36\div(12-3)\times4=21+36\div9\times4$

$=21+4\times4$

$=21+16=37$

$4\times15-42+30\div5=60-42+30\div5$

$=60-42+6$

$=18+6=24$

➡ $37-24=13$

05 $81-15\times9\div(3+2)=81-15\times9\div5$

$=81-135\div5$

$=81-27=54$

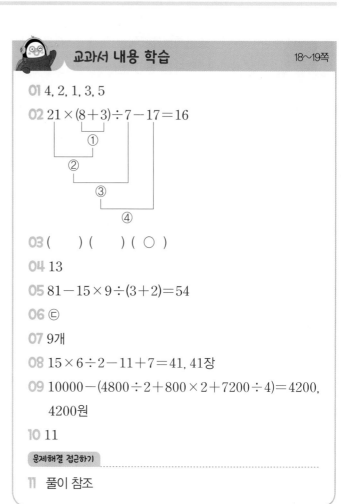

06 ㉠ $32 \div 8 + (10-6) \times 7 = 32 \div 8 + 4 \times 7$
$= 4 + 4 \times 7$
$= 4 + 28 = 32$

㉡ $(12+3) \times 3 - 20 \div 4 = 15 \times 3 - 20 \div 4$
$= 45 - 20 \div 4$
$= 45 - 5 = 40$

㉢ $5 \times 3 + (140-5) \div 9 = 5 \times 3 + 135 \div 9$
$= 15 + 135 \div 9$
$= 15 + 15 = 30$

계산 결과가 가장 작은 것은 ㉢입니다.

07 $30 - 5 \times 56 \div (5+9) = 30 - 5 \times 56 \div 14$
$= 30 - 280 \div 14$
$= 30 - 20 = 10$

$10 > \square$의 $\square$ 안에 들어갈 수 있는 자연수는 1, 2, 3, 4, 5, 6, 7, 8, 9로 모두 9개입니다.

08 동생과 똑같이 나누었을 때 하정이가 가지게 되는 색종이는 $(15 \times 6 \div 2)$장입니다.
하정이가 사용한 색종이 수를 빼고 더 산 색종이 수를 더하면
$15 \times 6 \div 2 - 11 + 7 = 90 \div 2 - 11 + 7$
$= 45 - 11 + 7$
$= 34 + 7 = 41$(장)
입니다.

09 카레 2인분을 만들기 위해 필요한 재료의 값은 $(4800 \div 2 + 800 \times 2 + 7200 \div 4)$원입니다.
10000원으로 필요한 재료를 사고 남은 돈은
$10000 - (4800 \div 2 + 800 \times 2 + 7200 \div 4)$
$= 10000 - (2400 + 1600 + 1800)$
$= 10000 - 5800 = 4200$(원)
입니다.

10 어떤 수를 $\square$라 하면
$(\square - 3) \div 2 + 5 \times 4 = 24$
$(\square - 3) \div 2 + 20 = 24$
$(\square - 3) \div 2 = 4$, $\square - 3 = 8$, $\square = 11$
어떤 수는 11입니다.

문제해결 접근하기

11 **이해하기** | 예 민준이가 10000원을 내고 받을 거스름돈을 구하려고 합니다.
계획 세우기 | 예 풀 2개, 공책 5권, 지우개 3개의 값을 구한 뒤 10000원에서 빼서 구합니다.
해결하기 | (1) 2, 2, 3 (2) 2, 2, 3 (3) 3100
되돌아보기 | 예 지선이가 문구점에 내야 할 돈은 $(900 \times 3 + 6000 \times 2 + 700 \times 5)$원입니다.
지선이가 20000원을 내고 받을 거스름돈은
$20000 - (900 \times 3 + 6000 \times 2 + 700 \times 5)$
$= 20000 - (2700 + 12000 + 3500)$
$= 20000 - 18200 = 1800$(원)입니다.

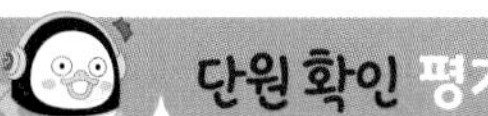

단원 확인 평가 20~23쪽

01 (1) 51 (2) 36 **02** ㉣
03 (그림) **04** $22 + 30 - 5 = 47$ / 47 cm
05 (1) 84 (2) 84, 4200 (3) 58800 / 58800원
06 $225 \div (15 \times 3) = 5$ / 5시간
07 ③ **08** $(42 - 29) \times 2 + 9 = 35$
09 ㉡ **10** 슬기
11 ③ **12** $32 \times 8 - 126 \div 2 + 7 = 200$ (계산 순서: 32×8 ①, $126 \div 2$ ②, ①−② ③, ③+7 ④)
13 445쪽 **14** $4 \times (14+6) - 37 = 4 \times 20 - 37$
$= 80 - 37$
$= 43$
15 32 **16** ㉡, ㉢, ㉠
17 (1) 5 (2) 10 (3) 5 / 5
18 $1380 - (1860 - 1380) \div 2 \times 5 = 180$ / 180 g
19 34 **20** 16 / 4

01 (1) $54-21+18=33+18=51$

(2) $48\div12\times9=4\times9=36$

02 ㉠ $42\times7\div6=294\div6=49$

㉡ $42\div6\times7=7\times7=49$

㉢ $7\times42\div6=294\div6=49$

㉣ $42\div(6\times7)=42\div42=1$

계산 결과가 다른 하나는 ㉣입니다.

03 $40+22-10\times5=40+22-50$

$=62-50=12$

$40+(22-10)\times5=40+12\times5$

$=40+60=100$

$(40+22)\times5-10=62\times5-10$

$=310-10=300$

04 색 테이프 2장의 길이의 합은 (22+30)cm입니다.

겹치는 부분은 5 cm이므로 이어 붙인 색 테이프의 길이는

22+30−5=52−5=47(cm)입니다.

05 채점 기준

사과가 담긴 봉지 수를 구하는 식을 쓴 경우	40 %
사과를 팔고 받은 돈을 구하는 식을 쓴 경우	40 %
사과를 팔고 받은 돈을 구한 경우	20 %

06 세 명이 한 시간 동안 만들 수 있는 초콜릿은

(15×3)개입니다.

초콜릿 225개를 만들려면

$225\div(15\times3)=225\div45=5$(시간)이 걸립니다.

07 ① $(45-9)\div3=36\div3=12$

$45-9\div3=45-3=42$

② $7\times(11-8)=7\times3=21$

$7\times11-8=77-8=69$

③ $(77\div7)-5=11-5=6$

$77\div7-5=11-5=6$

④ $33-(21+4)=33-25=8$

$33-21+4=12+4=16$

⑤ $9\times(21+5)=9\times26=234$

$9\times21+5=189+5=194$

( )가 없어도 계산 결과가 같은 것은 ③입니다.

08 계산 순서가 바뀌는 위치에 ( )를 넣어서 확인해 봅니다.

$(42-29)\times2+9=13\times2+9$

$=26+9=35$

09 $210\div3-(11+2)\times5$

② ① ③ ④

계산 순서를 나열하면 ㉢, ㉠, ㉣, ㉡이므로 마지막으로 계산해야 하는 부분은 ㉡입니다.

10 덧셈, 뺄셈, 나눗셈이 섞여 있는 식은 나눗셈을 먼저 계산합니다.

자연수의 혼합 계산을 잘못 설명한 친구는 슬기입니다.

11 $36\div6+29=35$에서 6 대신에 $21-15$를 넣어서 하나의 식으로 나타냅니다. 이때 뺄셈을 먼저 계산해야 하므로 ( )를 사용해야 합니다.

$36\div6+29=35$ $21-15=6$

➡ $36\div(21-15)+29=35$

12

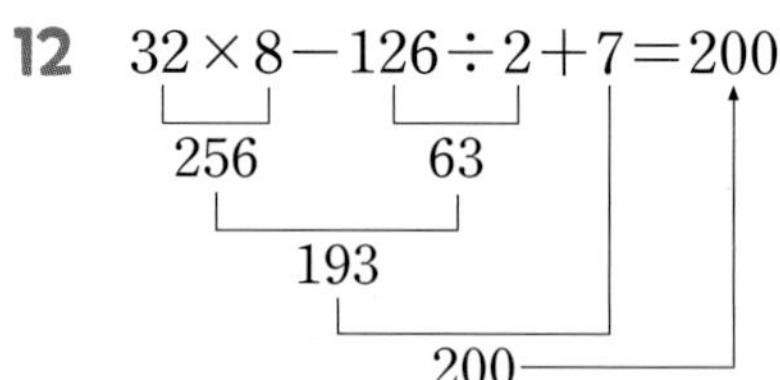

13 지윤이가 읽은 책은 (35×7)쪽이고 영준이가 읽은 책은 $(50\times(7-3))$쪽입니다.

지윤이와 영준이가 일주일 동안 읽은 책은 모두

$35\times7+50\times(7-3)=35\times7+50\times4$

$=245+50\times4$

$=245+200$

$=445$(쪽)입니다.

14 ( ) 안을 가장 먼저 계산해야 하는데 앞에서부터 차례로 계산하였습니다.

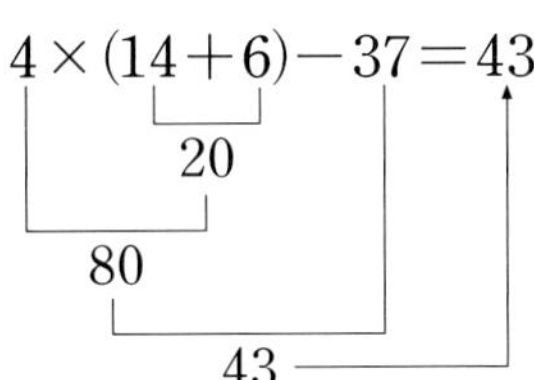

15 $117 \div 9 + 12 - 8 = 13 + 12 - 8$

$= 25 - 8 = 17$

$(52+23) \div 3 - 10 = 75 \div 3 - 10$

$= 25 - 10 = 15$

➡ $17 + 15 = 32$

16 ㉠ $(32-29) \times 2 + 9 = 3 \times 2 + 9$

$= 6 + 9 = 15$

㉡ $(25+41) \div 6 - 2 = 66 \div 6 - 2$

$= 11 - 2 = 9$

㉢ $16 \times 3 \div 4 - 2 = 48 \div 4 - 2$

$= 12 - 2 = 10$

계산 결과가 작은 것부터 차례로 쓰면 ㉡, ㉢, ㉠입니다.

17 (1) $72 \div 3 - (12+7) = 72 \div 3 - 19$

$= 24 - 19 = 5$

(2) $(11+9) \div 2 = 20 \div 2 = 10$

(3) $5 = 10 - \square$, $\square = 5$

채점 기준

72÷3−(12+7)을 계산한 경우	40 %
(11+9)÷2를 계산한 경우	40 %
□ 안에 알맞은 수를 구한 경우	20 %

18 음료수 2개의 무게는 (1860−1380)g이므로 음료수 5개의 무게는 $(1860-1380) \div 2 \times 5$입니다.

상자 만의 무게는

$1380 - (1860 - 1380) \div 2 \times 5$

$= 1380 - 480 \div 2 \times 5$

$= 1380 - 240 \times 5$

$= 1380 - 1200 = 180$(g)입니다.

19 $36 - (\square + 14) \times 3 \div 12 = 24$

$(\square + 14) \times 3 \div 12 = 36 - 24 = 12$

$(\square + 14) \times 3 = 12 \times 12 = 144$

$\square + 14 = 144 \div 3 = 48$

$\square = 48 - 14 = 34$

20 48÷(㉠×㉡)+㉢에서 계산 결과가 가장 크려면 ㉠×㉡이 가능한 작아야 하고, 계산 결과가 가장 작으려면 ㉠×㉡이 가능한 커야 합니다.

계산 결과가 가장 클 때는 (2, 3, 8) 또는 (3, 2, 8)의 순서대로 수 카드를 놓아야 합니다.

➡ $48 \div (2 \times 3) + 8 = 16$

$48 \div (3 \times 2) + 8 = 16$

계산 결과가 가장 작을 때는 (8, 3, 2) 또는 (3, 8, 2)의 순서대로 수 카드를 놓아야 합니다.

➡ $48 \div (8 \times 3) + 2 = 4$

$48 \div (3 \times 8) + 2 = 4$

따라서 계산 결과가 가장 클 때의 값은 16, 가장 작을 때의 값은 4입니다.

2 단원 약수와 배수

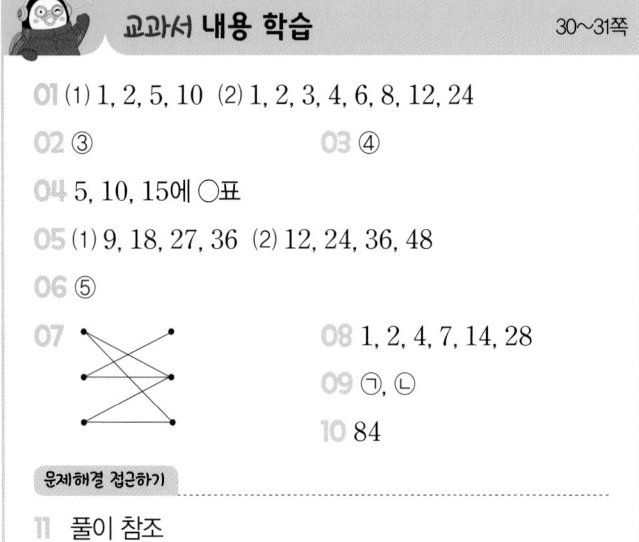

문제를 풀며 이해해요 29쪽

1 (1) 5, 3, 1 (2) 1, 3, 5, 15
2 (1) 3, 6, 9, 12, 15 (2) 3, 6, 9, 12, 15
3 (1) 배수 (2) 약수
4 (1) 1, 2, 4, 5, 10, 20 (2) 1, 2, 4, 5, 10, 20

교과서 내용 학습 30~31쪽

01 (1) 1, 2, 5, 10 (2) 1, 2, 3, 4, 6, 8, 12, 24
02 ③
03 ④
04 5, 10, 15에 ○표
05 (1) 9, 18, 27, 36 (2) 12, 24, 36, 48
06 ⑤
07
08 1, 2, 4, 7, 14, 28
09 ㉠, ㉡
10 84

문제해결 접근하기

11 풀이 참조

01 (1) $10 \div 1 = 10$, $10 \div 2 = 5$, $10 \div 5 = 2$, $10 \div 10 = 1$
10의 약수는 1, 2, 5, 10입니다.
(2) $24 \div 1 = 24$, $24 \div 2 = 12$, $24 \div 3 = 8$, $24 \div 4 = 6$, $24 \div 6 = 4$, $24 \div 8 = 3$, $24 \div 12 = 2$, $24 \div 24 = 1$
24의 약수는 1, 2, 3, 4, 6, 8, 12, 24입니다.

02 ① $17 \div 5 = 3 \cdots 2$
② $21 \div 9 = 2 \cdots 3$
③ $15 \div 5 = 3$
④ $29 \div 4 = 7 \cdots 1$
⑤ $15 \div 7 = 2 \cdots 1$
왼쪽 수가 오른쪽 수의 약수인 것은 ③입니다.

03 ① 8의 약수: 1, 2, 4, 8 ➡ 4개
② 15의 약수: 1, 3, 5, 15 ➡ 4개
③ 20의 약수: 1, 2, 4, 5, 10, 20 ➡ 6개
④ 25의 약수: 1, 5, 25 ➡ 3개
⑤ 30의 약수: 1, 2, 3, 5, 6, 10, 15, 30 ➡ 8개

04 $5 \times 1 = 5$, $5 \times 2 = 10$, $5 \times 3 = 15$
5의 배수는 5, 10, 15입니다.

05 (1) $9 \times 1 = 9$, $9 \times 2 = 18$, $9 \times 3 = 27$, $9 \times 4 = 36$
(2) $12 \times 1 = 12$, $12 \times 2 = 24$, $12 \times 3 = 36$, $12 \times 4 = 48$

06 8은 4와 2의 배수
$4 \times 2 = 8$
4와 2는 8의 약수
⑤ 8의 약수는 1, 2, 4, 8로 4개입니다.

07 $4 \times 10 = 40$, $4 \times 12 = 48$
$5 \times 6 = 30$, $5 \times 8 = 40$
$8 \times 5 = 40$, $8 \times 6 = 48$

08 28이 □의 배수이므로 □는 28의 약수입니다.
□ 안에 들어갈 수 있는 수는 28의 약수인 1, 2, 4, 7, 14, 28입니다.

09 ㉠ 1은 모든 수를 나누어떨어지게 하므로 1은 모든 수의 약수입니다.
㉡ 10의 약수: 1, 2, 5, 10
20의 약수: 1, 2, 4, 5, 10, 20
10의 약수는 모두 20의 약수입니다.
㉢ 10의 배수: 10, 20, 30, 40, ...
20의 배수: 20, 40, 60, 80, ...
10의 배수는 20의 배수가 아니고 20의 배수는 모두 10의 배수입니다.

10 $80 \div 12 = 6 \cdots 8$에서
$12 \times 6 = 72$, $12 \times 7 = 84$
$80 - 72 = 8$, $84 - 80 = 4$이므로
80에 가장 가까운 12의 배수는 84입니다.

문제해결 접근하기

11 **이해하기** | 예 조건을 모두 만족하는 수를 구하려고 합니다.

계획 세우기 | 예 30보다 크고 60보다 작은 5의 배수 중 8의 배수를 구합니다.

해결하기 | (1) 35, 40, 45, 50, 55 (2) 5, 40 (3) 40

되돌아보기 | 예 20보다 크고 50보다 작은 수 중에서 7의 배수는 $7\times3=21$, $7\times4=28$, $7\times5=35$, $7\times6=42$, $7\times7=49$입니다.

이 중에서 짝수는 28, 42로 2개입니다.

문제를 풀며 이해해요 33쪽

1 1, 3 / 3

2 (1) (2)

24의 약수	①, ②, ③, 4, ⑥, 8, 12, 24
30의 약수	①, ②, ③, 5, ⑥, 10, 15, 30

(3) 6

3 6

4 12

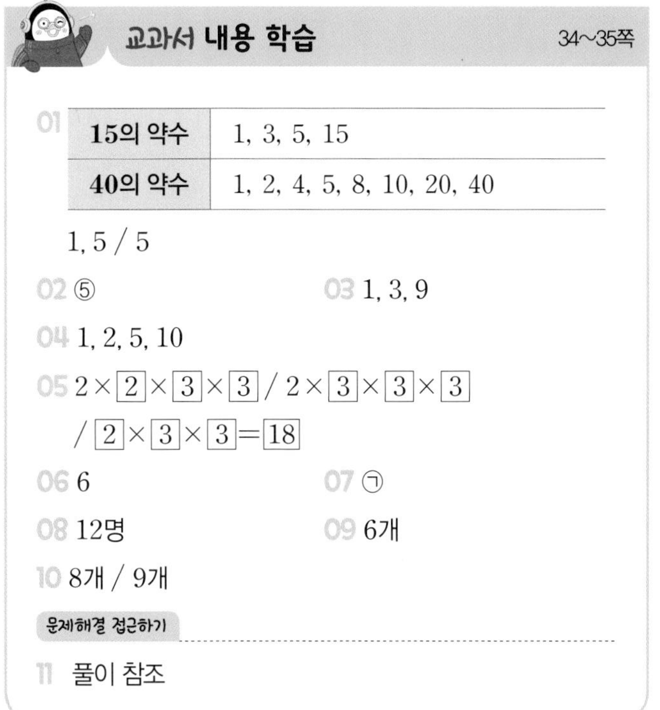

교과서 내용 학습 34~35쪽

01

15의 약수	1, 3, 5, 15
40의 약수	1, 2, 4, 5, 8, 10, 20, 40

1, 5 / 5

02 ⑤

03 1, 3, 9

04 1, 2, 5, 10

05 2×[2]×[3]×[3] / 2×[3]×[3]×[3] / [2]×[3]×[3]=[18]

06 6

07 ㉠

08 12명

09 6개

10 8개 / 9개

문제해결 접근하기

11 풀이 참조

01 15와 40의 공통된 약수는 1, 5이고 공통된 약수 중 가장 큰 수는 5입니다.

02 • 14의 약수: 1, 2, 7, 14

• 42의 약수: 1, 2, 3, 6, 7, 14, 21, 42

➡ 14와 42의 공약수: 1, 2, 7, 14

14와 42의 공약수가 아닌 것은 ⑤입니다.

03 45와 63을 모두 나누어떨어지게 하는 수는 45와 63의 공약수입니다.

• 45의 약수: 1, 3, 5, 9, 15, 45

• 63의 약수: 1, 3, 7, 9, 21, 63

➡ 45와 63의 공약수: 1, 3, 9

04 두 수의 공약수는 10의 약수인 1, 2, 5, 10입니다.

05 두 수를 여러 수의 곱으로 나타낸 곱셈식에서 공통인 부분이 두 수의 최대공약수입니다.

06
```
2) 18  30
3)  9  15
    3   5
```
➡ 18과 30의 최대공약수: $2\times3=6$

07 ㉠
```
2) 48  64
2) 24  32
2) 12  16
2)  6   8
    3   4
```
➡ 48과 64의 최대공약수: $2\times2\times2\times2=16$

㉡
```
3) 30  45
5) 10  15
    2   3
```
➡ 30과 45의 최대공약수: $3\times5=15$

㉢
```
2) 40  70
5) 20  35
    4   7
```
➡ 40과 70의 최대공약수: $2\times5=10$

두 수의 최대공약수가 가장 큰 것은 ㉠입니다.

08
```
2) 36  24
2) 18  12
3)  9   6
    3   2
```
➡ 36과 24의 최대공약수: $2\times2\times3=12$

최대 12명에게 나누어 줄 수 있습니다.

09 두 수의 공약수는 최대공약수의 약수입니다.

$$\begin{array}{r|rr} 2 & 60 & 72 \\ \hline 2 & 30 & 36 \\ \hline 3 & 15 & 18 \\ \hline & 5 & 6 \end{array}$$

➡ 60과 72의 최대공약수: $2\times2\times3=12$

12의 약수는 1, 2, 3, 4, 6, 12로 6개이므로 60과 72의 공약수도 6개입니다.

10

$$\begin{array}{r|rr} 7 & 56 & 63 \\ \hline & 8 & 9 \end{array}$$

➡ 56과 63의 최대공약수: 7

7개의 봉지에 똑같이 나누어 담으면 한 봉지에 당근은 $56\div7=8$(개), 양파는 $63\div7=9$(개) 담을 수 있습니다.

문제해결 접근하기

11 **이해하기** | ㉠ 가장 큰 정사각형 모양으로 자를 때 정사각형의 한 변의 길이를 구하려고 합니다.

계획 세우기 | ㉠ 직사각형의 짧은 변과 긴 변의 길이의 최대공약수를 구합니다.

해결하기 | (1) 3, 18, 21, 6, 7 / 2, 3, 6

(2) 6, 6

되돌아보기 | ㉠ 짧은 변과 긴 변을 각각 6 cm씩 자르면 짧은 변은 $36\div6=6$(장), 긴 변은 $42\div6=7$(장)입니다.

호영이가 만든 정사각형 모양의 종이는 $6\times7=42$(장)입니다.

문제를 풀며 이해해요 37쪽

1 24, 48, 72 / 24

2 (1) (2)

4의 배수	4	8	(12)	16	20	(24)	28	32	(36)	40
6의 배수	6	(12)	18	(24)	30	(36)	42	(48)	54	(60)

(3) 12

3 60　　4 120

교과서 내용 학습 38~39쪽

01

1	(2)	3	(4)	△5	(6)	7	(8)	9	(△10)
11	(12)	13	(14)	△15	(16)	17	(18)	19	(△20)
21	(22)	23	(24)	△25	(26)	27	(28)	29	(△30)

10, 20, 30

02 18, 36, 54　　03 최소공배수

04 28, 56, 84　　05 120

06 60　　07 <

08 70　　09 3번

10 140

문제해결 접근하기

11 풀이 참조

01 ○와 △가 둘 다 표시되는 곳의 수는 2와 5의 공배수입니다.

02 6의 배수: 6, 12, 18, 24, 30, 36, 42, 48, 54, ...

9의 배수: 9, 18, 27, 36, 45, 54, ...

6과 9의 공배수: 18, 36, 54, ...

03 5와 6의 공배수는 두 수의 최소공배수인 30의 배수와 같습니다.

04 두 수의 공배수는 두 수의 최소공배수의 배수와 같으므로 28의 배수입니다.

28의 배수 중 두 자리 수는 28, 56, 84입니다.

05 $3\times4\times5$　　$2\times4\times5$

$4\times5\times3\times2=120$

06 어떤 수는 15로 나누어도 나누어떨어지므로 15의 배수이고, 20으로 나누어도 나누어떨어지므로 20의 배수입니다.

어떤 수는 15와 20의 공배수이고, 공배수 중에서 가장 작은 수는 15와 20의 최소공배수입니다.

$$\begin{array}{r|rr} 5 & 15 & 20 \\ \hline & 3 & 4 \end{array}$$

➡ 15와 20의 최소공배수: $5\times3\times4=60$

07
```
2) 32  40
2) 16  20
2)  8  10
    4   5
```
➡ 32와 40의 최소공배수: $2 \times 2 \times 2 \times 4 \times 5 = 160$
```
2) 20  36
2) 10  18
    5   9
```
➡ 20과 36의 최소공배수: $2 \times 2 \times 5 \times 9 = 180$

➡ $160 < 180$

08 처음으로 박수를 치면서 동시에 만세를 외치는 것은 10과 14의 최소공배수일 때입니다.
```
2) 10  14
    5   7
```
➡ 10과 14의 최소공배수: $2 \times 5 \times 7 = 70$

09 3과 4의 최소공배수는 12입니다.
희서와 예림이는 12일마다 도서관에 갑니다. 4월에 두 사람이 함께 도서관에 가는 날은 4월 1일, 4월 13일, 4월 25일입니다.
4월에 희서와 예림이가 함께 도서관에 가는 날은 모두 3번입니다.

10 5와 7의 최소공배수는 35이므로 5와 7의 공배수는 35의 배수입니다.
100보다 크고 200보다 작은 수 중에서 35의 배수는 105, 140, 175이고 이 중 짝수는 140입니다.

문제해결 접근하기

11 **이해하기** | 예 시작점 다음으로 꽃과 나무가 양쪽에 같이 심어진 위치를 구하려고 합니다.
계획 세우기 | 예 8과 12의 최소공배수를 구합니다.
해결하기 | (1) (위에서부터) 2, 4, 6, 2, 3 / 2, 2, 2, 3, 24
(2) 24, 24
되돌아보기 | 예 $480 \div 24 = 20$이고 도로의 시작점도 포함하므로 꽃과 나무가 양쪽에 같이 심어지는 곳은 모두 $20 + 1 = 21$(군데)입니다.

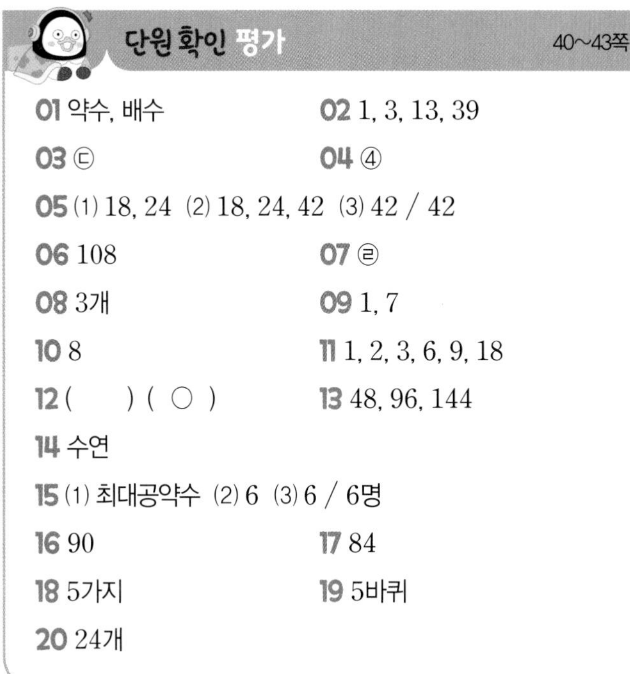

단원 확인 평가 40~43쪽

01 약수, 배수
02 1, 3, 13, 39
03 ㉢
04 ④
05 (1) 18, 24 (2) 18, 24, 42 (3) 42 / 42
06 108
07 ㉣
08 3개
09 1, 7
10 8
11 1, 2, 3, 6, 9, 18
12 (　) (○)
13 48, 96, 144
14 수연
15 (1) 최대공약수 (2) 6 (3) 6 / 6명
16 90
17 84
18 5가지
19 5바퀴
20 24개

02 $39 \div 1 = 39$, $39 \div 3 = 13$, $39 \div 13 = 3$, $39 \div 39 = 1$

03 ㉠ 18의 약수: 1, 2, 3, 6, 9, 18 ➡ 6개
㉡ 22의 약수: 1, 2, 11, 22 ➡ 4개
㉢ 49의 약수: 1, 7, 49 ➡ 3개
약수의 개수가 가장 적은 것은 ㉢입니다.

04 ① $5 \times 2 = 10$
② $5 \times 5 = 25$
③ $5 \times 6 = 30$
⑤ $5 \times 7 = 35$
5의 배수가 아닌 것은 ④ 33입니다.

05 **채점 기준**

6의 배수를 알고 있는 경우	30 %
6의 배수 중 45보다 작은 수를 모두 구한 경우	40 %
설명하는 수 중에서 가장 큰 수를 구한 경우	30 %

06 $100 \div 18 = 5 \cdots 10$에서
$18 \times 5 = 90$, $18 \times 6 = 108$
$100 - 90 = 10$, $108 - 100 = 8$이므로
100에 가장 가까운 18의 배수는 108입니다.

07 24는 3과 8의 배수

$24 = 3 \times 8$

3과 8은 24의 약수

08 $24 \div 6 = 4$ ➡ 6은 24의 약수입니다.

$48 \div 24 = 2$ ➡ 48은 24의 배수입니다.

$72 \div 24 = 3$ ➡ 72는 24의 배수입니다.

24와 약수와 배수의 관계인 수는 6, 48, 72로 3개입니다.

09 14의 약수: 1, 2, 7, 14

35의 약수: 1, 5, 7, 35

14와 35의 공약수는 1, 7입니다.

10
```
2) 24  40
2) 12  20
2)  6  10
    3   5
```
➡ 24와 40의 최대공약수: $2 \times 2 \times 2 = 8$

11 두 수의 공약수는 최대공약수의 약수이므로 18의 약수인 1, 2, 3, 6, 9, 18이 두 수의 공약수입니다.

12
```
2) 12  28
2)  6  14
    3   7
```
➡ 12와 28의 최소공배수: $2 \times 2 \times 3 \times 7 = 84$
```
3) 27  45
3)  9  15
    3   5
```
➡ 27과 45의 최소공배수: $3 \times 3 \times 3 \times 5 = 135$

➡ $84 < 135$

13
```
2) 16  24
2)  8  12
2)  4   6
    2   3
```
➡ 16과 24의 최소공배수: $2 \times 2 \times 2 \times 2 \times 3 = 48$

16과 24의 공배수는 48의 배수와 같습니다.

두 수의 공배수를 가장 작은 수부터 3개를 쓰면 48, 96, 144입니다.

14 [지율] 약수와 배수의 관계인 두 수의 최대공약수는 두 수 중 작은 수입니다.

[은찬] 두 수의 공약수가 1뿐인 두 수의 최소공배수는 두 수의 곱입니다.

[수연]
```
2) 22  30
   11  15
```
➡ 22와 30의 최소공배수: $2 \times 11 \times 15 = 330$

[우진] 두 수의 최대공약수의 약수는 두 수의 공약수입니다.

잘못 설명한 친구는 수연이입니다.

15
```
2) 30  42
3) 15  21
    5   7
```
➡ 30과 42의 최대공약수: $2 \times 3 = 6$

채점 기준

30과 42의 최대공약수를 이용해야 함을 이해한 경우	40 %
30과 42의 최대공약수를 구한 경우	40 %
나누어 줄 사람 수를 구한 경우	20 %

16 45와 ●의 최대공약수가 15이므로 □ 안에 알맞은 수는 5입니다.

$45 = 3 \times 3 \times 5$　　●$= 2 \times 3 \times 5$

➡ 45와 ●의 최소공배수: $3 \times 5 \times 3 \times 2 = 90$

17 3과 4의 최소공배수는 12이므로 3과 4의 공배수는 12의 배수입니다.

12의 배수 중 70보다 크고 100보다 작은 수는 72, 84, 96이고 이 중에서 일의 자리 수가 4인 수는 84입니다.

18 (가로에 놓일 색종이 수)×(세로에 놓일 색종이 수) $= 48$이므로

$1 \times 48 = 48$, $2 \times 24 = 48$, $3 \times 16 = 48$,

$4 \times 12 = 48$, $6 \times 8 = 48$

따라서 색종이 48장으로 만들 수 있는 직사각형은 5가지입니다.

19 두 톱니 수의 최소공배수만큼 톱니가 맞물리면 처음에 맞물렸던 톱니가 다시 맞물리게 됩니다.

2) 16 20
2) 8 10
4 5

➡ 16과 20의 최소공배수: $2\times2\times4\times5=80$

16과 20의 최소공배수는 80이므로 톱니가 80개 맞물리면 됩니다.

처음에 맞물렸던 톱니가 다시 맞물리려면 톱니바퀴 ㉠은 $80\div16=5$(바퀴)를 돌아야 합니다.

20 3) 63 45
3) 21 15
7 5

➡ 63과 45의 최대공약수: $3\times3=9$

가로등과 가로등 사이의 거리는 9 m입니다.

네 모퉁이에 반드시 가로등을 설치해야 하므로 가로에 설치해야 하는 가로등은 $63\div9=7$에서 $7+1=8$(개), 세로에 설치해야 하는 가로등은 $45\div9=5$에서 $5+1=6$(개)입니다.

필요한 가로등은 $(8+6)\times2-4=24$(개)입니다.

3 단원 규칙과 대응

문제를 풀며 이해해요 49쪽

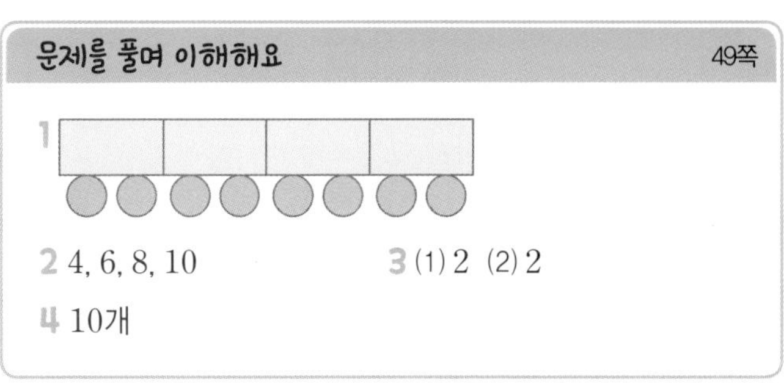

1

2 4, 6, 8, 10

3 (1) 2 (2) 2

4 10개

교과서 내용 학습 50~51쪽

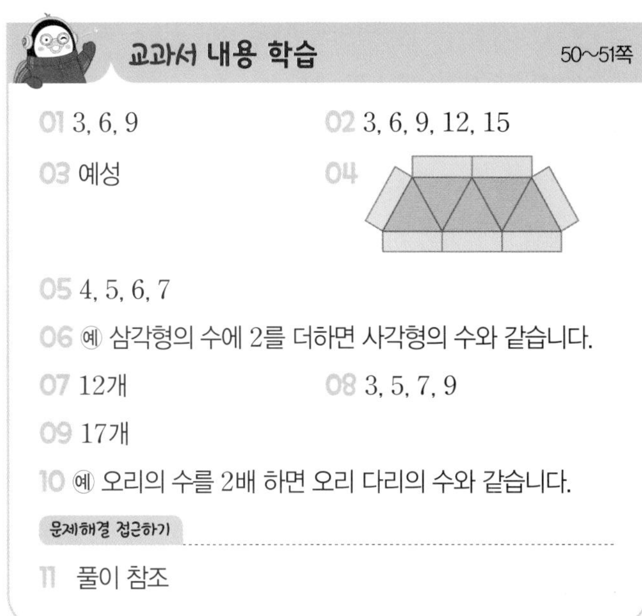

01 3, 6, 9

02 3, 6, 9, 12, 15

03 예성

04

05 4, 5, 6, 7

06 ⓔ 삼각형의 수에 2를 더하면 사각형의 수와 같습니다.

07 12개

08 3, 5, 7, 9

09 17개

10 ⓔ 오리의 수를 2배 하면 오리 다리의 수와 같습니다.

문제해결 접근하기

11 풀이 참조

03 [한비] 서랍장이 4개 있다면 서랍은 $4\times3=12$(개)입니다.

[승현] 서랍의 수를 3으로 나누면 서랍장의 수와 같습니다.

05 삼각형이 1개씩 늘어날 때 사각형도 1개씩 늘어납니다.

06 '사각형의 수에서 2를 빼면 삼각형의 수와 같습니다.'와 같이 답해도 됩니다.

07 삼각형의 수에 2를 더하면 사각형의 수와 같으므로 삼각형이 10개일 때 사각형은 $10+2=12$(개)입니다.

08 배열 순서가 1씩 커질 때 바둑돌은 2개씩 늘어납니다.

09 배열 순서가 5 이면 바둑돌은 11개, 배열 순서가 6 이면 바둑돌은 13개, 배열 순서가 7 이면 바둑돌은 15개, 배열 순서가 8 이면 바둑돌은 17개입니다.

10 '오리의 수를 2배 하면 오리의 날개의 수와 같습니다.'와 같이 답해도 됩니다.

문제해결 접근하기

11 **이해하기** | 예 서울의 시각이 밤 12시일 때 홍콩과 뉴델리의 시각을 구하려고 합니다.
계획 세우기 | 예 서울의 시각과 홍콩, 뉴델리의 시각의 차의 일정한 규칙을 알아봅니다.
해결하기 | (1) 1 (2) 4 (3) 11, 8
되돌아보기 | 예 서울과 홍콩의 시차는 1시간입니다.
서울과 뉴델리의 시차는 4시간입니다.
홍콩과 뉴델리의 시차는 3시간입니다.

문제를 풀며 이해해요 53쪽

1 3, 4 / 4, 5
2 8개
3 (○) ( )
4 ♡−2=□ 또는 □+2=♡

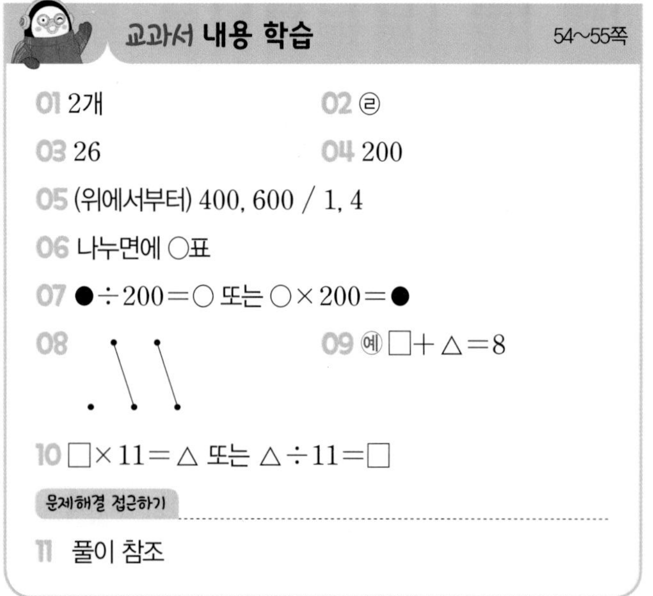

교과서 내용 학습 54~55쪽

01 2개
02 ㉣
03 26
04 200
05 (위에서부터) 400, 600 / 1, 4
06 나누면에 ○표
07 ●÷200=○ 또는 ○×200=●
08
09 예 □+△=8
10 □×11=△ 또는 △÷11=□

문제해결 접근하기

11 풀이 참조

01 육각형이 1개, 2개, 3개, ...로 1개씩 늘어날 때 삼각형은 2개, 4개, 6개, ...로 2개씩 늘어납니다.

02 삼각형의 수를 2로 나누면 육각형의 수와 같습니다.
➡ (삼각형의 수)÷2=(육각형의 수)

03 삼각형이 20개일 때 육각형은 20÷2=10(개)입니다. ➡ ●=10
육각형이 8개일 때 삼각형은 8×2=16(개)입니다.
➡ ■=16
따라서 ●와 ■의 합은 10+16=26입니다.

07 쌀가루의 양을 200으로 나누면 떡케이크의 수와 같습니다. ➡ ●÷200=○
떡케이크의 수에 200을 곱하면 쌀가루의 양과 같습니다. ➡ ○×200=●

08 1×12=12, 2×12=24, 3×12=36, 4×12=48 ➡ ○×12=△
1+9=10, 2+8=10, 3+7=10, 4+6=10
➡ ○+△=10

09 (범서가 가진 사탕 수)+(찬서가 가진 사탕 수)=8
➡ □+△=8

10 (수영을 한 시간)×11=(소모된 열량)
➡ □×11=△
(소모된 열량)÷11=(수영을 한 시간)
➡ △÷11=□

문제해결 접근하기

11 **이해하기** | 예 세윤이가 만든 대응 관계를 기호를 사용하여 식으로 나타내려고 합니다.
계획 세우기 | 예 유정이가 말한 수와 세윤이가 답한 수 사이의 일정한 규칙이 있는지 알아봅니다.
해결하기 | (1) 22 / 5, 11 (2) 예 ◎ / ☆
(3) 예 ◎−5=☆ 또는 ☆+5=◎
되돌아보기 | 예 유정이가 말한 수에서 5를 빼면 세윤이가 답한 수가 되므로 세윤이가 답한 수가 30일 때 유정이가 말한 수는 35입니다.

문제를 풀며 이해해요 57쪽

1 10, 15, 20, 25

2 ○×5=△ 또는 △÷5=○

3 60, 120, 180, 240, 300

4 □×60=☆ 또는 ☆÷60=□

교과서 내용 학습 58~59쪽

01 2, 3, 4, 5

02 ◇+1=△ 또는 △−1=◇

03 ㉡　　04 1400, 2100, 2800

05 ㉠, ㉣　　06 7000

07 4900÷700=7 / 7자루

08 2, 4000

09 예 나비의 수(◎)에 4를 곱하면 나비 날개의 수(□)가 됩니다.

10 ○−3=◇ 또는 ◇+3=○

문제해결 접근하기

11 풀이 참조

02 (자른 횟수)+1=(도막의 수) ➡ ◇+1=△
(도막의 수)−1=(자른 횟수) ➡ △−1=◇

03 ㉠ 사탕의 수는 사탕 봉지의 수의 10배입니다.
㉢ 사탕 봉지가 40개이면 사탕은 40×10=400(개)입니다.

05 연필의 수를 700배 하면 필요한 금액과 같습니다.
➡ (연필의 수)×700=(필요한 금액)
필요한 금액을 700으로 나누면 연필의 수와 같습니다.
➡ (필요한 금액)÷700=(연필의 수)

06 10×700=7000(원)

08 입장객이 3명일 때 입장료가 2400원이므로 입장객 한 명 입장료는 2400÷3=800(원)입니다.
㉠=1600÷800=2
㉡=800×5=4000

10

민아의 나이(살)	12	13	14	15
동생의 나이(살)	9	10	11	12

민아의 나이에서 3을 빼면 동생의 나이와 같습니다.
➡ ○−3=◇
동생의 나이에 3을 더하면 민아의 나이와 같습니다.
➡ ◇+3=○

문제해결 접근하기

11 **이해하기** | 예 1분 동안 물 5 L가 나오는 수도꼭지로 15분 동안 받은 물의 양을 구하려고 합니다.
계획 세우기 | 예 물을 받은 시간과 받은 물의 양 사이의 대응 관계를 찾아봅니다.
해결하기 | (1) 5, 10, 15, 20
(2) ♡×5=◎, ◎÷5=♡
(3) 5, 75
되돌아보기 | 예 이 수도꼭지로 받은 물이 100 L라면 100÷5=20(분) 동안 물을 받은 것입니다.

단원 확인 평가 60~63쪽

01 12, 16, 20　　02 4, 4

03 400, 600, 800, 1000　　04 ×, ÷

05 △×200=□ 또는 □÷200=△

06 (그림)　　07 1개 / 14개

08 800, 1600, 2400, 3200, 4000

09 ○×800=△ 또는 △÷800=○

10 (1) 800 (2) 800, 40 (3) 40 / 40개

11 ②　　12 4

13 ( ) ( ) (○)　　14 온유

15 20 km　　16 ㉠, ㉢

17 5, 9, 13, 17, 21

18 (위에서부터) 2, 4, 6, 8 / 2, 3, 4, 5

19 (1) 4, 7, 10, 13 (2) 3 (3) 7 / 7단계

20 7

05 우유팩의 수에 200을 곱하면 우유의 양이 됩니다.

➡ $\triangle \times 200 = \square$

우유의 양을 200으로 나누면 우유팩의 수가 됩니다.

➡ $\square \div 200 = \triangle$

06 ⊠ 모양은 1개로 일정하고, ◿ 모양은 0개, 2개, 4개, 6개, ...로 늘어나고 있습니다.

07 8 에 그려질 모양에는 ⊠ 모양은 1개이고, ◿ 모양은 14개입니다.

08 옥수수 5개의 가격이 4000원이므로 옥수수 1개의 가격은 $4000 \div 5 = 800$(원)입니다.

09 옥수수의 수에 800을 곱하면 옥수수의 가격입니다.

➡ $\bigcirc \times 800 = \triangle$

옥수수의 가격을 800으로 나누면 옥수수의 수입니다.

➡ $\triangle \div 800 = \bigcirc$

10 채점 기준

살 수 있는 옥수수의 수를 구한 방법을 설명한 경우	40 %
32000을 800으로 나눈 경우	30 %
살 수 있는 옥수수의 수를 구한 경우	30 %

11 쿠키 상자가 1개일 때 쿠키는 2개, 쿠키 상자가 2개일 때 쿠키는 4개이므로 쿠키 상자가 1개씩 늘어날 때 쿠키는 2개씩 늘어납니다.

12 $9-4=5$, $10-4=6$, $11-4=7$, $12-4=8$, $13-4=9$ ➡ ◎는 ●보다 4만큼 작습니다.

13 ●에서 3을 빼면 ▲와 같습니다. ➡ ● $-3=$ ▲

14 4명씩 한 모둠을 만들면 모둠이 1개일 때 학생은 4명, 모둠이 2개일 때 학생은 8명입니다.

학생의 수(◆)를 4로 나눈 몫이 모둠의 수(●)가 됩니다.

15 자전거를 탄 시간을 3으로 나누면 간 거리입니다.

➡ (자전거를 탄 시간) $\div 3 =$ (간 거리)

1시간(=60분) 동안 자전거를 타고 간 거리는 $60 \div 3 = 20$(km)입니다.

16

짧은 변의 길이(cm)	1	2	3	4
긴 변의 길이(cm)	3	4	5	6

짧은 변의 길이에 2를 더하면 긴 변의 길이가 됩니다.

➡ $\bigcirc + 2 = \triangle$

긴 변의 길이에서 2를 빼면 짧은 변의 길이가 됩니다.

➡ $\triangle - 2 = \bigcirc$

17 $2 \times 2 + 1 = 5$, $4 \times 2 + 1 = 9$, $6 \times 2 + 1 = 13$, $8 \times 2 + 1 = 17$, $10 \times 2 + 1 = 21$

19 5단계: $13+3=16$

6단계: $16+3=19$

7단계: $19+3=22$

채점 기준

각 단계의 ▲의 수와 ▶의 수의 합을 구한 경우	30 %
▲의 수와 ▶의 수의 합의 규칙을 구한 경우	30 %
▲의 수와 ▶의 수의 합이 22인 단계를 구한 경우	40 %

20 ▲의 수와 ▶의 수의 차를 구해 보면 1단계일 때 0, 2단계일 때 1, 3단계일 때 2, 4단계일 때 3, ...입니다. ▲의 수와 ▶의 수의 차는 1씩 커지고 있으므로 8단계에서 ▲의 수와 ▶의 수의 차는 7입니다.

수학으로 세상보기 64~65쪽

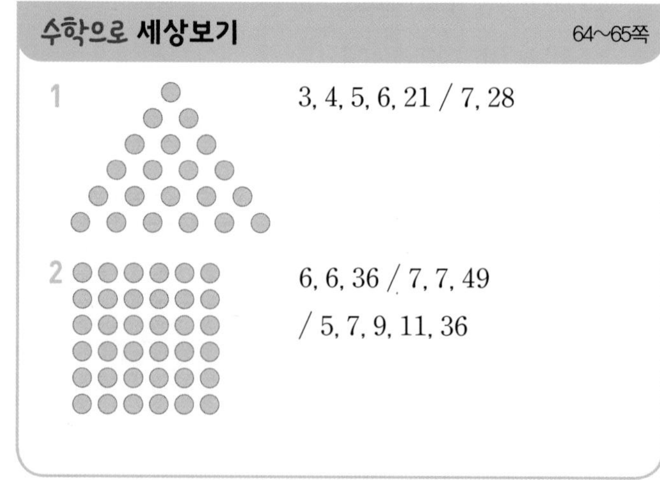

1 3, 4, 5, 6, 21 / 7, 28

2 6, 6, 36 / 7, 7, 49 / 5, 7, 9, 11, 36

4단원 약분과 통분

문제를 풀며 이해해요 69쪽

1 예

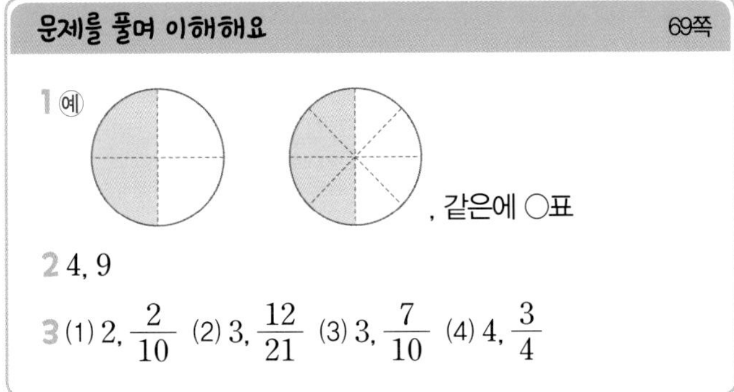

, 같은에 ○표

2 4, 9

3 (1) 2, $\frac{2}{10}$ (2) 3, $\frac{12}{21}$ (3) 3, $\frac{7}{10}$ (4) 4, $\frac{3}{4}$

교과서 내용 학습 70~71쪽

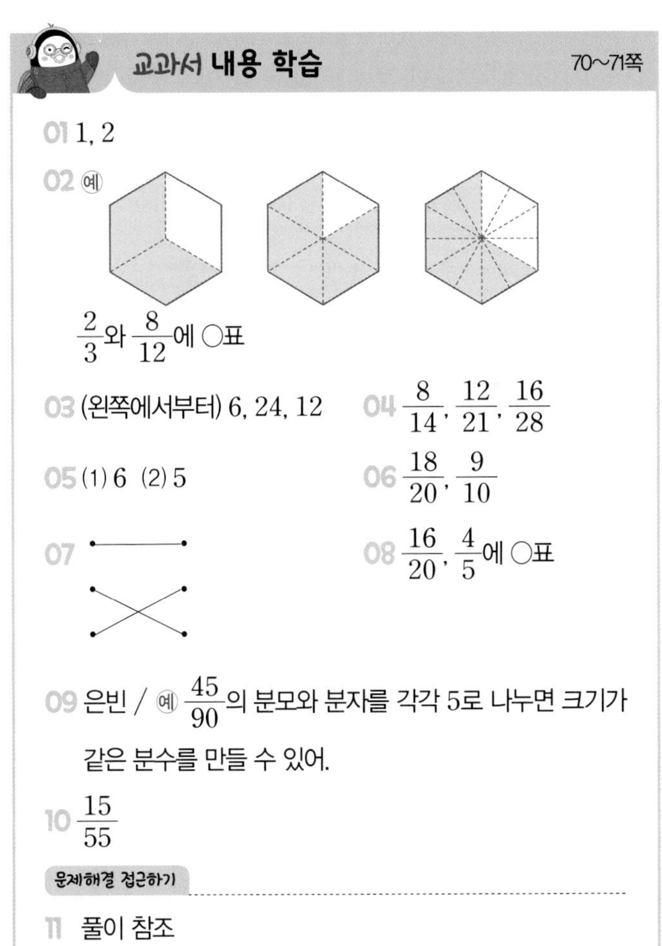

01 1, 2

02 예

$\frac{2}{3}$와 $\frac{8}{12}$에 ○표

03 (왼쪽에서부터) 6, 24, 12

04 $\frac{8}{14}$, $\frac{12}{21}$, $\frac{16}{28}$

05 (1) 6 (2) 5

06 $\frac{18}{20}$, $\frac{9}{10}$

07

08 $\frac{16}{20}$, $\frac{4}{5}$에 ○표

09 은빈 / 예 $\frac{45}{90}$의 분모와 분자를 각각 5로 나누면 크기가 같은 분수를 만들 수 있어.

10 $\frac{15}{55}$

문제해결 접근하기

11 풀이 참조

01 전체를 똑같이 4개로 나눈 것 중 1개와 전체를 똑같이 8개로 나눈 것 중 2개는 색칠한 부분의 크기가 같습니다.

➡ $\frac{1}{4}=\frac{2}{8}$

02 주어진 분수만큼 색칠하면 $\frac{2}{3}$와 $\frac{8}{12}$은 크기가 같은 분수입니다.

03 분모와 분자에 각각 0이 아닌 같은 수를 곱하면 크기가 같은 분수가 됩니다.

$\frac{3}{8}=\frac{3\times2}{8\times2}=\frac{6}{16}$

$\frac{3}{8}=\frac{3\times3}{8\times3}=\frac{9}{24}$

$\frac{3}{8}=\frac{3\times4}{8\times4}=\frac{12}{32}$

04 $\frac{4}{7}=\frac{4\times2}{7\times2}=\frac{4\times3}{7\times3}=\frac{4\times4}{7\times4}$이므로 $\frac{4}{7}$와 크기가 같은 분수는 $\frac{8}{14}$, $\frac{12}{21}$, $\frac{16}{28}$입니다.

05 (1) $\frac{24}{40}=\frac{24\div4}{40\div4}=\frac{6}{10}$

(2) $\frac{15}{21}=\frac{15\div3}{21\div3}=\frac{5}{7}$

06 36과 40의 최대공약수는 4이므로 4의 약수인 2, 4로 분모와 분자를 나눌 수 있습니다.

$\frac{36}{40}=\frac{36\div2}{40\div2}=\frac{18}{20}$

$\frac{36}{40}=\frac{36\div4}{40\div4}=\frac{9}{10}$

07 $\frac{6}{14}=\frac{6\div2}{14\div2}=\frac{3}{7}$

$\frac{20}{25}=\frac{20\div5}{25\div5}=\frac{4}{5}$

$\frac{20}{35}=\frac{20\div5}{35\div5}=\frac{4}{7}$

08 $\frac{8}{10}=\frac{8\times2}{10\times2}=\frac{16}{20}$

$\frac{8}{10}=\frac{8\div2}{10\div2}=\frac{4}{5}$

$\frac{8}{10}$과 크기가 같은 분수는 $\frac{16}{20}$, $\frac{4}{5}$입니다.

09 분모와 분자를 각각 0이 아닌 같은 수로 나누어야 크기가 같은 분수가 됩니다.

10 $\frac{3}{11}=\frac{3\times2}{11\times2}=\frac{3\times3}{11\times3}=\frac{3\times4}{11\times4}=\frac{3\times5}{11\times5}$
$=\frac{3\times6}{11\times6}$

$\frac{3}{11}$과 크기가 같은 분수 중 분모가 70보다 작은 분수는 $\frac{6}{22}$, $\frac{9}{33}$, $\frac{12}{44}$, $\frac{15}{55}$, $\frac{18}{66}$입니다.

이 중에서 분모와 분자의 일의 자리 수가 같은 분수는 $\frac{15}{55}$입니다.

문제해결 접근하기

11 **이해하기** | 예 $\frac{3}{10}$과 크기가 같은 분수 중 분모와 분자의 합이 30 이상 70 이하인 분수의 개수를 구하려고 합니다.

계획 세우기 | 예 분모와 분자에 같은 수를 곱해서 $\frac{3}{10}$과 크기가 같은 분수를 만든 후 분모와 분자의 합을 구합니다.

해결하기 | (1) (위에서부터) 30, 12, 50, 18 / 39, 52, 65, 78

(2) $\frac{9}{30}$, $\frac{12}{40}$, $\frac{15}{50}$, 3

되돌아보기 | 예 $\frac{2}{7}$와 크기가 같은 분수는 $\frac{4}{14}$, $\frac{6}{21}$, $\frac{8}{28}$, $\frac{10}{35}$, $\frac{12}{42}$, $\frac{14}{49}$, $\frac{16}{56}$, ...입니다.

이 중에서 분모와 분자의 합이 30 이상 70 이하인 분수는 $\frac{8}{28}$, $\frac{10}{35}$, $\frac{12}{42}$, $\frac{14}{49}$로 모두 4개입니다.

문제를 풀며 이해해요 73쪽

1 (1) 2, 4 (2) 2, 10 / 4, 3

2 (1) 8 (2) (왼쪽에서부터) 8, 8, $\frac{3}{5}$

3 (왼쪽에서부터) (1) 6, 4 / 6, 4 (2) 3, 2 / 3, 2

74~75쪽

01 ③
02 $\frac{9}{12}$, $\frac{6}{8}$, $\frac{3}{4}$
03 $\frac{8}{11}$
04 (1) $\frac{2}{3}$ (2) $\frac{5}{9}$
05 (1) $\left(\frac{28}{40}, \frac{30}{40}\right)$ (2) $\left(\frac{14}{20}, \frac{15}{20}\right)$
06 30, 60, 90
07 16
08 민호
09 (1) $\frac{5}{12}$, $\frac{9}{14}$ (2) $\frac{35}{84}$, $\frac{54}{84}$
10 $\frac{2}{5}$, $\frac{4}{5}$, $\frac{5}{8}$

문제해결 접근하기

11 풀이 참조

01 약분할 때 분모와 분자를 나눌 수 있는 수는 25와 45의 공약수입니다.

25와 45의 공약수는 1, 5이고 $\frac{25}{45}$를 약분할 때 분모와 분자를 나눌 수 있는 수는 5입니다.

02 18과 24의 공약수는 1, 2, 3, 6입니다.

$\frac{18}{24}=\frac{18\div2}{24\div2}=\frac{9}{12}$

$\frac{18}{24}=\frac{18\div3}{24\div3}=\frac{6}{8}$

$\frac{18}{24}=\frac{18\div6}{24\div6}=\frac{3}{4}$

03 기약분수는 분모와 분자의 공약수가 1뿐인 분수입니다.

주어진 분수 중 기약분수는 $\frac{8}{11}$입니다.

04 분모와 분자를 그들의 최대공약수로 나누면 기약분수가 됩니다.

(1) 12와 18의 최대공약수: 6

➡ $\frac{12}{18}=\frac{12\div6}{18\div6}=\frac{2}{3}$

(2) 40과 72의 최대공약수: 8

➡ $\frac{40}{72}=\frac{40\div8}{72\div8}=\frac{5}{9}$

05 (1) $\left(\frac{7}{10}, \frac{3}{4}\right) \Rightarrow \left(\frac{7\times4}{10\times4}, \frac{3\times10}{4\times10}\right)$

$\Rightarrow \left(\frac{28}{40}, \frac{30}{40}\right)$

(2) 10과 4의 최소공배수는 20입니다.

$\left(\frac{7}{10}, \frac{3}{4}\right) \Rightarrow \left(\frac{7\times2}{10\times2}, \frac{3\times5}{4\times5}\right)$

$\Rightarrow \left(\frac{14}{20}, \frac{15}{20}\right)$

06 공통분모가 될 수 있는 수는 5와 6의 공배수입니다. 5와 6의 최소공배수는 30이므로 공통분모가 될 수 있는 수를 작은 수부터 차례로 3개 쓰면 30의 배수인 30, 60, 90입니다.

07 통분한 후의 분수를 기약분수로 나타내면 통분하기 전의 분수가 됩니다.

33과 42의 최대공약수: 3

$\frac{33}{42}=\frac{33\div3}{42\div3}=\frac{11}{14}$

28과 42의 최대공약수: 14

$\frac{28}{42}=\frac{28\div14}{42\div14}=\frac{2}{3}$

$\left(\frac{33}{42}, \frac{28}{42}\right)$를 각각 기약분수로 나타내면 $\left(\frac{11}{14}, \frac{2}{3}\right)$입니다.

➡ ㉠=14, ㉡=2

➡ ㉠+㉡=14+2=16

08 [영주] 약분과 통분을 해도 분수의 크기는 같습니다.

[종인] 분수의 분모를 같게 하는 것을 통분한다고 합니다.

따라서 바르게 이야기한 친구는 민호입니다.

09 (1) 분모와 분자의 공약수가 1뿐인 분수는 $\frac{5}{12}$, $\frac{9}{14}$입니다.

(2) 12와 14의 최소공배수는 84입니다.

$\left(\frac{5}{12}, \frac{9}{14}\right) \Rightarrow \left(\frac{5\times7}{12\times7}, \frac{9\times6}{14\times6}\right)$

$\Rightarrow \left(\frac{35}{84}, \frac{54}{84}\right)$

10 진분수는 분자가 분모보다 작은 분수이므로 분모에 2는 놓을 수 없습니다.

분모가 4인 진분수: $\frac{2}{4}$

분모가 5인 진분수: $\frac{2}{5}$, $\frac{4}{5}$

분모가 8인 진분수: $\frac{2}{8}$, $\frac{4}{8}$, $\frac{5}{8}$

이 중에서 분모와 분자의 공약수가 1뿐인 기약분수는 $\frac{2}{5}$, $\frac{4}{5}$, $\frac{5}{8}$입니다.

문제해결 접근하기

11 **이해하기** | 예 분모가 20인 진분수 중에서 기약분수의 개수를 구하려고 합니다.

계획 세우기 | 예 분자에 들어갈 수 있는 수를 구하여 기약분수의 개수를 구합니다.

해결하기 | (1) 19 (2) 1, 3, 7, 9, 11, 13, 17, 19 (3) 8

되돌아보기 | 예 $\frac{●}{16}$가 진분수가 되기 위해서는 ● 안에 1부터 15까지의 수가 들어갈 수 있습니다.

$\frac{●}{16}$가 기약분수라고 했으므로 ● 안에 들어갈 수 있는 수는 16과 공약수가 1뿐인 수 1, 3, 5, 7, 9, 11, 13, 15입니다.

분모가 16인 진분수 중에서 기약분수는 $\frac{1}{16}$, $\frac{3}{16}$, $\frac{5}{16}$, $\frac{7}{16}$, $\frac{9}{16}$, $\frac{11}{16}$, $\frac{13}{16}$, $\frac{15}{16}$로 8개입니다.

문제를 풀며 이해해요 77쪽

1 15, 8 / >

2 (왼쪽에서부터) 25, 75, 0.75

3 (왼쪽에서부터) 6, 6, 2, $\frac{3}{5}$

4 (왼쪽에서부터) (1) 5, 5, 85, 0.85, <

(2) 10, 16, <

교과서 내용 학습 78~79쪽

01 (왼쪽에서부터) 3, 3, 4, 4 / $\frac{9}{24}$, $\frac{4}{24}$, >

02 ㉢, ㉣

03 (위에서부터) $\frac{3}{4}$, $\frac{5}{8}$, $\frac{3}{4}$

04 49, 57, >

05 $\frac{7}{9}$

06

07 (1) > (2) <

08 동환

09 $2\frac{17}{25}$

10 ③

문제해결 접근하기

11 풀이 참조

02 ㉠ $\left(\frac{2}{3}, \frac{1}{2}\right) \Rightarrow \left(\frac{4}{6}, \frac{3}{6}\right) \Rightarrow \frac{2}{3} > \frac{1}{2}$

㉡ $\left(\frac{2}{5}, \frac{5}{8}\right) \Rightarrow \left(\frac{16}{40}, \frac{25}{40}\right) \Rightarrow \frac{2}{5} < \frac{5}{8}$

㉢ $\left(\frac{3}{7}, \frac{5}{14}\right) \Rightarrow \left(\frac{6}{14}, \frac{5}{14}\right) \Rightarrow \frac{3}{7} > \frac{5}{14}$

㉣ $\left(\frac{3}{10}, \frac{5}{16}\right) \Rightarrow \left(\frac{24}{80}, \frac{25}{80}\right) \Rightarrow \frac{3}{10} < \frac{5}{16}$

03 $\left(\frac{2}{7}, \frac{5}{8}\right) \Rightarrow \left(\frac{16}{56}, \frac{35}{56}\right) \Rightarrow \frac{2}{7} < \frac{5}{8}$

$\left(\frac{11}{24}, \frac{3}{4}\right) \Rightarrow \left(\frac{11}{24}, \frac{18}{24}\right) \Rightarrow \frac{11}{24} < \frac{3}{4}$

$\left(\frac{5}{8}, \frac{3}{4}\right) \Rightarrow \left(\frac{5}{8}, \frac{6}{8}\right) \Rightarrow \frac{5}{8} < \frac{3}{4}$

04 두 분수의 크기를 비교할 때 분모의 크기가 너무 크거나 최소공배수를 구하기 어려울 때는 분자를 같게 만들어 비교할 수 있습니다.

05 $\left(\frac{5}{12}, \frac{7}{9}\right) \Rightarrow \left(\frac{15}{36}, \frac{28}{36}\right) \Rightarrow \frac{5}{12} < \frac{7}{9}$

$\left(\frac{7}{9}, \frac{3}{4}\right) \Rightarrow \left(\frac{28}{36}, \frac{27}{36}\right) \Rightarrow \frac{7}{9} > \frac{3}{4}$

$\left(\frac{5}{12}, \frac{3}{4}\right) \Rightarrow \left(\frac{5}{12}, \frac{9}{12}\right) \Rightarrow \frac{5}{12} < \frac{3}{4}$

$\frac{5}{12} < \frac{3}{4} < \frac{7}{9}$ 이므로 가장 큰 분수는 $\frac{7}{9}$입니다.

06 $\frac{1}{4} = \frac{1 \times 25}{4 \times 25} = \frac{25}{100} = 0.25$

$\frac{11}{20} = \frac{11 \times 5}{20 \times 5} = \frac{55}{100} = 0.55$

$\frac{4}{5} = \frac{4 \times 2}{5 \times 2} = \frac{8}{10} = 0.8$

07 분수와 소수의 크기 비교는 분수를 소수로 나타내거나 소수를 분수로 나타내어 비교합니다.

(1) $\frac{9}{25} = \frac{36}{100} = 0.36$

$\Rightarrow 0.4 > 0.36$

$\Rightarrow 0.4 > \frac{9}{25}$

(2) $1.7 = 1\frac{7}{10} = 1\frac{14}{20}$

$\Rightarrow 1\frac{7}{20} < 1\frac{14}{20}$

$\Rightarrow 1\frac{7}{20} < 1.7$

08 20과 16의 최소공배수는 80입니다.

$\left(\frac{7}{20}, \frac{5}{16}\right) \Rightarrow \left(\frac{28}{80}, \frac{25}{80}\right) \Rightarrow \frac{7}{20} > \frac{5}{16}$

주스를 더 많이 마신 사람은 동환입니다.

09 분수를 소수로 나타내면

$2\frac{2}{5} = 2\frac{4}{10} = 2.4$, $2\frac{17}{25} = 2\frac{68}{100} = 2.68$입니다.

$2\frac{2}{5}(=2.4)$와 2.7 사이에 있는 수는 $2\frac{17}{25}(=2.68)$입니다.

10 ① $\frac{1}{2}\left(=\frac{4}{8}\right) < \frac{5}{8}$

② $\frac{1}{4}\left(=\frac{2}{8}\right) < \frac{5}{8}$

③ $\frac{5}{8}\left(=\frac{10}{16}\right) < \frac{11}{16} < \frac{3}{4}\left(=\frac{12}{16}\right)$

④ $\frac{3}{4}\left(=\frac{18}{24}\right) < \frac{19}{24}$

⑤ $\frac{15}{32} < \frac{5}{8}\left(=\frac{20}{32}\right)$

$\frac{5}{8}$와 $\frac{3}{4}$ 사이에 있는 분수는 ③ $\frac{11}{16}$입니다.

11 **이해하기** | 예 ■ 안에 들어갈 수 있는 자연수 중 가장 큰 수를 구하려고 합니다.

계획 세우기 | 예 0.25를 분수로 나타낸 다음 두 분수를 통분해서 크기를 비교합니다.

해결하기 | (1) 100 (2) 100, 5 (3) 5, 4

되돌아보기 | 예 $0.28=\frac{28}{100}=\frac{7}{25}$

$\frac{7}{25}>\frac{●}{25}$에서 7>●이므로 ● 안에 들어갈 수 있는 자연수 중 가장 큰 수는 6입니다.

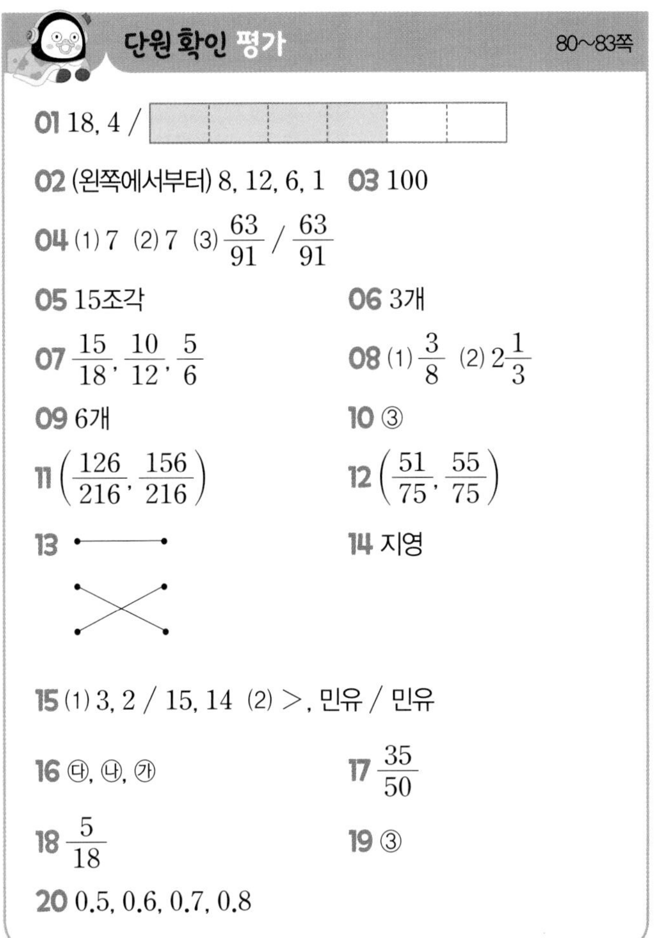

단원 확인 평가

80~83쪽

01 18, 4 / (그림)

02 (왼쪽에서부터) 8, 12, 6, 1 **03** 100

04 (1) 7 (2) 7 (3) $\frac{63}{91}$ / $\frac{63}{91}$

05 15조각 **06** 3개

07 $\frac{15}{18}$, $\frac{10}{12}$, $\frac{5}{6}$ **08** (1) $\frac{3}{8}$ (2) $2\frac{1}{3}$

09 6개 **10** ③

11 $\left(\frac{126}{216}, \frac{156}{216}\right)$ **12** $\left(\frac{51}{75}, \frac{55}{75}\right)$

13 (그림) **14** 지영

15 (1) 3, 2 / 15, 14 (2) >, 민유 / 민유

16 ㉰, ㉯, ㉮ **17** $\frac{35}{50}$

18 $\frac{5}{18}$ **19** ③

20 0.5, 0.6, 0.7, 0.8

01 처음 그림은 전체를 18칸으로 똑같이 나눈 것 중 12칸을 색칠한 것이므로 $\frac{12}{18}$입니다.

같은 크기만큼 색칠하면 6칸 중 4칸이므로 $\frac{4}{6}$입니다.

02 $\frac{16}{48}=\frac{16\div2}{48\div2}=\frac{16\div4}{48\div4}=\frac{16\div8}{48\div8}=\frac{16\div16}{48\div16}$

➡ $\frac{16}{48}=\frac{8}{24}=\frac{4}{12}=\frac{2}{6}=\frac{1}{3}$

03 $\frac{2}{9}=\frac{2\times5}{9\times5}=\frac{10}{45}$ ➡ ▲=10

$\frac{2}{9}=\frac{2\times10}{9\times10}=\frac{20}{90}$ ➡ ●=90

따라서 ▲+●=10+90=100입니다.

04 **채점 기준**

13에 곱해서 91이 되는 수를 구한 경우	30 %
분자에 곱해야 하는 수를 구한 경우	30 %
$\frac{9}{13}$와 크기가 같은 분수를 구한 경우	40 %

05 희원이가 사용한 도화지는 도화지 전체의 $\frac{5}{8}$입니다.

$\frac{5}{8}=\frac{15}{24}$이므로 현우가 24조각 중 15조각을 사용하면 희원이가 사용한 양과 같아집니다.

06 $\frac{16}{24}$을 약분할 때 분모와 분자를 나눌 수 있는 수는 16과 24의 공약수입니다.
16과 24의 공약수는 1, 2, 4, 8이므로 분모와 분자를 나눌 수 있는 수는 모두 3개입니다.

07 30과 36의 공약수는 1, 2, 3, 6이므로 분모와 분자를 2, 3, 6으로 나누어 봅니다.

$\frac{30}{36}=\frac{30\div2}{36\div2}=\frac{15}{18}$

$\frac{30}{36}=\frac{30\div3}{36\div3}=\frac{10}{12}$

$\frac{30}{36}=\frac{30\div6}{36\div6}=\frac{5}{6}$

08 (1) 15와 40의 최대공약수: 5

$\frac{15}{40}=\frac{15\div5}{40\div5}=\frac{3}{8}$

(2) 18과 54의 최대공약수: 18

$2\frac{18}{54}=2\frac{18\div18}{54\div18}=2\frac{1}{3}$

09 $\dfrac{\square}{9}$가 진분수가 되기 위해서는 □ 안에 1부터 8까지의 수가 들어갈 수 있습니다.

기약분수라고 했으므로 3, 6은 들어갈 수 없습니다.

따라서 □ 안에 들어갈 수 있는 수는 1, 2, 4, 5, 7, 8로 모두 6개입니다.

10 두 분수의 분모 3과 4의 공배수가 아닌 것을 찾습니다.

3과 4의 최소공배수는 12이므로 12의 배수가 아닌 ③ 30은 공통분모가 될 수 없습니다.

11 $\left(\dfrac{7}{12}, \dfrac{13}{18}\right) \Rightarrow \left(\dfrac{7\times18}{12\times18}, \dfrac{13\times12}{18\times12}\right)$

$\Rightarrow \left(\dfrac{126}{216}, \dfrac{156}{216}\right)$

12 공통분모가 될 수 있는 수 중에서 가장 작은 수는 두 분모의 최소공배수입니다.

25와 15의 최소공배수: 75

$\left(\dfrac{17}{25}, \dfrac{11}{15}\right) \Rightarrow \left(\dfrac{17\times3}{25\times3}, \dfrac{11\times5}{15\times5}\right)$

$\Rightarrow \left(\dfrac{51}{75}, \dfrac{55}{75}\right)$

13 소수 두 자리 수는 분모가 100인 분수로 나타낸 후 약분합니다.

$0.25=\dfrac{25}{100}=\dfrac{25\div25}{100\div25}=\dfrac{1}{4}$

$0.52=\dfrac{52}{100}=\dfrac{52\div4}{100\div4}=\dfrac{13}{25}$

$0.65=\dfrac{65}{100}=\dfrac{65\div5}{100\div5}=\dfrac{13}{20}$

14 $\dfrac{17}{25}=\dfrac{17\times4}{25\times4}=\dfrac{68}{100}$

$\dfrac{17}{20}=\dfrac{17\times5}{20\times5}=\dfrac{85}{100}$

16은 100의 약수가 아니므로 분모가 100인 분수로 나타낼 수 없습니다.

15 채점 기준

$\dfrac{5}{6}$와 $\dfrac{7}{9}$을 통분한 경우	50%
피자를 더 많이 먹은 사람을 구한 경우	50%

16 8, 10, 4의 최소공배수 40을 공통분모로 하여 통분한 후 크기 비교를 합니다.

$\left(\dfrac{5}{8}, \dfrac{7}{10}, \dfrac{3}{4}\right) \Rightarrow \left(\dfrac{25}{40}, \dfrac{28}{40}, \dfrac{30}{40}\right)$

$\Rightarrow \dfrac{5}{8}<\dfrac{7}{10}<\dfrac{3}{4}$

물이 많이 들어 있는 물통부터 차례로 기호를 쓰면 ㉰, ㉯, ㉮입니다.

17 약분하여 $\dfrac{7}{10}$이 되는 분수는 $\dfrac{14}{20}$, $\dfrac{21}{30}$, $\dfrac{28}{40}$, $\dfrac{35}{50}$, $\dfrac{42}{60}$, ...입니다.

$50-35=15$이므로 분모와 분자의 차가 15인 분수는 $\dfrac{35}{50}$입니다.

18 2로 나누어 약분하기 전의 분수: $\dfrac{5}{9}=\dfrac{5\times2}{9\times2}=\dfrac{10}{18}$

분자에 5를 더하기 전의 분수: $\dfrac{10-5}{18}=\dfrac{5}{18}$

19 $\dfrac{\square}{12}<\dfrac{7}{9}$에서 분모를 36으로 통분하면

$\dfrac{\square\times3}{36}<\dfrac{28}{36}$입니다.

$\square\times3<28$에서 □ 안에 들어갈 수 있는 수는 9와 같거나 작은 수이므로 가장 큰 수는 9입니다.

따라서 $\dfrac{7}{9}$보다 작으면서 분모가 12인 분수 중에서 가장 큰 분수는 $\dfrac{9}{12}$입니다.

20 $\dfrac{9}{20}=\dfrac{45}{100}=0.45$, $\dfrac{7}{8}=\dfrac{875}{1000}=0.875$

$0.45<\square<0.875$의 □ 안에 들어갈 수 있는 소수 한 자리 수는 0.5, 0.6, 0.7, 0.8입니다.

수학으로 세상보기 85쪽

1 8 / $\dfrac{1}{2}$ / 𝅗𝅥

2 2 / $\dfrac{1}{8}$ / ♪

3 $\dfrac{4}{16}$ / $\dfrac{1}{4}$ / ♩

5 단원

분수의 덧셈과 뺄셈

문제를 풀며 이해해요 89쪽

1 2 / 2, 3　　2 4, 9 / 4, 9, 13, 1, 1

3 (1) 6, 4 / 18, 4, 22, 11

(2) 3, 4 / 21, 32, 53, 1, 17

교과서 내용 학습 90~91쪽

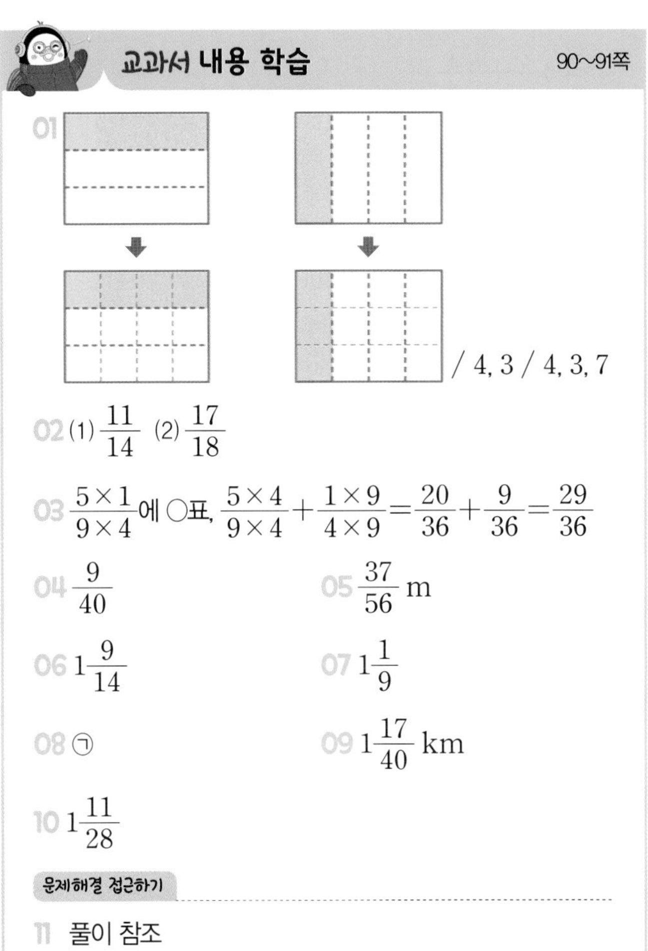

01 / 4, 3 / 4, 3, 7

02 (1) $\frac{11}{14}$ (2) $\frac{17}{18}$

03 $\frac{5\times1}{9\times4}$에 ○표, $\frac{5\times4}{9\times4}+\frac{1\times9}{4\times9}=\frac{20}{36}+\frac{9}{36}=\frac{29}{36}$

04 $\frac{9}{40}$　　05 $\frac{37}{56}$ m

06 $1\frac{9}{14}$　　07 $1\frac{1}{9}$

08 ㉠　　09 $1\frac{17}{40}$ km

10 $1\frac{11}{28}$

문제해결 접근하기

11 풀이 참조

02 (1) $\frac{2}{7}+\frac{1}{2}=\frac{4}{14}+\frac{7}{14}=\frac{11}{14}$

(2) $\frac{1}{9}+\frac{5}{6}=\frac{2}{18}+\frac{15}{18}=\frac{17}{18}$

03 분수의 분모와 분자에 같은 수를 곱하여 통분해야 하는데 분모에는 4를, 분자에는 1을 곱하여 잘못 계산했습니다.

04 단위분수는 분모가 작을수록 큰 분수이므로

$\frac{1}{3}>\frac{1}{5}>\frac{1}{8}>\frac{1}{10}$입니다.

합이 가장 작으려면 가장 작은 두 수를 더합니다.

➡ $\frac{1}{8}+\frac{1}{10}=\frac{5}{40}+\frac{4}{10}=\frac{9}{40}$

05 (민주가 사용한 끈의 길이)

=(파란색 끈의 길이)+(노란색 끈의 길이)

$=\frac{2}{7}+\frac{3}{8}=\frac{16}{56}+\frac{21}{56}=\frac{37}{56}$(m)

06 $\frac{6}{7}+\frac{11}{14}=\frac{12}{14}+\frac{11}{14}=\frac{23}{14}=1\frac{9}{14}$

07 $\square=\frac{7}{9}+\frac{1}{3}=\frac{7}{9}+\frac{3}{9}=\frac{10}{9}=1\frac{1}{9}$

08 ㉠ $\frac{7}{18}+\frac{5}{6}=\frac{7}{18}+\frac{15}{18}$

$=\frac{22}{18}=1\frac{4}{18}=1\frac{2}{9}$

㉡ $\frac{4}{9}+\frac{2}{3}=\frac{4}{9}+\frac{6}{9}=\frac{10}{9}=1\frac{1}{9}$

계산 결과가 더 큰 것은 ㉠입니다.

09 (영아네 집~우체국)+(우체국~공원)

$=\frac{5}{8}+\frac{4}{5}=\frac{25}{40}+\frac{32}{40}$

$=\frac{57}{40}=1\frac{17}{40}$(km)

10 어떤 수를 □라 하면 $\square-\frac{9}{14}=\frac{3}{4}$

$\square=\frac{3}{4}+\frac{9}{14}=\frac{21}{28}+\frac{18}{28}=\frac{39}{28}=1\frac{11}{28}$

문제해결 접근하기

11 **이해하기** | 예 영민이가 어제와 오늘 읽은 동화책의 양을 구하려고 합니다.

계획 세우기 | 예 덧셈식을 세워 통분하여 계산합니다.

해결하기 | (1) $\frac{1}{4}$, $\frac{3}{10}$, $\frac{11}{20}$ (2) $\frac{11}{20}$

되돌아보기 |

예 (정수가 어제와 오늘 읽은 동화책의 양)

=(어제 읽은 동화책의 양)+(오늘 읽은 동화책의 양)

$=\frac{1}{6}+\frac{5}{8}=\frac{4}{24}+\frac{15}{24}=\frac{19}{24}$

정수가 어제와 오늘 읽은 동화책의 양은 전체의 $\frac{19}{24}$입니다.

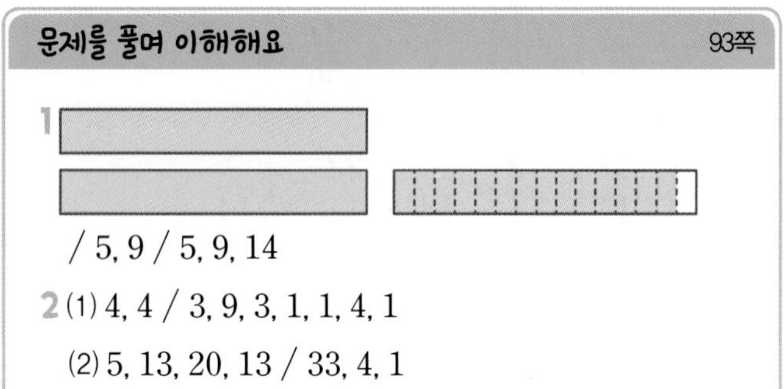

문제를 풀며 이해해요 93쪽

1 / 5, 9 / 5, 9, 14

2 (1) 4, 4 / 3, 9, 3, 1, 1, 4, 1

(2) 5, 13, 20, 13 / 33, 4, 1

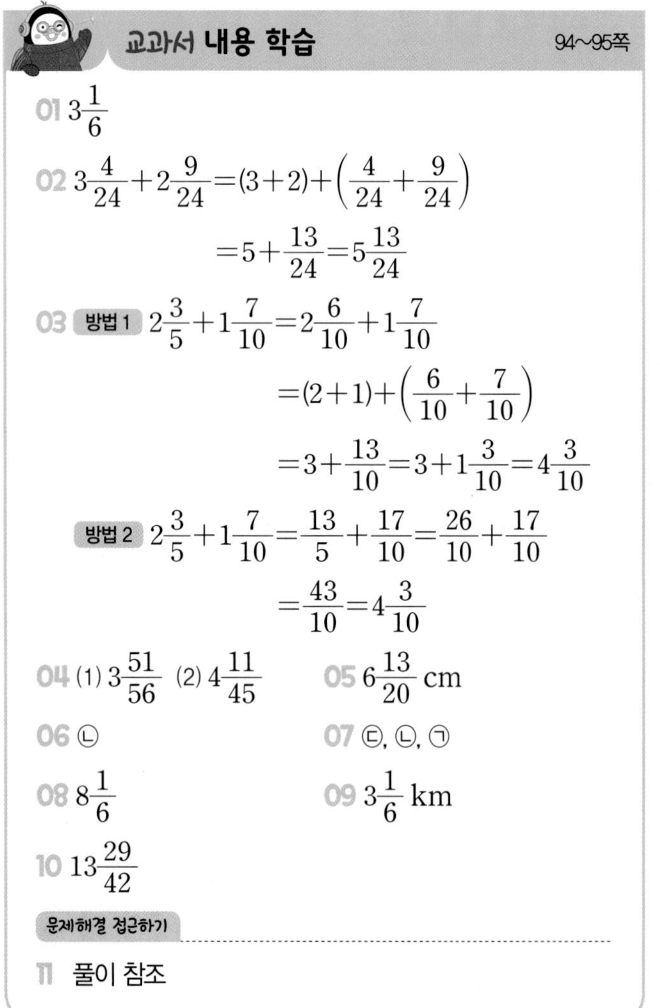

교과서 내용 학습 94~95쪽

01 $3\frac{1}{6}$

02 $3\frac{4}{24}+2\frac{9}{24}=(3+2)+\left(\frac{4}{24}+\frac{9}{24}\right)$

$=5+\frac{13}{24}=5\frac{13}{24}$

03 방법 1 $2\frac{3}{5}+1\frac{7}{10}=2\frac{6}{10}+1\frac{7}{10}$

$=(2+1)+\left(\frac{6}{10}+\frac{7}{10}\right)$

$=3+\frac{13}{10}=3+1\frac{3}{10}=4\frac{3}{10}$

방법 2 $2\frac{3}{5}+1\frac{7}{10}=\frac{13}{5}+\frac{17}{10}=\frac{26}{10}+\frac{17}{10}$

$=\frac{43}{10}=4\frac{3}{10}$

04 (1) $3\frac{51}{56}$ (2) $4\frac{11}{45}$

05 $6\frac{13}{20}$ cm

06 ㉡

07 ㉢, ㉡, ㉠

08 $8\frac{1}{6}$

09 $3\frac{1}{6}$ km

10 $13\frac{29}{42}$

문제해결 접근하기

11 풀이 참조

01 $1\frac{2}{3}+1\frac{1}{2}=1\frac{4}{6}+1\frac{3}{6}=2\frac{7}{6}=3\frac{1}{6}$

02 통분한 후 자연수는 자연수끼리, 분수는 분수끼리 더해서 계산합니다.

04 (1) $1\frac{2}{7}+2\frac{5}{8}=1\frac{16}{56}+2\frac{35}{56}=3\frac{51}{56}$

(2) $2\frac{4}{9}+1\frac{4}{5}=2\frac{20}{45}+1\frac{36}{45}$

$=3\frac{56}{45}=4\frac{11}{45}$

05 (긴 쪽의 길이)+(짧은 쪽의 길이)

$=4\frac{2}{5}+2\frac{1}{4}$

$=4\frac{8}{20}+2\frac{5}{20}=6\frac{13}{20}$(cm)

06 $2\frac{7}{12}+5\frac{5}{8}=2\frac{14}{24}+5\frac{15}{24}=7\frac{29}{24}=8\frac{5}{24}$

㉠ $4\frac{7}{8}+3\frac{5}{6}=4\frac{21}{24}+3\frac{20}{24}=7\frac{41}{24}=8\frac{17}{24}$

㉡ $1\frac{5}{6}+6\frac{3}{8}=1\frac{20}{24}+6\frac{9}{24}=7\frac{29}{24}=8\frac{5}{24}$

주어진 식과 계산 결과가 같은 것은 ㉡입니다.

07 ㉠ $1\frac{3}{8}+3\frac{2}{3}=1\frac{9}{24}+3\frac{16}{24}=4\frac{25}{24}=5\frac{1}{24}$

㉡ $3\frac{5}{6}+1\frac{1}{4}=3\frac{10}{12}+1\frac{3}{12}$

$=4\frac{13}{12}=5\frac{1}{12}$

㉢ $2\frac{3}{4}+2\frac{5}{8}=2\frac{6}{8}+2\frac{5}{8}=4\frac{11}{8}=5\frac{3}{8}$

$5\frac{3}{8}\left(=5\frac{9}{24}\right)>5\frac{1}{12}\left(=5\frac{2}{24}\right)>5\frac{1}{24}$이므로

계산 결과가 큰 것부터 차례로 기호를 쓰면 ㉢, ㉡, ㉠ 입니다.

08 ㉠$=1\frac{1}{8}+2\frac{1}{6}=1\frac{3}{24}+2\frac{4}{24}=3\frac{7}{24}$

㉡$=3\frac{7}{24}+1\frac{7}{12}=3\frac{7}{24}+1\frac{14}{24}=4\frac{21}{24}=4\frac{7}{8}$

➡ ㉠+㉡$=3\frac{7}{24}+4\frac{7}{8}=3\frac{7}{24}+4\frac{21}{24}$

$=7\frac{28}{24}=8\frac{4}{24}=8\frac{1}{6}$

09 (효빈이가 걸은 거리)+(민혁이가 걸은 거리)

$=1\frac{11}{18}+1\frac{5}{9}=1\frac{11}{18}+1\frac{10}{18}$

$=2\frac{21}{18}=3\frac{3}{18}=3\frac{1}{6}$(km)

10 자연수 부분에 가장 큰 수를 놓아 가장 큰 대분수를 만들면 $7\frac{5}{6}$입니다.

자연수 부분에 가장 작은 수를 놓아 가장 작은 대분수를 만들면 $5\frac{6}{7}$입니다.

➡ $7\frac{5}{6}+5\frac{6}{7}=7\frac{35}{42}+5\frac{36}{42}$

$=12\frac{71}{42}=13\frac{29}{42}$

문제해결 접근하기

11 **이해하기** | 예 ■ 안에 들어갈 수 있는 자연수는 모두 몇 개인지 구하려고 합니다.

계획 세우기 | 예 $2\frac{4}{9}+1\frac{2}{3}$의 값을 구한 후 ■ 안에 들어갈 수 있는 수를 구합니다.

해결하기 | (1) 6, 10, 1 (2) 1, 5, 6, 7, 8, 4

되돌아보기 | 예 $4\frac{3}{5}+2\frac{7}{8}=4\frac{24}{40}+2\frac{35}{40}$

$=6\frac{59}{40}=7\frac{19}{40}$

$7\frac{19}{40}<\square<11$의 □ 안에 들어갈 수 있는 자연수는 8, 9, 10입니다.

문제를 풀며 이해해요 97쪽

1 2 / 2, 3

2 (1) 4, 4, 10, 10 / 28, 10, 18, 9

(2) 3, 3, 2, 2, 9, 2, 7

3 (1) 15, 8, 15, 8 / 2, 7, 2, 7

(2) 19, 12, 95, 48 / 47, 2, 7

교과서 내용 학습 98~99쪽

01 **방법 1** 두 분모의 곱을 공통분모로 하여 통분한 후 계산했습니다.

방법 2 두 분모의 최소공배수를 공통분모로 하여 통분한 후 계산했습니다.

02 (1) $\frac{1}{36}$ (2) $\frac{3}{20}$ 03 $\frac{11}{20}$, $\frac{7}{40}$

04 <

05 **방법 1** $3\frac{3}{5}-1\frac{2}{9}=3\frac{27}{45}-1\frac{10}{45}$

$=(3-1)+\left(\frac{27}{45}-\frac{10}{45}\right)=2\frac{17}{45}$

방법 2 $3\frac{3}{5}-1\frac{2}{9}=\frac{18}{5}-\frac{11}{9}$

$=\frac{162}{45}-\frac{55}{45}=\frac{107}{45}=2\frac{17}{45}$

06 $4\frac{1}{24}$ 07 $2\frac{13}{35}$, $1\frac{1}{6}$

08 $\frac{1}{4}$시간 09 $2\frac{5}{24}$

10 8개

문제해결 접근하기

11 풀이 참조

02 (1) $\frac{7}{9}-\frac{3}{4}=\frac{28}{36}-\frac{27}{36}=\frac{1}{36}$

(2) $\frac{11}{15}-\frac{7}{12}=\frac{44}{60}-\frac{35}{60}=\frac{9}{60}=\frac{3}{20}$

03 $\frac{4}{5}-\frac{1}{4}=\frac{16}{20}-\frac{5}{20}=\frac{11}{20}$

$\frac{11}{20}-\frac{3}{8}=\frac{22}{40}-\frac{15}{40}=\frac{7}{40}$

04 $\frac{8}{15}-\frac{3}{10}=\frac{16}{30}-\frac{9}{30}=\frac{7}{30}$

$\frac{5}{6}-\frac{2}{5}=\frac{25}{30}-\frac{12}{30}=\frac{13}{30}$

➡ $\frac{7}{30}<\frac{13}{30}$

06 $5\frac{5}{8}>1\frac{7}{12}$이므로

$5\frac{5}{8}-1\frac{7}{12}=5\frac{15}{24}-1\frac{14}{24}=4\frac{1}{24}$

07 $5\frac{4}{5}-3\frac{3}{7}=5\frac{28}{35}-3\frac{15}{35}=2\frac{13}{35}$

$1\frac{9}{10}-\frac{11}{15}=1\frac{27}{30}-\frac{22}{30}=1\frac{5}{30}=1\frac{1}{6}$

08 (서현이가 공부한 시간)−(미령이가 공부한 시간)

$=\frac{7}{12}-\frac{1}{3}=\frac{7}{12}-\frac{4}{12}=\frac{3}{12}=\frac{1}{4}$(시간)

09 (정우가 뽑은 수 카드)$=3\frac{11}{24}-1\frac{1}{4}$

$=3\frac{11}{24}-1\frac{6}{24}=2\frac{5}{24}$

10 $2\frac{9}{10}-1\frac{18}{25}=2\frac{45}{50}-1\frac{36}{50}=1\frac{9}{50}$

$1\frac{9}{50}>1\frac{\square}{50}$에서 $9>\square$이므로 □ 안에 들어갈 수 있는 자연수는 1부터 8까지입니다.

따라서 □ 안에 들어갈 수 있는 자연수는 8개입니다.

문제해결 접근하기

11 **이해하기** | 예 놀이동산을 가는 데 누가 몇 시간 더 오래 걸렸는지 구하려고 합니다.

계획 세우기 | 예 두 분수를 통분하여 크기를 비교한 후 큰 수에서 작은 수를 빼면 됩니다.

해결하기 | (1) 20, 21, < (2) 승우, $1\frac{7}{8}$, $1\frac{5}{6}$, $\frac{1}{24}$

되돌아보기 | 예 $1\frac{3}{4}=1\frac{9}{12}$이므로 $1\frac{11}{12}>1\frac{3}{4}$입니다.

미술관을 가는 데 혜나가

$1\frac{11}{12}-1\frac{3}{4}=1\frac{11}{12}-1\frac{9}{12}=\frac{2}{12}=\frac{1}{6}$(시간)이 더 걸렸습니다.

문제를 풀며 이해해요 101쪽

1 6 / 1, 6, 9, 6, 1, 3

2 (1) 10, 36, 55, 36 / 4, 1, 55, 36 / 3, 19, 3, 19

(2) 47, 9, 235, 81 / 154, 3, 19

교과서 내용 학습 102~103쪽

01 19, 41 / 95, 82 / 13

02 방법 1 $2\frac{1}{4}-1\frac{3}{7}=2\frac{7}{28}-1\frac{12}{28}$

$=1\frac{35}{28}-1\frac{12}{28}=\frac{23}{28}$

방법 2 $2\frac{1}{4}-1\frac{3}{7}=\frac{9}{4}-\frac{10}{7}=\frac{63}{28}-\frac{40}{28}=\frac{23}{28}$

03 (1) $2\frac{13}{24}$ (2) $3\frac{11}{20}$　04 $1\frac{9}{10}$

05 $2\frac{27}{35}$　06 >　07 $1\frac{43}{56}$

08 $1\frac{13}{14}$ L　09 $1\frac{23}{60}$　10 $1\frac{8}{9}$

문제해결 접근하기

11 풀이 참조

03 (1) $5\frac{5}{12}-2\frac{7}{8}=5\frac{10}{24}-2\frac{21}{24}$

$=4\frac{34}{24}-2\frac{21}{24}=2\frac{13}{24}$

(2) $9\frac{1}{4}-5\frac{7}{10}=9\frac{5}{20}-5\frac{14}{20}$

$=8\frac{25}{20}-5\frac{14}{20}=3\frac{11}{20}$

04 $3\frac{1}{2}-1\frac{3}{5}=3\frac{5}{10}-1\frac{6}{10}$

$=2\frac{15}{10}-1\frac{6}{10}=1\frac{9}{10}$

05 $6\frac{4}{7}-3\frac{4}{5}=6\frac{20}{35}-3\frac{28}{35}$

$=5\frac{55}{35}-3\frac{28}{35}=2\frac{27}{35}$

06 $6\frac{7}{8}-1\frac{11}{12}=6\frac{21}{24}-1\frac{22}{24}$

$=5\frac{45}{24}-1\frac{22}{24}=4\frac{23}{24}$

$8\frac{1}{6}-3\frac{5}{8}=8\frac{4}{24}-3\frac{15}{24}$

$=7\frac{28}{24}-3\frac{15}{24}=4\frac{13}{24}$

➡ $4\frac{23}{24}>4\frac{13}{24}$

07 $\square=5\frac{1}{7}-3\frac{3}{8}=5\frac{8}{56}-3\frac{21}{56}$

$=4\frac{64}{56}-3\frac{21}{56}=1\frac{43}{56}$

08 (남은 식혜)$=3\frac{1}{2}-1\frac{4}{7}=3\frac{7}{14}-1\frac{8}{14}$

$=2\frac{21}{14}-1\frac{8}{14}=1\frac{13}{14}$(L)

09 $5\frac{3}{20}-2\frac{7}{15}=5\frac{9}{60}-2\frac{28}{60}$

$=4\frac{69}{60}-2\frac{28}{60}=2\frac{41}{60}$

$\square+1\frac{3}{10}=2\frac{41}{60}$

➡ $\square=2\frac{41}{60}-1\frac{3}{10}=2\frac{41}{60}-1\frac{18}{60}=1\frac{23}{60}$

10 $3\frac{3}{4}♥5\frac{2}{9}=5\frac{2}{9}-3\frac{3}{4}+\frac{5}{12}$

$=5\frac{8}{36}-3\frac{27}{36}+\frac{5}{12}$

$=4\frac{44}{36}-3\frac{27}{36}+\frac{5}{12}$

$=1\frac{17}{36}+\frac{15}{36}=1\frac{32}{36}=1\frac{8}{9}$

문제해결 접근하기

11 **이해하기** | 예 빈 병의 무게가 몇 kg인지 구하려고 합니다.

계획 세우기 | 예 주스 반의 무게를 구한 후 빈 병의 무게를 구합니다.

해결하기 | (1) $2\frac{7}{12}$, $1\frac{23}{36}$ (2) $1\frac{23}{36}$, $\frac{17}{18}$

되돌아보기 | 예 (우유 반의 무게)

$=4\frac{3}{10}-2\frac{7}{15}=4\frac{9}{30}-2\frac{14}{30}$

$=3\frac{39}{30}-2\frac{14}{30}=1\frac{25}{30}=1\frac{5}{6}$(kg)

(빈 병의 무게)$=2\frac{7}{15}-1\frac{5}{6}=2\frac{14}{30}-1\frac{25}{30}$

$=1\frac{44}{30}-1\frac{25}{30}=\frac{19}{30}$(kg)

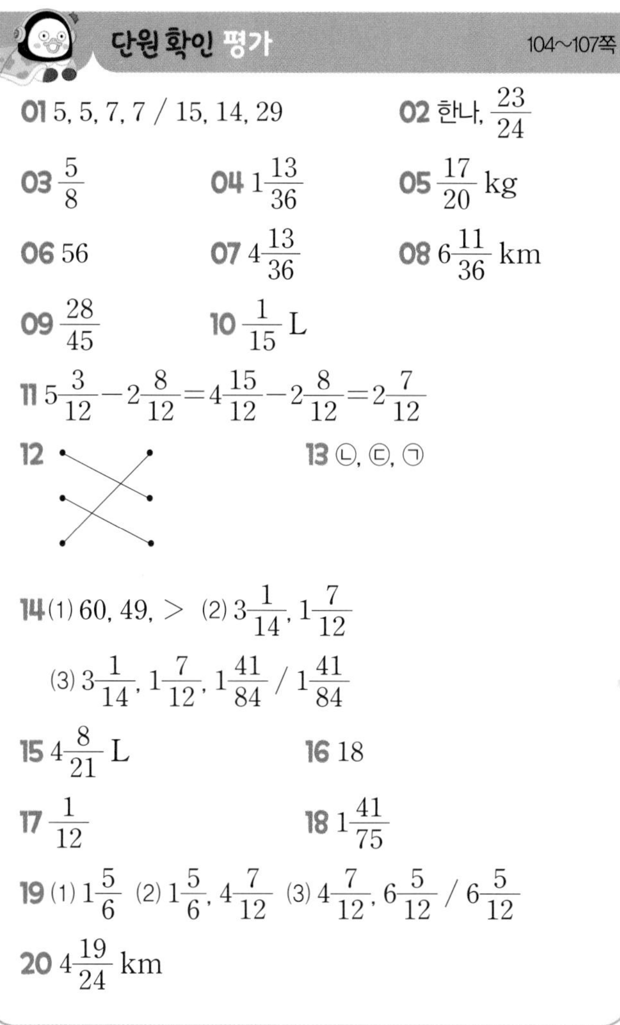

단원 확인 평가

104~107쪽

01 5, 5, 7, 7 / 15, 14, 29 **02** 한나, $\frac{23}{24}$

03 $\frac{5}{8}$ **04** $1\frac{13}{36}$ **05** $\frac{17}{20}$ kg

06 56 **07** $4\frac{13}{36}$ **08** $6\frac{11}{36}$ km

09 $\frac{28}{45}$ **10** $\frac{1}{15}$ L

11 $5\frac{3}{12}-2\frac{8}{12}=4\frac{15}{12}-2\frac{8}{12}=2\frac{7}{12}$

12 **13** ㉡, ㉢, ㉠

14 (1) 60, 49, > (2) $3\frac{1}{14}$, $1\frac{7}{12}$

(3) $3\frac{1}{14}$, $1\frac{7}{12}$, $1\frac{41}{84}$ / $1\frac{41}{84}$

15 $4\frac{8}{21}$ L **16** 18

17 $\frac{1}{12}$ **18** $1\frac{41}{75}$

19 (1) $1\frac{5}{6}$ (2) $1\frac{5}{6}$, $4\frac{7}{12}$ (3) $4\frac{7}{12}$, $6\frac{5}{12}$ / $6\frac{5}{12}$

20 $4\frac{19}{24}$ km

02 [찬호] $\frac{5}{6}+\frac{2}{15}=\frac{25}{30}+\frac{4}{30}=\frac{29}{30}$

[호성] $\frac{7}{9}+\frac{5}{8}=\frac{56}{72}+\frac{45}{72}=\frac{101}{72}=1\frac{29}{72}$

[한나] $\frac{3}{8}+\frac{7}{12}=\frac{9}{24}+\frac{14}{24}=\frac{23}{24}$

03 $\frac{3}{8}+\frac{1}{4}=\frac{3}{8}+\frac{2}{8}=\frac{5}{8}$

04 $\frac{11}{12}+\frac{4}{9}=\frac{33}{36}+\frac{16}{36}=\frac{49}{36}=1\frac{13}{36}$

05 $\frac{3}{5}+\frac{1}{4}=\frac{12}{20}+\frac{5}{20}=\frac{17}{20}$(kg)

06 $3\frac{2}{3}+2\frac{2}{5}=\frac{11}{3}+\frac{12}{5}$

$=\frac{55}{15}+\frac{36}{15}=\frac{91}{15}=6\frac{1}{15}$

➡ ㉠$=55$, ㉡$=1$ ➡ ㉠$+$㉡$=55+1=56$

07 $1\frac{11}{12}+2\frac{4}{9}=1\frac{33}{36}+2\frac{16}{36}=3\frac{49}{36}=4\frac{13}{36}$

08 (집~도서관)+(도서관~병원)

$=2\frac{7}{12}+3\frac{13}{18}=2\frac{21}{36}+3\frac{26}{36}$

$=5\frac{47}{36}=6\frac{11}{36}$(km)

09 $\frac{8}{9}-\frac{4}{15}=\frac{40}{45}-\frac{12}{45}=\frac{28}{45}$

10 $\frac{2}{5}-\frac{1}{3}=\frac{6}{15}-\frac{5}{15}=\frac{1}{15}$(L)

11 분수끼리 뺄 수 없으면 자연수 부분에서 1을 받아내림하여 계산해야 합니다.

12 $1\frac{1}{2}-\frac{1}{8}=1\frac{4}{8}-\frac{1}{8}=1\frac{3}{8}$

$3\frac{5}{8}-2\frac{1}{6}=3\frac{15}{24}-2\frac{4}{24}=1\frac{11}{24}$

$2\frac{5}{12}-1\frac{3}{8}=2\frac{10}{24}-1\frac{9}{24}=1\frac{1}{24}$

13 ㉠ $5\frac{3}{4}-2\frac{1}{5}=5\frac{15}{20}-2\frac{4}{20}=3\frac{11}{20}$

㉡ $4\frac{3}{8}-1\frac{4}{5}=4\frac{15}{40}-1\frac{32}{40}$

$=3\frac{55}{40}-1\frac{32}{40}=2\frac{23}{40}$

㉢ $7\frac{3}{10}-4\frac{3}{5}=7\frac{3}{10}-4\frac{6}{10}$

$=6\frac{13}{10}-4\frac{6}{10}=2\frac{7}{10}$

$2\frac{23}{40}<2\frac{7}{10}\left(=2\frac{28}{40}\right)<3\frac{11}{20}$이므로 계산 결과가 작은 것부터 차례로 기호를 쓰면 ㉡, ㉢, ㉠입니다.

14 채점 기준

$1\frac{5}{7}$와 $1\frac{7}{12}$의 크기 비교를 한 경우	30 %
가장 큰 분수와 가장 작은 분수를 구한 경우	20 %
가장 큰 분수와 가장 작은 분수의 차를 구한 경우	50 %

15 $5\frac{2}{3}-1\frac{2}{7}=5\frac{14}{21}-1\frac{6}{21}=4\frac{8}{21}$(L)

16 $\frac{5}{12}+\frac{3}{8}=\frac{10}{24}+\frac{9}{24}=\frac{19}{24}$

$\frac{19}{24}>\frac{\square}{24}$에서 19>□이므로 □ 안에 들어갈 수 있는 자연수는 19보다 작은 수입니다.

□ 안에 들어갈 수 있는 자연수 중 가장 큰 수는 18입니다.

17 지은이가 만든 진분수는 $\frac{5}{6}$이고, 호영이가 만든 진분수는 $\frac{3}{4}$입니다. ➡ $\frac{5}{6}-\frac{3}{4}=\frac{10}{12}-\frac{9}{12}=\frac{1}{12}$

18 $\frac{8}{25}★\frac{14}{15}=\frac{14}{15}-\frac{8}{25}+\frac{14}{15}$

$=\frac{70}{75}-\frac{24}{75}+\frac{14}{15}$

$=\frac{46}{75}+\frac{70}{75}=\frac{116}{75}=1\frac{41}{75}$

19 채점 기준

잘못 계산한 식을 세운 경우	30 %
어떤 수를 구한 경우	40 %
바르게 계산한 값을 구한 경우	30 %

20 (㉡~㉣)=(㉠~㉢)+(㉢~㉣)−(㉠~㉡)

$=5\frac{3}{8}+2\frac{1}{4}-2\frac{5}{6}$

$=5\frac{9}{24}+2\frac{6}{24}-2\frac{5}{6}$

$=7\frac{15}{24}-2\frac{20}{24}$

$=6\frac{39}{24}-2\frac{20}{24}=4\frac{19}{24}$(km)

수학으로 세상보기 108~109쪽

1 (1) $\frac{31}{64}$ (2) $\frac{1}{4}$, $\frac{1}{8}$

2 (1) $1\frac{1}{6}$, $\frac{3}{20}$

(2) 예 $\square+\square=\frac{7}{12}$

$\square-\square=\frac{3}{10}$

6단원 다각형의 둘레와 넓이

문제를 풀며 이해해요 113쪽

1 (1) 7 (2) 7, 35

2 (1) 5 / 5, 24 (2) 6, 2 / 6, 20 (3) 7, 28

교과서 내용 학습 114~115쪽

01 36 cm　　02 24 cm

03 12 cm

04 예

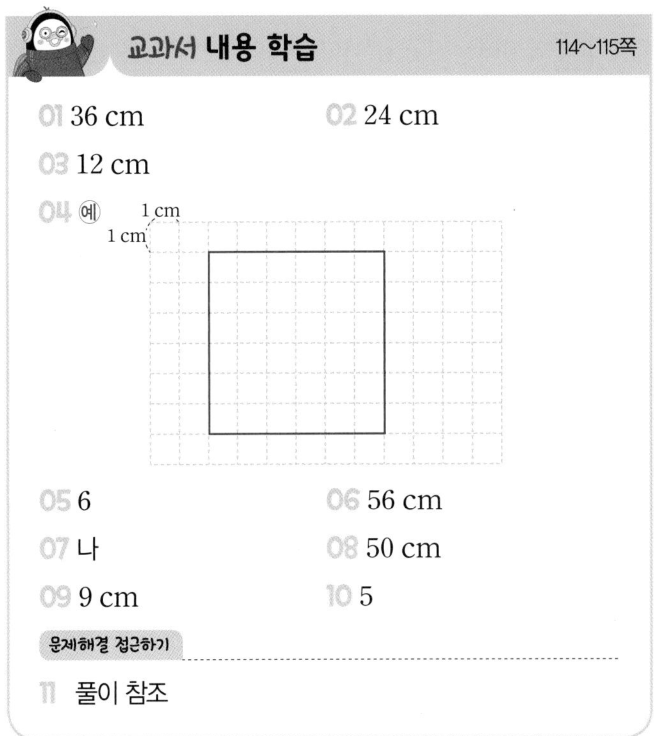

05 6　　06 56 cm

07 나　　08 50 cm

09 9 cm　　10 5

문제해결 접근하기

11 풀이 참조

01 (정사각형의 둘레) $=9\times4=36$ (cm)

02 (정육각형의 둘레) $=4\times6=24$ (cm)

03 정팔각형은 모든 변의 길이가 같으므로
(한 변의 길이) $=96\div8=12$ (cm)

04 정다각형의 한 변의 길이는 (둘레) $\div$ (변의 수)이므로 $24\div4=6$ (cm)에서 한 변의 길이가 6 cm인 정사각형을 그립니다.

05 (정삼각형의 둘레) $=12\times3=36$ (cm)
정삼각형과 정육각형의 둘레가 같으므로 정육각형의 한 변의 길이는 $36\div6=6$ (cm)입니다.

06 (마름모의 둘레) $=$ (한 변의 길이) $\times4$
$=14\times4=56$ (cm)

07 (직사각형 가의 둘레) $=(10+7)\times2$
$=34$ (cm)
(정사각형 나의 둘레) $=9\times4$
$=36$ (cm)
둘레가 더 긴 도형은 나입니다.

08 (왼쪽 평행사변형의 둘레)
$=(7+6)\times2=26$ (cm)
(오른쪽 평행사변형의 둘레)
$=(8+4)\times2=24$ (cm)
➡ $26+24=50$ (cm)

09 직사각형의 둘레가 32 cm이므로 가로가 □cm라고 하면
$(\square+7)\times2=32$, $\square+7=16$, $\square=9$
가로는 9 cm입니다.

10 (평행사변형의 둘레) $=(6+4)\times2=20$ (cm)
마름모는 네 변의 길이가 모두 같으므로
(마름모의 한 변의 길이) $=20\div4=5$ (cm)

문제해결 접근하기

11 **이해하기** | 예 자른 색종이 한 장의 둘레는 몇 cm인지 구하려고 합니다.
계획 세우기 | 예 자른 색종이의 가로와 세로를 각각 구한 후 둘레를 구합니다.
해결하기 | (1) 6, 12 (2) 6, 12, 36
되돌아보기 | 예 자른 색종이의 가로는 $15\div3=5$ (cm), 세로는 15 cm입니다.
자른 색종이 한 장의 둘레는 $(5+15)\times2=40$ (cm)입니다.

문제를 풀며 이해해요 117쪽

1 1 cm^2, 1 제곱센티미터　　2 (1) 5, 5 (2) 8, 8

3 (1) 9 (2) 15 (3) 나, 가, 6

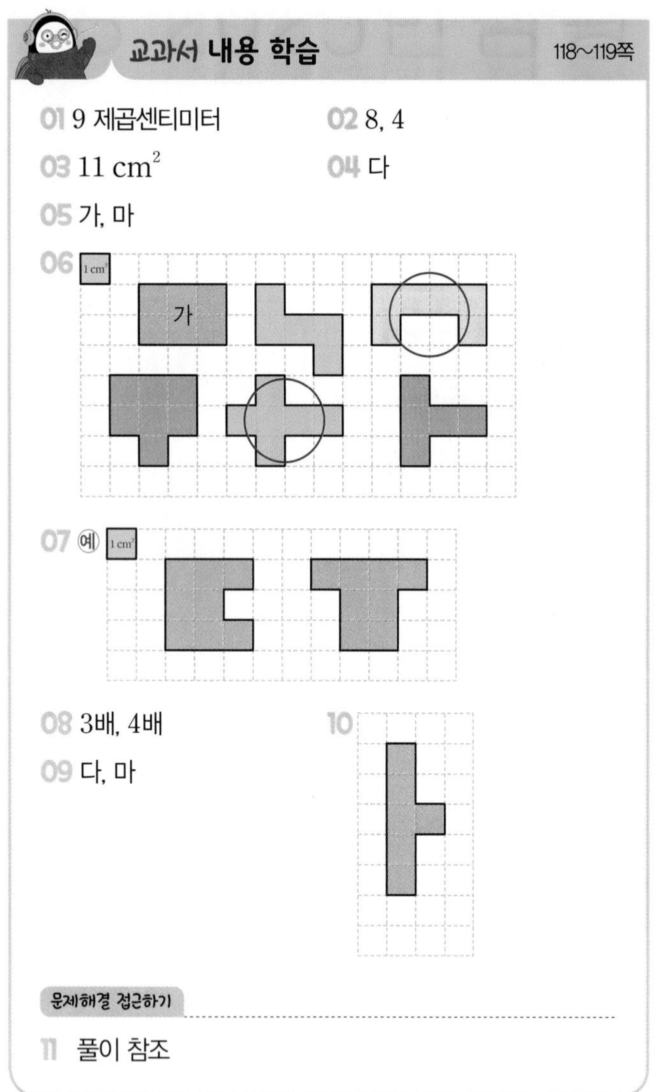

교과서 내용 학습 118~119쪽

01 9 제곱센티미터 02 8, 4
03 11 cm^2 04 다
05 가, 마
06
07 예
08 3배, 4배 10
09 다, 마

문제해결 접근하기

11 풀이 참조

02 가: $\boxed{1\ \mathrm{cm}^2}$가 8개이므로 넓이는 8 cm^2입니다.
나: $\boxed{1\ \mathrm{cm}^2}$가 4개이므로 넓이는 4 cm^2입니다.

03 $\boxed{1\ \mathrm{cm}^2}$가 11개이므로 넓이는 11 cm^2입니다.

04 가: $\boxed{1\ \mathrm{cm}^2}$가 8개이므로 넓이는 8 cm^2입니다.
나: $\boxed{1\ \mathrm{cm}^2}$가 7개이므로 넓이는 7 cm^2입니다.
다: $\boxed{1\ \mathrm{cm}^2}$가 9개이므로 넓이는 9 cm^2입니다.
넓이가 가장 큰 도형은 다입니다.

05 가: $\boxed{1\ \mathrm{cm}^2}$가 7개이므로 넓이는 7 cm^2입니다.
나: $\boxed{1\ \mathrm{cm}^2}$가 12개이므로 넓이는 12 cm^2입니다.
다: $\boxed{1\ \mathrm{cm}^2}$가 6개이므로 넓이는 6 cm^2입니다.
라: $\boxed{1\ \mathrm{cm}^2}$가 9개이므로 넓이는 9 cm^2입니다.
마: $\boxed{1\ \mathrm{cm}^2}$가 7개이므로 넓이는 7 cm^2입니다.

06 도형 가는 $\boxed{1\ \mathrm{cm}^2}$가 6개이므로 6 cm^2입니다.
$\boxed{1\ \mathrm{cm}^2}$ 6개로 이루어진 도형을 찾아 ○표 합니다.

07 $\boxed{1\ \mathrm{cm}^2}$ 8개가 되도록 도형을 그립니다.

08 ㉠ $\boxed{1\ \mathrm{cm}^2}$가 3개이므로 3 cm^2입니다.
㉡ $\boxed{1\ \mathrm{cm}^2}$가 9개이므로 9 cm^2입니다.
㉢ $\boxed{1\ \mathrm{cm}^2}$가 12개이므로 12 cm^2입니다.
㉡의 넓이는 ㉠의 넓이의 $9\div3=3$(배)이고,
㉢의 넓이는 ㉠의 넓이의 $12\div3=4$(배)입니다.

09 $\boxed{1\ \mathrm{cm}^2}$의 9배는 9 cm^2이고 $\boxed{1\ \mathrm{cm}^2}$의 12배는 12 cm^2이므로 넓이가 9 cm^2보다 크고 12 cm^2보다 작은 도형을 찾습니다.
가: 8 cm^2, 나: 7 cm^2, 다: 11 cm^2,
라: 12 cm^2, 마: 10 cm^2
따라서 넓이가 9 cm^2보다 크고 12 cm^2보다 작은 도형은 다, 마입니다.

10 도형을 그리는 규칙은 가로 두 칸을 기준으로 왼쪽 아래와 왼쪽 위로 각각 한 칸씩 커져 가는 것입니다.
따라서 빈칸에 알맞은 도형의 넓이는 6 cm^2이고 4 cm^2인 도형보다 왼쪽 아래와 왼쪽 위에 각각 한 칸이 더 크게 그려야 합니다.

문제해결 접근하기

11 **이해하기** | 예 글자가 차지하는 부분의 넓이는 몇 cm^2인지 구하려고 합니다.
계획 세우기 | 예 글자가 차지하는 부분의 $\boxed{1\ \mathrm{cm}^2}$ 수를 세어 봅니다.
해결하기 | (1) 14, 19 (2) 14, 19, 33
되돌아보기 | 예 '바'가 차지하는 부분은 $\boxed{1\ \mathrm{cm}^2}$가 17개이고, '다'가 차지하는 부분은 $\boxed{1\ \mathrm{cm}^2}$가 15개입니다. 글자가 차지하는 부분의 넓이는 $17+15=32(\mathrm{cm}^2)$입니다.

문제를 풀며 이해해요 121쪽

1 (1) 8, 5 (2) 8, 5, 40, 40 (3) 8, 5, 40
2 (1) 9, 63 (2) 5, 5, 25

교과서 내용 학습 122~123쪽

01 88 cm^2
02 64 cm^2
03 225 cm^2
04 23 cm^2
05 ㉢
06 7 cm
07 9 cm
08 295 cm^2
09 42 cm^2
10 78 cm^2

문제해결 접근하기

11 풀이 참조

01 (직사각형의 넓이)$=11\times8=88$(cm^2)

02 (정사각형의 넓이)$=8\times8=64$(cm^2)

03 (색종이의 넓이)$=15\times15=225$(cm^2)

04 (왼쪽 직사각형의 넓이)$=12\times6=72$(cm^2)
(오른쪽 정사각형의 넓이)$=7\times7=49$(cm^2)
➡ $72-49=23$(cm^2)

05 (㉠의 넓이)$=8\times4=32$(cm^2)
(㉡의 넓이)$=3\times9=27$(cm^2)
(㉢의 넓이)$=6\times6=36$(cm^2)
(㉣의 넓이)$=7\times5=35$(cm^2)
넓이가 가장 넓은 직사각형은 ㉢입니다.

06 (직사각형의 넓이)=(가로)×(세로)이므로
(세로)=(직사각형의 넓이)÷(가로)
$=91\div13=7$(cm)

07 정사각형의 한 변의 길이를 □cm라고 하면
□×□=81입니다.
$9\times9=81$이므로 □=9입니다.
따라서 정사각형의 한 변의 길이는 9 cm입니다.

08 찬규의 공책의 넓이는 $14\times20=280$(cm^2)입니다.
서현이의 공책의 넓이는 $280+15=295$(cm^2)입니다.

09 (새로 만든 직사각형의 가로)$=7\times2=14$(cm)
(새로 만든 직사각형의 세로)$=7-4=3$(cm)
(새로 만든 직사각형의 넓이)$=14\times3=42$(cm^2)

10 직사각형의 세로를 □cm라고 하면
(13+□)×2=38,
13+□=19, □=6입니다.
직사각형의 세로는 6 cm이므로
(직사각형의 넓이)$=13\times6=78$(cm^2)

문제해결 접근하기

11 **이해하기** | 예 만든 정사각형의 넓이는 몇 cm^2인지 구하려고 합니다.
계획 세우기 | 예 정사각형은 네 변의 길이가 같다는 것을 이용하여 만든 정사각형의 한 변의 길이를 구한 후 정사각형의 넓이를 구합니다.
해결하기 | (1) 4, 9 (2) 9, 9, 81
되돌아보기 | 예 정사각형은 네 변의 길이가 같으므로
(정사각형의 한 변의 길이)$=44\div4=11$(cm)
(정사각형의 넓이)$=11\times11=121$(cm^2)

문제를 풀며 이해해요 125쪽

1 (1) 1 m^2, 1 제곱미터 (2) 1 km^2, 1 제곱킬로미터
2 (1) cm^2 (2) km^2 (3) m^2
3 (1) 30000 (2) 8 (3) 7000000 (4) 0.6

교과서 내용 학습 126~127쪽

01 21, 21
02 30, 30
03 0.7 km^2
04 <
05 ㉡, ㉠, ㉢
06 400000, 40
07 35 km^2
08 혜준
09 84 m^2
10 50장

문제해결 접근하기

11 풀이 참조

01 1 m^2가 가로로 7번, 세로로 3번 들어가므로 모두 21번 들어갑니다.
따라서 직사각형의 넓이는 21 m^2입니다.

02 5000 m=5 km, 6000 m=6 km
1 km²가 가로로 5번, 세로로 6번 들어가므로 모두
$5 \times 6 = 30$(번) 들어갑니다.
따라서 직사각형의 넓이는 30 km²입니다.

03 1000000 m²=1 km²이므로
700000 m²=0.7 km²입니다.

04 40 m²=400000 cm²이므로
40000 cm² < 40 m²입니다.

05 넓이의 단위를 같게 하여 비교합니다.
㉠ 1000000 m²=1 km²
㉡ 10 km²
㉢ 960000 m²=0.96 km²
넓이가 넓은 것부터 기호를 쓰면 ㉡, ㉠, ㉢입니다.

06 (직사각형의 넓이)$=800 \times 500$
$=400000$(cm²)
1 m²=10000 cm²이므로
400000 cm²=40 m²입니다.

07 7000 m=7 km이므로
(직사각형의 넓이)$=5 \times 7 = 35$(km²)

08 집의 넓이를 나타내는 단위는 m²가 적당하므로 넓이의 단위를 잘못 말한 친구는 혜준입니다.

09 피구장의 가로는 $7 \times 2 = 14$(m)이고 세로는
600 cm=6 m이므로
(피구장의 넓이)$=14 \times 6 = 84$(m²)

10 4 m=400 cm, 2 m=200 cm
한 변의 길이가 40 cm인 정사각형은
가로로 $400 \div 40 = 10$(장), 세로로 $200 \div 40 = 5$(장)을 붙일 수 있습니다.
따라서 정사각형 모양의 종이를
$10 \times 5 = 50$(장) 붙일 수 있습니다.

문제해결 접근하기

11 **이해하기** | 예 세로의 길이가 몇 m인지 구하려고 합니다.
계획 세우기 | 예 (직사각형의 넓이)=(가로)×(세로)이므로 (세로)=(직사각형의 넓이)÷(가로)를 이용하여 세로를 구합니다.
1 km=1000 m임을 이용하여 세로가 몇 m인지 나타냅니다.
해결하기 | (1) 60, 5 (2) 1000, 5, 5000
되돌아보기 | 예 (직사각형의 가로)$=90 \div 6 = 15$(km)
1 km=1000 m이므로 가로는 15 km=15000 m입니다.

문제를 풀며 이해해요 129쪽

1 예

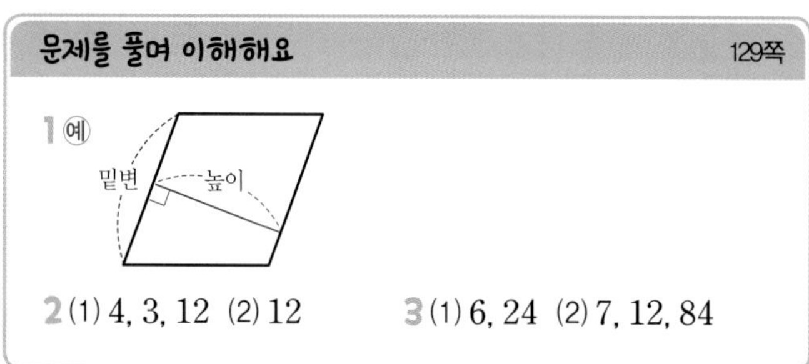

2 (1) 4, 3, 12 (2) 12

3 (1) 6, 24 (2) 7, 12, 84

교과서 내용 학습 130~131쪽

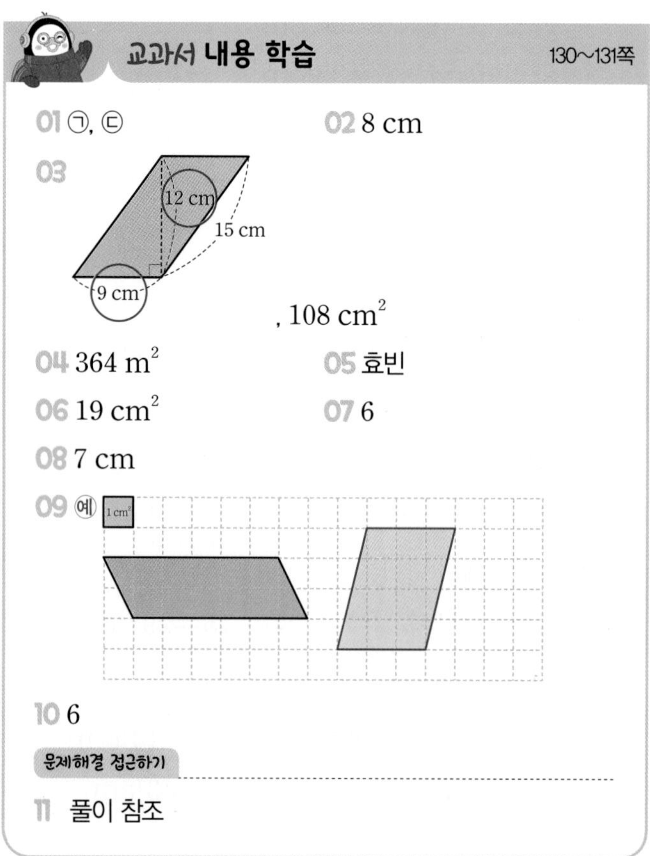

01 ㉠, ㉢

02 8 cm

03 , 108 cm²

04 364 m²

05 효빈

06 19 cm²

07 6

08 7 cm

09 예

10 6

문제해결 접근하기

11 풀이 참조

01 주어진 높이가 어느 변과 어느 변 사이의 거리를 나타내는지 찾아봅니다.

02 20 cm인 변과 수직인 변을 찾으면 8 cm입니다.

03 (평행사변형의 넓이)$=9\times12=108(\text{cm}^2)$

04 (평행사변형의 넓이)$=14\times26=364(\text{m}^2)$

05 주어진 평행사변형은 밑변의 길이가 3 cm, 높이가 3 cm로 같으므로 넓이가 모두 $3\times3=9(\text{cm}^2)$입니다. 평행사변형은 밑변의 길이와 높이가 같으면 모양이 달라도 그 넓이는 같습니다.

06 (왼쪽 평행사변형의 넓이)$=7\times3=21(\text{cm}^2)$
(오른쪽 평행사변형의 넓이)$=5\times8=40(\text{cm}^2)$
➡ $40-21=19(\text{cm}^2)$

07 평행사변형의 밑변의 길이가 8 cm, 높이가 □cm이므로 8×□=48입니다.
➡ □=(평행사변형의 넓이)÷(높이)
=48÷8=6

08 높이가 13 cm일 때 변 ㄴㄷ은 평행사변형의 밑변입니다.
(변 ㄴㄷ의 길이)×13=91
➡ (변 ㄴㄷ의 길이)=91÷13=7(cm)

09 (주어진 평행사변형의 넓이)$=6\times2=12(\text{cm}^2)$
밑변의 길이와 높이의 곱이 12인 평행사변형을 그립니다.
(밑변의 길이, 높이)를 (1 cm, 12 cm), (2 cm, 6 cm), (3 cm, 4 cm), (4 cm, 3 cm), (12 cm, 1 cm) 등과 같이 여러 가지 모양으로 그릴 수 있습니다.

10 밑변의 길이가 9 cm일 때 높이는 10 cm입니다.
(평행사변형의 넓이)$=9\times10=90(\text{cm}^2)$
밑변의 길이가 15 cm일 때 높이는 □cm이므로 15×□=90입니다.
➡ □=90÷15=6

문제해결 접근하기

11 **이해하기** | 예 평행사변형의 넓이는 몇 m^2인지 구하려고 합니다.
계획 세우기 | 예 길이 단위를 같게 나타내어 평행사변형의 넓이를 구합니다.
해결하기 | (1) 18 (2) 18, 252
되돌아보기 | 예 1 m=100 cm이므로 1500 cm=15 m입니다.
(평행사변형의 넓이)=(밑변의 길이)×(높이)
$=15\times16=240(\text{m}^2)$

문제를 풀며 이해해요 133쪽

1
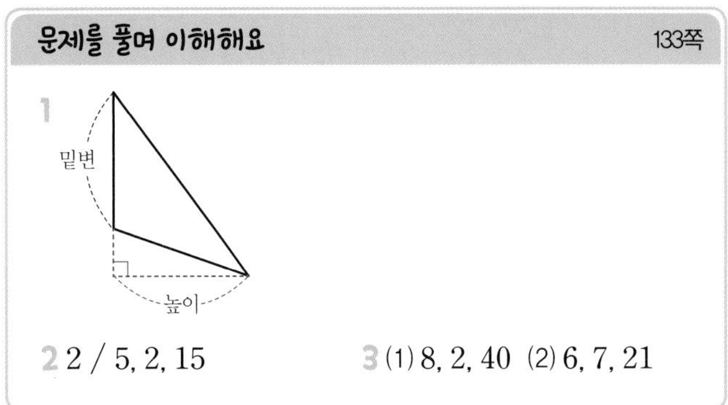

2 2 / 5, 2, 15

3 (1) 8, 2, 40 (2) 6, 7, 21

교과서 내용 학습 134~135쪽

01 ㉤

02 , 6 cm^2

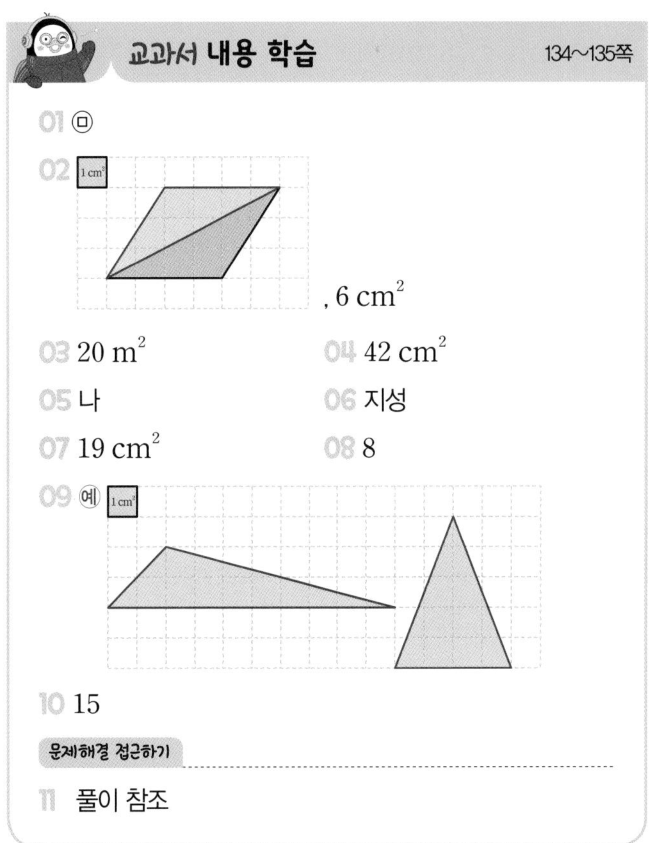

03 20 m^2

04 42 cm^2

05 나

06 지성

07 19 cm^2

08 8

09 예

10 15

문제해결 접근하기

11 풀이 참조

01 삼각형에서 밑변과 마주 보는 꼭짓점에서 밑변에 수직으로 그은 선분의 길이를 높이라고 합니다.
주어진 삼각형의 높이는 ⓔ입니다.

02 주어진 삼각형을 2개 이용하면 밑변의 길이가 4 cm, 높이가 3 cm인 평행사변형을 그릴 수 있습니다.
(삼각형의 넓이)=(평행사변형의 넓이)÷2
$=4\times3\div2=6(\text{cm}^2)$

03 (삼각형의 넓이)$=4\times10\div2=20(\text{m}^2)$

04 (삼각형의 넓이)$=7\times12\div2=42(\text{cm}^2)$

05 삼각형 가, 나, 다의 높이는 모두 같으므로 밑변의 길이가 다른 삼각형 나의 넓이가 다릅니다.

06 (라희가 그린 삼각형의 넓이)$=15\times8\div2=60(\text{cm}^2)$
지성이가 그린 삼각형의 밑변의 길이는
$15-3=12(\text{cm})$이고
높이는 $8+5=13(\text{cm})$입니다.
(지성이가 그린 삼각형의 넓이)$=12\times13\div2$
$=78(\text{cm}^2)$
$60\text{ cm}^2<78\text{ cm}^2$이므로 지성이가 그린 삼각형의 넓이가 더 넓습니다.

07 (왼쪽 삼각형의 넓이)$=4\times5\div2=10(\text{cm}^2)$
(오른쪽 삼각형의 넓이)$=6\times3\div2=9(\text{cm}^2)$
➡ $10+9=19(\text{cm}^2)$

08 삼각형의 밑변의 길이가 □cm이고 높이가 6 cm이므로
□$\times6\div2=24$, □$\times6=48$, □$=8$

09 (밑변의 길이)×(높이)÷2=10
(밑변의 길이)×(높이)=20이므로
밑변의 길이와 높이의 곱이 20인 삼각형을 그립니다.
(밑변의 길이, 높이)를 (1 cm, 20 cm),
(2 cm, 10 cm), (4 cm, 5 cm), (5 cm, 4 cm),
(10 cm, 2 cm), (20 cm, 1 cm) 등과 같이 여러 가지 모양으로 그릴 수 있습니다.

10 밑변의 길이가 25 cm일 때 높이는 12 cm입니다.
(삼각형의 넓이)$=25\times12\div2=150(\text{cm}^2)$
밑변의 길이가 20 cm일 때 높이는 □cm이므로
$20\times$□$\div2=150$,
$20\times$□$=300$,
□$=300\div20=15$
□ 안에 알맞은 수는 15입니다.

문제해결 접근하기

11 **이해하기** | 예 늘린 삼각형의 넓이는 처음 삼각형의 넓이의 몇 배가 되는지 구하려고 합니다.
계획 세우기 | 예 처음 삼각형의 넓이와 늘린 삼각형의 넓이를 각각 구한 후 늘린 삼각형의 넓이가 처음 삼각형의 넓이의 몇 배인지 구합니다.
해결하기 | (1) 9, 6, 27
(2) 18, 12
(3) 18, 12, 108
(4) 108, 27, 4
되돌아보기 | 예 (처음 삼각형의 넓이)
$=8\times5\div2=20(\text{cm}^2)$
밑변의 길이를 3배로 늘이면 $8\times3=24(\text{cm})$,
높이를 3배로 늘이면 $5\times3=15(\text{cm})$이므로
(늘린 삼각형의 넓이)$=24\times15\div2=180(\text{cm}^2)$
늘린 삼각형의 넓이는 처음 삼각형의 넓이의
$180\div20=9$(배)입니다.

문제를 풀며 이해해요 137쪽

1
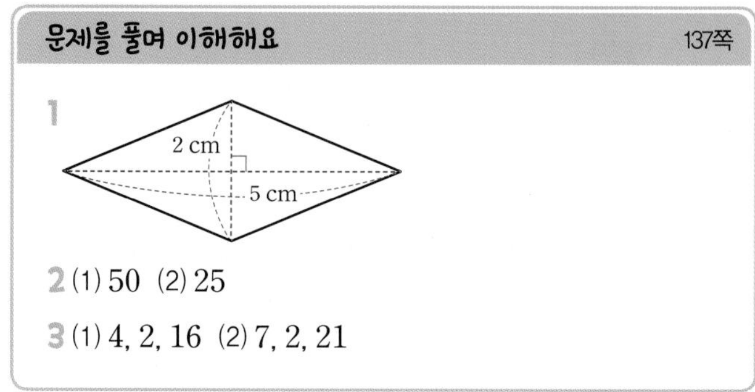

2 (1) 50 (2) 25
3 (1) 4, 2, 16 (2) 7, 2, 21

교과서 내용 학습 138~139쪽

01 36 cm^2　02 56 cm^2
03 30 cm^2　04 32 cm^2
05 52 cm^2　06 1.5 m^2
07 72 cm^2
08 예

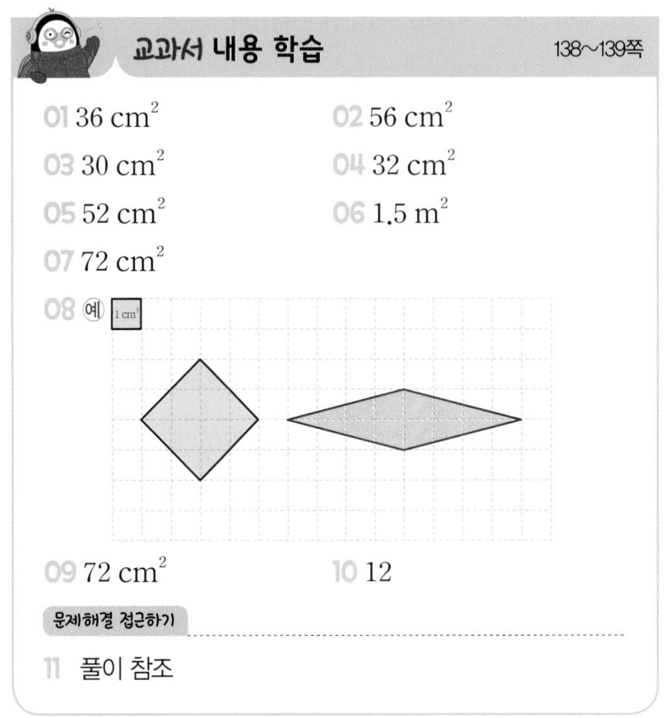

09 72 cm^2　10 12

문제해결 접근하기

11 풀이 참조

01 (마름모 ㅁㅂㅅㅇ의 넓이)
=(직사각형 ㄱㄴㄷㄹ의 넓이)÷2
=72÷2=36(cm²)

02 (마름모 ㄱㄴㄷㄹ의 넓이)
=(삼각형 ㄱㄴㅇ의 넓이)×4
=14×4=56(cm²)

03 (마름모의 넓이)=10×6÷2=30(cm²)

04 (마름모의 넓이)=8×8÷2=32(cm²)

05 (마름모의 넓이)=(직사각형의 넓이)÷2
=(13×8)÷2=52(cm²)

06 마름모의 한 대각선의 길이는 250 cm이고, 다른 대각선의 길이는 60×2=120(cm)입니다.
(마름모의 넓이)=250×120÷2=15000(cm²)
1 m²=10000 cm²이므로
15000 cm²=1.5 m²입니다.

07 마름모의 두 대각선의 길이는 원의 지름과 같으므로 각각 12 cm입니다.
(마름모의 넓이)=12×12÷2=72(cm²)

08 (주어진 마름모의 넓이)=4×4÷2=8(cm²)
(한 대각선의 길이)×(다른 대각선의 길이)÷2=8이므로 (한 대각선의 길이)×(다른 대각선의 길이)=16이 되는 마름모를 그립니다.
두 대각선의 길이가 (1 cm, 16 cm), (2 cm, 8 cm), (8 cm, 2 cm), (16 cm, 1 cm) 등과 같이 여러 가지 모양으로 그릴 수 있습니다.

09 (정사각형의 넓이)=12×12=144(cm²)
(마름모의 넓이)=12×12÷2=72(cm²)
(색칠한 부분의 넓이)
=(정사각형의 넓이)−(마름모의 넓이)
=144−72=72(cm²)

10 (마름모 가의 넓이)=(9×2)×10÷2=90(cm²)
두 마름모의 넓이가 같으므로
15×□÷2=90, 15×□=180, □=12

문제해결 접근하기

11 **이해하기** | 예 마름모의 다른 대각선의 길이를 구하려고 합니다.
계획 세우기 | 예 마름모의 넓이 구하는 방법을 이용하여 마름모의 다른 대각선의 길이를 구합니다.
해결하기 | (1) 114 (2) 228, 12 (3) 12
되돌아보기 | 예 마름모의 다른 대각선의 길이를 □cm라 하면 (마름모의 넓이)=24×□÷2=156입니다.
24×□=312, □=13
따라서 다른 대각선의 길이는 13 cm입니다.

문제를 풀며 이해해요 141쪽

1 예

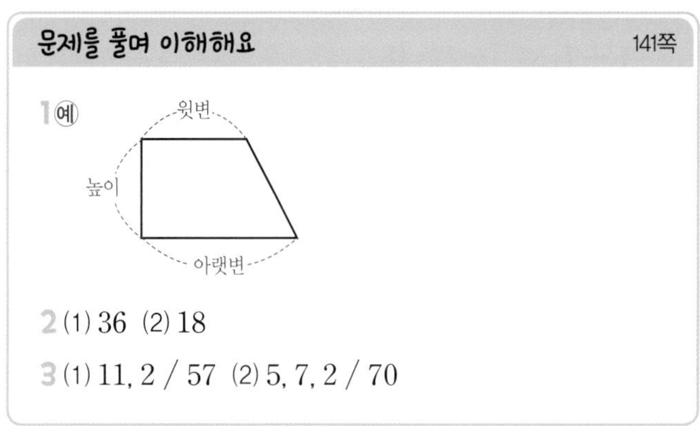

2 (1) 36 (2) 18
3 (1) 11, 2 / 57 (2) 5, 7, 2 / 70

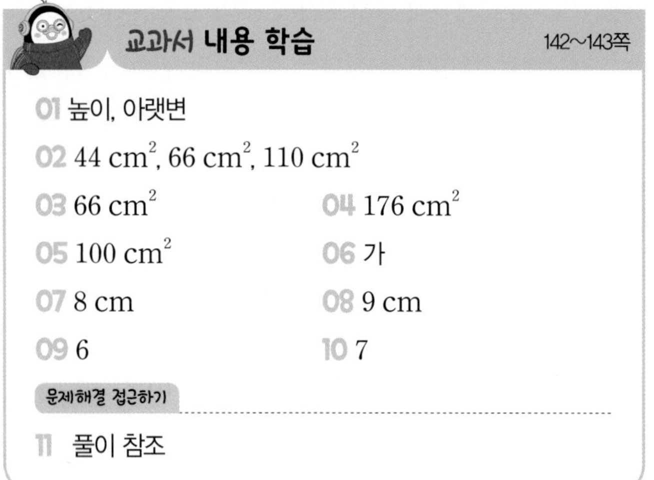

교과서 내용 학습 142~143쪽

01 높이, 아랫변
02 44 cm^2, 66 cm^2, 110 cm^2
03 66 cm^2 04 176 cm^2
05 100 cm^2 06 가
07 8 cm 08 9 cm
09 6 10 7

문제해결 접근하기

11 풀이 참조

02 (삼각형 ㉠의 넓이)$=8\times11\div2=44(cm^2)$
(삼각형 ㉡의 넓이)$=12\times11\div2=66(cm^2)$
(사다리꼴의 넓이)
=(삼각형 ㉠의 넓이)+(삼각형 ㉡의 넓이)
$=44+66=110(cm^2)$

03 (사다리꼴의 넓이)$=(8+4)\times11\div2=66(cm^2)$

04 (색종이의 넓이)$=(15+7)\times16\div2$
$=176(cm^2)$

05 윗변의 길이는 $5\times2=10$(cm), 아랫변의 길이는 $5\times3=15$(cm), 높이는 8 cm입니다.
(사다리꼴의 넓이)$=(10+15)\times8\div2=100(cm^2)$

06 (사다리꼴 가의 넓이)$=(6+9)\times6\div2=45(m^2)$
(사다리꼴 나의 넓이)$=(6+8)\times7\div2=49(m^2)$
$45\,m^2<49\,m^2$이므로 넓이가 더 작은 도형은 가입니다.

07 사다리꼴의 높이를 □cm라 하면
$(5+7)\times□\div2=48$
$12\times□\div2=48$, $12\times□=96$, □$=8$
사다리꼴의 높이는 8 cm입니다.

08 (사다리꼴의 넓이)$=(7+11)\times9\div2=81(cm^2)$
정사각형의 한 변의 길이를 □cm라 하면
$□\times□=81$에서 $9\times9=81$이므로 □$=9$입니다.
정사각형의 한 변의 길이는 9 cm입니다.

09 사다리꼴의 윗변의 길이를 □m라 하면
$(□+10)\times6\div2=48$
$(□+10)\times6=96$, $□+10=16$, □$=6$

10 (삼각형 가의 넓이)$=10\times6\div2=30(cm^2)$
(사다리꼴 나의 넓이)$=30\times2=60(cm^2)$
사다리꼴 나의 두 밑변은 13 cm, □cm이고 높이는 6 cm이므로
$(13+□)\times6\div2=60$
$(13+□)\times6=120$, $13+□=20$, □$=7$

문제해결 접근하기

11 **이해하기** | 예 사다리꼴 ㄱㄴㄷㄹ의 넓이를 구하려고 합니다.
계획 세우기 | 예 삼각형 ㅁㄴㄷ의 넓이를 이용하여 사다리꼴의 높이를 구하여 사다리꼴 ㄱㄴㄷㄹ의 넓이를 구합니다.
해결하기 | (1) 40, 80, 10 (2) 10 (3) 10, 105
되돌아보기 | 예 삼각형 ㄱㄷㄹ의 높이를 □cm라 하면
$5\times□\div2=20$, $5\times□=40$, □$=8$
삼각형 ㄱㄷㄹ의 높이는 8 cm입니다.
사다리꼴 ㄱㄴㄷㄹ의 높이는 삼각형 ㄱㄷㄹ의 높이와 같은 8 cm입니다.
(사다리꼴 ㄱㄴㄹㄷ의 넓이)
$=(5+12)\times8\div2=68(cm^2)$

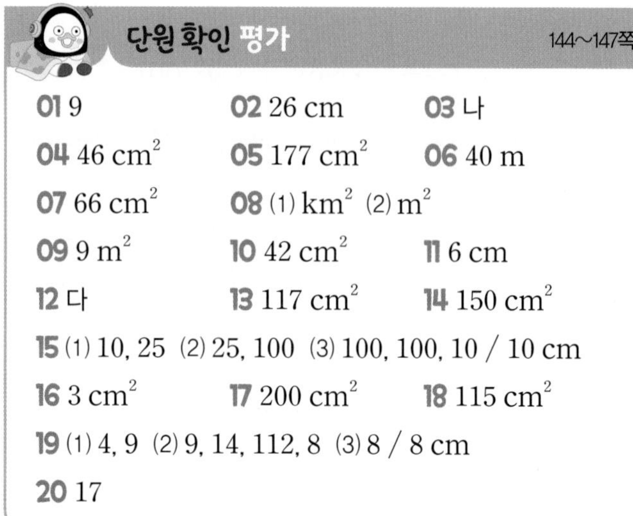

단원 확인 평가 144~147쪽

01 9 02 26 cm 03 나
04 46 cm^2 05 177 cm^2 06 40 m
07 66 cm^2 08 (1) km^2 (2) m^2
09 9 m^2 10 42 cm^2 11 6 cm
12 다 13 117 cm^2 14 150 cm^2
15 (1) 10, 25 (2) 25, 100 (3) 100, 100, 10 / 10 cm
16 3 cm^2 17 200 cm^2 18 115 cm^2
19 (1) 4, 9 (2) 9, 14, 112, 8 (3) 8 / 8 cm
20 17

01 주어진 정다각형은 정칠각형이므로
□$=63\div7=9$

02 (직사각형의 둘레)$=(8+5)\times2=26$(cm)

03 (평행사변형 가의 둘레)$=(10+7)\times2=34$(cm)
(마름모 나의 둘레)$=9\times4=36$(cm)
둘레가 더 긴 도형은 나입니다.

04 [1 cm²]가 46개이므로 도형의 넓이는 46 cm²입니다.

05 (직사각형의 넓이)$=12\times8=96$(cm²)
(정사각형의 넓이)$=9\times9=81$(cm²)
➡ $96+81=177$(cm²)

06 정사각형의 한 변의 길이를 □ m라 하면
□×□$=100$에서 $10\times10=100$이므로
□$=10$입니다.
정사각형의 한 변의 길이가 10 m이므로
(정사각형의 둘레)$=10\times4=40$(m)

07 직사각형의 둘레가 34 cm이므로
(가로)+(세로)$=34\div2=17$(cm)입니다.
가로가 □ cm라고 하면 세로는 (□+5) cm이므로
□+(□+5)$=17$
□+□$=12$, □$=6$
직사각형의 가로는 6 cm, 세로는 $6+5=11$(cm)이므로
(직사각형의 넓이)$=6\times11=66$(cm²)

08 (1) 제주특별자치도의 넓이를 나타낼 때는 km²가 알맞습니다.
(2) 방의 넓이를 나타낼 때는 m²가 알맞습니다.

09 6 m$=$600 cm이므로
(직사각형의 넓이)$=600\times150=90000$(cm²)
1 m²$=$10000 cm²이므로
90000 cm²$=$9 m²입니다.

10 (평행사변형의 넓이)$=7\times6=42$(cm²)

11 (밑변의 길이)$=$(평행사변형의 넓이)$\div$(높이)
$=90\div15=6$(cm)

12 가, 나, 다의 높이는 모두 같으므로 밑변의 길이가 다른 다의 넓이가 다릅니다.

13 (삼각형의 넓이)$=18\times13\div2=117$(cm²)

14 삼각형의 둘레가 60 cm이므로
(변 ㄴㄷ)$=60-20-15=25$(cm)
(삼각형의 넓이)$=25\times12\div2=150$(cm²)

15 채점 기준

삼각형 ㄱㄴㄷ의 넓이를 구한 경우	30 %
평행사변형 ㄱㄷㄹㅁ의 넓이를 구한 경우	30 %
선분 ㄱㅁ의 길이를 구한 경우	40 %

16

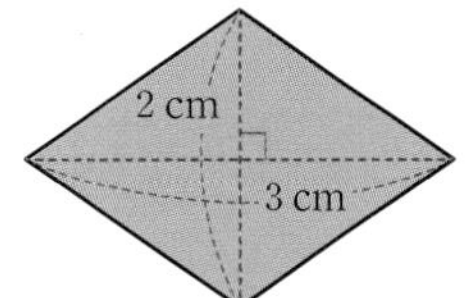

마름모의 두 대각선의 길이를 재어 보면 각각 3 cm, 2 cm입니다.
(마름모의 넓이)$=3\times2\div2=3$(cm²)

17 마름모의 두 대각선의 길이는 정사각형의 한 변의 길이와 같은 20 cm입니다.
(마름모의 넓이)$=20\times20\div2$
$=200$(cm²)

18 (사다리꼴의 넓이)$=(9+14)\times10\div2$
$=115$(cm²)

19 채점 기준

사다리꼴의 아랫변의 길이를 구한 경우	30 %
사다리꼴의 넓이를 구하는 식을 세운 경우	30 %
사다리꼴의 높이를 구한 경우	40 %

20 (마름모의 넓이)$=18\times15\div2=135$(cm²)
마름모와 사다리꼴의 넓이가 같으므로
(13+□)$\times9\div2=135$
(13+□)$\times9=270$
13+□$=30$
□$=17$

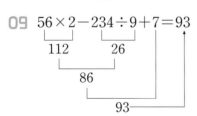

1단원 쪽지 시험 5쪽

01 (위에서부터) 23 / 9, 23　02 29, 16

03 33, 66　04 (위에서부터) 3 / 42, 3

05 32÷8에 ○표　06 (　　) (○)

07 ㉢, ㉡, ㉣, ㉠

08 74−115÷5+12=63

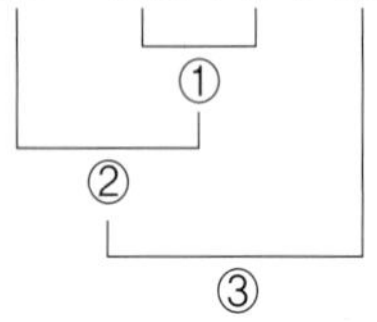

09 56×2−234÷9+7=93

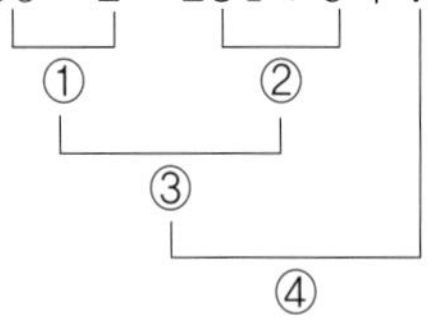

10 24×(13−4)÷8−17=10

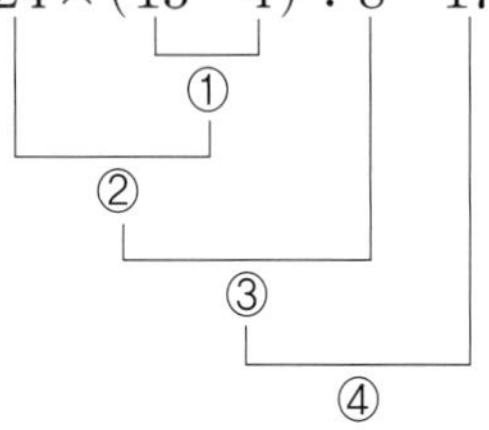

08 74−115÷5+12=63

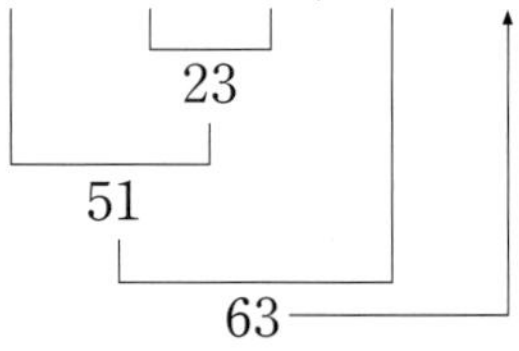

09 56×2−234÷9+7=93

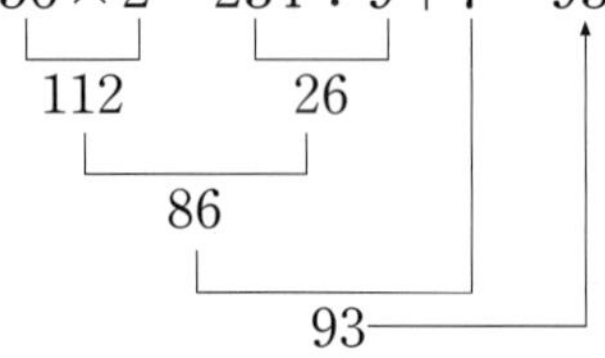

10 24×(13−4)÷8−17=10

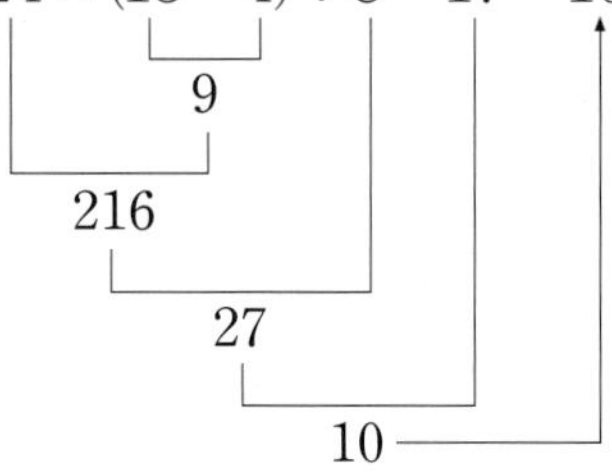

6~8쪽

학교 시험 만점왕 ❶회 1. 자연수의 혼합 계산

01 15, 21　02 ㉢

03 풀이 참조　04

05 $59-4\times(2+5)=59-4\times7$
$=59-28$
$=31$

06 민재

07 16+8−54÷6=16+8−9

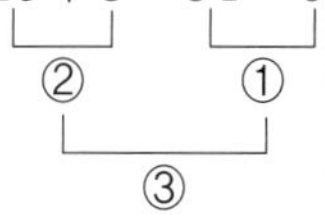

=24−9

=15

08 <

09 220÷5−2+1=43 / 43명

10 (32−11)÷7+4=7　11 ㉡, ㉠, ㉢, ㉣

12 57　13 83에 ○표

14 ㉠　15 228÷(2×6)−5=14

16 8×9÷2−20=16 / 16

17 5　18 ×

19 15000−(3000×2+2000+2500×2)=2000 / 2000원

20 풀이 참조, 105

02 ㉠ 48÷6×2=8×2=16
㉡ (48÷6)×2=8×2=16
㉢ 48÷(6×2)=48÷12=4
계산 결과가 다른 하나는 ㉢입니다.

03 예 선영이는 초콜릿 20개를 가지고 있습니다. 이 중에서 초콜릿을 언니에게 5개, 동생에게 3개 주었습니다. 남은 초콜릿은 몇 개인가요? / 12개

채점 기준

식에 알맞은 문제를 만든 경우	50 %
답을 구한 경우	50 %

04 $91-5\times9+8=91-45+8=46+8=54$

$(42-17)\times2+12=25\times2+12=50+12=62$

05 (　　) 안을 먼저 계산한 후 곱셈을 계산해야 합니다.

06 [지영] $(11+3)\times5=14\times5=70$

07 $16+8-54\div6=15$

24　　9

15

08 $21+36\div12-3=21+3-3$

$=24-3=21$

$21+36\div(12-3)=21+36\div9$

$=21+4=25$

➡ $21<25$

09 학생 220명이 버스 5대에 똑같이 나누어 탔을 때 버스 한 대에 탄 학생은 $(220\div5)$명입니다.

소정이가 탄 버스의 학생 중 2명이 결석하고 버스 기사님 1명이 탔으므로 이 버스에 탄 사람은

$220\div5-2+1=44-2+1=42+1=43$(명)입니다.

10 $(32-11)\div7+4=21\div7+4$

$=3+4=7$

12 $29-16\div8+15\times2=29-2+15\times2$

$=29-2+30$

$=27+30=57$

13 $(38-23)\div3\times12+23=15\div3\times12+23$

$=5\times12+23$

$=60+23=83$

14 ㉠ $40-(24+8)\times2\div4=40-32\times2\div4$

$=40-64\div4$

$=40-16=24$

㉡ $40-24+8\times2\div4=40-24+16\div4$

$=40-24+4$

$=16+4=20$

$24<20$이므로 계산 결과가 더 큰 것은 ㉠입니다.

15 $228\div12-5=14$에서 12 대신에 2×6을 넣어서 하나의 식으로 나타냅니다.

$228\div12-5=14$, $2\times6=12$

➡ $228\div(2\times6)-5=14$

16 $8\times9\div2-20=72\div2-20$

$=36-20=16$

17 ㉠ $(12+13)\times6\div5-3=25\times6\div5-3$

$=150\div5-3$

$=30-3=27$

㉡ $24\div3+4\times5-6=8+4\times5-6$

$=8+20-6$

$=28-6=22$

➡ $27-22=5$

18 $128\div(8+8)-1=128\div16-1=8-1=7$(×)

$128\div(8-8)-1=128\div0-1$(×)

$128\div(8\times8)-1=128\div64-1=2-1=1$(○)

$128\div(8\div8)-1=128\div1-1$

$=128-1=127$ (×)

19 떡볶이 2인분, 순대 1인분, 김밥 2줄의 가격은 $(3000\times2+2000+2500\times2)$원입니다.

15000원을 내고 받을 거스름돈은

$15000-(3000\times2+2000+2500\times2)$

$=15000-(6000+2000+5000)$

$=15000-13000=2000$(원)

입니다.

20 예 어떤 수를 □라 하여 잘못 계산한 식을 세우면

$(□-3)\div5=3$입니다.

$□-3=15$, $□=18$

어떤 수는 18이므로 바르게 계산하면

$(18+3)\times5=21\times5=105$

채점 기준

어떤 수를 구한 경우	50 %
바르게 계산한 값을 구한 경우	50 %

학교 시험 만점왕 ❷회 1. 자연수의 혼합 계산

01 13+34에 ○표 02 37
03 68 04 31
05 (   )
(○)
06 $20\times 7\div 5=28$ / 28마리
07 < 08 $168\div(3\times 7)=8$ / 8주
09 ÷, × 10 ㉡
11 $23+(27-12)\div 3=23+15\div 3$
①
$=23+5$
②
$=28$
③
12 ④
13 $80\div 5+75\div 3-4=37$ / 37cm
14 $(13-4)\times 4+7=43$ / 43세
15 풀이 참조, 6 16 $33-72\div(8\times 3)=30$
17 ㉡ 18 7
19 3개 20 풀이 참조, 54

01 덧셈과 뺄셈이 섞여 있는 식에서는 앞에서부터 차례로 계산합니다.

02 ㉠ $96\div 6\times 2=16\times 2=32$
㉡ $120\div(6\times 4)=120\div 24=5$
➡ $32+5=37$

03 $80-72\div 6=80-12=68$

04 $40-81\div(3+6)=40-81\div 9$
$=40-9=31$

05 $16+7\times 3=16+21=37$
$16\times 7+3=112+3=115$

06 굴비 7두름은 (20×7)마리입니다.
이 굴비를 5명이 똑같이 나누어 가지면 한 명이
$20\times 7\div 5=140\div 5=28$(마리)씩 가지게 됩니다.

07 $52-(13+25)\div 2=52-38\div 2$
$=52-19=33$
$(39-24)\times 3-9=15\times 3-9$
$=45-9=36$
➡ $33<36$

08 일주일 동안 푸는 문제집은 (3×7)장이므로 168장을 풀었다면 $168\div(3\times 7)=168\div 21=8$(주) 동안 풀었습니다.

09 $162\div(9\times 3)=162\div 27=6$

10 계산 순서는 ㉢, ㉠, ㉡, ㉣이므로 세 번째로 계산해야 하는 곳은 ㉡입니다.

11 $23+(27-12)\div 3=28$
15
5
28

12 ① $9-2\times 3\div 6=9-6\div 6=9-1=8$
② $27\div 3\times 4+4=9\times 4+4=36+4=40$
③ $24\div 4\times(1+5)=24\div 4\times 6=6\times 6=36$
④ $55-(12+3)\times 3=55-15\times 3$
$=55-45=10$
⑤ $5+9\div 3\times 2=5+3\times 2=5+6=11$
잘못 계산한 것은 ④입니다.

13 노란색 테이프 80 cm를 5등분 한 것 중의 한 도막은 $(80\div 5)$ cm이고, 파란색 테이프 75 cm를 3등분 한 것 중의 한 도막은 $(75\div 3)$ cm입니다.
4 cm가 겹치도록 이어 붙인 색 테이프의 전체 길이는
$80\div 5+75\div 3-4=16+25-4$
$=37$(cm)입니다.

14 민수 동생의 나이는 $(13-4)$세이므로 민수 어머니의 나이는
$(13-4)\times 4+7=9\times 4+7$
$=36+7=43$(세)입니다.

15 예 ㉠ $30 \div 5 \times (7-4) = 30 \div 5 \times 3 = 6 \times 3 = 18$

㉡ $40 - (11+3) \times 2 = 40 - 14 \times 2 = 40 - 28 = 12$

➡ $18 - 12 = 6$

채점 기준	
㉠의 계산 결과를 구한 경우	40 %
㉡의 계산 결과를 구한 경우	40 %
㉠과 ㉡의 계산 결과의 차를 구한 경우	20 %

16 $33 - 72 \div (8 \times 3) = 33 - 72 \div 24 = 33 - 3 = 30$

17 ㉠ $72 \div (3+5) \times 4 - 6 = 72 \div 8 \times 4 - 6$
$= 9 \times 4 - 6 = 36 - 6 = 30$

㉡ $27 + 63 \div 9 \times 2 - 5 = 27 + 7 \times 2 - 5$
$= 27 + 14 - 5$
$= 41 - 5 = 36$

㉢ $52 - (2+6) \times 6 \div 2 = 52 - 8 \times 6 \div 2$
$= 52 - 48 \div 2$
$= 52 - 24 = 28$

계산 결과가 가장 큰 것은 ㉡입니다.

18 $264 \div 11 + (\square - 3) \times 2 = 32$

$24 + (\square - 3) \times 2 = 32$

$(\square - 3) \times 2 = 8$, $\square - 3 = 4$, $\square = 7$

19 $52 - (21+15) \div 3 \times 4 = 52 - 36 \div 3 \times 4$
$= 52 - 12 \times 4$
$= 52 - 48 = 4$

$4 > \square$의 $\square$ 안에 들어갈 수 있는 자연수는 1, 2, 3으로 3개입니다.

20 예 ㉠×(㉡+㉢)−㉣의 계산 결과가 가장 클 때는 ㉠에 가장 큰 수를 놓고 ㉣에 가장 작은 수를 놓으면 됩니다.

$7 \times (5+3) - 2 = 7 \times 8 - 2 = 56 - 2 = 54$

$7 \times (3+5) - 2 = 7 \times 8 - 2 = 56 - 2 = 54$

채점 기준	
계산 결과를 가장 클 때의 식 만드는 방법을 알고 있는 경우	50 %
계산 결과가 가장 클 때의 식을 만들고 계산한 경우	50 %

1단원 서술형·논술형 평가 12~13쪽

01 풀이 참조	02 풀이 참조, 28명
03 풀이 참조	04 풀이 참조, 2개
05 풀이 참조, 6500원	06 풀이 참조, 79
07 풀이 참조, 120	08 풀이 참조, 하준, 57쪽
09 풀이 참조, 4송이	10 풀이 참조, 194, 25

01 예 $68 - 10 + 33 = 58 + 33 = 91$

$68 - (10+33) = 68 - 43 = 25$

오른쪽 식은 ( )가 있어서 ( ) 안을 먼저 계산했기 때문에 계산 결과가 다릅니다.

채점 기준	
두 식을 각각 계산 순서에 맞게 계산한 경우	50 %
두 식의 계산 결과를 비교하여 설명한 경우	50 %

02 예 16명이 내리면 버스에 타고 있는 사람은 (35−16)명입니다.

9명이 더 탔으므로 학교 앞 정류장을 지난 후 버스에 타고 있는 사람은

$35 - 16 + 9 = 19 + 9 = 28$(명)입니다.

채점 기준	
학교 앞 정류장을 지난 후 버스에 타고 있는 사람은 몇 명인지 구하는 식을 세운 경우	50 %
학교 앞 정류장을 지난 후 버스에 타고 있는 사람은 몇 명인지 구한 경우	50 %

03 예 연주는 쿠키를 한 판에 36개씩 4판을 만들어서 남김없이 9상자에 똑같이 나누어 담았습니다. 한 상자에 들어 있는 쿠키는 몇 개인가요? / 16개

채점 기준	
식에 알맞은 문제를 만든 경우	50 %
만든 문제의 답을 구한 경우	50 %

04 예 도훈이네 반 학생은 (4×6)명입니다.

사탕 48개를 도훈이네 반 학생들에게 똑같이 나누면 한 명에게 사탕을

$48 \div (4 \times 6) = 48 \div 24 = 2$(개)씩 주면 됩니다.

채점 기준	
한 명에게 사탕을 몇 개씩 주면 되는지 하나의 식으로 나타낸 경우	50 %
한 명에게 사탕을 몇 개씩 주면 되는지 구한 경우	50 %

05 예 1500원짜리 연습장 3권의 가격은 (1500×3)원이므로 연습장 3권을 사고 남은 돈은 (8000－1500×3)원입니다.
부모님이 용돈 3000원을 주셨으므로 재민이가 현재 가지고 있는 돈은
$8000-1500\times 3+3000=8000-4500+3000$
$=6500$(원)입니다.

채점 기준	
재민이가 현재 가지고 있는 돈은 얼마인지 하나의 식으로 나타낸 경우	50 %
재민이가 현재 가지고 있는 돈은 얼마인지 구한 경우	50 %

06 예 어떤 수를 □라 하고 식을 세우면
(□－15)÷4＋14＝30입니다.
계산 순서를 거꾸로 생각하여 구하면
(□－15)÷4＝16
□－15＝64
□＝79
어떤 수는 79입니다.

채점 기준	
어떤 수를 □로 하여 식을 세운 경우	50 %
어떤 수를 구한 경우	50 %

07 예 ㉮ 대신 32를, ㉯ 대신 4를 넣어 식을 세워 계산 순서에 맞게 계산합니다.
32◎4＝(32－4)×4＋32÷4
＝28×4＋32÷4
＝112＋32÷4
＝112＋8＝120

채점 기준	
32◎4를 구하는 식을 세운 경우	50 %
32◎4의 값을 계산한 경우	50 %

08 예 일주일 동안 지연이가 읽은 책은
24×7＝168(쪽)이고 하준이가 읽은 책은
45×(7－2)＝45×5＝225(쪽)입니다.
일주일 동안 하준이는 지연이보다 책을
225－168＝57(쪽)
더 많이 읽었습니다.

채점 기준	
지연이와 하준이가 일주일 동안 읽은 책이 몇 쪽인지 각각 구한 경우	50 %
일주일 동안 누가 몇 쪽을 더 많이 읽었는지 구한 경우	50 %

09 예 어제 판 꽃은 (14×3＋23)송이이고 오늘 판 꽃은 (115÷5×3)송이입니다.
오늘 판 꽃은 어제 판 꽃보다
115÷5×3－(14×3＋23)
＝115÷5×3－(42＋23)＝115÷5×3－65
＝23×3－65＝69－65＝4(송이) 더 많습니다.

채점 기준	
오늘 판 꽃은 어제 판 꽃보다 몇 송이 더 많은지 하나의 식으로 나타낸 경우	50 %
오늘 판 꽃은 어제 판 꽃보다 몇 송이 더 많은지 구한 경우	50 %

10 예 72÷㉠×㉡－㉢＋㉣
계산 결과가 가장 클 때는 주어진 수 중 가장 작은 수부터 ㉠, ㉢, ㉣, ㉡의 순서로 놓으면 됩니다.
➡ 72÷3×8－4＋6＝24×8－4＋6
＝192－4＋6
＝188＋6＝194
계산 결과가 가장 작을 때는 주어진 수 중 가장 작은 수부터 ㉡, ㉣, ㉢, ㉠의 순서로 놓으면 됩니다.
➡ 72÷8×3－6＋4＝9×3－6＋4
＝27－6＋4＝21＋4＝25

채점 기준	
계산 결과가 가장 클 때의 값을 구한 경우	50 %
계산 결과가 가장 작을 때의 값을 구한 경우	50 %

2단원 쪽지 시험

15쪽

01 1, 2, 4	02 1, 2, 7, 14
03 5, 10, 15	04 (○) ( ) (○) ( )
05 (1) 배수 (2) 약수	06 1, 5 / 5
07 4	08 15, 30, 45 / 15
09 160	10 42

01 어떤 수를 나누어떨어지게 하는 수를 그 수의 약수라고 합니다.

02 $14\div1=14$, $14\div2=7$, $14\div7=2$, $14\div14=1$
14의 약수는 1, 2, 7, 14입니다.

03 $5\times1=5$, $5\times2=10$, $5\times3=15$

04 오른쪽 수가 왼쪽 수로 나누었을 때 나누어떨어지면 오른쪽 수는 왼쪽 수의 배수입니다.
$52\div13=4$
$65\div11=5 \cdots 10$
$72\div4=18$
$58\div6=9 \cdots 4$

06 두 수의 공통된 약수를 두 수의 공약수라 하고, 공약수 중에서 가장 큰 수를 두 수의 최대공약수라고 합니다.

07
```
2) 12  16
2)  6   8
    3   4
```
➡ 12와 16의 최대공약수: $2\times2=4$

08 두 수의 공통된 배수를 두 수의 공배수라 하고, 공배수 중에서 가장 작은 수를 두 수의 최소공배수라고 합니다.

09 두 수의 최소공배수는 두 수에 공통으로 곱해진 8에 나머지 수를 곱합니다.
➡ 32와 40의 최소공배수: $8\times4\times5=160$

10
```
7) 14  21
    2   3
```
➡ 14와 21의 최소공배수: $7\times2\times3=42$

16~18쪽

학교 시험 만점왕 ❶회 2. 약수와 배수

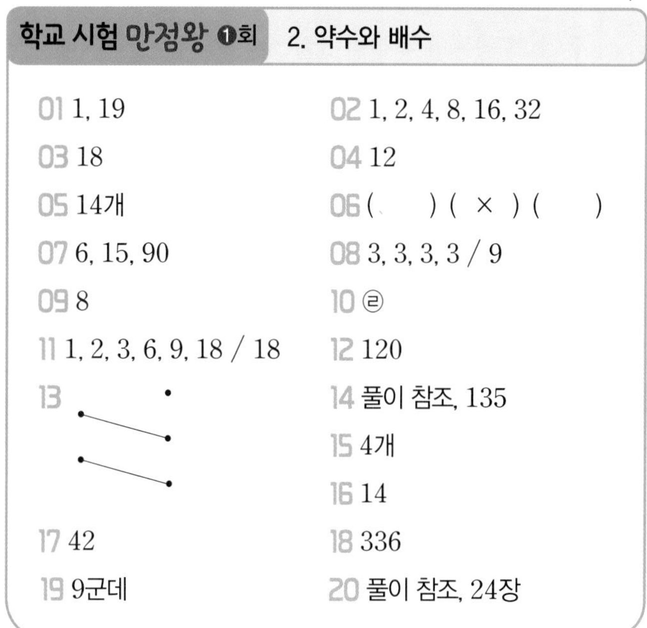

01 1, 19	02 1, 2, 4, 8, 16, 32
03 18	04 12
05 14개	06 ( ) (×) ( )
07 6, 15, 90	08 3, 3, 3, 3 / 9
09 8	10 ㉣
11 1, 2, 3, 6, 9, 18 / 18	12 120
13	14 풀이 참조, 135
	15 4개
	16 14
17 42	18 336
19 9군데	20 풀이 참조, 24장

01 $19\div1=19$, $19\div19=1$

02 32를 나누어떨어지게 하는 수는 32의 약수입니다.
32의 약수는 1, 2, 4, 8, 16, 32입니다.

03 15의 약수: 1, 3, 5, 15 ➡ 4개
18의 약수: 1, 2, 3, 6, 9, 18 ➡ 6개
23의 약수: 1, 23 ➡ 2개
약수의 개수가 가장 많은 수는 18입니다.

04 12를 1배, 2배, 3배, 4배, ... 한 수이므로 12의 배수입니다.

05 $100\div7=14 \cdots 2$이므로 1부터 100까지의 수 중에서 7의 배수는 14개입니다.

06 $81\div9=9$
$64\div7=9 \cdots 1$
$84\div12=7$
약수와 배수의 관계가 아닌 것은 64와 7입니다.

07 큰 수를 작은 수로 나누었을 때 나누어떨어지면 두 수는 약수와 배수의 관계입니다.
$30\div6=5$, $30\div8=3 \cdots 6$, $30\div15=2$,
$70\div30=2 \cdots 10$, $90\div30=3$
30과 약수와 배수의 관계인 수는 6, 15, 90입니다.

08 $18=2\times3\times3$, $27=3\times3\times3$
두 수의 공통인 부분인 $3\times3=9$가 두 수의 최대공약수입니다.

09 24와 40의 최대공약수를 구합니다.

2) 24 40
2) 12 20
2) 6 10
3 5

➡ 24와 40의 최대공약수: $2\times2\times2=8$

10 ㉠ 5) 15 25
3 5

➡ 15와 25의 최대공약수: 5

㉡ 2) 16 24
2) 8 12
2) 4 6
2 3

➡ 16과 24의 최대공약수: $2\times2\times2=8$

㉢ 2) 24 42
3) 12 21
4 7

➡ 24와 42의 최대공약수: $2\times3=6$

㉣ 3) 30 45
5) 10 15
2 3

➡ 30과 45의 최대공약수: $3\times5=15$

두 수의 최대공약수가 가장 큰 것은 ㉣ (30, 45)입니다.

11 72의 약수: 1, 2, 3, 4, 6, 8, 9, 12, 18, 24, 36, 72
90의 약수: 1, 2, 3, 5, 6, 9, 10, 15, 18, 30, 45, 90
72와 90의 공약수: 1, 2, 3, 6, 9, 18
72와 90의 최대공약수: 18

12 $2\times2\times\underline{2\times3}$ $\underline{2\times3}\times5$
$\underline{2\times3}\times2\times2\times5=120$

13 (2, 9)와 같이 공약수가 1뿐인 두 수의 최소공배수는 두 수의 곱입니다.
➡ 2와 9의 최소공배수: $2\times9=18$
(18, 36)과 같이 약수와 배수의 관계인 두 수의 최소공배수는 두 수 중 큰 수입니다.
➡ 18과 36의 최소공배수: 36

14 예 3) 54 81
3) 18 27
3) 6 9
2 3

54와 81의 최대공약수 ➡ $3\times3\times3=27$
54와 81의 최소공배수 ➡ $3\times3\times3\times2\times3=162$
최대공약수와 최소공배수의 차는 $162-27=135$입니다.

채점 기준

54와 81의 최대공약수를 구한 경우	40 %
54와 81의 최소공배수를 구한 경우	40 %
최대공약수와 최소공배수의 차를 구한 경우	20 %

15 2) 52 48
2) 26 24
13 12

➡ 52와 48의 최대공약수: $2\times2=4$
풀 52개와 가위 48개를 상자 4개에 똑같이 나누어 담으면 됩니다.

16 7의 배수는 7, 14, 21, 28, ...입니다.
7의 약수: 1, 7 ➡ $1+7=8$
14의 약수: 1, 2, 7, 14 ➡ $1+2+7+14=24$
21의 약수: 1, 3, 7, 21 ➡ $1+3+7+21=32$
28의 약수: 1, 2, 4, 7, 14, 28
➡ $1+2+4+7+14+28=56$
두 친구가 공통으로 설명하는 수는 14입니다.

17 두 수의 공약수는 최대공약수의 약수이므로 두 수의 공약수는 20의 약수입니다.
20의 약수는 1, 2, 4, 5, 10, 20이므로 공약수의 합은 $1+2+4+5+10+20=42$입니다.

18 2) 16 28
2) 8 14
4 7

➡ 16과 28의 최소공배수: $2\times2\times4\times7=112$
16과 28의 공배수는 112의 배수입니다.
112의 배수 112, 224, 336, 448, ... 중 300보다 크고 400보다 작은 수는 336입니다.

19 $2 \underline{)\ 4 \quad 6}$ ➡ 4와 6의 최소공배수:
$\quad 2 \quad 3$ $\quad 2\times2\times3=12$

꽃과 나무가 같이 심어지는 간격은 12 m입니다.
$100\div12=8 \cdots 4$이고 길의 처음부터 심기 시작하였으므로 꽃과 나무가 같이 심어지는 곳은 모두 $8+1=9$(군데)입니다.

20 예 $5 \underline{)\ 15 \quad 40}$ ➡ 15와 40의 최소공배수:
$\quad 3 \quad 8$ $\quad 5\times3\times8=120$

한 변의 길이가 120 cm인 정사각형을 만들 수 있습니다.
정사각형을 만들려면 색종이를 짧은 변으로 $120\div15=8$(장), 긴 변으로 $120\div40=3$(장)을 놓아야 하므로 모두 $8\times3=24$(장) 필요합니다.

채점 기준

15와 40의 최소공배수를 구하여 정사각형의 한 변의 길이를 구한 경우	50 %
필요한 색종이 수를 구한 경우	50 %

19~21쪽

학교 시험 만점왕 ❷회 2. 약수와 배수

01 23	02 7
03 ③	04 9, 18, 27
05 130	06 ㉡
07 1, 2, 4	08 1, 2, 3, 5, 6, 10, 15, 30
09 (　) (○) (　)	10 2, 2, 60
11 4, 224	12 재우
13 풀이 참조, 960	14 119
15 17, 34	16 4개
17 24, 60	18 16번
19 3개, 5개	20 풀이 참조, 오전 11시 20분

01 22의 약수 중 가장 작은 수는 1이고, 가장 큰 수는 22이므로 $22+1=23$입니다.

02 7은 54를 나누어떨어지게 하지 않으므로 54의 약수가 아닙니다.

03 ① $9\div2=4 \cdots 1$
② $10\div3=3 \cdots 1$
③ $24\div4=6$
④ $91\div5=18 \cdots 1$
⑤ $44\div3=14 \cdots 2$
왼쪽 수가 오른쪽 수의 약수인 것은 ③입니다.

04 $9\times1=9$, $9\times2=18$, $9\times3=27$

05 13의 배수를 나열한 것입니다.
열 번째 수는 $13\times10=130$입니다.

06 ㉡ 18은 9의 배수입니다.

07 12의 약수: 1, 2, 3, 4, 6, 12
16의 약수: 1, 2, 4, 8, 16
12와 16의 공약수: 1, 2, 4

08 두 수의 공약수는 두 수의 최대공약수의 약수이므로 30의 약수인 1, 2, 3, 5, 6, 10, 15, 30입니다.

09 $5 \underline{)\ 35 \quad 45}$
$\quad 7 \quad 9$ ➡ 35와 45의 최대공약수: 5

$2 \underline{)\ 20 \quad 32}$
$2 \underline{)\ 10 \quad 16}$
$\quad 5 \quad 8$ ➡ 20과 32의 최대공약수: $2\times2=4$

$5 \underline{)\ 25 \quad 40}$
$\quad 5 \quad 8$ ➡ 25와 40의 최대공약수: 5

두 수의 최대공약수가 다른 것은 (20, 32)입니다.

11 $2 \underline{)\ 28 \quad 32}$
$2 \underline{)\ 14 \quad 16}$
$\quad 7 \quad 8$
➡ 28과 32의 최대공약수: $2\times2=4$
28과 32의 최소공배수: $2\times2\times7\times8=224$

12 $2 \underline{)\ 20 \quad 24}$
$2 \underline{)\ 10 \quad 12}$ ➡ 20과 24의 최소공배수:
$\quad 5 \quad 6$ $\quad 2\times2\times5\times6=120$

20과 24의 최소공배수는 120이므로 잘못 설명한 친구는 재우입니다.

13 ㉠ 두 수의 공배수는 최소공배수의 배수이므로 40의 배수 중 가장 큰 세 자리 수를 찾습니다.

가장 큰 세 자리 수는 999이고

$999 \div 40 = 24 \cdots 39$이므로

40의 배수 중에서 가장 큰 세 자리 수는

$40 \times 24 = 960$입니다.

채점 기준

공배수와 최소공배수의 관계를 설명한 경우	50 %
두 수의 공배수 중에서 가장 큰 세 자리 수를 구한 경우	50 %

14 $17 \times 6 = 102$, $17 \times 7 = 119$, $17 \times 8 = 136$이므로 조건을 만족하는 수는 119입니다.

15 주어진 수 카드로 만들 수 있는 수는 다음과 같습니다.

(13, 47), (13, 74), (31, 47), (31, 74),

(14, 37), (14, 73), (41, 37), (41, 73),

(17, 34), (17, 43), (71, 34), (71, 43)

이 중에서 약수와 배수의 관계인 두 수는 17과 34입니다.

16 2) 48 72
2) 24 36
2) 12 18
3) 6 9
   2 3

➡ 48과 72의 최대공약수: $2 \times 2 \times 2 \times 3 = 24$

두 수의 공약수는 최대공약수의 약수이므로 두 수의 공약수는 24의 약수인 1, 2, 3, 4, 6, 8, 12, 24입니다.

이 중 4의 배수는 4, 8, 12, 24로 4개입니다.

17 최소공배수가 120이므로

$\square \times 2 \times 2 \times 2 \times 5 = 120$

$\square \times 40 = 120$, $\square = 3$

3) ㉮ ㉯
2) 8 20
2) 4 10
   2 5

㉮$= 3 \times 2 \times 2 \times 2 = 24$, ㉯$= 3 \times 2 \times 2 \times 5 = 60$

18 민우는 3의 배수 번째 자리에 흰 바둑돌을 놓았고, 유진이는 4의 배수 번째 자리에 흰 바둑돌을 놓았습니다.

따라서 같은 자리에 흰 바둑돌이 놓이는 경우는 3과 4의 공배수인 12의 배수 번째 자리입니다.

$200 \div 12 = 16 \cdots 8$이므로 1부터 200까지의 수 중에서 12의 배수는 16번 있으므로 같은 자리에 흰 바둑돌이 놓이는 경우는 16번입니다.

19 3) 27 45
3) 9 15
   3 5

➡ 27과 45의 최대공약수: $3 \times 3 = 9$

배와 살구를 9명에게 똑같이 나누어 줄 수 있고, 한 명이 받는 배는 $27 \div 9 = 3$(개), 살구는 $45 \div 9 = 5$(개)입니다.

20 ㉠ 2) 8 10
      4 5

➡ 8과 10의 최소공배수: $2 \times 4 \times 5 = 40$

예찬이와 다은이는 40분마다 출발 지점에서 다시 만납니다.

첫 번째로 다시 만나는 시각은

오전 10시+40분=오전 10시 40분, 두 번째로 다시 만나는 시각은 오전 10시 40분+40분

=오전 11시 20분입니다.

채점 기준

8과 10의 최소공배수를 구한 경우	50 %
예찬이와 다은이가 두 번째로 다시 만나는 시각을 구한 경우	50 %

2단원 서술형·논술형 평가 22~23쪽

01 풀이 참조, 3가지	02 풀이 참조, 4명
03 풀이 참조, 20	04 풀이 참조, 9개
05 풀이 참조, 8명	06 풀이 참조, 35장
07 풀이 참조, 5600원	08 풀이 참조, 3번
09 풀이 참조, 11군데	10 풀이 참조, 오후 2시

01 예 20을 두 수의 곱으로 나타내어 봅니다.

$1\times20=20$, $2\times10=20$, $4\times5=20$

가능한 직사각형 모양은 3가지입니다.

채점 기준

20을 두 수의 곱으로 나타낸 경우	50 %
가능한 직사각형 모양이 몇 가지인지 구한 경우	50 %

02 예 1부터 24까지의 수 중에서 5의 배수는 5, 10, 15, 20입니다.

오늘 도우미 활동을 하는 학생은 4명입니다.

채점 기준

1부터 24까지의 수 중에서 5의 배수를 찾은 경우	50 %
오늘 도우미 활동을 하는 학생 수를 구한 경우	50 %

03 예 60의 약수는 1, 2, 3, 4, 5, 6, 10, 12, 15, 20, 30, 60입니다.

60의 약수 중에서 5의 배수는 5, 10, 15, 20, 30, 60입니다.

10보다 크고 30보다 작은 수는 15, 20이고 이 중 짝수는 20입니다.

채점 기준

60의 약수이면서 5의 배수인 수를 찾은 경우	50 %
10보다 크고 30보다 작은 수 중 짝수인 수를 찾은 경우	50 %

04 예 36이 □의 배수이므로 □는 36의 약수입니다.

36의 약수는 1, 2, 3, 4, 6, 9, 12, 18, 36이므로 □ 안에 들어갈 수 있는 수는 9개입니다.

채점 기준

□가 36의 약수임을 이해한 경우	50 %
□ 안에 들어갈 수 있는 수의 개수를 구한 경우	50 %

05 예

```
2) 120  112
2)  60   56
2)  30   28
    15   14
```

➡ 120과 112의 최대공약수: $2\times2\times2=8$

배추와 호박을 8명에게 똑같이 나누어 줄 수 있습니다.

채점 기준

120과 112의 최대공약수를 구한 경우	70 %
배추와 호박을 몇 명에게 나누어 줄 수 있는지 구한 경우	30 %

06 예

```
2) 40  56
2) 20  28
2) 10  14
    5   7
```

➡ 40과 56의 최대공약수: $2\times2\times2=8$

정사각형의 한 변의 길이는 8 cm입니다.

한 변의 길이가 8 cm인 정사각형으로 자르면 짧은 변으로 $40\div8=5$(장), 긴 변으로 $56\div8=7$(장)이므로 정사각형은 모두 $5\times7=35$(장)입니다.

채점 기준

40과 56의 최대공약수를 구하여 정사각형의 한 변의 길이를 구한 경우	50 %
정사각형의 개수를 구한 경우	50 %

07 예

```
2) 64  48
2) 32  24
2) 16  12
2)  8   6
    4   3
```

➡ 64와 48의 최대공약수: $2\times2\times2\times2=16$

자두와 참외를 바구니 16개에 나누어 담으면 됩니다.

한 바구니에 자두는 $64\div16=4$(개),

참외는 $48\div16=3$(개)씩 나누어 담으면 됩니다.

한 바구니의 가격은 $500\times4+1200\times3=5600$(원)입니다.

채점 기준

64와 48의 최대공약수를 구한 경우	30 %
한 바구니에 담을 자두 수와 참외 수를 구한 경우	40 %
한 바구니의 가격을 구한 경우	30 %

08 예

```
2) 4  6
   2  3
```

➡ 4와 6의 최소공배수: $2\times2\times3=12$

연아와 하람이는 12일마다 함께 수영장에 갑니다.

5월에 두 사람이 함께 수영장에 가는 날은 5월 1일, 5월 13일, 5월 25일로 모두 3번입니다.

채점 기준

4와 6의 최소공배수를 구하여 함께 수영장 가는 주기를 구한 경우	40 %
5월에 두 사람이 함께 수영장에 가는 횟수를 구한 경우	60 %

09 예 2) 8 10
    4 5

➡ 8과 10의 최소공배수: $2\times4\times5=40$

코스모스와 튤립이 같이 심어지는 간격은 40 m입니다.

$400\div40=10$이고 길의 처음부터 심기 시작하였으므로 코스모스와 튤립이 같이 심어지는 곳은

$10+1=11$(군데)입니다.

채점 기준

8과 10의 최소공배수를 구하여 코스모스와 튤립이 같이 심어지는 간격을 구한 경우	50 %
코스모스와 튤립이 같이 심어지는 곳의 수를 구한 경우	50 %

10 예 부산행 버스는 12분마다, 광주행 버스는 15분마다 출발합니다.

3) 12 15
    4 5

➡ 12와 15의 최소공배수: $3\times4\times5=60$

두 버스가 동시에 출발하는 것은 60분(=1시간)마다입니다.

두 버스가 동시에 출발하는 시각은 오전 10시, 오전 11시, 낮 12시, 오후 1시, 오후 2시, ...이므로 다섯 번째로 동시에 출발하는 시각은 오후 2시입니다.

채점 기준

12와 15의 최소공배수를 구한 경우	30 %
부산행과 광주행이 동시에 출발하는 시간 간격을 구한 경우	30 %
다섯 번째로 동시에 출발하는 시각을 구한 경우	40 %

3단원 쪽지 시험

25쪽

01 2, 4, 6, 8　　02 ㉡

03 (위에서부터) 4, 6, 8 / 1, 2, 3

04 (○) (　)　　05 4, 8, 12, 16

06 ■×4=◆ 또는 ◆÷4=■

07 ○−1=△ 또는 △+1=○

08 16

09 △×250=♡ 또는 ♡÷250=△

10 8시간

01 자전거가 1대씩 늘어날 때 자전거의 바퀴는 2개씩 늘어납니다.

02 자전거의 수를 2배 하면 자전거 바퀴의 수입니다.

03 ●는 단계가 늘어날 때 2개씩 늘어나고
●는 단계가 늘어날 때 1개씩 늘어납니다.

04 ●는 단계가 늘어날 때 2개씩 늘어나므로 5단계는 10개입니다.
●는 단계가 늘어날 때 1개씩 늘어나므로 5단계는 4개입니다.

05 먹은 날이 1일씩 늘어날 때 비타민은 4개씩 늘어납니다.

06 (먹은 날수)×4=(먹은 비타민의 수) ➡ ■×4=◆
(먹은 비타민의 수)÷4=(먹은 날수) ➡ ◆÷4=■

07 ○에서 1을 빼면 △와 같습니다. ➡ ○−1=△
△에 1을 더하면 ○와 같습니다. ➡ △+1=○

08 △=15이면 ○=15+1=16입니다.

09 걸린 시간에 250을 곱하면 안경의 수입니다.
➡ △×250=♡
안경의 수를 250으로 나누면 걸린 시간입니다.
➡ ♡÷250=△

10 안경 2000개를 만들려면 $2000\div250=8$(시간)이 걸립니다.

26~28쪽

학교 시험 만점왕 ❶회 3. 규칙과 대응

01 5, 10, 15, 20
02 곱하면, 5에 ○표
03 50장
04 (○)
( )
05 예 '종이테이프를 자른 횟수에 1을 더하면 종이테이프 조각의 수가 됩니다.' 또는 '종이테이프 조각의 수에서 1을 빼면 종이테이프를 자른 횟수가 됩니다.'
06 16개
07 24번
08 ○×10=● 또는 ●÷10=○
09 90
10 100, 12
11 ④
12 8, 12
13 ○×4=◇ 또는 ◇÷4=○
14 풀이 참조, 112
15
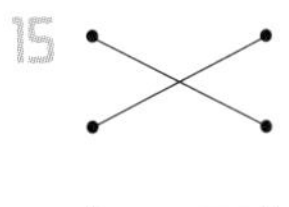
16 지민
17 끝나는 시각, 시작 시각
18 (위에서부터) 400 / 44, 66, 110
19 풀이 참조, 176 kcal
20 (위에서부터) 22 / 22, 4 / ♡÷2=♥ 또는 ♥×2=♡

01 꽃이 한 송이씩 늘어날 때 꽃잎은 5장씩 늘어납니다.

02 꽃의 수에 5를 곱하면 꽃잎의 수가 됩니다.
꽃잎의 수를 5로 나누면 꽃의 수가 됩니다.

03 꽃이 10송이이면 꽃잎은 $5\times10=50$(장)입니다.

04 육각형이 1개씩 늘어날 때 사다리꼴은 2개씩 늘어납니다.
➡ 육각형의 수에 2를 곱하면 사다리꼴의 수가 됩니다.
사다리꼴의 수를 2로 나누면 육각형의 수가 됩니다.

05 종이테이프를 자른 횟수가 1번씩 늘어날 때 종이테이프 조각은 1개씩 늘어납니다.

06 종이테이프를 15번 자르면 종이테이프 조각은 $15+1=16$(개)가 됩니다.

07 종이테이프 조각이 25개가 되려면 $25-1=24$(번) 자르면 됩니다.

08 ○에 10을 곱하면 ●가 됩니다. ➡ ○×10=●
●를 10으로 나누면 ○가 됩니다. ➡ ●÷10=○

09 ㉠=$4\times10=40$, ㉡=$5\times10=50$
➡ $40+50=90$

10 ○가 10일 때 ●=$10\times10=100$입니다.
●가 120일 때 ○=$120\div10=12$입니다.

11 $20-10=10$, $18-10=8$, $16-10=6$, $14-10=4$, $12-10=2$이므로
○−10=△ 또는 △+10=○입니다.

12 배열 순서가 1씩 늘어날 때 사각형은 4개씩 늘어납니다.

13 배열 순서에 4를 곱하면 사각형의 수가 됩니다.
➡ ○×4=◇
사각형의 수를 4로 나누면 배열 순서가 됩니다.
➡ ◇÷4=○

14 예 배열 순서가 [8]이면
사각형의 수는 $8\times4=32$입니다.
배열 순서가 [20]이면
사각형의 수는 $20\times4=80$입니다.
사각형의 수의 합은 $32+80=112$입니다.

채점 기준

배열 순서가 [8]일 때 사각형의 수를 구한 경우	40 %
배열 순서가 [20]일 때 사각형의 수를 구한 경우	40 %
사각형의 수의 합을 구한 경우	20 %

15 $1\times2=2$, $2\times2=4$, $3\times2=6$, $4\times2=8$
➡ ▣×2=⊙
$1+4=5$, $2+4=6$, $3+4=7$, $4+4=8$
➡ ▣+4=⊙
$1-1=0$, $2-1=1$, $3-1=2$, $4-1=3$
➡ ▣−1=⊙

16 입장객의 수에 1500을 곱하면 입장료가 됩니다.
➡ (입장객의 수)$\times$1500=(입장료)
입장료를 1500으로 나누면 입장객의 수가 됩니다.
➡ (입장료)$\div$1500=(입장객의 수)
입장객이 10명이면 입장료는
$10 \times 1500 = 15000$(원)입니다.
바르게 설명한 친구는 지민입니다.

17 (시작 시각)+1=(끝나는 시각)
(끝나는 시각)−1=(시작 시각)

19 ㊞ 방울토마토가 ○$\times$100(g)이면 섭취한 열량은 ○$\times$22(kcal)입니다.
$800 = 8 \times 100$이므로 방울토마토 800 g을 먹으면 섭취한 열량은 $8 \times 22 = 176$(kcal)입니다.

채점 기준

방울토마토의 양과 섭취한 열량 사이의 대응 관계를 이해한 경우	50 %
방울토마토 800 g을 먹었을 때 섭취한 열량을 구한 경우	50 %

20 ♡를 2로 나누면 ♥가 됩니다. ➡ ♡$\div$2=♥
♥에 2를 곱하면 ♡가 됩니다. ➡ ♥$\times$2=♡

29~31쪽

학교 시험 만점왕 ❷회 3. 규칙과 대응

01 2, 4, 6, 8
02 현우
03 3, 3
04 4, 8, 12, 16
05 ㊞ '직사각형의 수에 4를 곱하면 직각의 수가 됩니다.' 또는 '직각의 수를 4로 나누면 직사각형의 수가 됩니다.'
06 36개
07 풀이 참조, 30개
08 20, 40, 60, 80
09 $\div$20, $\times$20
10 12개
11 1, 2, 3, 4
12 7개
13 ♡−3=☆, ☆+3=♡에 색칠
14 50
15 1, 3, 5, 7
16 ㉡
17 24
18 10, 20, 30, 40
19 풀이 참조
20 ○$\times$●=12

01 배드민턴 가방이 1개씩 늘어날 때 배드민턴 라켓은 2개씩 늘어납니다.

02 배드민턴 가방의 수에 2를 곱하면 배드민턴 라켓의 수가 됩니다.
➡ (배드민턴 가방의 수)$\times$2=(배드민턴 라켓의 수)
배드민턴 라켓의 수를 2로 나누면 배드민턴 가방의 수가 됩니다.
➡ (배드민턴 라켓의 수)$\div$2=(배드민턴 가방의 수)

03 $2+3=5$, $4+3=7$, $6+3=9$, $8+3=11$

04 직사각형이 1개씩 늘어날 때 직각은 4개씩 늘어납니다.

05 직사각형의 수에 4를 곱하면 직각의 수가 됩니다.
➡ (직사각형의 수)$\times$4=(직각의 수)
직각의 수를 4로 나누면 직사각형의 수가 됩니다.
➡ (직각의 수)$\div$4=(직사각형의 수)

06 직사각형을 9개 이어 붙이면 직각은 $9 \times 4 = 36$(개)입니다.

07 ㊞ 식탁의 수에 6을 곱하면 의자의 수가 됩니다.
➡ (식탁의 수)$\times$6=(의자의 수)
식탁을 5개 놓으려면 의자는 $5 \times 6 = 30$(개) 필요합니다.

채점 기준

식탁의 수와 의자의 수의 사이의 대응 관계를 나타낸 경우	50 %
식탁을 5개 놓을 때 필요한 의자의 수를 구한 경우	50 %

08 생수병 묶음이 1개씩 늘어날 때 생수병은 20병씩 늘어납니다.

09 생수병의 수를 20으로 나누면 생수병 묶음의 수가 됩니다.
➡ (생수병의 수)$\div$20=(생수병 묶음의 수)
생수병 묶음의 수에 20을 곱하면 생수병 수가 됩니다.
➡ (생수병 묶음의 수)$\times$20=(생수병의 수)

10 생수병이 240병이면
생수병 묶음은 $240 \div 20 = 12$(개)입니다.

11 다각형의 꼭짓점이 1개씩 늘어나면 한 꼭짓점에서 그은 대각선은 1개씩 늘어납니다.

12 다각형의 꼭짓점이 8개이면 한 꼭짓점에서 그은 대각선은 5개, 다각형의 꼭짓점이 9개이면 한 꼭짓점에서 그은 대각선은 6개, 다각형의 꼭짓점이 10개이면 한 꼭짓점에서 그은 대각선은 7개입니다.

13 다각형의 꼭짓점의 수에서 3을 빼면 한 꼭짓점에서 그은 대각선의 수가 됩니다. ➡ ♡－3＝☆
한 꼭짓점에서 그은 대각선의 수에 3을 더하면 다각형의 꼭짓점의 수가 됩니다. ➡ ☆＋3＝♡

14 ■과 ▲ 사이의 대응 관계를 식으로 나타내면
■＋10＝▲입니다.
■가 40이면 ▲＝40＋10＝50입니다.

15 배열 순서가 1씩 늘어날 때 삼각형은 2개씩 늘어납니다.

16 1×2－1＝1, 2×2－1＝3,
3×2－1＝5, 4×2－1＝7
➡ ♡×2－1＝●

17 배열 순서가 [7]이면 삼각형은 7×2－1＝13(개)입니다. ➡ ㉠＝13
삼각형이 21개이면 ♡×2－1＝21에서
♡＝11입니다. ➡ ㉡＝11
➡ ㉠＋㉡＝13＋11＝24

18 오징어가 한 마리씩 늘어날 때 오징어 다리는 10개씩 늘어납니다.

19 ㉮ 잘못 말한 사람은 두희입니다. /
오징어의 수에 10을 곱하면 오징어 다리의 수가 되므로 오징어가 10마리이면 오징어 다리는
10×10＝100(개)입니다.

채점 기준

잘못 말한 사람을 찾은 경우	50 %
잘못된 부분을 바르게 고친 경우	50 %

20 1×12＝12, 2×6＝12, 3×4＝12,
4×3＝12, 6×2＝12, 12×1＝12
➡ ○×●＝12

3단원 서술형·논술형 평가

32~33쪽

01 풀이 참조	02 풀이 참조, 8
03 풀이 참조	04 풀이 참조, 17개
05 풀이 참조, 12개	06 풀이 참조
07 풀이 참조	08 풀이 참조
09 풀이 참조, 28개	10 풀이 참조, 4000원

01 ㉮ 풍선의 수를 3으로 나누면 리본의 수와 같습니다.
리본의 수를 3배 하면 풍선의 수와 같습니다.

채점 기준

대응 관계를 찾은 경우	100 %

02 ㉮ 얼음 조각의 수를 15로 나누면 얼음틀의 수가 됩니다.
➡ (얼음 조각의 수)÷15＝(얼음틀의 수)
얼음 조각이 120개일 때 얼음틀의 수는
㉠＝120÷15＝8입니다.

채점 기준

얼음틀의 수와 얼음 조각의 수 사이의 대응 관계를 알고 있는 경우	50 %
㉠에 들어갈 수를 구한 경우	50 %

03 ㉮ 1×4＝4, 2×4＝8, 3×4＝12,
4×4＝16, 5×4＝20
➡ ○에 4를 곱하면 ♡가 됩니다.
4÷4＝1, 8÷4＝2, 12÷4＝3,
16÷4＝4, 20÷4＝5
➡ ♡를 4로 나누면 ○가 됩니다.

채점 기준

○와 ♡의 사이의 대응 관계를 한 가지 나타낸 경우	50 %
○와 ♡의 사이의 대응 관계를 다른 한 가지 나타낸 경우	50 %

04 ㉮ 색종이의 수를 5로 나누면 만들 수 있는 별의 수가 됩니다. ➡ ○÷5=◇

만들 수 있는 별의 수에 5를 곱하면 색종이의 수가 됩니다. ➡ ◇×5=○

색종이 85장으로 만들 수 있는 별은

85÷5=17(개)입니다.

채점 기준	
대응 관계를 식으로 나타낸 경우	50 %
색종이 85장으로 만들 수 있는 별의 수를 구한 경우	50 %

05 ㉮

빨대의 수(개)	3	5	7	9	11
삼각형의 수(개)	1	2	3	4	5

빨대를 2개씩 더 놓을 때 삼각형은 1개씩 더 만들어집니다.

빨대를 14개 더 놓으면 삼각형은 7개가 더 만들어집니다.

빨대를 14개 더 놓는다면 삼각형은 모두

5+7=12(개)입니다.

채점 기준	
빨대의 수와 삼각형의 수 사이의 대응 관계를 알고 있는 경우	50 %
빨대를 14개 더 놓을 때 전체 삼각형의 수를 구한 경우	50 %

06 ㉮

사각형의 수(개)	1	2	3	4	…
삼각형의 수(개)	2	4	6	8	…

사각형의 수에 2를 곱하면 삼각형의 수가 됩니다.

➡ ☆×2=♡

삼각형의 수를 2로 나누면 사각형의 수가 됩니다.

➡ ♡÷2=☆

채점 기준	
사각형의 수와 삼각형의 수 사이의 대응 관계를 하나의 식으로 나타낸 경우	50 %
사각형의 수와 삼각형의 수 사이의 대응 관계를 다른 하나의 식으로 나타낸 경우	50 %

07 ㉮ 문어 다리의 수(♥)를 8로 나누면 문어의 수(◇)가 됩니다.

채점 기준	
대응 관계에 알맞은 상황을 만든 경우	100 %

08 ㉮ 의자의 수를 □, 팔걸이의 수를 △라고 할 때 두 양 사이의 대응 관계를 식으로 나타내어 봅니다.

의자의 수에 1을 더하면 팔걸이의 수가 됩니다.

➡ □+1=△

팔걸이의 수에서 1을 빼면 의자의 수가 됩니다.

➡ △−1=□

채점 기준	
의자의 수와 팔걸이의 수 사이의 대응 관계를 기호를 사용하여 식으로 나타낸 경우	100 %

09 ㉮ 배열 순서가 1씩 늘어날 때 보석은 2개, 3개, 4개, ...가 늘어납니다.

배열 순서가 [5]일 때 보석 조각은 5개 늘어나서

10+5=15(개), 배열 순서가 [6]일 때 보석 조각은 6개 늘어나서 15+6=21(개), 배열 순서가 [7]일 때 보석 조각은 7개 늘어나서 21+7=28(개)입니다.

채점 기준	
배열 순서와 보석 조각의 수 사이의 대응 관계를 알고 있는 경우	30 %
배열 순서가 [7]일 때 보석 조각의 수를 구한 경우	70 %

10 ㉮ 주차 시간을 ○, 주차 요금을 ◇라고 할 때 두 양의 사이의 대응 관계를 식으로 나타내면 ○×1000=◇ 또는 ◇÷1000=○입니다.

4시간을 주차했을 때 주차 요금은

4×1000=4000(원)입니다.

채점 기준	
주차 시간과 주차 요금 사이의 대응 관계를 기호를 사용하여 식으로 나타낸 경우	50 %
4시간을 주차했을 때 주차 요금을 구한 경우	50 %

4단원 쪽지 시험

35쪽

01

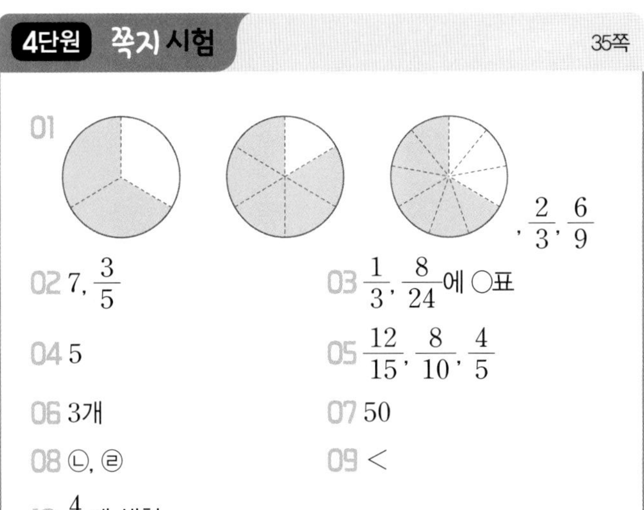

$\frac{2}{3}, \frac{6}{9}$

02 $7, \frac{3}{5}$

03 $\frac{1}{3}, \frac{8}{24}$에 ○표

04 5

05 $\frac{12}{15}, \frac{8}{10}, \frac{4}{5}$

06 3개

07 50

08 ㉡, ㉣

09 <

10 $\frac{4}{5}$에 색칠

03 $\frac{4}{12}=\frac{4\div4}{12\div4}=\frac{1}{3}$

$\frac{4}{12}=\frac{4\times2}{12\times2}=\frac{8}{24}$

04 20과 35의 공약수는 1, 5이므로 5로 나누어 약분할 수 있습니다.

05 24와 30의 공약수는 1, 2, 3, 6이므로 분모와 분자를 2, 3, 6으로 나누어 약분합니다.

$\frac{24}{30}=\frac{24\div2}{30\div2}=\frac{12}{15}, \frac{24}{30}=\frac{24\div3}{30\div3}=\frac{8}{10},$

$\frac{24}{30}=\frac{24\div6}{30\div6}=\frac{4}{5}$

06 분모와 분자의 공약수가 1뿐인 분수는 $\frac{1}{2}, \frac{8}{9}, \frac{19}{42}$로 3개입니다.

07 가장 작은 공통분모는 25와 10의 최소공배수인 50입니다.

08 $\left(\frac{3}{10}, \frac{4}{15}\right) \Rightarrow \left(\frac{3\times3}{10\times3}, \frac{4\times2}{15\times2}\right) \Rightarrow \left(\frac{9}{30}, \frac{8}{30}\right)$

$\left(\frac{3}{10}, \frac{4}{15}\right) \Rightarrow \left(\frac{3\times15}{10\times15}, \frac{4\times10}{15\times10}\right)$

$\Rightarrow \left(\frac{45}{150}, \frac{40}{150}\right)$

09 $\left(\frac{7}{12}, \frac{5}{8}\right) \Rightarrow \left(\frac{14}{24}, \frac{15}{24}\right) \Rightarrow \frac{7}{12}<\frac{5}{8}$

10 $\frac{4}{5}=\frac{8}{10}=0.8$이므로 $\frac{4}{5}>0.7$

36~38쪽

학교 시험 만점왕 ❶회 4. 약분과 통분

01 8, 9

02 4조각

03 $6, \frac{30}{42}$

04 ④

05 ㉡, ㉢

06 $\frac{10}{45}$

07 33

08 ④

09 $\frac{36}{42}$에 ○표

10 풀이 참조, 4개

11 $\frac{10}{12}, \frac{15}{18}$

12 $6, 7 / \frac{12}{42}, \frac{7}{42}$

13 ㉢

14 18, 36, 54

15 (1) < (2) <

16 7.6

17 지우

18 ㉢, ㉡, ㉠

19 풀이 참조, 집

20 $\frac{3}{10}$

02 $\frac{1}{2}=\frac{4}{8}$이므로 8조각 중 4조각을 먹어야 합니다.

05 ㉡ $\frac{21}{27}=\frac{21\div3}{27\div3}=\frac{7}{9}$ ㉢ $\frac{6}{7}=\frac{6\times5}{7\times5}=\frac{30}{35}$

06 $2\times5=10$이므로 분모와 분자에 5를 곱합니다.

$\frac{2}{9}=\frac{2\times5}{9\times5}=\frac{10}{45}$

07 $\frac{27}{81}=\frac{27\div3}{81\div3}=\frac{27\div9}{81\div9}=\frac{27\div27}{81\div27}$

$\Rightarrow \frac{27}{81}=\frac{9}{27}=\frac{3}{9}=\frac{1}{3}$

$\Rightarrow$ ㉠$=27$, ㉡$=3$, ㉢$=3$

$\Rightarrow$ ㉠$+$㉡$+$㉢$=27+3+3=33$

08 분모와 분자의 공약수가 1뿐인 분수는 $\frac{10}{31}, \frac{25}{38}, \frac{7}{24}, \frac{23}{42}$으로 4개입니다.

09 36과 42의 최대공약수: 6 $\Rightarrow \frac{36}{42}=\frac{36\div6}{42\div6}=\frac{6}{7}$

27과 36의 최대공약수: 9 $\Rightarrow \frac{27}{36}=\frac{27\div9}{36\div9}=\frac{3}{4}$

10 예 분모와 분자의 공약수가 1뿐인 분수를 기약분수라고 합니다. 분모가 10인 진분수 중에서 기약분수는 $\frac{1}{10}$, $\frac{3}{10}$, $\frac{7}{10}$, $\frac{9}{10}$로 4개입니다.

채점 기준

기약분수를 설명한 경우	30 %
분모가 10인 진분수 중에서 기약분수의 개수를 구한 경우	70 %

11 $\frac{5}{6}=\frac{5\times2}{6\times2}=\frac{10}{12}$, $\frac{5}{6}=\frac{5\times3}{6\times3}=\frac{15}{18}$

13 $\left(\frac{8}{15}, \frac{7}{12}\right) \Rightarrow \left(\frac{8\times12}{15\times12}, \frac{7\times15}{12\times15}\right)$

$\Rightarrow \left(\frac{96}{180}, \frac{105}{180}\right)$

14 공통분모는 두 분모의 공배수입니다.
6과 9의 최소공배수는 18이므로 공통분모가 될 수 있는 수는 18의 배수인 18, 36, 54입니다.

15 (1) $\frac{7}{13}\left(=\frac{14}{26}\right)<\frac{15}{26}$

(2) $\frac{9}{25}\left(=\frac{18}{50}\right)<\frac{7}{10}\left(=\frac{35}{50}\right)$

16 가장 큰 대분수를 만들려면 가장 큰 수를 자연수 부분에 놓아야 하므로 $7\frac{3}{5}$입니다.

$\Rightarrow 7\frac{3}{5}=7\frac{6}{10}=7.6$

17 $2\frac{3}{8}=2\frac{375}{1000}=2.375 \Rightarrow 2\frac{3}{8}<2.4$

18 ㉠ $\frac{1}{5}=\frac{2}{10}=0.2$ ㉢ $\frac{5}{8}=\frac{625}{1000}=0.625$

크기가 큰 순서대로 기호를 쓰면 ㉢, ㉡, ㉠입니다.

19 예 $0.7\left(=\frac{7}{10}\right)$, $\frac{3}{4}$, $\frac{17}{20}$의 크기 비교를 합니다.

$\left(\frac{7}{10}, \frac{3}{4}\right) \Rightarrow \left(\frac{14}{20}, \frac{15}{20}\right) \Rightarrow \frac{7}{10}<\frac{3}{4}$

$\left(\frac{3}{4}, \frac{17}{20}\right) \Rightarrow \left(\frac{15}{20}, \frac{17}{20}\right) \Rightarrow \frac{3}{4}<\frac{17}{20}$

$\Rightarrow \frac{7}{10}<\frac{3}{4}<\frac{17}{20} \Rightarrow 0.7<\frac{3}{4}<\frac{17}{20}$

학교에서 가장 가까운 곳은 집입니다.

채점 기준

0.7, $\frac{3}{4}$, $\frac{17}{20}$의 크기 비교를 한 경우	50 %
학교에서 가장 가까운 곳을 구한 경우	50 %

20 $\frac{1}{4}<\frac{\square}{10}<0.4$를 만족하는 □를 구합니다.

$\frac{1}{4}=\frac{5}{20}$, $0.4=\frac{4}{10}=\frac{8}{20}$에서

$\frac{5}{20}<\frac{\square\times2}{20}<\frac{8}{20}$

$5<\square\times2<8$

□ 안에 들어갈 수 있는 수는 3이므로 구하는 분수는 $\frac{3}{10}$입니다.

39~41쪽

학교 시험 만점왕 ❷회 4. 약분과 통분

01 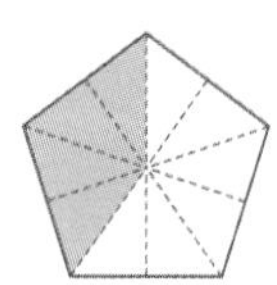 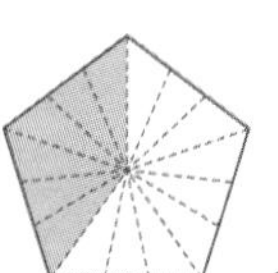 , 4, 6

02 22
03 5
04 18, 28
05 풀이 참조, 5개
06 $\frac{16}{22}$, $\frac{8}{11}$
07 $\frac{9}{12}$
08 $\frac{12}{18}$
09 1, 5, 7, 11
10 ③
11 통분, 120, 최소공배수에 ○표
12 ⑤
13 ㉠
14 9
15 (   ) (○)
16 진서
17 ④
18 (1) 0.7 (2) $1\frac{17}{20}$
19 $\frac{9}{29}$, $\frac{3}{8}$, $\frac{6}{13}$
20 풀이 참조, 3개

02 분모와 분자에 각각 2를 곱하여 크기가 같은 분수를 만들었습니다.

$\Rightarrow$ ㉠=2, ㉡=2, ㉢=18

$\Rightarrow$ ㉠+㉡+㉢=2+2+18=22

03 $48\div8=6$이므로 분자도 8로 나누어 줍니다.

$\frac{40}{48}=\frac{40\div8}{48\div8}=\frac{5}{6}$

04 $\frac{9}{14}=\frac{9\times2}{14\times2}=\frac{18}{28}$ ➡ ㉠$=18$, ㉡$=28$

05 예 분모와 분자에 같은 수를 곱하여 크기가 같은 분수를 만듭니다.

$\frac{1}{4}$과 크기가 같은 분수 중에서 분모가 10보다 크고 30보다 작은 분수는 $\frac{1\times3}{4\times3}=\frac{3}{12}$, $\frac{1\times4}{4\times4}=\frac{4}{16}$, $\frac{1\times5}{4\times5}=\frac{5}{20}$, $\frac{1\times6}{4\times6}=\frac{6}{24}$, $\frac{1\times7}{4\times7}=\frac{7}{28}$로 5개입니다.

채점 기준

크기가 같은 분수를 만드는 방법을 알고 있는 경우	50 %
$\frac{1}{4}$과 크기가 같은 분수 중에서 분모가 10보다 크고 30보다 작은 분수의 개수를 구한 경우	50 %

06 32와 44의 공약수는 1, 2, 4이므로 2, 4로 나누어 약분합니다.

$\frac{32}{44}=\frac{32\div2}{44\div2}=\frac{16}{22}$, $\frac{32}{44}=\frac{32\div4}{44\div4}=\frac{8}{11}$

07 약분하여 $\frac{3}{4}$이 되는 분수를 $\frac{3\times\square}{4\times\square}$라 하면

$4\times\square$가 가장 작은 두 자리 수는 $4\times\square=12$입니다.

$4\times\square=12$, $\square=3$이므로 분모가 가장 작은 두 자리 수인 분수는 $\frac{3\times3}{4\times3}=\frac{9}{12}$입니다.

08 48과 72의 공약수는 1, 2, 3, 4, 6, 8, 12, 24이므로 분모와 분자를 나눌 수 있는 수는 2, 3, 4, 6, 8, 12, 24입니다.

$\frac{48}{72}$을 약분한 분수는 $\frac{48\div2}{72\div2}=\frac{24}{36}$,

$\frac{48\div3}{72\div3}=\frac{16}{24}$, $\frac{48\div4}{72\div4}=\frac{12}{18}$, $\frac{48\div6}{72\div6}=\frac{8}{12}$,

$\frac{48\div8}{72\div8}=\frac{6}{9}$, $\frac{48\div12}{72\div12}=\frac{4}{6}$, $\frac{48\div24}{72\div24}=\frac{2}{3}$입니다.

이 중에서 분모와 분자의 차가 6인 분수는 $\frac{12}{18}$입니다.

09 $\frac{\square}{12}$가 진분수가 되기 위해서는 $\square$ 안에 1부터 11까지의 수가 들어갈 수 있습니다. 기약분수이므로 2, 3, 4, 6, 8, 9, 10은 들어갈 수 없습니다.

$\square$ 안에 들어갈 수 있는 수는 1, 5, 7, 11입니다.

10 ① $\frac{9}{15}=\frac{9\div3}{15\div3}=\frac{3}{5}$

② $\frac{12}{20}=\frac{12\div4}{20\div4}=\frac{3}{5}$

③ $\frac{14}{35}=\frac{14\div7}{35\div7}=\frac{2}{5}$

④ $\frac{36}{60}=\frac{36\div12}{60\div12}=\frac{3}{5}$

⑤ $\frac{45}{75}=\frac{45\div15}{75\div15}=\frac{3}{5}$

기약분수로 나타낸 수가 다른 것은 ③입니다.

11 통분할 때 가장 작은 공통분모는 두 분모의 최소공배수입니다.

12 $\left(\frac{3}{8}, \frac{5}{6}\right)$ ➡ $\left(\frac{3\times3}{8\times3}, \frac{5\times4}{6\times4}\right)$ ➡ $\left(\frac{9}{24}, \frac{20}{24}\right)$

13 두 분모의 최소공배수와 곱이 같은 것은 두 수의 공약수가 1뿐인 경우이므로 ㉠입니다.

14 $\frac{5}{6}=\frac{5\times7}{6\times7}=\frac{35}{42}$에서 ■$=42$입니다.

$\frac{27}{42}=\frac{27\div3}{42\div3}=\frac{9}{14}$이므로 ●$=9$입니다.

15 $\left(\frac{9}{20}, \frac{8}{15}\right)$ ➡ $\frac{27}{60}<\frac{32}{60}$ ➡ $\frac{9}{20}<\frac{8}{15}$

16 $\left(\frac{5}{8}, \frac{7}{9}\right)$ ➡ $\left(\frac{45}{72}, \frac{56}{72}\right)$ ➡ $\frac{5}{8}<\frac{7}{9}$

$\left(\frac{7}{9}, \frac{4}{7}\right)$ ➡ $\left(\frac{49}{63}, \frac{36}{63}\right)$ ➡ $\frac{7}{9}>\frac{4}{7}$

$\left(\frac{5}{8}, \frac{4}{7}\right)$ ➡ $\left(\frac{35}{56}, \frac{32}{56}\right)$ ➡ $\frac{5}{8}>\frac{4}{7}$

➡ $\frac{7}{9}>\frac{5}{8}>\frac{4}{7}$

가장 넓게 색칠한 친구는 진서입니다.

17 ① $\frac{1}{4}=\frac{1\times25}{4\times25}=\frac{25}{100}=0.25$

② $\frac{4}{5}=\frac{4\times2}{5\times2}=\frac{8}{10}=0.8$

③ $\frac{3}{8}=\frac{3\times125}{8\times125}=\frac{375}{1000}=0.375$

④ $\frac{7}{9}$의 분모를 10, 100, 1000, ...으로 고칠 수 없으므로 소수로 나타낼 수 없습니다.

⑤ $\frac{31}{50}=\frac{31\times2}{50\times2}=\frac{62}{100}=0.62$

18 (1) $\frac{3}{4}=\frac{75}{100}=0.75$

➡ $0.7<0.75$ ➡ $0.7<\frac{3}{4}$

(2) $1.9=1\frac{9}{10}=1\frac{18}{20}$

➡ $1\frac{17}{20}<1\frac{18}{20}$ ➡ $1\frac{17}{20}<1.9$

19 8, 13, 29의 최소공배수로 통분하는 것보다 3, 6, 9의 최소공배수인 18로 분자를 같게 하는 것이 더 간단합니다.

$\frac{3}{8}=\frac{3\times6}{8\times6}=\frac{18}{48}$

$\frac{6}{13}=\frac{6\times3}{13\times3}=\frac{18}{39}$

$\frac{9}{29}=\frac{9\times2}{29\times2}=\frac{18}{58}$

$\frac{18}{58}<\frac{18}{48}<\frac{18}{39}$이므로 작은 분수부터 쓰면

$\frac{9}{29}$, $\frac{3}{8}$, $\frac{6}{13}$입니다.

20 예 두 분모를 통분합니다.

$\frac{\square}{7}=\frac{\square\times11}{7\times11}=\frac{\square\times11}{77}$, $\frac{\square\times11}{77}<\frac{40}{77}$에서

$\square\times11<40$이므로 □ 안에 들어갈 수 있는 자연수는 1, 2, 3으로 3개입니다.

채점 기준

두 분수의 분모를 통분한 경우	50 %
□ 안에 들어갈 수 있는 자연수의 개수를 구한 경우	50 %

4단원 서술형·논술형 평가 42~43쪽

01 풀이 참조, $\frac{9}{15}$, $\frac{3}{5}$ 02 풀이 참조, $\frac{9}{24}$
03 풀이 참조, $\frac{24}{59}$ 04 풀이 참조, $\frac{30}{55}$
05 풀이 참조 06 풀이 참조, $\frac{3}{5}$
07 풀이 참조, 3개 08 풀이 참조, 승희
09 풀이 참조, $\frac{13}{20}$ 10 풀이 참조, 3개

01 예 27과 45의 공약수는 1, 3, 9이므로 분모와 분자를 3과 9로 나누어 크기가 같은 분수를 만듭니다.

$\frac{27}{45}=\frac{27\div3}{45\div3}=\frac{9}{15}$

$\frac{27}{45}=\frac{27\div9}{45\div9}=\frac{3}{5}$

$\frac{27}{45}$과 크기가 같은 분수는 $\frac{9}{15}$, $\frac{3}{5}$입니다.

채점 기준

$\frac{27}{45}$의 분모와 분자를 나눌 수 있는 수를 구한 경우	40 %
$\frac{27}{45}$과 크기가 같은 분수를 모두 구한 경우	60 %

02 예 $\frac{3}{8}$과 크기가 같은 분수는 $\frac{6}{16}$, $\frac{9}{24}$, $\frac{12}{32}$, ...입니다.

이 중에서 분모와 분자의 합이 33인 분수는 $\frac{9}{24}$입니다.

채점 기준

$\frac{3}{8}$과 크기가 같은 분수를 구한 경우	50 %
분모와 분자의 합이 33인 분수를 구한 경우	50 %

03 분모와 분자를 6으로 나누기 전의 분수는

$\frac{4}{9}=\frac{4\times6}{9\times6}=\frac{24}{54}$입니다.

분모에서 5를 빼기 전의 분수는 $\frac{24}{54+5}=\frac{24}{59}$입니다.

채점 기준

분모와 분자를 6으로 나누기 전의 분수를 구한 경우	50 %
분모에서 5를 빼기 전의 분수를 구한 경우	50 %

04 ㉑ $6\times\square=30$에서 $\square=5$이므로 분모와 분자에 5를 곱합니다.

구하는 분수는 $\frac{6}{11}=\frac{6\times5}{11\times5}=\frac{30}{55}$입니다.

채점 기준

분모와 분자에 곱해야 하는 수를 구한 경우	50 %
분자가 30인 분수 중에서 약분하면 $\frac{6}{11}$이 되는 분수를 구한 경우	50 %

05 ㉑ 기약분수는 분모와 분자의 공약수가 1뿐인 분수인데 21과 18의 공약수는 1, 3이므로 기약분수가 아닙니다.

채점 기준

$\frac{18}{21}$이 기약분수가 아닌 이유를 타당성 있게 쓴 경우	100 %

06 ㉑ 9의 약수는 1, 3, 9이고, 15의 약수는 1, 3, 5, 15입니다.

㉮와 ㉯는 1이 아니므로 ㉮가 될 수 있는 수는 3, 9이고, ㉯가 될 수 있는 수는 3, 5, 15입니다.

진분수 $\frac{㉮}{㉯}$는 $\frac{3}{5}$, $\frac{3}{15}$, $\frac{9}{15}$이고 이 중에서 기약분수는 $\frac{3}{5}$입니다.

채점 기준

㉮와 ㉯가 될 수 있는 수를 각각 구한 경우	50 %
민근이가 설명하는 분수를 구한 경우	50 %

07 ㉑ 통분할 때 공통분모는 두 분모의 공배수가 될 수 있습니다.

6과 10의 최소공배수는 30이므로 공통분모가 될 수 있는 수는 30의 배수입니다.

30의 배수 중 100보다 작은 수는 30, 60, 90으로 모두 3개입니다.

채점 기준

공통분모가 될 수 있는 수를 설명한 경우	30 %
6과 10의 최소공배수를 구한 경우	30 %
공통분모가 될 수 있는 100보다 작은 수의 개수를 구한 경우	40 %

08 ㉑ 승희에게 남은 초콜릿은 12조각 중 5조각이므로 전체의 $\frac{5}{12}$이고, 지원이에게 남은 초콜릿은 20조각 중 7조각이므로 전체의 $\frac{7}{20}$입니다.

$\left(\frac{5}{12}, \frac{7}{20}\right) \Rightarrow \left(\frac{25}{60}, \frac{21}{60}\right) \Rightarrow \frac{5}{12}>\frac{7}{20}$

남은 초콜릿이 더 많은 친구는 승희입니다.

채점 기준

승희와 지원이에게 남은 초콜릿을 분수로 나타낸 경우	40 %
두 분수를 바르게 통분한 경우	30 %
남은 초콜릿이 더 많은 친구를 구한 경우	30 %

09 ㉑ $\frac{5}{8}<\frac{\square}{20}<\frac{4}{5}$를 만족하는 $\square$를 구합니다. 8, 20, 5의 최소공배수인 40을 공통분모로 하여 통분합니다.

$\frac{25}{40}<\frac{\square\times2}{40}<\frac{32}{40}$, $25<\square\times2<32$

$\square\times2$가 될 수 있는 수는 26, 28, 30이므로 $\square$는 13, 14, 15입니다.

$\frac{\square}{20}$가 기약분수이므로 $\square$ 안에 들어갈 수 있는 수는 13이고 구하는 분수는 $\frac{13}{20}$입니다.

채점 기준

$\frac{5}{8}$, $\frac{\square}{20}$, $\frac{4}{5}$를 통분한 경우	50 %
$\frac{\square}{20}$를 구한 경우	50 %

10 ㉑ $\frac{4}{5}=\frac{8}{10}=0.8$

$0.45<\square<\frac{4}{5} \Rightarrow 0.45<\square<0.8$

$\square$ 안에 들어갈 수 있는 소수 한 자리 수는 0.5, 0.6, 0.7로 모두 3개입니다.

채점 기준

$\frac{4}{5}$를 소수로 나타낸 경우	50 %
0.45와 $\frac{4}{5}$ 사이에 있는 소수 한 자리 수의 개수를 구한 경우	50 %

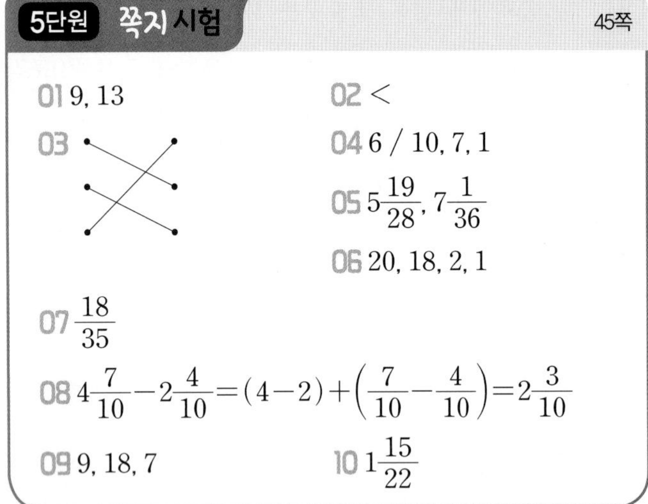

5단원 쪽지 시험 45쪽

01 9, 13

02 <

03 (선 잇기)

04 6 / 10, 7, 1

05 $5\frac{19}{28}$, $7\frac{1}{36}$

06 20, 18, 2, 1

07 $\frac{18}{35}$

08 $4\frac{7}{10}-2\frac{4}{10}=(4-2)+\left(\frac{7}{10}-\frac{4}{10}\right)=2\frac{3}{10}$

09 9, 18, 7

10 $1\frac{15}{22}$

01 5와 15의 최소공배수 15를 공통분모로 하여 통분한 후 분자를 더합니다.

02 $\frac{1}{4}+\frac{4}{9}=\frac{9}{36}+\frac{16}{36}=\frac{25}{36}$

$\frac{5}{12}+\frac{7}{18}=\frac{15}{36}+\frac{14}{36}=\frac{29}{36}$

➡ $\frac{25}{36}<\frac{29}{36}$

03 $\frac{5}{8}+\frac{7}{12}=\frac{15}{24}+\frac{14}{24}=\frac{29}{24}=1\frac{5}{24}$

$\frac{2}{3}+\frac{5}{6}=\frac{4}{6}+\frac{5}{6}=\frac{9}{6}=1\frac{3}{6}=1\frac{1}{2}$

$\frac{13}{18}+\frac{4}{9}=\frac{13}{18}+\frac{8}{18}=\frac{21}{18}=1\frac{3}{18}=1\frac{1}{6}$

04 통분한 후 자연수는 자연수끼리, 분수는 분수끼리 더해서 계산합니다.

05 $3\frac{1}{4}+2\frac{3}{7}=3\frac{7}{28}+2\frac{12}{28}=5\frac{19}{28}$

$3\frac{1}{4}+3\frac{7}{9}=3\frac{9}{36}+3\frac{28}{36}=6\frac{37}{36}=7\frac{1}{36}$

06 6과 4의 곱인 24를 공통분모로하여 통분한 후 계산합니다.

07 $\frac{4}{5}-\frac{2}{7}=\frac{28}{35}-\frac{10}{35}=\frac{18}{35}$

08 자연수는 자연수끼리, 분수는 분수끼리 빼서 계산합니다.

09 대분수를 가분수로 고쳐서 계산합니다.

10 $3\frac{1}{2}-1\frac{9}{11}=3\frac{11}{22}-1\frac{18}{22}$

$=2\frac{33}{22}-1\frac{18}{22}=1\frac{15}{22}$

46~48쪽

학교 시험 만점왕 ❶회 5. 분수의 덧셈과 뺄셈

01 $\frac{3\times4}{10\times4}+\frac{3\times5}{8\times5}=\frac{12}{40}+\frac{15}{40}=\frac{27}{40}$

02 $\frac{2}{3}$ m

03 $\frac{23}{24}$

04 $\frac{20}{36}+\frac{27}{36}=\frac{47}{36}=1\frac{11}{36}$

05 $1\frac{7}{24}$

06 $3\frac{1}{28}$

07 $17\frac{29}{36}$ g

08 풀이 참조, $1\frac{2}{21}$

09 $\frac{11}{18}$

10 ㉠

11 $\frac{7}{18}$ km

12 준민

13 $3\frac{1}{6}$

14 ㉡, ㉣

15 <

16 $3\frac{29}{40}$ L

17 $1\frac{2}{21}$

18 21

19 $1\frac{31}{42}$

20 풀이 참조, $3\frac{17}{24}$ L

01 분모의 최소공배수를 공통분모로 하여 통분한 후 계산합니다.

02 $\frac{1}{4}+\frac{5}{12}=\frac{3}{12}+\frac{5}{12}=\frac{8}{12}=\frac{2}{3}$(m)

03 $\frac{5}{8}+\frac{1}{3}=\frac{15}{24}+\frac{8}{24}=\frac{23}{24}$

04 통분하지 않고 분모는 분모끼리, 분자는 분자끼리 더하였습니다.

05 $\frac{3}{8}+\frac{11}{12}=\frac{9}{24}+\frac{22}{24}=\frac{31}{24}=1\frac{7}{24}$

06 $1\frac{3}{4}+1\frac{2}{7}=1\frac{21}{28}+1\frac{8}{28}=2\frac{29}{28}=3\frac{1}{28}$

07 (나 비커에 넣은 설탕의 양)

$=$(가 비커에 넣은 설탕의 양)$+8\frac{7}{18}$

$=9\frac{5}{12}+8\frac{7}{18}=9\frac{15}{36}+8\frac{14}{36}=17\frac{29}{36}$(g)

08 예 어떤 수를 □라 하면

$\square-\frac{5}{14}=\frac{8}{21}$

$\square=\frac{8}{21}+\frac{5}{14}=\frac{16}{42}+\frac{15}{42}=\frac{31}{42}$

바르게 계산하면

$\frac{31}{42}+\frac{5}{14}=\frac{31}{42}+\frac{15}{42}=\frac{46}{42}=1\frac{4}{42}=1\frac{2}{21}$

채점 기준

어떤 수를 구한 경우	50 %
바르게 계산한 경우	50 %

09 $\frac{2}{9}\left(=\frac{4}{18}\right)<\frac{5}{6}\left(=\frac{15}{18}\right)$이므로

$\frac{5}{6}-\frac{2}{9}=\frac{15}{18}-\frac{4}{18}=\frac{11}{18}$

10 ㉠ $\frac{11}{15}-\frac{1}{3}=\frac{11}{15}-\frac{5}{15}=\frac{6}{15}=\frac{2}{5}$

㉡ $\frac{5}{6}-\frac{2}{5}=\frac{25}{30}-\frac{12}{30}=\frac{13}{30}$

$\frac{2}{5}\left(=\frac{12}{30}\right)<\frac{13}{30}$이므로 계산 결과가 더 작은 것은 ㉠입니다.

11 (자전거를 타고 간 거리)$=\frac{15}{18}-\frac{4}{9}$

$=\frac{15}{18}-\frac{8}{18}=\frac{7}{18}$(km)

12 [하정] $5\frac{1}{2}-1\frac{3}{7}=5\frac{7}{14}-1\frac{6}{14}=4\frac{1}{14}$

[준민] $7\frac{11}{12}-4\frac{5}{9}=7\frac{33}{36}-4\frac{20}{36}=3\frac{13}{36}$

잘못 계산한 친구는 준민입니다.

13 $4\frac{5}{6}-1\frac{2}{3}=4\frac{5}{6}-1\frac{4}{6}=3\frac{1}{6}$

14 ㉠ $9\frac{3}{8}-8\frac{1}{12}=9\frac{9}{24}-8\frac{2}{24}=1\frac{7}{24}$

㉡ $3\frac{3}{8}-2\frac{1}{3}=3\frac{9}{24}-2\frac{8}{24}=1\frac{1}{24}$

㉢ $6\frac{2}{3}-5\frac{1}{6}=6\frac{4}{6}-5\frac{1}{6}=1\frac{3}{6}=1\frac{1}{2}$

㉣ $1\frac{5}{8}-\frac{7}{12}=1\frac{15}{24}-\frac{14}{24}=1\frac{1}{24}$

계산 결과가 같은 것은 ㉡, ㉣입니다.

15 $\frac{7}{8}+\frac{3}{4}=\frac{7}{8}+\frac{6}{8}=\frac{13}{8}=1\frac{5}{8}$

$3\frac{3}{4}-1\frac{5}{6}=3\frac{9}{12}-1\frac{10}{12}$

$=2\frac{21}{12}-1\frac{10}{12}=1\frac{11}{12}$

➡ $1\frac{5}{8}\left(=1\frac{15}{24}\right)<1\frac{11}{12}\left(=1\frac{22}{24}\right)$

16 (남아 있는 물의 양)$=5\frac{3}{5}-1\frac{7}{8}$

$=5\frac{24}{40}-1\frac{35}{40}$

$=4\frac{64}{40}-1\frac{35}{40}=3\frac{29}{40}$(L)

17 주어진 수 카드로 만들 수 있는 진분수는 $\frac{2}{3}$, $\frac{2}{7}$, $\frac{3}{7}$입니다.

$\frac{2}{7}<\frac{3}{7}\left(=\frac{9}{21}\right)<\frac{2}{3}\left(=\frac{14}{21}\right)$이므로 가장 큰 진분수는 $\frac{2}{3}$이고 두 번째로 큰 진분수는 $\frac{3}{7}$입니다.

➡ $\frac{2}{3}+\frac{3}{7}=\frac{14}{21}+\frac{9}{21}=\frac{23}{21}=1\frac{2}{21}$

18 $3\frac{2}{3}+2\frac{1}{4}=3\frac{8}{12}+2\frac{3}{12}=5\frac{11}{12}$

$4\frac{5}{6}+3\frac{3}{8}=4\frac{20}{24}+3\frac{9}{24}=7\frac{29}{24}=8\frac{5}{24}$

$5\frac{11}{12}<\square<8\frac{5}{24}$의 □ 안에 들어갈 수 있는 자연수는 6, 7, 8입니다.

➡ $6+7+8=21$

19 $3\frac{8}{21}-\square=1\frac{9}{14}$

➡ $\square=3\frac{8}{21}-1\frac{9}{14}=3\frac{16}{42}-1\frac{27}{42}$

$=2\frac{58}{42}-1\frac{27}{42}=1\frac{31}{42}$

20 예 (세은이가 일주일 동안 마신 우유의 양)

$=3\frac{1}{6}-2\frac{5}{8}=3\frac{4}{24}-2\frac{15}{24}$

$=2\frac{28}{24}-2\frac{15}{24}=\frac{13}{24}$(L)

(보람이와 세은이가 일주일 동안 마신 우유의 양)

$=3\frac{1}{6}+\frac{13}{24}=3\frac{4}{24}+\frac{13}{24}=3\frac{17}{24}$(L)

채점 기준

세은이가 일주일 동안 마신 우유의 양을 구한 경우	50 %
보람이와 세은이가 일주일 동안 마신 우유의 양을 구한 경우	50 %

49~51쪽

학교 시험 만점왕 ❷회 5. 분수의 덧셈과 뺄셈

01 $\frac{23}{36}$

02 $\frac{17}{20}$ L

03 (위에서부터) $\frac{29}{36}$, $1\frac{1}{5}$, $\frac{3}{4}$, $1\frac{23}{90}$

04 $1\frac{10}{21}$ m

05 $\frac{5}{7}$, $\frac{6}{8}$ / $1\frac{13}{28}$

06 민규

07 $7\frac{1}{21}$

08 $4\frac{1}{10}$ m

09 $\frac{17}{63}$

10 $\frac{9}{14}$

11 $\frac{7}{40}$ kg

12 (1) $2\frac{1}{20}$ (2) $2\frac{29}{30}$

13 ㉠, ㉢

14 

15 $2\frac{71}{80}$

16 풀이 참조, $17\frac{1}{4}$

17 4

18 $8\frac{7}{15}$

19 $3\frac{22}{35}$ m

20 풀이 참조, $1\frac{2}{21}$ kg

01 $\frac{2}{9}+\frac{5}{12}=\frac{8}{36}+\frac{15}{36}=\frac{23}{36}$

02 (효빈이가 마신 물의 양)$=\frac{3}{5}+\frac{1}{4}$

$=\frac{12}{20}+\frac{5}{20}=\frac{17}{20}$(L)

03 $\frac{1}{4}+\frac{5}{9}=\frac{9}{36}+\frac{20}{36}=\frac{29}{36}$

$\frac{1}{2}+\frac{7}{10}=\frac{5}{10}+\frac{7}{10}=\frac{12}{10}=1\frac{2}{10}=1\frac{1}{5}$

$\frac{1}{4}+\frac{1}{2}=\frac{1}{4}+\frac{2}{4}=\frac{3}{4}$

$\frac{5}{9}+\frac{7}{10}=\frac{50}{90}+\frac{63}{90}=\frac{113}{90}=1\frac{23}{90}$

04 (태희와 지훈이가 뛴 거리의 합)

=(태희가 뛴 거리)+(지훈이가 뛴 거리)

$=\frac{5}{6}+\frac{9}{14}=\frac{35}{42}+\frac{27}{42}=\frac{62}{42}=1\frac{20}{42}=1\frac{10}{21}$(m)

05 분모와 분자가 1씩 커지므로 다섯 번째 분수는 $\frac{5}{7}$이고, 여섯 번째 분수는 $\frac{6}{8}$입니다.

➡ $\frac{5}{7}+\frac{6}{8}=\frac{40}{56}+\frac{42}{56}=\frac{82}{56}=1\frac{26}{56}=1\frac{13}{28}$

06 [민규] $5\frac{1}{4}+1\frac{5}{12}=5\frac{3}{12}+1\frac{5}{12}=6\frac{8}{12}=6\frac{2}{3}$

[지우] $1\frac{2}{7}+5\frac{1}{3}=1\frac{6}{21}+5\frac{7}{21}=6\frac{13}{21}$

$6\frac{2}{3}\left(=6\frac{14}{21}\right)>6\frac{13}{21}$이므로

계산 결과가 더 큰 식을 쓴 친구는 민규입니다.

07 $\square=5\frac{4}{21}+1\frac{6}{7}=5\frac{4}{21}+1\frac{18}{21}$

$=6\frac{22}{21}=7\frac{1}{21}$

08 (처음 색 테이프의 길이)

$=1\frac{1}{2}+2\frac{3}{5}=1\frac{5}{10}+2\frac{6}{10}=3\frac{11}{10}=4\frac{1}{10}$(m)

09 $\frac{5}{7}-\frac{4}{9}=\frac{45}{63}-\frac{28}{63}=\frac{17}{63}$

10 $\frac{6}{7}-\frac{3}{14}=\frac{12}{14}-\frac{3}{14}=\frac{9}{14}$

11 (남은 찰흙의 양)

$=\frac{7}{8}-\frac{7}{10}=\frac{35}{40}-\frac{28}{40}=\frac{7}{40}$(kg)

12 (1) $5\frac{4}{5}-3\frac{3}{4}=5\frac{16}{20}-3\frac{15}{20}=2\frac{1}{20}$

(2) $4\frac{2}{3}-1\frac{7}{10}=4\frac{20}{30}-1\frac{21}{30}$

$=3\frac{50}{30}-1\frac{21}{30}=2\frac{29}{30}$

13 ㉠ $\frac{1}{4}+\frac{7}{12}=\frac{3}{12}+\frac{7}{12}=\frac{10}{12}=\frac{5}{6}$

㉡ $\frac{1}{2}+\frac{15}{22}=\frac{11}{22}+\frac{15}{22}=\frac{26}{22}=1\frac{4}{22}=1\frac{2}{11}$

㉢ $2\frac{5}{14}-1\frac{1}{2}=2\frac{5}{14}-1\frac{7}{14}$

$=1\frac{19}{14}-1\frac{7}{14}=\frac{12}{14}=\frac{6}{7}$

㉣ $3\frac{3}{5}-1\frac{11}{12}=3\frac{36}{60}-1\frac{55}{60}$

$=2\frac{96}{60}-1\frac{55}{60}=1\frac{41}{60}$

계산 결과가 1보다 작은 식은 ㉠, ㉢입니다.

14 $1\frac{2}{5}+1\frac{7}{20}=1\frac{8}{20}+1\frac{7}{20}=2\frac{15}{20}=2\frac{3}{4}$

$1\frac{1}{2}+\frac{19}{20}=1\frac{10}{20}+\frac{19}{20}=1\frac{29}{20}=2\frac{9}{20}$

$5\frac{1}{4}-2\frac{4}{5}=5\frac{5}{20}-2\frac{16}{20}=4\frac{25}{20}-2\frac{16}{20}=2\frac{9}{20}$

$4\frac{7}{10}-1\frac{19}{20}=4\frac{14}{20}-1\frac{19}{20}$

$=3\frac{34}{20}-1\frac{19}{20}=2\frac{15}{20}=2\frac{3}{4}$

15 $4\frac{5}{8}\left(=4\frac{25}{40}\right)<4\frac{7}{10}\left(=4\frac{28}{40}\right)$이므로

가장 큰 수는 $4\frac{7}{10}$이고, 가장 작은 수는 $1\frac{13}{16}$입니다.

➡ $4\frac{7}{10}-1\frac{13}{16}=4\frac{56}{80}-1\frac{65}{80}$

$=3\frac{136}{80}-1\frac{65}{80}=2\frac{71}{80}$

16 ㉮ 합이 가장 크려면 두 대분수의 자연수 부분에 7과 9를 놓으면 됩니다.

나머지 수로 만들 수 있는 진분수의 합은

$\frac{1}{2}+\frac{3}{4}=\frac{2}{4}+\frac{3}{4}=\frac{5}{4}=1\frac{1}{4}$

$\frac{1}{3}+\frac{2}{4}=\frac{4}{12}+\frac{6}{12}=\frac{10}{12}=\frac{5}{6}$

$\frac{1}{4}+\frac{2}{3}=\frac{3}{12}+\frac{8}{12}=\frac{11}{12}$입니다.

두 대분수의 합이 가장 크게 되는 식은

$7\frac{1}{2}+9\frac{3}{4}$ 또는 $9\frac{1}{2}+7\frac{3}{4}$입니다.

$7\frac{1}{2}+9\frac{3}{4}=7\frac{2}{4}+9\frac{3}{4}=16\frac{5}{4}=17\frac{1}{4}$

채점 기준

합이 가장 큰 대분수의 식을 만드는 방법을 이해한 경우	50 %
대분수의 합을 구한 경우	50 %

17 $1\frac{3}{10}+2\frac{1}{5}=1\frac{3}{10}+2\frac{2}{10}=3\frac{5}{10}$

$3\frac{5}{10}>3\frac{\square}{10}$의 □ 안에 들어갈 수 있는 가장 큰 자연수는 4입니다.

18 어떤 수를 □라 하면 잘못 계산한 식은

$\square+3\frac{1}{15}=14\frac{3}{5}$입니다.

$\square=14\frac{3}{5}-3\frac{1}{15}=14\frac{9}{15}-3\frac{1}{15}=11\frac{8}{15}$

바르게 계산하면 $11\frac{8}{15}-3\frac{1}{15}=8\frac{7}{15}$입니다.

19 (색 테이프 3장의 길이의 합)

$=1\frac{2}{5}+1\frac{2}{5}+1\frac{2}{5}=3\frac{6}{5}=4\frac{1}{5}$(m)

(겹쳐진 부분의 길이의 합)$=\frac{2}{7}+\frac{2}{7}=\frac{4}{7}$(m)

(이어 붙인 전체 색 테이프의 길이)

$=4\frac{1}{5}-\frac{4}{7}=4\frac{7}{35}-\frac{20}{35}$

$=3\frac{42}{35}-\frac{20}{35}=3\frac{22}{35}$(m)

20 예 (배 5개의 무게)

$=$(배 10개가 들어 있는 상자의 무게)

$-$(배 5개가 들어 있는 상자의 무게)

$=5\frac{13}{21}-3\frac{5}{14}=5\frac{26}{42}-3\frac{15}{42}=2\frac{11}{42}$(kg)

(상자 만의 무게)

$=$(배 5개가 들어 있는 상자의 무게)$-$(배 5개의 무게)

$=3\frac{5}{14}-2\frac{11}{42}=3\frac{15}{42}-2\frac{11}{42}$

$=1\frac{4}{42}=1\frac{2}{21}$(kg)

채점 기준

배 5개의 무게를 구한 경우	50 %
상자 만의 무게를 구한 경우	50 %

5단원 서술형·논술형 평가 52~53쪽

01 풀이 참조, $\frac{43}{48}$ **02** 풀이 참조, $1\frac{27}{40}$

03 풀이 참조, $1\frac{3}{10}$ kg **04** 풀이 참조, 7개

05 풀이 참조, $16\frac{7}{12}$ **06** 풀이 참조, 찬규, $\frac{7}{20}$

07 풀이 참조, 문구점, $\frac{23}{70}$ km

08 풀이 참조, $11\frac{7}{24}$ **09** 풀이 참조, $5\frac{5}{7}$

10 풀이 참조, $1\frac{33}{40}$ km

01 예 ㉠ $\frac{1}{16}$이 5개인 수는 $\frac{5}{16}$입니다.

㉡ $\frac{1}{12}$이 7개인 수는 $\frac{7}{12}$입니다.

➡ $\frac{5}{16}+\frac{7}{12}=\frac{15}{48}+\frac{28}{48}=\frac{43}{48}$

채점 기준

㉠과 ㉡을 각각 구한 경우	50 %
㉠과 ㉡의 합을 구한 경우	50 %

02 예 분자가 분모보다 1 작은 수는 분모가 클수록 큰 수입니다.

➡ $\frac{7}{8}>\frac{5}{6}>\frac{4}{5}$

가장 큰 분수는 $\frac{7}{8}$이고 가장 작은 분수는 $\frac{4}{5}$이므로

$\frac{7}{8}+\frac{4}{5}=\frac{35}{40}+\frac{32}{40}=\frac{67}{40}=1\frac{27}{40}$

채점 기준

분수의 크기 비교를 한 경우	50 %
가장 큰 분수와 가장 작은 분수의 합을 구한 경우	50 %

03 예 (어머니께서 오늘 사온 딸기의 양)

$=$(어제 사온 딸기의 양)$+\frac{1}{10}$

$=\frac{3}{5}+\frac{1}{10}=\frac{6}{10}+\frac{1}{10}=\frac{7}{10}$(kg)

(어머니께서 어제와 오늘 사온 딸기의 양)

$=$(어제 사온 딸기의 양)$+$(오늘 사온 딸기의 양)

$=\frac{3}{5}+\frac{7}{10}=\frac{6}{10}+\frac{7}{10}$

$=\frac{13}{10}=1\frac{3}{10}$(kg)

채점 기준

오늘 사온 딸기의 양을 구한 경우	50 %
어제와 오늘 사온 딸기의 양을 구한 경우	50 %

04 예 $2\frac{3}{16}+3\frac{5}{8}=2\frac{3}{16}+3\frac{10}{16}=5\frac{13}{16}$

$14\frac{1}{6}-2\frac{1}{8}=14\frac{4}{24}-2\frac{3}{24}=12\frac{1}{24}$

$5\frac{13}{16}<\square<12\frac{1}{24}$의 □ 안에 들어갈 수 있는 자연수는 6, 7, 8, 9, 10, 11, 12입니다.

□ 안에 들어갈 수 있는 자연수는 7개입니다.

채점 기준

$2\frac{3}{16}+3\frac{5}{8}$를 계산한 경우	30 %
$14\frac{1}{6}-2\frac{1}{8}$을 계산한 경우	30 %
□ 안에 들어갈 수 있는 자연수의 개수를 구한 경우	40 %

05 ㉧ 가장 큰 대분수를 만들려면 주어진 수 중 가장 큰 수를 자연수 부분에 놓습니다.

효빈이가 만든 분수는 $8\frac{3}{4}$이고, 민혁이가 만든 분수는 $7\frac{5}{6}$입니다.

$8\frac{3}{4}+7\frac{5}{6}=8\frac{9}{12}+7\frac{10}{12}=15\frac{19}{12}=16\frac{7}{12}$

채점 기준

가장 큰 대분수를 만드는 방법을 이해한 경우	30 %
효빈이와 민혁이가 만든 분수를 각각 구한 경우	30 %
효빈이와 민혁이가 만든 분수의 합을 구한 경우	40 %

06 ㉧ 찬규가 만든 진분수는 $\frac{1}{4}$이고, 서현이가 만든 진분수는 $\frac{3}{5}$입니다.

$\frac{1}{4}\left(=\frac{5}{20}\right)<\frac{3}{5}\left(=\frac{12}{20}\right)$이므로 찬규가 만든 진분수가 $\frac{3}{5}-\frac{1}{4}=\frac{12}{20}-\frac{5}{20}=\frac{7}{20}$ 만큼 더 작습니다.

채점 기준

찬규와 서현이가 만든 진분수를 각각 구한 경우	40 %
누가 얼마만큼 더 작은 분수를 만들었는지 구한 경우	60 %

07 ㉧ (집~서점~공원)=(집~서점)+(서점~공원)

$=1\frac{9}{10}+1\frac{1}{2}=1\frac{9}{10}+1\frac{5}{10}$

$=2\frac{14}{10}=3\frac{4}{10}=3\frac{2}{5}$(km)

(집~문구점~공원)=(집~문구점)+(문구점~공원)

$=1\frac{3}{7}+1\frac{9}{14}=1\frac{6}{14}+1\frac{9}{14}$

$=2\frac{15}{14}=3\frac{1}{14}$(km)

$3\frac{2}{5}\left(=3\frac{28}{70}\right)>3\frac{1}{14}\left(=3\frac{5}{70}\right)$이므로 문구점을 거쳐 가는 길이

$3\frac{2}{5}-3\frac{1}{14}=3\frac{28}{70}-3\frac{5}{70}=\frac{23}{70}$(km)

더 가깝습니다.

채점 기준

서점을 거쳐 가는 거리를 구한 경우	30 %
문구점을 거쳐 가는 거리를 구한 경우	30 %
더 가까운 길과 거리의 차를 각각 구한 경우	40 %

08 ㉧ 어떤 수를 □라 하면

$7\frac{5}{6}-\square=4\frac{3}{8}$

$\square=7\frac{5}{6}-4\frac{3}{8}=7\frac{20}{24}-4\frac{9}{24}=3\frac{11}{24}$

바르게 계산하면

$7\frac{5}{6}+3\frac{11}{24}=7\frac{20}{24}+3\frac{11}{24}=10\frac{31}{24}=11\frac{7}{24}$

채점 기준

어떤 수를 구한 경우	50 %
바르게 계산한 경우	50 %

09 ㉧ 약속에 따라 식을 세운 후 계산합니다.

$3\frac{1}{2}♥1\frac{2}{7}=3\frac{1}{2}-1\frac{2}{7}+3\frac{1}{2}$

$=3\frac{7}{14}-1\frac{4}{14}+3\frac{1}{2}$

$=2\frac{3}{14}+3\frac{7}{14}=5\frac{10}{14}=5\frac{5}{7}$

채점 기준

기호에 알맞게 식을 세운 경우	30 %
바르게 계산한 경우	70 %

10 ㉧ (㉡~㉢)=(㉠~㉢)+(㉡~㉣)−(㉠~㉣)

$=4\frac{3}{4}+6\frac{3}{8}-9\frac{3}{10}$

$=4\frac{6}{8}+6\frac{3}{8}-9\frac{3}{10}$

$=10\frac{9}{8}-9\frac{3}{10}$

$=10\frac{45}{40}-9\frac{12}{40}=1\frac{33}{40}$(km)

채점 기준

㉡에서 ㉢까지의 거리를 구하는 식을 세운 경우	30 %
㉡에서 ㉢까지의 거리를 구한 경우	70 %

6단원 쪽지 시험

55쪽

01 36 cm	02 42 cm
03 8, 8	04 4, 32
05 7, 7, 49	06 (1) 27 (2) 15000000
07 72 cm^2	08 6, 2, 30
09 12, 2, 48	10 14, 8, 92

01 (정육각형의 둘레)$=6\times6=36$(cm)

02 (평행사변형의 둘레)$=(9+12)\times2=42$(cm)

06 (1) 1 m^2=10000 cm^2

➡ 270000 cm^2=27 m^2

(2) 1 km^2=1000000 m^2

➡ 15 km^2=15000000 m^2

07 (평행사변형의 넓이)$=6\times12=72$(cm^2)

56~58쪽

학교 시험 만점왕 1회 6. 다각형의 둘레와 넓이

01 8 cm

02 (1 cm, 1 cm 모눈 위에 가로 4 cm, 세로 3 cm인 직사각형)

03 38 cm	04 30 cm^2
05 다	06 120 cm^2
07 12 cm	08 풀이 참조, 91 cm^2
09 115	10 6 m
11 24 cm^2	12 6
13 나	14 민우
15 풀이 참조, 20	16 56 cm^2
17 68 m^2	18 8 cm^2
19 23	20 136 cm^2

01 정칠각형은 변이 7개이고 모든 변의 길이가 같으므로
(정칠각형의 한 변의 길이)$=56\div7=8$(cm)

02 직사각형의 둘레가 14 cm이므로
(가로)+(세로)$=14\div2=7$(cm)입니다.
세로가 3 cm이므로 가로가 $7-3=4$(cm)인 직사각형을 그립니다.

03 (평행사변형의 둘레)$=(12+7)\times2$
$=38$(cm)

04 [1 cm²]가 30개이므로 도형의 넓이는 30 cm^2입니다.

05 가: [1 cm²]가 6개이므로 6 cm^2입니다.
나: [1 cm²]가 5개이므로 5 cm^2입니다.
다: [1 cm²]가 7개이므로 7 cm^2입니다.
라: [1 cm²]가 6개이므로 6 cm^2입니다.
넓이가 7 cm^2인 도형은 다입니다.

06 직사각형의 둘레는 44 cm이므로
(가로)+(세로)$=44\div2=22$(cm)
(가로)$=22-12=10$(cm)
직사각형의 가로가 10 cm, 세로가 12 cm이므로
(직사각형의 넓이)$=10\times12=120$(cm^2)

07 정사각형의 한 변의 길이를 □cm라 하면
□×□=144입니다.
$12\times12=144$이므로 □=12입니다.
정사각형의 한 변의 길이는 12 cm입니다.

08 예 가로가 14 cm, 세로가 8 cm인 직사각형의 넓이에서 가로가 7 cm, 세로가 3 cm인 직사각형의 넓이를 빼서 구합니다.
(색칠한 부분의 넓이)$=14\times8-7\times3$
$=112-21=91$(cm^2)

채점 기준

색칠한 부분의 넓이를 구하는 방법을 설명한 경우	50 %
색칠한 부분의 넓이를 구한 경우	50 %

09 1 km^2=1000000 m^2이므로
25000000 m^2=25 km^2입니다. ➡ ㉠=25
1 m^2=10000 cm^2이므로
900000 cm^2=90 m^2입니다. ➡ ㉡=90
➡ ㉠+㉡=90+25=115

10 평행사변형에서 밑변은 높이와 수직인 변이므로 6 m 입니다.

11 (평행사변형의 넓이)=6×4=24(cm^2)

12 (평행사변형의 넓이)=(밑변의 길이)×(높이)이므로
(밑변의 길이)=(평행사변형의 넓이)÷(높이)
=78÷13=6(cm)

13 세 삼각형의 높이가 모두 같으므로 넓이가 다른 삼각형은 밑변의 길이가 다른 삼각형 나입니다.

14 (희주가 그린 삼각형의 넓이)=11×12÷2
=66(cm^2)
(민우가 그린 삼각형의 넓이)=7×20÷2
=70(cm^2)
넓이가 더 넓은 삼각형을 그린 친구는 민우입니다.

15 예 밑변의 길이가 25 cm일 때 높이는 12 cm이므로
(삼각형의 넓이)=25×12÷2=150(cm^2)
밑변의 길이가 15 cm일 때 높이는 □cm이므로
15×□÷2=150
15×□=300, □=300÷15=20

채점 기준

삼각형의 넓이를 구한 경우	50 %
□ 안에 알맞은 수를 구한 경우	50 %

16 (마름모의 넓이)=(색칠한 부분의 넓이)×4
=14×4=56(cm^2)

17 (사다리꼴 모양의 땅의 넓이)
=(6+11)×8÷2=68(m^2)

18 (마름모의 넓이)=11×6÷2=33(cm^2)
(사다리꼴의 넓이)=(3+7)×5÷2=25(cm^2)
➡ 33−25=8(cm^2)

19 (마름모의 넓이)
=(한 대각선의 길이)×(다른 대각선의 길이)÷2이므로
□×18÷2=207
□×18=414, □=414÷18=23

20 도형의 넓이는 삼각형의 넓이와 사다리꼴의 넓이를 더합니다.
(삼각형의 넓이)=6×8÷2=24(cm^2)
(사다리꼴의 넓이)=(10+18)×8÷2=112(cm^2)
(도형의 넓이)=24+112=136(cm^2)

59~61쪽

학교 시험 만점왕 ❷회 6. 다각형의 둘레와 넓이

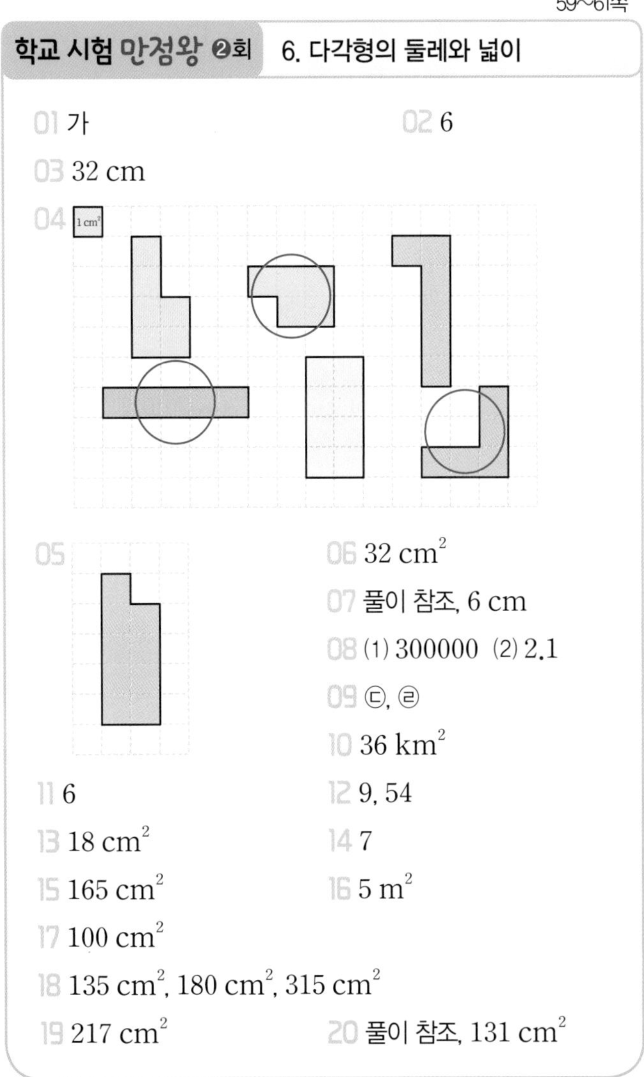
01 가
02 6
03 32 cm
04

05
06 32 cm^2
07 풀이 참조, 6 cm
08 (1) 300000 (2) 2.1
09 ㉢, ㉣
10 36 km^2
11 6
12 9, 54
13 18 cm^2
14 7
15 165 cm^2
16 5 m^2
17 100 cm^2
18 135 cm^2, 180 cm^2, 315 cm^2
19 217 cm^2
20 풀이 참조, 131 cm^2

01 가는 정육각형이므로
(가의 둘레)$=15\times6=90$(cm)
나는 정오각형이므로
(나의 둘레)$=17\times5=85$(cm)
둘레가 더 긴 것은 가입니다.

02 직사각형의 둘레가 34 cm이므로
(가로)+(세로)$=34\div2=17$(cm)
가로는 11 cm이므로
$11+\square=17$, $\square=17-11=6$

03 (마름모의 둘레)$=8\times4=32$(cm)

04 [1 cm²] 5개로 이루어진 도형을 찾아 ○표 합니다.

05 [1 cm²]를 2개씩 아래로 늘려가며 그린 규칙입니다.

06 (왼쪽 정사각형의 넓이)$=7\times7=49$(cm^2)
(오른쪽 정사각형의 넓이)$=9\times9=81$(cm^2)
➡ $81-49=32$(cm^2)

07 예 (직사각형 가의 넓이)$=9\times4=36$(cm^2)
정사각형 나의 한 변의 길이를 □cm라 하면
$\square\times\square=36$이고 $6\times6=36$이므로
$\square=6$입니다.
정사각형 나의 한 변의 길이는 6 cm입니다.

채점 기준

직사각형 가의 넓이를 구한 경우	50 %
정사각형 나의 한 변의 길이를 구한 경우	50 %

08 (1) 1 m^2=10000 cm^2 ➡ 30 m^2=300000 cm^2
(2) 1 km^2=1000000 m^2 ➡ 2100000 m^2=2.1 km^2

09 평행한 두 변 사이의 거리를 나타내는 것은 ㉢, ㉣입니다.

10 4000 m=4 km이므로
(평행사변형의 넓이)$=9\times4=36$(km^2)

11 (평행사변형의 넓이)=(밑변의 길이)×(높이)이므로
(높이)=(평행사변형의 넓이)÷(밑변의 길이)
$=84\div14=6$(cm)

12 삼각형 2개를 붙여서 평행사변형을 만들었으므로 삼각형의 넓이는 평행사변형의 넓이의 반입니다.

13 (왼쪽 삼각형의 넓이)$=20\times15\div2$
$=150$(cm^2)
(오른쪽 삼각형의 넓이)$=22\times12\div2$
$=132$(cm^2)
➡ $150-132=18$(cm^2)

14 (삼각형 한 개의 넓이)$=140\div4=35$(cm^2)
(삼각형의 넓이)=(밑변의 길이)×(높이)÷2이므로
$\square\times10\div2=35$
$\square\times10=70$
$\square=7$

15 (마름모의 넓이)$=22\times15\div2=165$(cm^2)

16 (장식물의 넓이)$=400\times250\div2$
$=50000$(cm^2)
1 m^2=10000 cm^{2}이므로
50000 cm^2=5 m^{2}입니다.

17 원의 지름은 $10\times2=20$(cm)이므로 마름모의 두 대각선의 길이는 20 cm입니다.
(마름모의 넓이)$=20\times20\div2=200$(cm^2)
색칠한 부분의 넓이는 마름모를 똑같이 4부분으로 나눈 것 중의 2부분이므로 마름모의 넓이의 반입니다.
(색칠한 부분의 넓이)$=200\div2=100$(cm^2)

18 (삼각형 ㉮의 넓이)$=18\times15\div2=135$(cm^2)
(삼각형 ㉯의 넓이)$=24\times15\div2=180$(cm^2)
(사다리꼴의 넓이)
=(삼각형 ㉮의 넓이)+(삼각형 ㉯의 넓이)
$=135+180=315$(cm^2)

19 사다리꼴의 윗변의 길이는 20 cm, 아랫변의 길이는 $20-9=11$(cm)이고 높이는 14 cm입니다.
(사다리꼴의 넓이)$=(20+11)\times14\div2=217$(cm^2)

20 예 (사다리꼴의 넓이)$=(11+17)\times 13\div 2$
$=182(\text{cm}^2)$

(삼각형의 넓이)$=17\times 6\div 2=51(\text{cm}^2)$

(색칠한 부분의 넓이)
$=$(사다리꼴의 넓이)$-$(삼각형의 넓이)
$=182-51=131(\text{cm}^2)$

채점 기준

사다리꼴의 넓이를 구한 경우	30 %
삼각형의 넓이를 구한 경우	30 %
색칠한 부분의 넓이를 구한 경우	40 %

6단원 서술형·논술형 평가 62~63쪽

01 풀이 참조, 16 cm **02** 풀이 참조, 22 cm
03 풀이 참조, 40 cm **04** 풀이 참조, 4 cm^2
05 풀이 참조, 144 cm^2 **06** 풀이 참조, 10 km^2
07 풀이 참조, 120 cm^2 **08** 풀이 참조, 112 cm^2
09 풀이 참조, 7 cm **10** 풀이 참조, 108 cm^2

01 예 정팔각형은 길이가 같은 변이 8개이므로
(한 변의 길이)$=128\div 8=16(\text{cm})$

채점 기준

정팔각형의 한 변의 길이를 구한 경우	100 %

02 예 (평행사변형 가의 둘레)$=(12+10)\times 2$
$=44(\text{cm})$

마름모 나의 둘레는 평행사변형 가의 둘레의 2배이므로
(마름모 나의 둘레)$=44\times 2=88(\text{cm})$
마름모는 네 변의 길이가 같으므로
(한 변의 길이)$=88\div 4=22(\text{cm})$

채점 기준

평행사변형 가의 둘레를 구한 경우	30 %
마름모 나의 둘레를 구한 경우	30 %
마름모 나의 한 변의 길이를 구한 경우	40 %

03 예

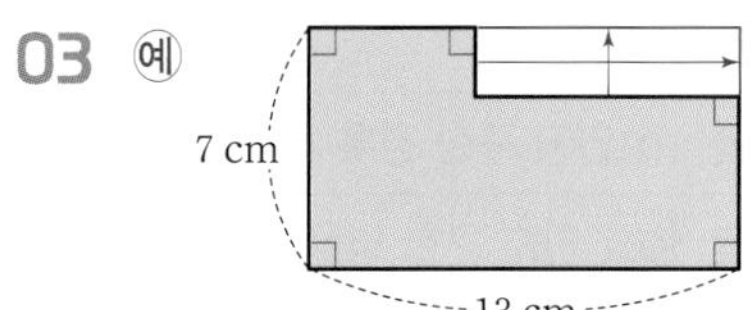

그림과 같이 길이가 같은 변을 이동하면 주어진 도형의 둘레는 가로가 13 cm, 세로가 7 cm인 직사각형의 둘레와 같습니다.
(도형의 둘레)$=(13+7)\times 2=40(\text{cm})$

채점 기준

도형과 둘레가 같은 직사각형을 알고 있는 경우	70 %
도형의 둘레를 구한 경우	30 %

04 예 도형 가의 넓이는 [1 cm^2]가 11개이므로 11 cm^2입니다.
도형 나의 넓이는 [1 cm^2]가 7개이므로 7 cm^2입니다.
도형 가의 넓이는 도형 나의 넓이보다
$11-7=4(\text{cm}^2)$ 더 넓습니다.

채점 기준

도형 가의 넓이를 구한 경우	30 %
도형 나의 넓이를 구한 경우	30 %
도형 가의 넓이는 도형 나의 넓이보다 몇 cm^2 더 넓은지 구한 경우	40 %

05 예 (직사각형 가의 둘레)$=(14+10)\times 2=48(\text{cm})$
직사각형 가와 정사각형 나의 둘레가 같으므로 정사각형 나의 둘레도 48 cm입니다.
(정사각형 나의 한 변의 길이)$=48\div 4=12(\text{cm})$
(정사각형 나의 넓이)$=12\times 12=144(\text{cm}^2)$

채점 기준

직사각형 가의 둘레를 구한 경우	30 %
정사각형 나의 한 변의 길이를 구한 경우	30 %
정사각형 나의 넓이를 구한 경우	40 %

06 예 4 km$=$4000 m이므로
(평행사변형의 넓이)$=2500\times 4000$
$=10000000(\text{m}^2)$
1 $\text{km}^2=1000000$ m^2이므로 평행사변형의 넓이는 10000000 $\text{m}^2=10$ km^2입니다.

채점 기준

평행사변형의 넓이가 몇 m^2인지 구한 경우	50 %
평행사변형의 넓이가 몇 km^2인지 구한 경우	50 %

07 예 (처음 평행사변형의 넓이)$=5\times3=15(cm^2)$
밑변의 길이를 3배로 늘이면 $5\times3=15$(cm)이고 높이를 3배로 늘이면 $3\times3=9$(cm)입니다.
(늘린 평행사변형의 넓이)$=15\times9=135(cm^2)$
늘린 평행사변형의 넓이는 처음 평행사변형의 넓이보다 $135-15=120(cm^2)$ 더 넓어집니다.

채점 기준

처음 평행사변형의 넓이를 구한 경우	30 %
늘린 평행사변형의 넓이를 구한 경우	40 %
늘린 평행사변형의 넓이가 처음 평행사변형의 넓이보다 몇 cm^2 더 넓어졌는지 구한 경우	30 %

08 예 직사각형의 둘레가 60 cm이므로
(가로)+(세로)$=60\div2=30$(cm)
직사각형의 세로가 14 cm이므로
(가로)$=30-14=16$(cm)
(직사각형의 넓이)$=16\times14=224(cm^2)$
마름모의 넓이는 직사각형의 넓이의 반이므로
(마름모의 넓이)$=224\div2=112(cm^2)$

채점 기준

직사각형의 가로를 구한 경우	30 %
직사각형의 넓이를 구한 경우	30 %
마름모의 넓이를 구한 경우	40 %

09 예 (사다리꼴의 넓이)
=((아랫변의 길이)+(윗변의 길이))×(높이)÷2이므로 높이를 □cm라 하면
$(5+7)\times\square\div2=42$
$12\times\square\div2=42$
$12\times\square=84$, $\square=7$
사다리꼴의 높이는 7 cm입니다.

채점 기준

사다리꼴의 넓이를 구하는 식을 세운 경우	50 %
사다리꼴의 높이를 구한 경우	50 %

10 예 삼각형 ㄱㄷㄹ의 밑변을 변 ㄱㄷ, 높이를 선분 ㄹㅂ이라 하면
(삼각형 ㄱㄷㄹ의 넓이)$=16\times5\div2=40(cm^2)$
삼각형 ㄱㄷㄹ의 밑변을 변 ㄱㄹ, 높이를 선분 ㅁㄷ이라 하면
$10\times$(선분 ㅁㄷ)$\div2=40$
$10\times$(선분 ㅁㄷ)$=80$
(선분 ㅁㄷ)$=8$ cm
선분 ㅁㄷ은 사다리꼴 ㄱㄴㄷㄹ의 높이이므로
(사다리꼴 ㄱㄴㄷㄹ의 넓이)
$=(10+17)\times8\div2=108(cm^2)$

채점 기준

삼각형 ㄱㄷㄹ의 넓이를 구한 경우	30 %
사다리꼴 ㄱㄴㄷㄹ의 높이를 구한 경우	40 %
사다리꼴 ㄱㄴㄷㄹ의 넓이를 구한 경우	30 %

Book 1 개념책

1 단원 자연수의 혼합 계산

문제를 풀며 이해해요 9쪽

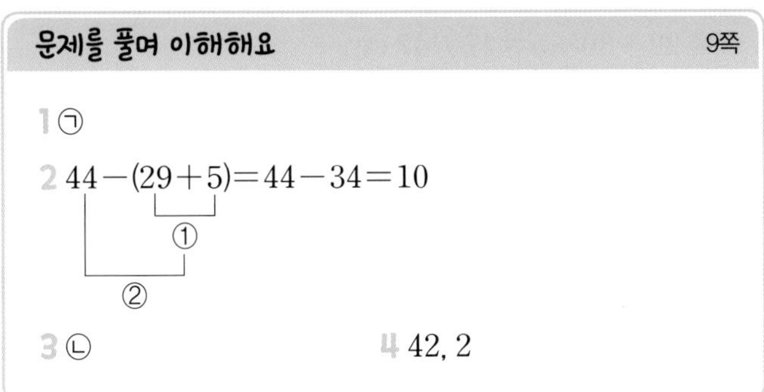

1 ㉠

2 44−(29+5)=44−34=10

3 ㉡

4 42, 2

교과서 내용 학습 10~11쪽

01 47, 65

02 ②

03 (○) ( )

04 ㉡

05 135

06 >

07 ㉡

08 ㉢

09 5000−(950+1100)=2950, 2950원

10 80÷(4×4)=5, 5개

문제해결 접근하기

11 풀이 참조

문제를 풀며 이해해요 13쪽

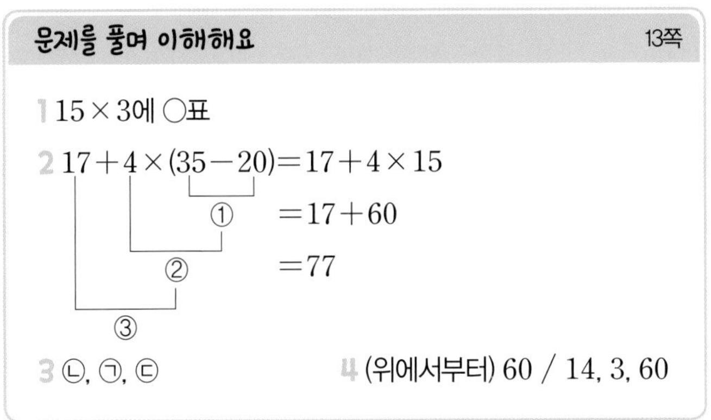

1 15×3에 ○표

2 17+4×(35−20)=17+4×15 =17+60 =77

3 ㉡, ㉠, ㉢

4 (위에서부터) 60 / 14, 3, 60

교과서 내용 학습 14~15쪽

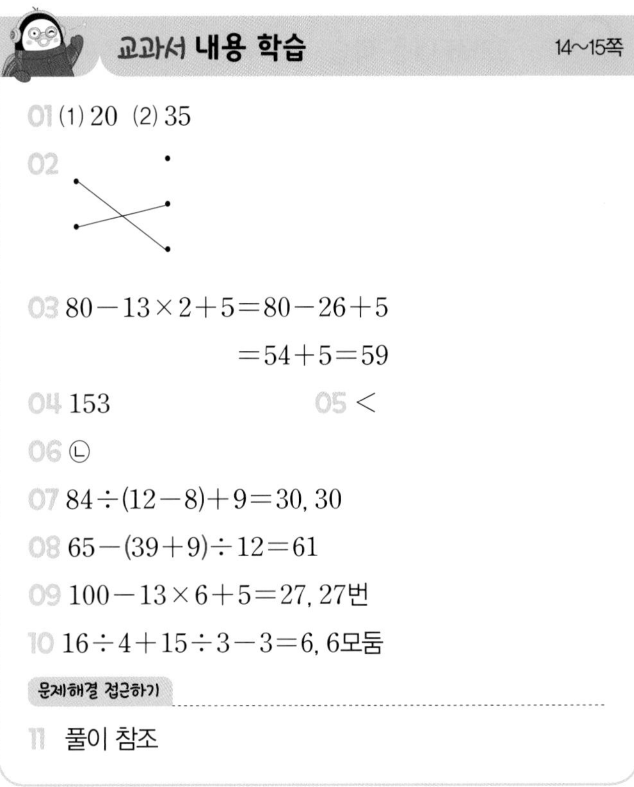

01 (1) 20 (2) 35

02

03 80−13×2+5=80−26+5 =54+5=59

04 153

05 <

06 ㉡

07 84÷(12−8)+9=30, 30

08 65−(39+9)÷12=61

09 100−13×6+5=27, 27번

10 16÷4+15÷3−3=6, 6모둠

문제해결 접근하기

11 풀이 참조

문제를 풀며 이해해요 17쪽

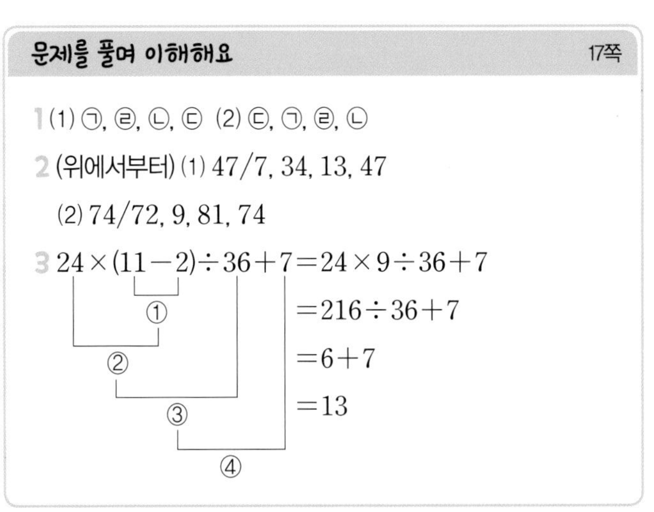

1 (1) ㉠, ㉣, ㉡, ㉢ (2) ㉢, ㉠, ㉣, ㉡

2 (위에서부터) (1) 47/7, 34, 13, 47

(2) 74/72, 9, 81, 74

3 24×(11−2)÷36+7=24×9÷36+7 =216÷36+7 =6+7 =13

교과서 내용 학습 18~19쪽

01 4, 2, 1, 3, 5

02 $21\times(8+3)\div7-17=16$

① ② ③ ④

03 ( ) ( ) (○)

04 13

05 $81-15\times9\div(3+2)=71$

06 ㉢

07 9개

08 $15\times6\div2-11+7=41$, 41장

09 $10000-(4800\div2+800\times2+7200\div4)=4200$, 4200원

10 11

문제해결 접근하기

11 풀이 참조

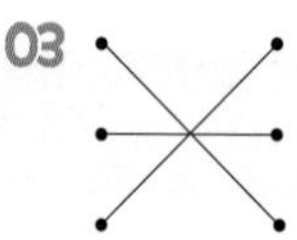

단원 확인 평가 20~23쪽

01 (1) 51 (2) 36

02 ㉣

03

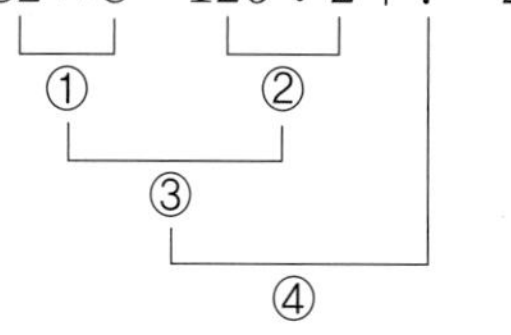

04 $22+30-5=47$ / 47 cm

05 (1) 84 (2) 84, 4200 (3) 58800 / 58800원

06 $225\div(15\times3)=5$ / 5시간

07 ③

08 $(42-29)\times2+9=35$

09 ㉡

10 슬기

11 ③

12 $32\times8-126\div2+7=200$

① ② ③ ④

13 445쪽

14 $4\times(14+6)-37=4\times20-37$

$=80-37$

$=43$

① ② ③

15 32

16 ㉡, ㉢, ㉠

17 (1) 5 (2) 10 (3) 5 / 5

18 $1380-(1860-1380)\div2\times5=180$ / 180 g

19 34

20 16 / 4

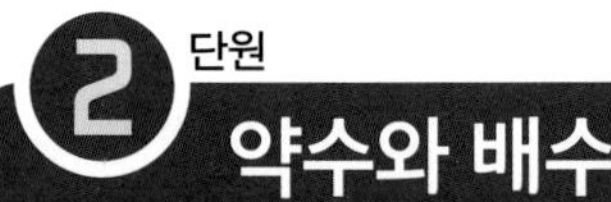

2 단원 약수와 배수

문제를 풀며 이해해요 29쪽

1 (1) 5, 3, 1 (2) 1, 3, 5, 15
2 (1) 3, 6, 9, 12, 15 (2) 3, 6, 9, 12, 15
3 (1) 배수 (2) 약수
4 (1) 1, 2, 4, 5, 10, 20 (2) 1, 2, 4, 5, 10, 20

교과서 내용 학습 30~31쪽

01 (1) 1, 2, 5, 10 (2) 1, 2, 3, 4, 6, 8, 12, 24
02 ③
03 ④
04 5, 10, 15에 ○표
05 (1) 9, 18, 27, 36 (2) 12, 24, 36, 48
06 ⑤
07
08 1, 2, 4, 7, 14, 28
09 ㉠, ㉡
10 84

문제해결 접근하기

11 풀이 참조

문제를 풀며 이해해요 33쪽

1 1, 3 / 3
2 (1) (2)

24의 약수	①, ②, ③, 4, ⑥, 8, 12, 24
30의 약수	①, ②, ③, 5, ⑥, 10, 15, 30

(3) 6

3 6
4 12

교과서 내용 학습 34~35쪽

01

15의 약수	1, 3, 5, 15
40의 약수	1, 2, 4, 5, 8, 10, 20, 40

1, 5 / 5

02 ⑤
03 1, 3, 9
04 1, 2, 5, 10
05 $2\times\boxed{2}\times\boxed{3}\times\boxed{3}$ / $2\times\boxed{3}\times\boxed{3}\times\boxed{3}$ / $\boxed{2}\times\boxed{3}\times\boxed{3}=\boxed{18}$
06 6
07 ㉠
08 12명
09 6개
10 8개 / 9개

문제해결 접근하기

11 풀이 참조

문제를 풀며 이해해요 37쪽

1 24, 48, 72 / 24
2 (1) (2)

4의 배수	4	8	⑫	16	20	㉔	28	32	㊱	40
6의 배수	6	⑫	18	㉔	30	㊱	42	㊽	54	(60)

(3) 12

3 60
4 120

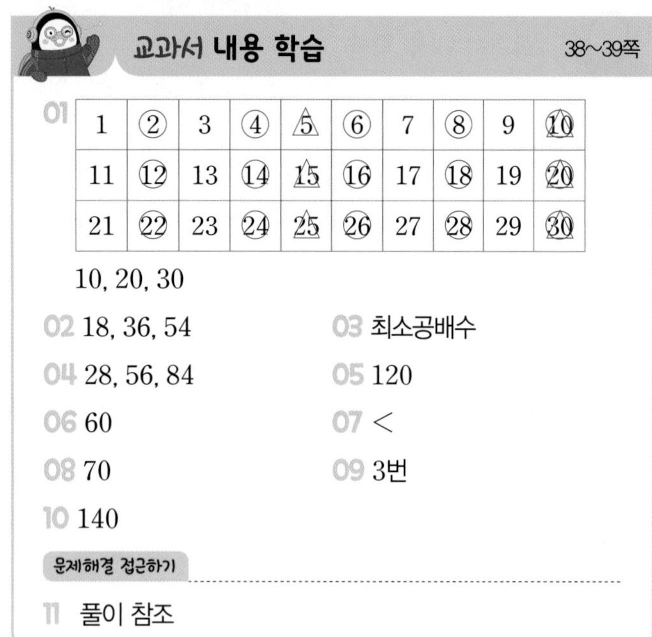

교과서 내용 학습 38~39쪽

01

1	②	3	④	5△	⑥	7	⑧	9	⑩△
11	⑫	13	⑭	15△	⑯	17	⑱	19	⑳△
21	㉒	23	㉔	25△	㉖	27	㉘	29	㉚△

10, 20, 30

02 18, 36, 54 **03** 최소공배수

04 28, 56, 84 **05** 120

06 60 **07** <

08 70 **09** 3번

10 140

문제해결 접근하기

11 풀이 참조

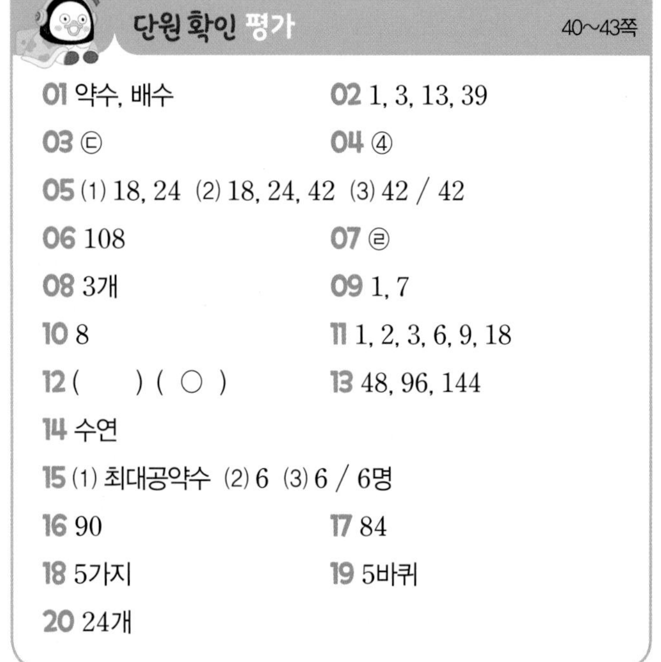

단원 확인 평가 40~43쪽

01 약수, 배수 **02** 1, 3, 13, 39

03 ㉢ **04** ④

05 (1) 18, 24 (2) 18, 24, 42 (3) 42 / 42

06 108 **07** ㉣

08 3개 **09** 1, 7

10 8 **11** 1, 2, 3, 6, 9, 18

12 (   ) (○) **13** 48, 96, 144

14 수연

15 (1) 최대공약수 (2) 6 (3) 6 / 6명

16 90 **17** 84

18 5가지 **19** 5바퀴

20 24개

3 단원 규칙과 대응

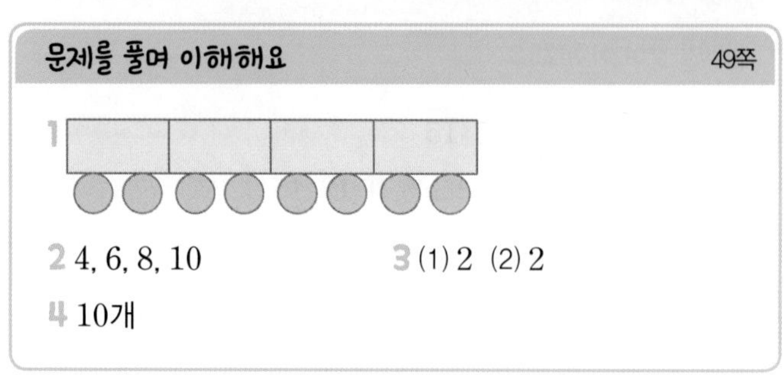

문제를 풀며 이해해요 49쪽

1

2 4, 6, 8, 10 **3** (1) 2 (2) 2

4 10개

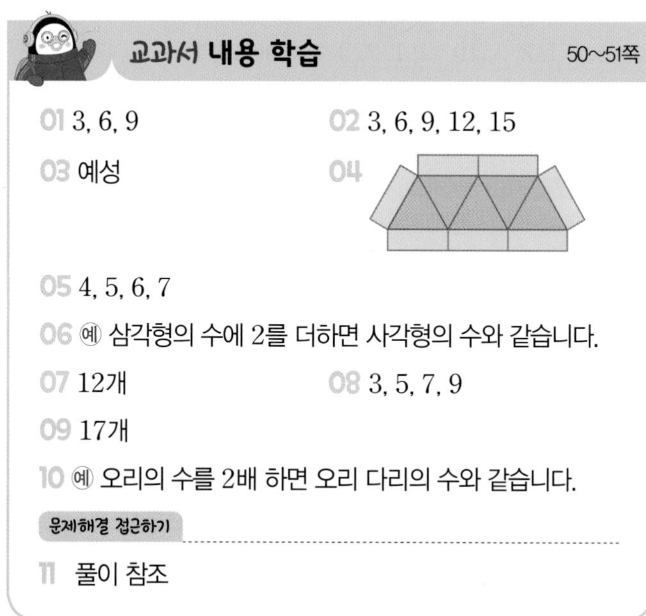

교과서 내용 학습 50~51쪽

01 3, 6, 9 **02** 3, 6, 9, 12, 15

03 예성 **04**

05 4, 5, 6, 7

06 예 삼각형의 수에 2를 더하면 사각형의 수와 같습니다.

07 12개 **08** 3, 5, 7, 9

09 17개

10 예 오리의 수를 2배 하면 오리 다리의 수와 같습니다.

문제해결 접근하기

11 풀이 참조

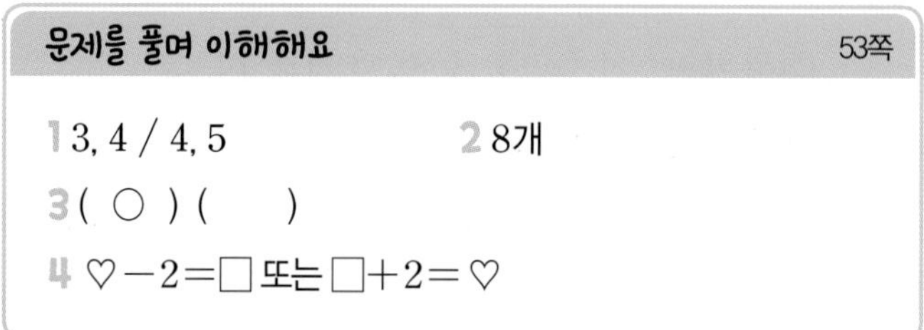

문제를 풀며 이해해요 53쪽

1 3, 4 / 4, 5 **2** 8개

3 (○) (   )

4 ♡−2=□ 또는 □+2=♡

교과서 내용 학습 54~55쪽

01 2개
02 ㉣
03 26
04 200
05 (위에서부터) 400, 600 / 1, 4
06 나누면에 ○표
07 ●÷200=○ 또는 ○×200=●
08
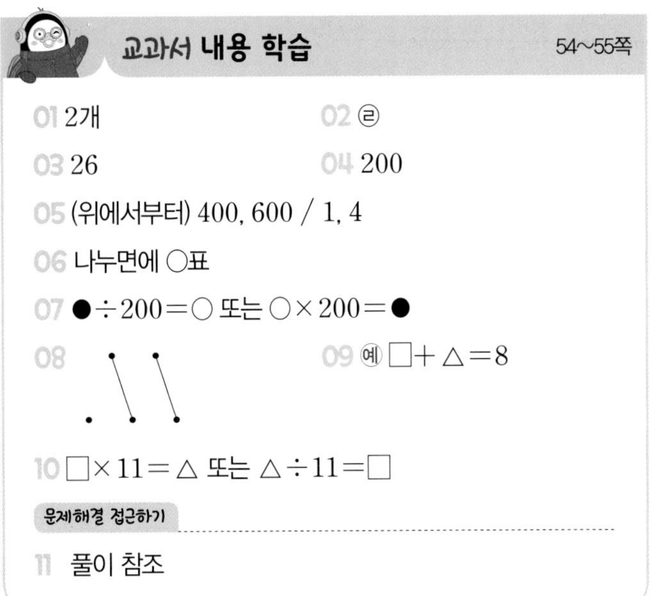
09 예 □+△=8
10 □×11=△ 또는 △÷11=□

문제해결 접근하기

11 풀이 참조

문제를 풀며 이해해요 57쪽

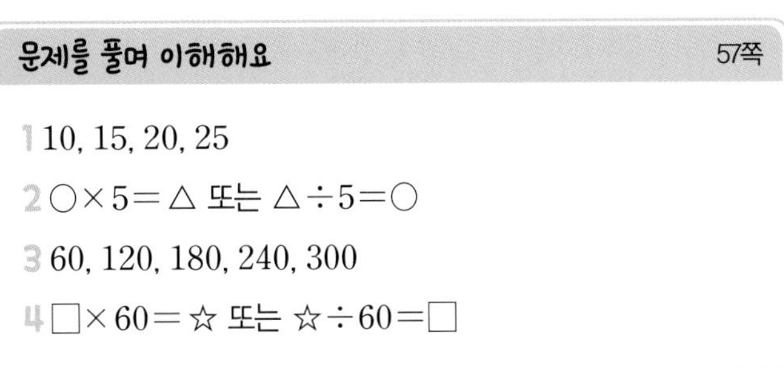

1 10, 15, 20, 25
2 ○×5=△ 또는 △÷5=○
3 60, 120, 180, 240, 300
4 □×60=☆ 또는 ☆÷60=□

교과서 내용 학습 58~59쪽

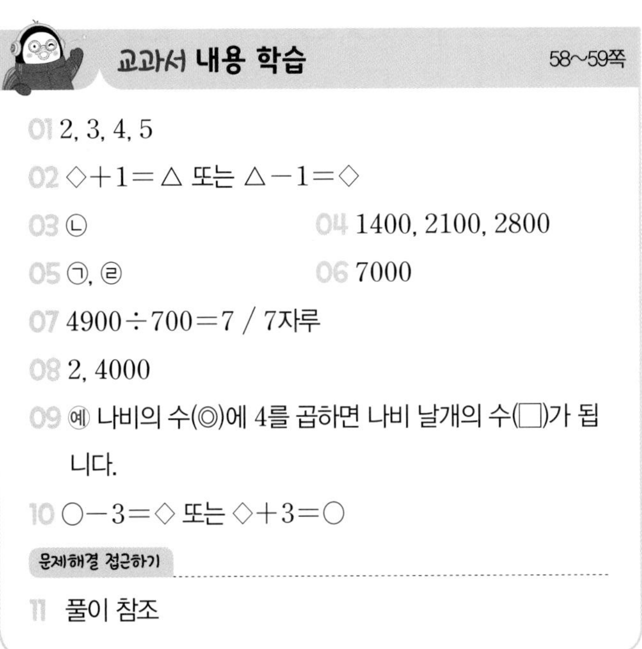

01 2, 3, 4, 5
02 ◇+1=△ 또는 △−1=◇
03 ㉡
04 1400, 2100, 2800
05 ㉠, ㉣
06 7000
07 4900÷700=7 / 7자루
08 2, 4000
09 예 나비의 수(◎)에 4를 곱하면 나비 날개의 수(□)가 됩니다.
10 ○−3=◇ 또는 ◇+3=○

문제해결 접근하기

11 풀이 참조

단원 확인 평가 60~63쪽

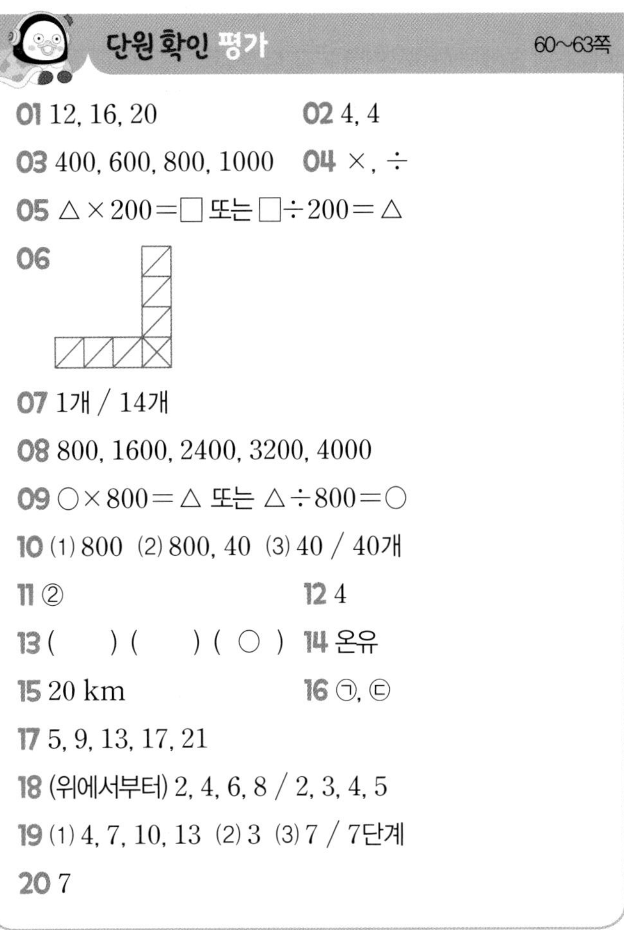

01 12, 16, 20
02 4, 4
03 400, 600, 800, 1000
04 ×, ÷
05 △×200=□ 또는 □÷200=△
06
07 1개 / 14개
08 800, 1600, 2400, 3200, 4000
09 ○×800=△ 또는 △÷800=○
10 (1) 800 (2) 800, 40 (3) 40 / 40개
11 ②
12 4
13 ( ) ( ) (○)
14 온유
15 20 km
16 ㉠, ㉢
17 5, 9, 13, 17, 21
18 (위에서부터) 2, 4, 6, 8 / 2, 3, 4, 5
19 (1) 4, 7, 10, 13 (2) 3 (3) 7 / 7단계
20 7

수학으로 세상보기 64~65쪽

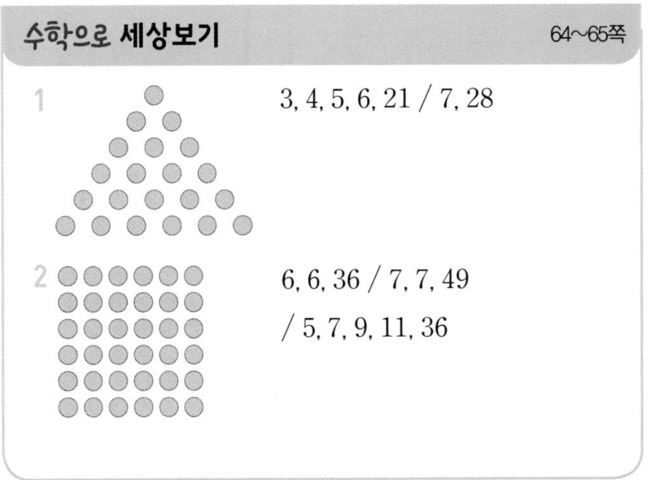

1 3, 4, 5, 6, 21 / 7, 28

2 6, 6, 36 / 7, 7, 49 / 5, 7, 9, 11, 36

4 단원 약분과 통분

문제를 풀여 이해해요 69쪽

1 예 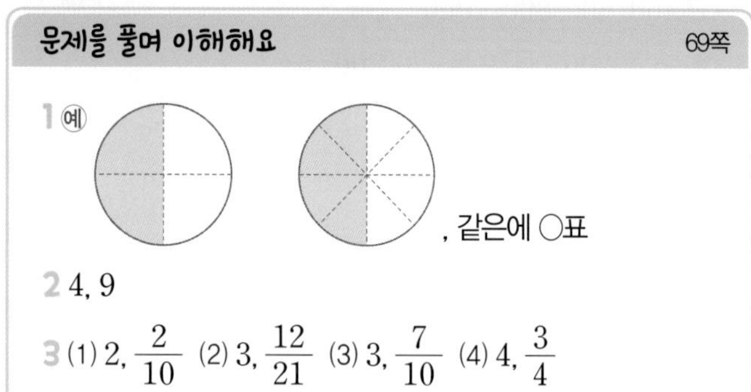, 같은에 ○표

2 4, 9

3 (1) 2, $\frac{2}{10}$ (2) 3, $\frac{12}{21}$ (3) 3, $\frac{7}{10}$ (4) 4, $\frac{3}{4}$

교과서 내용 학습 70~71쪽

01 1, 2

02 예 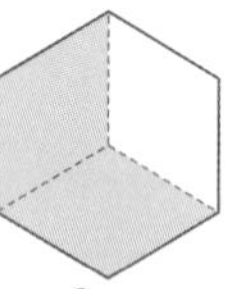 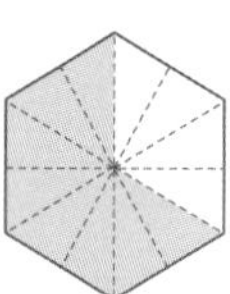

$\frac{2}{3}$와 $\frac{8}{12}$에 ○표

03 (왼쪽에서부터) 6, 24, 12

04 $\frac{8}{14}$, $\frac{12}{21}$, $\frac{16}{28}$

05 (1) 6 (2) 5

06 $\frac{18}{20}$, $\frac{9}{10}$

07 

08 $\frac{16}{20}$, $\frac{4}{5}$에 ○표

09 은빈 / 예 $\frac{45}{90}$의 분모와 분자를 각각 5로 나누면 크기가 같은 분수를 만들 수 있어.

10 $\frac{15}{55}$

문제해결 접근하기

11 풀이 참조

문제를 풀여 이해해요 73쪽

1 (1) 2, 4 (2) 2, 10 / 4, 3

2 (1) 8 (2) (왼쪽에서부터) 8, 8, $\frac{3}{5}$

3 (왼쪽에서부터) (1) 6, 4 / 6, 4 (2) 3, 2 / 3, 2

교과서 내용 학습 74~75쪽

01 ③

02 $\frac{9}{12}$, $\frac{6}{8}$, $\frac{3}{4}$

03 $\frac{8}{11}$

04 (1) $\frac{2}{3}$ (2) $\frac{5}{9}$

05 (1) $\left(\frac{28}{40}, \frac{30}{40}\right)$ (2) $\left(\frac{14}{20}, \frac{15}{20}\right)$

06 30, 60, 90

07 16

08 민호

09 (1) $\frac{5}{12}$, $\frac{9}{14}$ (2) $\frac{35}{84}$, $\frac{54}{84}$

10 $\frac{2}{5}$, $\frac{4}{5}$, $\frac{5}{8}$

문제해결 접근하기

11 풀이 참조

문제를 풀여 이해해요 77쪽

1 15, 8 / $>$

2 (왼쪽에서부터) 25, 75, 0.75

3 (왼쪽에서부터) 6, 6, 2, $\frac{3}{5}$

4 (왼쪽에서부터) (1) 5, 5, 85, 0.85, $<$
(2) 10, 16, $<$

교과서 내용 학습 78~79쪽

01 (왼쪽에서부터) 3, 3, 4, 4 / $\frac{9}{24}$, $\frac{4}{24}$, >

02 ㉢, ㉣

03 (위에서부터) $\frac{3}{4}$, $\frac{5}{8}$, $\frac{3}{4}$

04 49, 57, >

05 $\frac{7}{9}$

06

07 (1) > (2) <

08 동환

09 $2\frac{17}{25}$

10 ③

문제해결 접근하기

11 풀이 참조

단원 확인 평가 80~83쪽

01 18, 4 /

02 (왼쪽에서부터) 8, 12, 6, 1

03 100

04 (1) 7 (2) 7 (3) $\frac{63}{91}$ / $\frac{63}{91}$

05 15조각

06 3개

07 $\frac{15}{18}$, $\frac{10}{12}$, $\frac{5}{6}$

08 (1) $\frac{3}{8}$ (2) $2\frac{1}{3}$

09 6개

10 ③

11 $\left(\frac{126}{216}, \frac{156}{216}\right)$

12 $\left(\frac{51}{75}, \frac{55}{75}\right)$

13

14 지영

15 (1) 3, 2 / 15, 14 (2) >, 민유 / 민유

16 ㉰, ㉯, ㉮

17 $\frac{35}{50}$

18 $\frac{5}{18}$

19 ③

20 0.5, 0.6, 0.7, 0.8

수학으로 세상보기 85쪽

1 8 / $\frac{1}{2}$ / 𝅗𝅥   2 2 / $\frac{1}{8}$ / ♪   3 $\frac{4}{16}$ / $\frac{1}{4}$ / ♩

5 단원 분수의 덧셈과 뺄셈

문제를 풀며 이해해요 89쪽

1 2 / 2, 3

2 4, 9 / 4, 9, 13, 1, 1

3 (1) 6, 4 / 18, 4, 22, 11

(2) 3, 4 / 21, 32, 53, 1, 17

교과서 내용 학습 90~91쪽

01

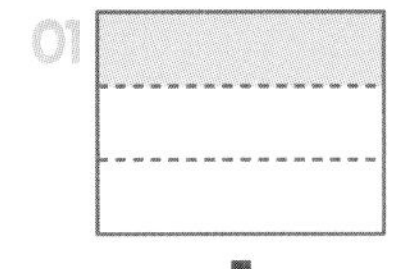

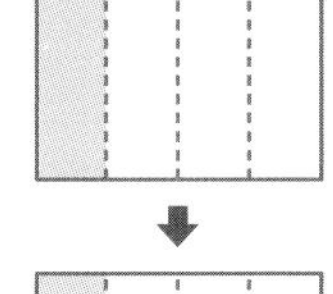

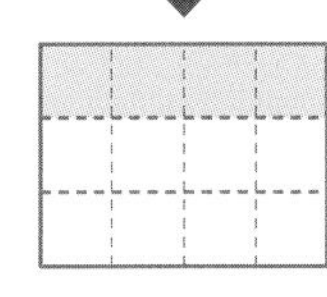

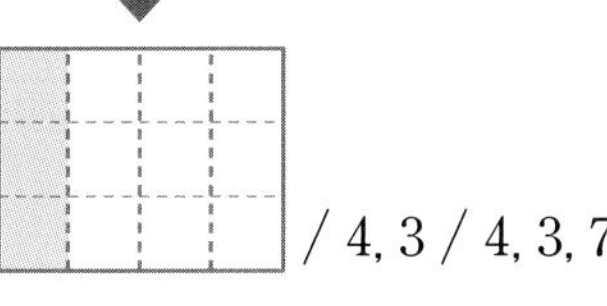

/ 4, 3 / 4, 3, 7

02 (1) $\frac{11}{14}$ (2) $\frac{17}{18}$

03 $\frac{5\times1}{9\times4}$에 ○표, $\frac{5\times4}{9\times4}+\frac{1\times9}{4\times9}=\frac{20}{36}+\frac{9}{36}=\frac{29}{36}$

04 $\frac{9}{40}$

05 $\frac{37}{56}$ m

06 $1\frac{9}{14}$

07 $1\frac{1}{9}$

08 ㉠

09 $1\frac{17}{40}$ km

10 $1\frac{11}{28}$

문제해결 접근하기

11 풀이 참조

문제를 풀며 이해해요 93쪽

1 / 5, 9 / 5, 9, 14

2 (1) 4, 4 / 3, 9, 3, 1, 1, 4, 1

(2) 5, 13, 20, 13 / 33, 4, 1

교과서 내용 학습 94~95쪽

01 $3\frac{1}{6}$

02 $3\frac{4}{24}+2\frac{9}{24}=(3+2)+\left(\frac{4}{24}+\frac{9}{24}\right)$

$=5+\frac{13}{24}=5\frac{13}{24}$

03 방법 1 $2\frac{3}{5}+1\frac{7}{10}=2\frac{6}{10}+1\frac{7}{10}$

$=(2+1)+\left(\frac{6}{10}+\frac{7}{10}\right)$

$=3+\frac{13}{10}=3+1\frac{3}{10}=4\frac{3}{10}$

방법 2 $2\frac{3}{5}+1\frac{7}{10}=\frac{13}{5}+\frac{17}{10}=\frac{26}{10}+\frac{17}{10}$

$=\frac{43}{10}=4\frac{3}{10}$

04 (1) $3\frac{51}{56}$ (2) $4\frac{11}{45}$

05 $6\frac{13}{20}$ cm

06 ㉡

07 ㉢, ㉡, ㉠

08 $8\frac{1}{6}$

09 $3\frac{1}{6}$ km

10 $13\frac{29}{42}$

문제해결 접근하기

11 풀이 참조

문제를 풀며 이해해요 97쪽

1 2 / 2, 3

2 (1) 4, 4, 10, 10 / 28, 10, 18, 9

(2) 3, 3, 2, 2, 9, 2, 7

3 (1) 15, 8, 15, 8 / 2, 7, 2, 7

(2) 19, 12, 95, 48 / 47, 2, 7

교과서 내용 학습 98~99쪽

01 방법 1 두 분모의 곱을 공통분모로 하여 통분한 후 계산했습니다.

방법 2 두 분모의 최소공배수를 공통분모로 하여 통분한 후 계산했습니다.

02 (1) $\frac{1}{36}$ (2) $\frac{3}{20}$

03 $\frac{11}{20}$, $\frac{7}{40}$

04 $<$

05 방법 1 $3\frac{3}{5}-1\frac{2}{9}=3\frac{27}{45}-1\frac{10}{45}$

$=(3-1)+\left(\frac{27}{45}-\frac{10}{45}\right)=2\frac{17}{45}$

방법 2 $3\frac{3}{5}-1\frac{2}{9}=\frac{18}{5}-\frac{11}{9}$

$=\frac{162}{45}-\frac{55}{45}=\frac{107}{45}=2\frac{17}{45}$

06 $4\frac{1}{24}$

07 $2\frac{13}{35}$, $1\frac{1}{6}$

08 $\frac{1}{4}$시간

09 $2\frac{5}{24}$

10 8개

문제해결 접근하기

11 풀이 참조

문제를 풀며 이해해요 101쪽

1 6 / 1, 6, 9, 6, 1, 3

2 (1) 10, 36, 55, 36 / 4, 1, 55, 36 / 3, 19, 3, 19

(2) 47, 9, 235, 81 / 154, 3, 19

교과서 내용 학습 102~103쪽

01 19, 41 / 95, 82 / 13

02 방법 1 $2\frac{1}{4}-1\frac{3}{7}=2\frac{7}{28}-1\frac{12}{28}$

$=1\frac{35}{28}-1\frac{12}{28}=\frac{23}{28}$

방법 2 $2\frac{1}{4}-1\frac{3}{7}=\frac{9}{4}-\frac{10}{7}$

$=\frac{63}{28}-\frac{40}{28}=\frac{23}{28}$

03 (1) $2\frac{13}{24}$ (2) $3\frac{11}{20}$

04 $1\frac{9}{10}$

05 $2\frac{27}{35}$

06 $>$

07 $1\frac{43}{56}$

08 $1\frac{13}{14}$ L

09 $1\frac{23}{60}$

10 $1\frac{8}{9}$

문제해결 접근하기

11 풀이 참조

단원 확인 평가 104~107쪽

01 5, 5, 7, 7 / 15, 14, 29

02 한나, $\frac{23}{24}$

03 $\frac{5}{8}$

04 $1\frac{13}{36}$

05 $\frac{17}{20}$ kg

06 56

07 $4\frac{13}{36}$

08 $6\frac{11}{36}$ km

09 $\frac{28}{45}$

10 $\frac{1}{15}$ L

11 $5\frac{3}{12}-2\frac{8}{12}=4\frac{15}{12}-2\frac{8}{12}=2\frac{7}{12}$

12 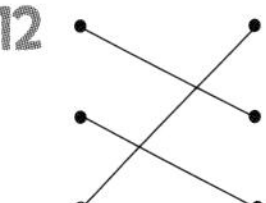

13 ㉡, ㉢, ㉠

14 (1) 60, 49, $>$ (2) $3\frac{1}{14}$, $1\frac{7}{12}$

(3) $3\frac{1}{14}$, $1\frac{7}{12}$, $1\frac{41}{84}$ / $1\frac{41}{84}$

15 $4\frac{8}{21}$ L

16 18

17 $\frac{1}{12}$

18 $1\frac{41}{75}$

19 (1) $1\frac{5}{6}$ (2) $1\frac{5}{6}$, $4\frac{7}{12}$ (3) $4\frac{7}{12}$, $6\frac{5}{12}$ / $6\frac{5}{12}$

20 $4\frac{19}{24}$ km

수학으로 세상보기 108~109쪽

1 (1) $\frac{31}{64}$ (2) $\frac{1}{4}$, $\frac{1}{8}$

2 (1) $1\frac{1}{6}$, $\frac{3}{20}$

(2) 예 (탁자) + (탁자) $=\frac{7}{12}$

(탁자) − (탁자) $=\frac{3}{10}$

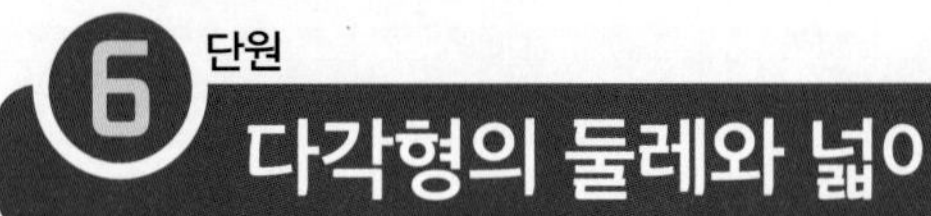

6단원 다각형의 둘레와 넓이

문제를 풀어 이해해요 113쪽

1 (1) 7 (2) 7, 35

2 (1) 5 / 5, 24 (2) 6, 2 / 6, 20 (3) 7, 28

교과서 내용 학습 114~115쪽

01 36 cm　　02 24 cm

03 12 cm

04 예

05 6　　06 56 cm

07 나　　08 50 cm

09 9 cm　　10 5

문제해결 접근하기

11 풀이 참조

교과서 내용 학습 118~119쪽

01 9 제곱센티미터　　02 8, 4

03 11 cm^2　　04 다

05 가, 마

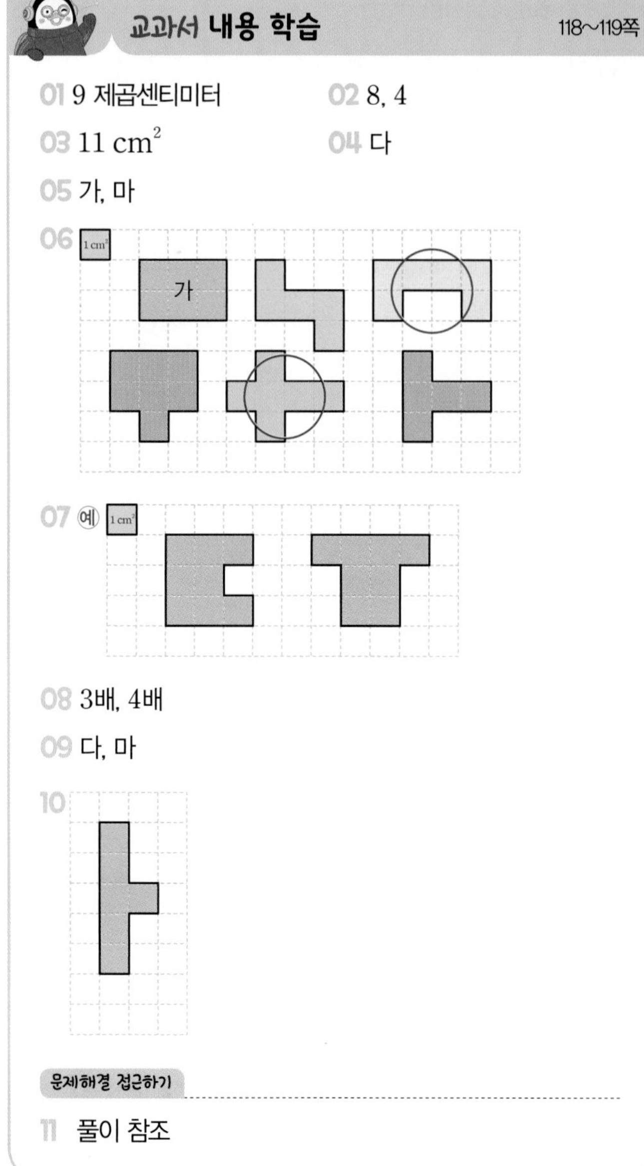

06

07 예

08 3배, 4배

09 다, 마

10

문제해결 접근하기

11 풀이 참조

문제를 풀어 이해해요 117쪽

1 1 cm^2, 1 제곱센티미터　　2 (1) 5, 5 (2) 8, 8

3 (1) 9 (2) 15 (3) 나, 가, 6

문제를 풀어 이해해요 121쪽

1 (1) 8, 5 (2) 8, 5, 40, 40 (3) 8, 5, 40

2 (1) 9, 63 (2) 5, 5, 25

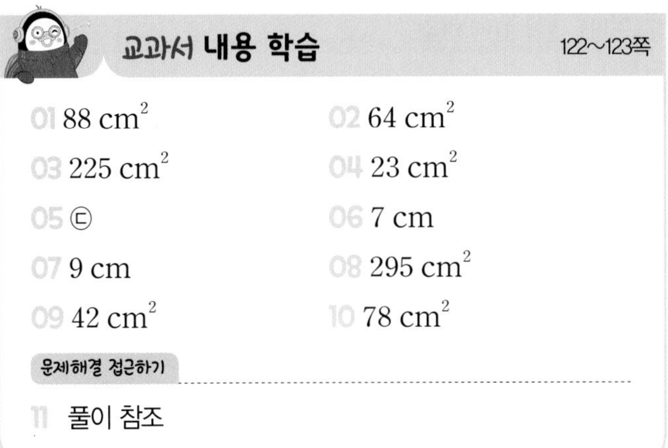

교과서 내용 학습 122~123쪽

01 88 cm^2　02 64 cm^2

03 225 cm^2　04 23 cm^2

05 ㉢　06 7 cm

07 9 cm　08 295 cm^2

09 42 cm^2　10 78 cm^2

문제해결 접근하기

11 풀이 참조

문제를 풀여 이해해요 125쪽

1 (1) 1 m^2, 1 제곱미터 (2) 1 km^2, 1 제곱킬로미터

2 (1) cm^2 (2) km^2 (3) m^2

3 (1) 30000 (2) 8 (3) 7000000 (4) 0.6

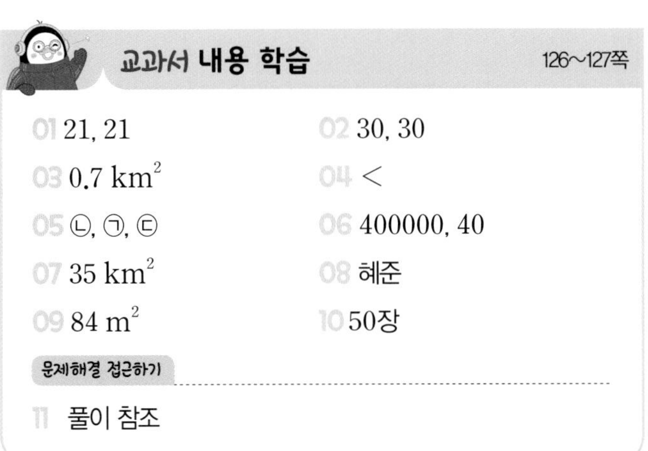

교과서 내용 학습 126~127쪽

01 21, 21　02 30, 30

03 0.7 km^2　04 <

05 ㉡, ㉠, ㉢　06 400000, 40

07 35 km^2　08 혜준

09 84 m^2　10 50장

문제해결 접근하기

11 풀이 참조

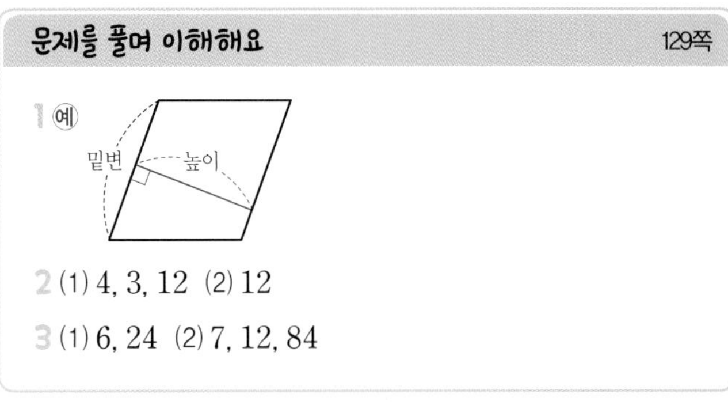

문제를 풀여 이해해요 129쪽

1 예

2 (1) 4, 3, 12 (2) 12

3 (1) 6, 24 (2) 7, 12, 84

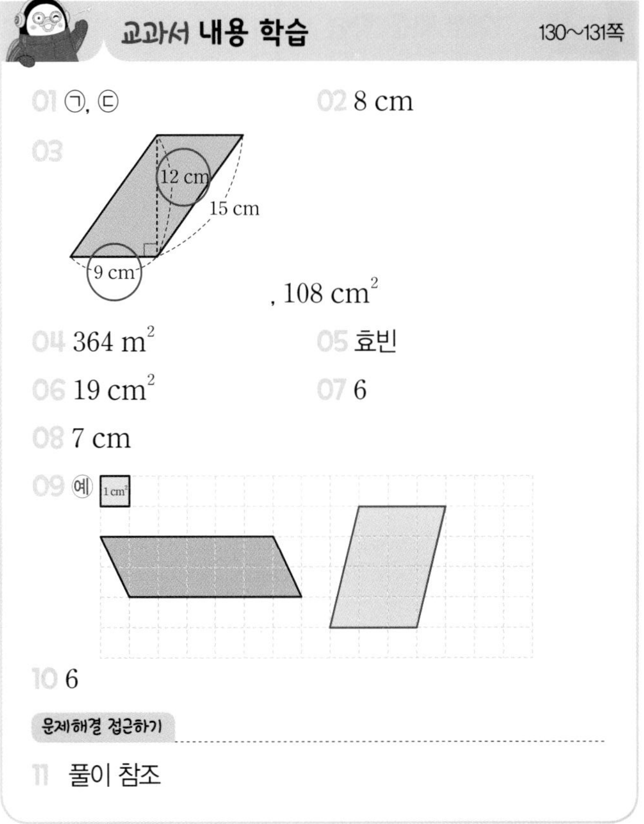

교과서 내용 학습 130~131쪽

01 ㉠, ㉢　02 8 cm

03

, 108 cm^2

04 364 m^2　05 효빈

06 19 cm^2　07 6

08 7 cm

09 예

10 6

문제해결 접근하기

11 풀이 참조

문제를 풀며 이해해요 133쪽

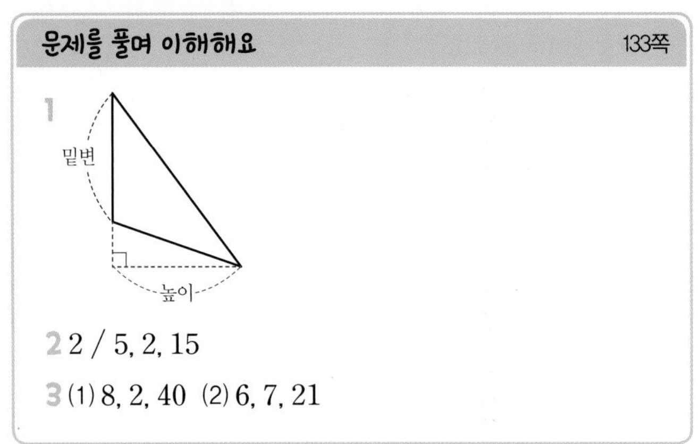

1

2 2 / 5, 2, 15

3 (1) 8, 2, 40 (2) 6, 7, 21

교과서 내용 학습 134~135쪽

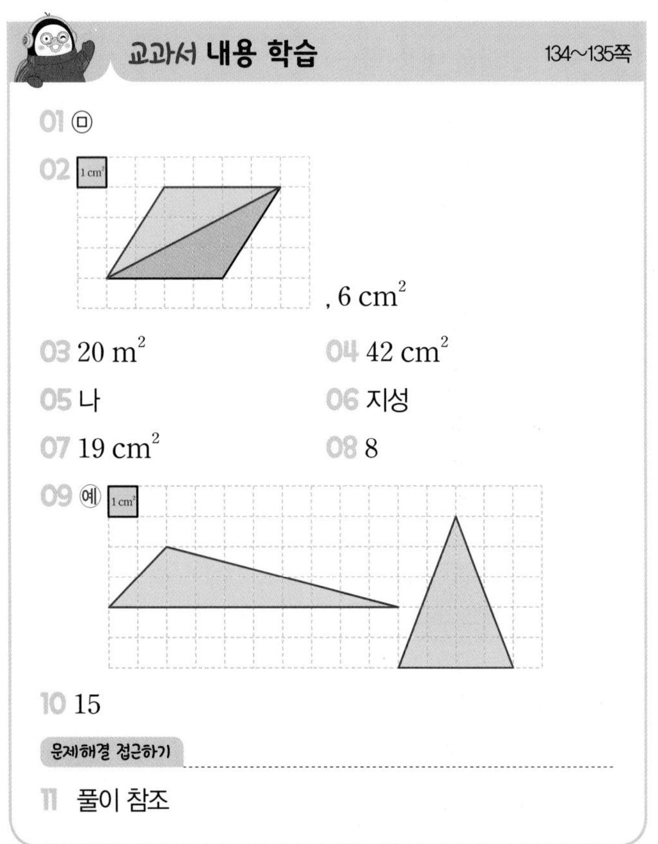

01 ㉤

02 , 6 cm^2

03 20 m^2

04 42 cm^2

05 나

06 지성

07 19 cm^2

08 8

09 예

10 15

문제해결 접근하기

11 풀이 참조

문제를 풀며 이해해요 137쪽

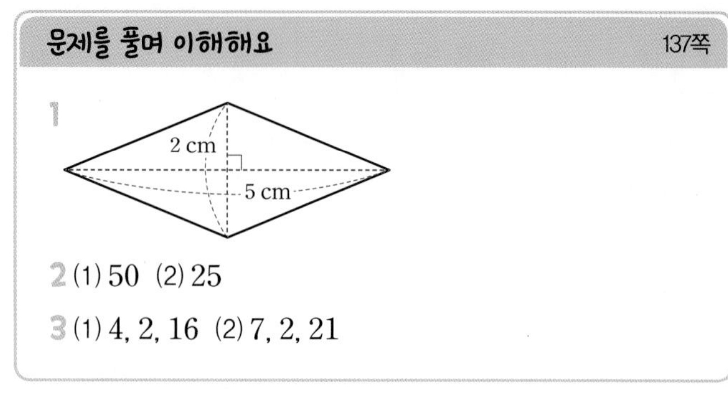

1

2 (1) 50 (2) 25

3 (1) 4, 2, 16 (2) 7, 2, 21

교과서 내용 학습 138~139쪽

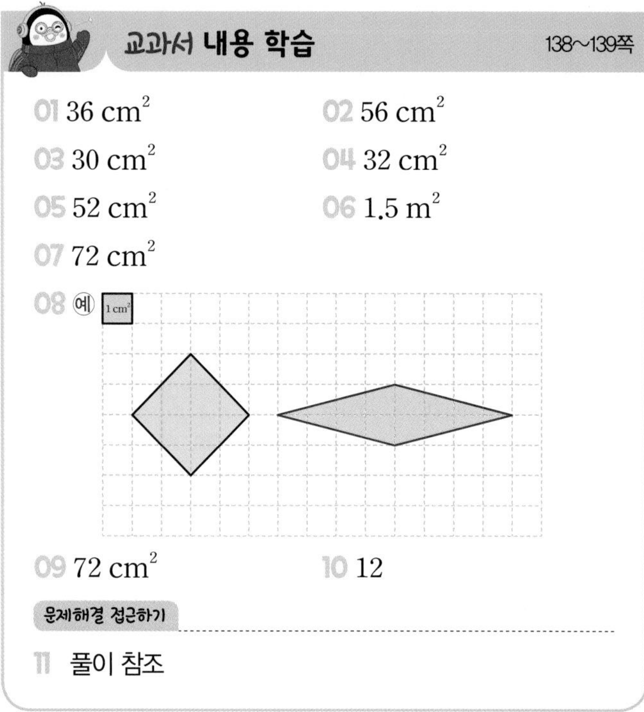

01 36 cm^2

02 56 cm^2

03 30 cm^2

04 32 cm^2

05 52 cm^2

06 1.5 m^2

07 72 cm^2

08 예

09 72 cm^2

10 12

문제해결 접근하기

11 풀이 참조

문제를 풀며 이해해요 141쪽

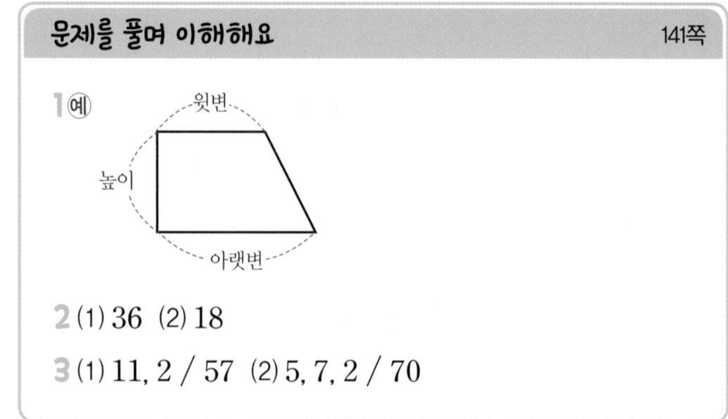

1 예

2 (1) 36 (2) 18

3 (1) 11, 2 / 57 (2) 5, 7, 2 / 70

교과서 내용 학습 142~143쪽

01 높이, 아랫변
02 44 cm^2, 66 cm^2, 110 cm^2
03 66 cm^2
04 176 cm^2
05 100 cm^2
06 가
07 8 cm
08 9 cm
09 6
10 7

문제해결 접근하기

11 풀이 참조

단원 확인 평가 144~147쪽

01 9
02 26 cm
03 나
04 46 cm^2
05 177 cm^2
06 40 m
07 66 cm^2
08 (1) km^2 (2) m^2
09 9 m^2
10 42 cm^2
11 6 cm
12 다
13 117 cm^2
14 150 cm^2
15 (1) 10, 25 (2) 25, 100 (3) 100, 100, 10 / 10 cm
16 3 cm^2
17 200 cm^2
18 115 cm^2
19 (1) 4, 9 (2) 9, 14, 112, 8 (3) 8 / 8 cm
20 17

Book 2 실전책

1단원 쪽지 시험 5쪽

01 (위에서부터) 23 / 9, 23
02 29, 16
03 33, 66
04 (위에서부터) 3 / 42, 3
05 32÷8에 ○표
06 (   ) (○)
07 ㉢, ㉡, ㉣, ㉠

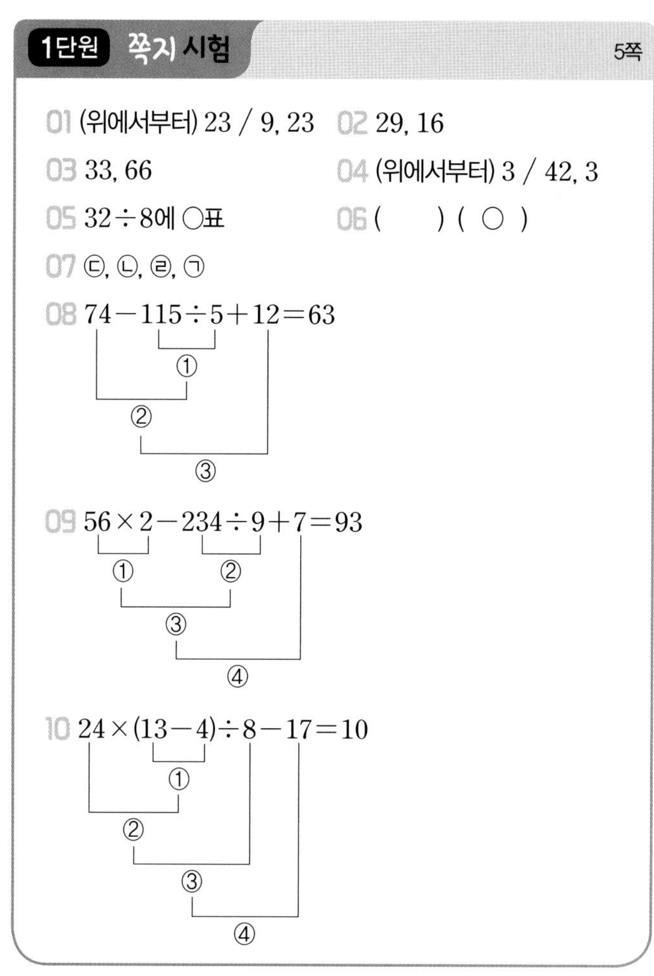

6~8쪽

학교 시험 만점왕 ❶회 1. 자연수의 혼합 계산

01 15, 21
02 ㉢
03 풀이 참조
04 (선 잇기)
05 $59-4\times(2+5)=59-4\times7$
$=59-28$
$=31$
06 민재
07 $16+8-54\div6=16+8-9$
$=24-9$
$=15$
(계산 순서: ① $54\div6$, ② $16+8$, ③ 빼기)
08 <
09 $220\div5-2+1=43$ / 43명
10 $(32-11)\div7+4=7$
11 ㉡, ㉠, ㉢, ㉣
12 57
13 83에 ○표
14 ㉠
15 $228\div(2\times6)-5=14$
16 $8\times9\div2-20=16$ / 16
17 5
18 ×
19 $15000-(3000\times2+2000+2500\times2)=2000$ / 2000원
20 풀이 참조, 105

9~11쪽

학교 시험 만점왕 ❷회 1. 자연수의 혼합 계산

01 13+34에 ○표
02 37
03 68
04 31
05 (　　)
(　○　)
06 $20\times7\div5=28$ / 28마리
07 <
08 $168\div(3\times7)=8$ / 8주
09 ÷, ×
10 ㉡
11 $23+(27-12)\div3=23+15\div3$
$=23+5$
$=28$
(계산 순서: ① $27-12$, ② $15\div3$, ③ 더하기)
12 ④
13 $80\div5+75\div3-4=37$ / 37cm
14 $(13-4)\times4+7=43$ / 43세
15 풀이 참조, 6
16 $33-72\div(8\times3)=30$
17 ㉡
18 7
19 3개
20 풀이 참조, 54

1단원 서술형·논술형 평가

12~13쪽

01 풀이 참조
02 풀이 참조, 28명
03 풀이 참조
04 풀이 참조, 2개
05 풀이 참조, 6500원
06 풀이 참조, 79
07 풀이 참조, 120
08 풀이 참조, 하준, 57쪽
09 풀이 참조, 4송이
10 풀이 참조, 194, 25

2단원 쪽지 시험

15쪽

01 1, 2, 4
02 1, 2, 7, 14
03 5, 10, 15
04 (○) ( )
(○) ( )
05 (1) 배수 (2) 약수
06 1, 5 / 5
07 4
08 15, 30, 45 / 15
09 160
10 42

학교 시험 만점왕 ❶회 2. 약수와 배수

16~18쪽

01 1, 19
02 1, 2, 4, 8, 16, 32
03 18
04 12
05 14개
06 ( ) (×) ( )
07 6, 15, 90
08 3, 3, 3, 3 / 9
09 8
10 ㉣
11 1, 2, 3, 6, 9, 18 / 18
12 120
13 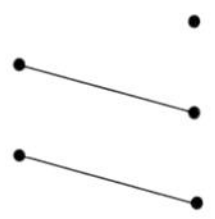
14 풀이 참조, 135
15 4개
16 14
17 42
18 336
19 9군데
20 풀이 참조, 24장

학교 시험 만점왕 ❷회 2. 약수와 배수

19~21쪽

01 23
02 7
03 ③
04 9, 18, 27
05 130
06 ㉡
07 1, 2, 4
08 1, 2, 3, 5, 6, 10, 15, 30
09 ( ) (○) ( )
10 2, 2, 60
11 4, 224
12 재우
13 풀이 참조, 960
14 119
15 17, 34
16 4개
17 24, 60
18 16번
19 3개, 5개
20 풀이 참조, 오전 11시 20분

2단원 서술형·논술형 평가

22~23쪽

01 풀이 참조, 3가지
02 풀이 참조, 4명
03 풀이 참조, 20
04 풀이 참조, 9개
05 풀이 참조, 8명
06 풀이 참조, 35장
07 풀이 참조, 5600원
08 풀이 참조, 3번
09 풀이 참조, 11군데
10 풀이 참조, 오후 2시

3단원 쪽지 시험

25쪽

01 2, 4, 6, 8　02 ㉡
03 (위에서부터) 4, 6, 8 / 1, 2, 3
04 (○) (　)　05 4, 8, 12, 16
06 ■×4=◆ 또는 ◆÷4=■
07 ○−1=△ 또는 △+1=○
08 16
09 △×250=♡ 또는 ♡÷250=△
10 8시간

26~28쪽

학교 시험 만점왕 ❶회 3. 규칙과 대응

01 5, 10, 15, 20　02 곱하면, 5에 ○표
03 50장
04 (○)
(　)
05 예 '종이테이프를 자른 횟수에 1을 더하면 종이테이프 조각의 수가 됩니다.' 또는 '종이테이프 조각의 수에서 1을 빼면 종이테이프를 자른 횟수가 됩니다.'
06 16개　07 24번
08 ○×10=● 또는 ●÷10=○
09 90　10 100, 12
11 ④　12 8, 12
13 ○×4=◇ 또는 ◇÷4=○
14 풀이 참조, 112
15 (선 잇기)
16 지민　17 끝나는 시각, 시작 시각
18 (위에서부터) 400 / 44, 66, 110
19 풀이 참조, 176 kcal
20 (위에서부터) 22 / 22, 4 / ♡÷2=♥ 또는 ♥×2=♡

29~31쪽

학교 시험 만점왕 ❷회 3. 규칙과 대응

01 2, 4, 6, 8　02 현우
03 3, 3　04 4, 8, 12, 16
05 예 '직사각형의 수에 4를 곱하면 직각의 수가 됩니다.' 또는 '직각의 수를 4로 나누면 직사각형의 수가 됩니다.'
06 36개　07 풀이 참조, 30개
08 20, 40, 60, 80　09 ÷20, ×20
10 12개　11 1, 2, 3, 4
12 7개
13 ♡−3=☆, ☆+3=♡에 색칠
14 50　15 1, 3, 5, 7
16 ㉡　17 24
18 10, 20, 30, 40　19 풀이 참조
20 ○×●=12

3단원 서술형·논술형 평가

32~33쪽

01 풀이 참조　02 풀이 참조, 8
03 풀이 참조　04 풀이 참조, 17개
05 풀이 참조, 12개　06 풀이 참조
07 풀이 참조　08 풀이 참조
09 풀이 참조, 28개　10 풀이 참조, 4000원

4단원 쪽지 시험

35쪽

01 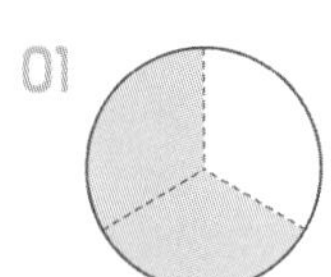 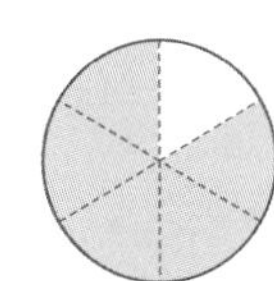 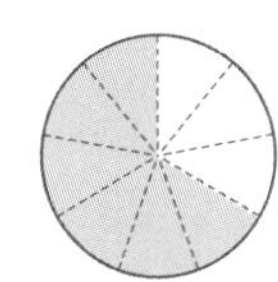, $\frac{2}{3}$, $\frac{6}{9}$

02 7, $\frac{3}{5}$

03 $\frac{1}{3}$, $\frac{8}{24}$에 ○표

04 5

05 $\frac{12}{15}$, $\frac{8}{10}$, $\frac{4}{5}$

06 3개

07 50

08 ㉡, ㉣

09 <

10 $\frac{4}{5}$에 색칠

36~38쪽

학교 시험 만점왕 ❶회 4. 약분과 통분

01 8, 9

02 4조각

03 6, $\frac{30}{42}$

04 ④

05 ㉡, ㉢

06 $\frac{10}{45}$

07 33

08 ④

09 $\frac{36}{42}$에 ○표

10 풀이 참조, 4개

11 $\frac{10}{12}$, $\frac{15}{18}$

12 6, 7 / $\frac{12}{42}$, $\frac{7}{42}$

13 ㉢

14 18, 36, 54

15 (1) < (2) <

16 7.6

17 지우

18 ㉢, ㉡, ㉠

19 풀이 참조, 집

20 $\frac{3}{10}$

39~41쪽

학교 시험 만점왕 ❷회 4. 약분과 통분

01 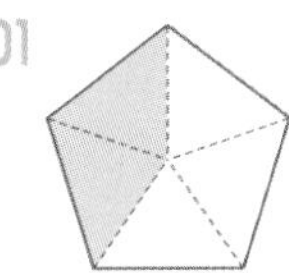 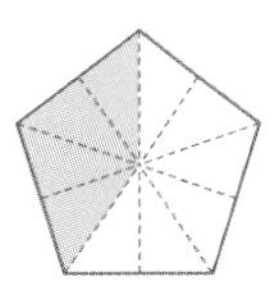 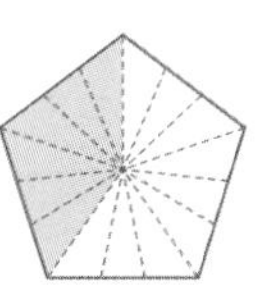, 4, 6

02 22

03 5

04 18, 28

05 풀이 참조, 5개

06 $\frac{16}{22}$, $\frac{8}{11}$

07 $\frac{9}{12}$

08 $\frac{12}{18}$

09 1, 5, 7, 11

10 ③

11 통분, 120, 최소공배수에 ○표

12 ⑤

13 ㉠

14 9

15 ( ) (○)

16 진서

17 ④

18 (1) 0.7 (2) $1\frac{17}{20}$

19 $\frac{9}{29}$, $\frac{3}{8}$, $\frac{6}{13}$

20 풀이 참조, 3개

4단원 서술형·논술형 평가

42~43쪽

01 풀이 참조, $\frac{9}{15}$, $\frac{3}{5}$

02 풀이 참조, $\frac{9}{24}$

03 풀이 참조, $\frac{24}{59}$

04 풀이 참조, $\frac{30}{55}$

05 풀이 참조

06 풀이 참조, $\frac{3}{5}$

07 풀이 참조, 3개

08 풀이 참조, 승희

09 풀이 참조, $\frac{13}{20}$

10 풀이 참조, 3개

5단원 쪽지 시험

45쪽

01 9, 13

02 <

03

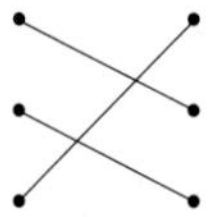

04 6 / 10, 7, 1

05 $5\frac{19}{28}$, $7\frac{1}{36}$

06 20, 18, 2, 1

07 $\frac{18}{35}$

08 $4\frac{7}{10}-2\frac{4}{10}=(4-2)+\left(\frac{7}{10}-\frac{4}{10}\right)=2\frac{3}{10}$

09 9, 18, 7

10 $1\frac{15}{22}$

46~48쪽

학교 시험 만점왕 ❶회 5. 분수의 덧셈과 뺄셈

01 $\frac{3\times4}{10\times4}+\frac{3\times5}{8\times5}=\frac{12}{40}+\frac{15}{40}=\frac{27}{40}$

02 $\frac{2}{3}$ m

03 $\frac{23}{24}$

04 $\frac{20}{36}+\frac{27}{36}=\frac{47}{36}=1\frac{11}{36}$

05 $1\frac{7}{24}$

06 $3\frac{1}{28}$

07 $17\frac{29}{36}$ g

08 풀이 참조, $1\frac{2}{21}$

09 $\frac{11}{18}$

10 ㉠

11 $\frac{7}{18}$ km

12 준민

13 $3\frac{1}{6}$

14 ㉡, ㉣

15 <

16 $3\frac{29}{40}$ L

17 $1\frac{2}{21}$

18 21

19 $1\frac{31}{42}$

20 풀이 참조, $3\frac{17}{24}$ L

49~51쪽

학교 시험 만점왕 ❷회 5. 분수의 덧셈과 뺄셈

01 $\frac{23}{36}$

02 $\frac{17}{20}$ L

03 (위에서부터) $\frac{29}{36}$, $1\frac{1}{5}$, $\frac{3}{4}$, $1\frac{23}{90}$

04 $1\frac{10}{21}$ m

05 $\frac{5}{7}$, $\frac{6}{8}$ / $1\frac{13}{28}$

06 민규

07 $7\frac{1}{21}$

08 $4\frac{1}{10}$ m

09 $\frac{17}{63}$

10 $\frac{9}{14}$

11 $\frac{7}{40}$ kg

12 (1) $2\frac{1}{20}$ (2) $2\frac{29}{30}$

13 ㉠, ㉢

14

15 $2\frac{71}{80}$

16 풀이 참조, $17\frac{1}{4}$

17 4

18 $8\frac{7}{15}$

19 $3\frac{22}{35}$ m

20 풀이 참조, $1\frac{2}{21}$ kg

5단원 서술형·논술형 평가

52~53쪽

01 풀이 참조, $\frac{43}{48}$

02 풀이 참조, $1\frac{27}{40}$

03 풀이 참조, $1\frac{3}{10}$ kg

04 풀이 참조, 7개

05 풀이 참조, $16\frac{7}{12}$

06 풀이 참조, 찬규, $\frac{7}{20}$

07 풀이 참조, 문구점, $\frac{23}{70}$ km

08 풀이 참조, $11\frac{7}{24}$

09 풀이 참조, $5\frac{5}{7}$

10 풀이 참조, $1\frac{33}{40}$ km

6단원 쪽지 시험

55쪽

01 36 cm 02 42 cm
03 8, 8 04 4, 32
05 7, 7, 49 06 (1) 27 (2) 15000000
07 72 cm^2 08 6, 2, 30
09 12, 2, 48 10 14, 8, 92

56~58쪽

학교 시험 만점왕 ❶회 6. 다각형의 둘레와 넓이

01 8 cm
02

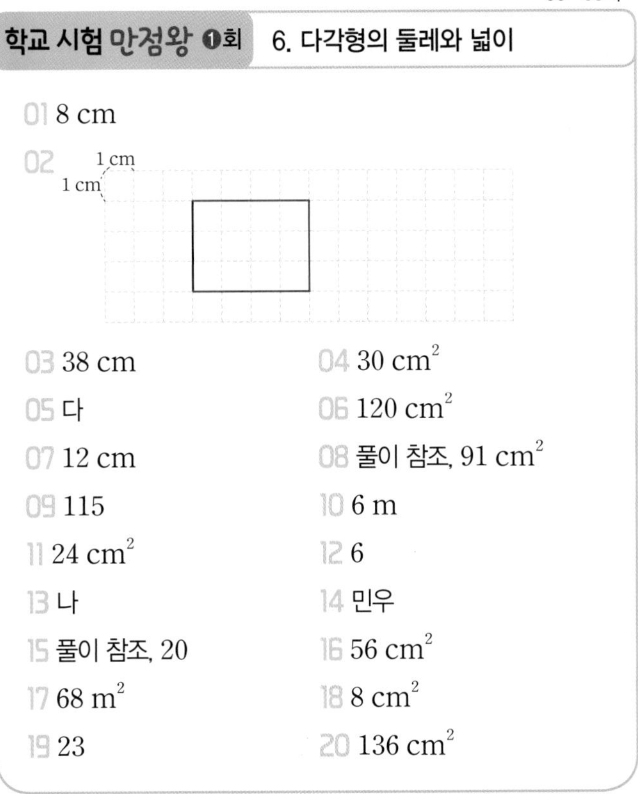

03 38 cm 04 30 cm^2
05 다 06 120 cm^2
07 12 cm 08 풀이 참조, 91 cm^2
09 115 10 6 m
11 24 cm^2 12 6
13 나 14 민우
15 풀이 참조, 20 16 56 cm^2
17 68 m^2 18 8 cm^2
19 23 20 136 cm^2

59~61쪽

학교 시험 만점왕 ❷회 6. 다각형의 둘레와 넓이

01 가 02 6
03 32 cm
04

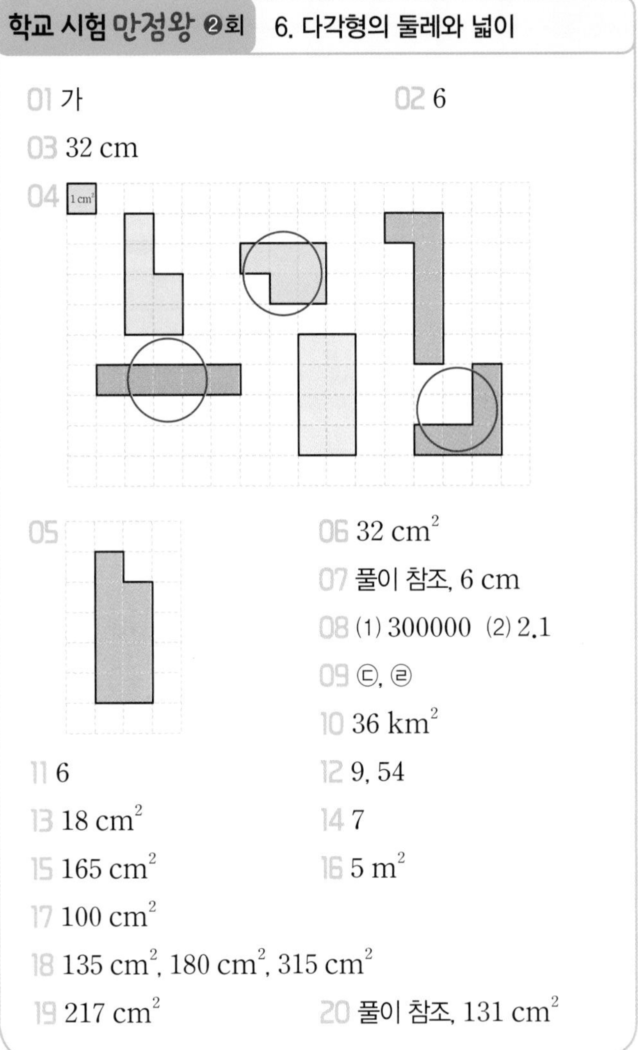

05
06 32 cm^2
07 풀이 참조, 6 cm
08 (1) 300000 (2) 2.1
09 ㉢, ㉣
10 36 km^2
11 6 12 9, 54
13 18 cm^2 14 7
15 165 cm^2 16 5 m^2
17 100 cm^2
18 135 cm^2, 180 cm^2, 315 cm^2
19 217 cm^2 20 풀이 참조, 131 cm^2

6단원 서술형·논술형 평가

62~63쪽

01 풀이 참조, 16 cm 02 풀이 참조, 22 cm
03 풀이 참조, 40 cm 04 풀이 참조, 4 cm^2
05 풀이 참조, 144 cm^2 06 풀이 참조, 10 km^2
07 풀이 참조, 120 cm^2 08 풀이 참조, 112 cm^2
09 풀이 참조, 7 cm 10 풀이 참조, 108 cm^2

MEMO

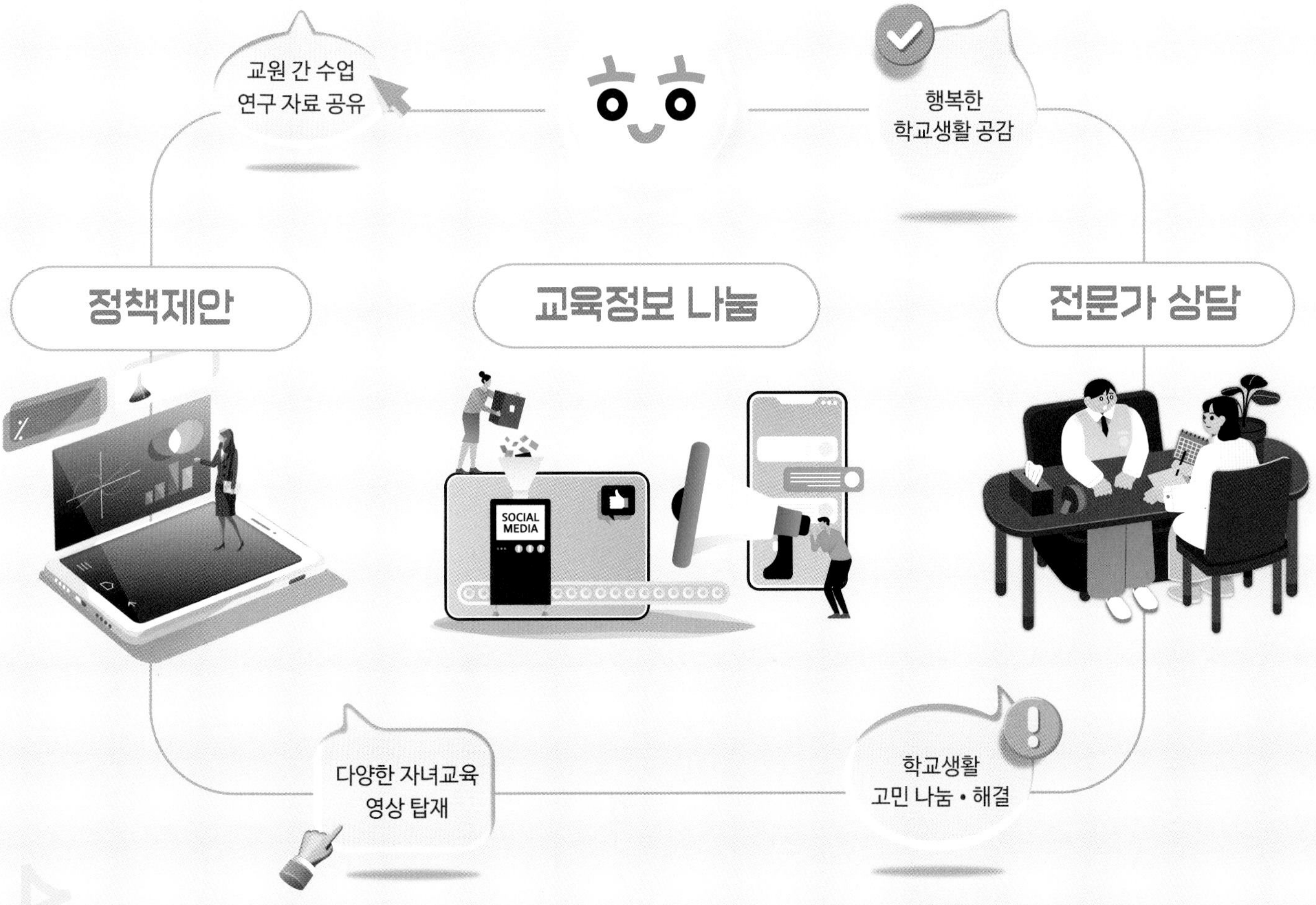

EBS와 함께하는 자기주도 학습 초등 · 중학 교재 로드맵

예비 초등 | 1학년 | 2학년 | 3학년 | 4학년 | 5학년 | 6학년

전과목 기본서/평가

- BEST **만점왕** 국어/수학/사회/과학 — 교과서 중심 초등 기본서
- **만점왕 통합본** 3~6학년 학기별(8책) HOT — 바쁜 초등학생을 위한 국어·사회·과학 압축본
- **만점왕 단원평가** 3~6학년 학기별(8책) — 한 권으로 학교 단원평가 대비
- **기초학력 진단평가** 초2~중2 HOT — 초2부터 중2까지 기초학력 진단평가 대비

국어

- 어휘: BEST **어휘가 독해다!** 초등 국어 어휘 1~4단계 — 독해로 완성하는 초등 필수 어휘 학습
- 어휘: **어휘가 독해다!** 초등 국어 어휘 실력 — 5, 6학년 교과서 필수 낱말 + 읽기 학습
- 독해: **4주 완성 독해력** 1~6단계 — 학년군별 교과 연계 단기 독해 학습
- 문학
- 문법: **헷갈리지 않는 만능 맞춤법+받아쓰기** — 평생 만점 받는 능력, 맞춤법 실력 다지기
- 한자: **참 쉬운 급수 한자** 8급/7급 II/7급 — 한자능력검정시험 대비 급수별 학습
- 한자: **어휘가 독해다!** 초등 한자 어휘 1~4단계 — 하루 1개 핵심 한자를 통해 어휘와 독해 동시 학습
- 문해력: BEST **어휘/쓰기/ERI독해/배경지식/디지털독해가 문해력이다** — 평생을 살아가는 힘, 문해력을 키우는 학기별 • 단계별 종합 학습
- 문해력: **문해력 등급 평가** 초1~중1 — 내 문해력 수준을 확인하는 등급 평가

영어

EBS ELT 시리즈 | 권장 학년 : 유아 ~ 중1

- EBS Big Cat — Collins BIG CAT — 다양한 스토리를 통한 영어 리딩 실력 향상
- EBS Big Cat — Shinoy and the Chaos Crew — 흥미롭고 몰입감 있는 스토리를 통한 풍부한 영어 독서
- EBS easy learning — easy learning — 저연령 학습자를 위한 기초 영어 프로그램

- 독해: **EBS랑 홈스쿨 초등 영독해** LEVEL 1~3 — 다양한 부가 자료가 있는 단계별 영독해 학습
- 독해: **EBS 기초 영독해** — 중학 영어 내신 만점을 위한 첫 영독해
- **Step by Step 초등 영문법/영구문, 독해의 힘!** 영문법 LEVEL 1~4, 영구문 LEVEL 1~3 — 기초 문장 학습으로 문법/구문과 독해를 한 번에 학습
- 문법: **EBS랑 홈스쿨 초등 영문법** 1~2 — 다양한 부가 자료가 있는 단계별 영문법 학습
- 문법: **EBS 기초 영문법** 1~2 HO — 중학 영어 내신 만점을 위한 첫 영문법
- 어휘: **EBS랑 홈스쿨 초등 필수 영단어** LEVEL 1~2 — 다양한 부가 자료가 있는 단계별 영단어 테마 연상 종합 학습
- 쓰기
- 듣기: **초등 영어듣기평가 완벽대비** 3~6학년 학기별(8책) — 듣기 + 받아쓰기 + 말하기 All in One 학습서

수학

- 연산: **만점왕 연산** Pre 1~2단계, 1~12단계 — 과학적 연산 방법을 통한 계산력 훈련
- 연산: **실수하지 않는 만능 구구단** — 평생 만점 받는 능력, 구구단 실력 다지기
- 개념
- 응용: **만점왕 수학 플러스** 1~6학년 학기별(12책) — 교과서 중심 기본 + 응용 문제
- 심화: **만점왕 수학 고난도** 5~6학년 — 상위권 학생을 위한 초등 고난도 문제집
- 특화: **초등 수해력** 영역별 P단계, 1~6단계(14책) — 다음 학년 수학이 쉬워지는 영역별 초등 수학 특화 학습서

사회

- 사회/역사: **초등학생을 위한 多담은 한국사 연표** — 연표로 흐름을 잡는 한국사 학습
- 사회/역사: **매일 쉬운 스토리 한국사** 1~2 /**스토리 한국사** 1~2 — 하루 한 주제를 이야기로 배우는 한국사/ 고학년 사회 학습 입문서

과학

- 과학

기타

- 창체: **여름·겨울 방학생활** 1~4학년 학기별(8책) — 재미와 공부를 동시에 잡는 완벽한 방학생활
- 창체: **창의체험 탐구생활** 1~12권 — 창의력을 키우는 창의체험활동·탐구
- AI: **쉽게 배우는 초등 AI** 1(1~2학년) — 초등 교과와 융합한 초등 1~2학년 인공지능 입문서
- AI: **쉽게 배우는 초등 AI** 2(3~4학년) — 초등 교과와 융합한 초등 3~4학년 인공지능 입문서
- AI: **쉽게 배우는 초등 AI** 3(5~6학년) — 초등 교과와 융합한 초등 5~6학년 인공지능 입문서